战略性新兴领域"十四五"高等教育系列教材

矿山环境与生态工程

主　编　王建兵　王春荣　张明青
参　编　赵华章　牛军峰　郭中权　瞿广飞　薛生国
　　　　贾建丽　胡术刚　陈国梁　张　萌　周　昊
主　审　彭苏萍　王丽萍

机械工业出版社
CHINA MACHINE PRESS

本书针对矿产资源开发过程，尤其针对煤炭开采中产生的废水、废气、固体废物污染及采掘引起的生态环境破坏和噪声等问题，分析了其对矿山水环境、大气环境、土壤环境、声环境和矿区生态环境等诸多方面的影响，论述了矿山环境污染治理和生态修复的基本原理、方法和工程技术，还结合实例对矿井水、燃煤烟气等污染的治理工艺和技术进行了深入探讨。此外，本书还融入了同行专家的科研新进展与新成果，如矿井水井下处理就地回用、煤矿矿井水零排放、燃煤电厂烟气超低排放、矿区生态重建及煤矿区碳汇技术体系等特色内容。

本书可作为本科及高职院校环境工程相关专业的教材，也可作为环境保护相关从业人员的培训教材。

图书在版编目（CIP）数据

矿山环境与生态工程 / 王建兵，王春荣，张明青主编. -- 北京：机械工业出版社，2024.11. -- (战略性新兴领域"十四五"高等教育系列教材). -- ISBN 978-7-111-77175-3

I. X322

中国国家版本馆 CIP 数据核字第 2024KQ8200 号

机械工业出版社（北京市百万庄大街22号　邮政编码100037）
策划编辑：刘春晖　　　　责任编辑：刘春晖　舒　宜
责任校对：郑　婕　刘雅娜　封面设计：马若濛
责任印制：常天培
北京机工印刷厂有限公司印刷
2024年12月第1版第1次印刷
184mm×260mm·18印张·419千字
标准书号：ISBN 978-7-111-77175-3
定价：65.00元

电话服务　　　　　　　　网络服务
客服电话：010-88361066　机　工　官　网：www.cmpbook.com
　　　　　010-88379833　机　工　官　博：weibo.com/cmp1952
　　　　　010-68326294　金　书　网：www.golden-book.com
封底无防伪标均为盗版　机工教育服务网：www.cmpedu.com

系列教材编审委员会

顾　　　问：谢和平　彭苏萍　何满潮　武　强　葛世荣
　　　　　　　陈湘生　张锁江

主任委员：刘　波

副主任委员：郭东明　王绍清

委　　　员：（排名不分先后）

　　　　　　　刁琰琰　马　妍　王建兵　王　亮　王家臣
　　　　　　　邓久帅　师素珍　竹　涛　刘　迪　孙志明
　　　　　　　李　涛　杨胜利　张明青　林雄超　岳中文
　　　　　　　郑宏利　赵卫平　姜耀东　祝　捷　贺丽洁
　　　　　　　徐向阳　徐　恒　崔　成　梁鼎成　解　强

丛书序一

面对全球气候变化日益严峻的形势，碳中和已成为各国政府、企业和社会各界关注的焦点。早在 2015 年 12 月，第二十一届联合国气候变化大会上通过的《巴黎协定》首次明确了全球实现碳中和的总体目标。2020 年 9 月 22 日，习近平主席在第七十五届联合国大会一般性辩论上，首次提出碳达峰新目标和碳中和愿景。党的二十大报告提出，"积极稳妥推进碳达峰碳中和"。围绕碳达峰碳中和国家重大战略部署，我国政府发布了系列文件和行动方案，以推进碳达峰碳中和目标任务实施。

2023 年 3 月，教育部办公厅下发《教育部办公厅关于组织开展战略性新兴领域"十四五"高等教育教材体系建设工作的通知》（教高厅函〔2023〕3 号），以落实立德树人根本任务，发挥教材作为人才培养关键要素的重要作用。中国矿业大学（北京）刘波教授团队积极行动，申请并获批建设未来产业（碳中和）领域之一系列教材。为建设高质量的未来产业（碳中和）领域特色的高等教育专业教材，融汇产学共识，凸显数字赋能，由 63 所高等院校、31 家企业与科研院所的 165 位编者（含院士、教学名师、国家千人、杰青、长江学者等）组成编写团队，分碳中和基础、碳中和技术、碳中和矿山与碳中和建筑四个类别（共计 14 本）编写。本系列教材集理论、技术和应用于一体，系统阐述了碳捕集、封存与利用、节能减排等方面的基本理论、技术方法及其在绿色矿山、智能建造等领域的应用。

截至 2023 年，煤炭生产消费的碳排放占我国碳排放总量的 63% 左右，据《2023 中国建筑与城市基础设施碳排放研究报告》，全国房屋建筑全过程碳排放总量占全国能源相关碳排放的 38.2%，煤炭和建筑已经成为碳减排碳中和的关键所在。本系列教材面向国家战略需求，聚焦煤炭和建筑两个行业，紧跟国内外最新科学研究动态和政策发展，以矿业工程、土木工程、地质资源与地质工程、环境科学与工程等多学科视角，充分挖掘新工科领域的规律和特点、蕴含的价值和精神；融入思政元素，以彰显"立德树人"育人目标。本系列教材突出基本理论和典型案例结合，强调技术的重要性，如高碳资源的低碳化利用技术、二氧化碳转化与捕集技术、二氧化碳地质封存与监测技术、非二氧化碳类温室气体减排技术等，并列举了大量实际应用案例，展示了理论与技术结合的实践情况。同时，邀请了多位经验丰富的专家和学者参编和指导，确保教材的科学性和前瞻性。本系列教材力求提供全面、可持续的解决方案，以应对碳排放、减排、中和等方面的挑战。

本系列教材结构体系清晰，理论和案例融合，重点和难点明确，用语通俗易懂；融入了编写团队多年的实践教学与科研经验，能够让学生快速掌握相关知识要点，真正达到学以致用的效果。教材编写注重新形态建设，灵活使用二维码，巧妙地将微课视频、模拟试卷、虚拟结合案例等应用样式融入教材之中,以激发学生的学习兴趣。

  本系列教材凝聚了高校、企业和科研院所等编者们的智慧,我衷心希望本系列教材能为从事碳排放碳中和领域的技术人员、高校师生提供理论依据、技术指导,为未来产业的创新发展提供借鉴。希望广大读者能够从中受益,在各自的领域中积极推动碳中和工作,共同为建设绿色、低碳、可持续的未来而努力。

谢和平

中国工程院院士
深圳大学特聘教授
2024 年 12 月

丛书序二

2015年12月，第二十一届联合国气候变化大会上通过的《巴黎协定》首次明确了全球实现碳中和的总体目标，"在本世纪下半叶实现温室气体源的人为排放与汇的清除之间的平衡"，为世界绿色低碳转型发展指明了方向。2020年9月22日，习近平主席在第七十五届联合国大会一般性辩论上宣布，"中国将提高国家自主贡献力度，采取更加有力的政策和措施，二氧化碳排放力争于2030年前达到峰值，努力争取2060年前实现碳中和"，首次提出碳达峰新目标和碳中和愿景。2021年9月，中共中央、国务院发布《中共中央 国务院关于完整准确全面贯彻新发展理念做好碳达峰碳中和工作的意见》。2021年10月，国务院印发《2030年前碳达峰行动方案》，推进碳达峰碳中和目标任务实施。2024年5月，国务院印发《2024—2025年节能降碳行动方案》，明确了2024—2025年化石能源消费减量替代行动、非化石能源消费提升行动和建筑行业节能降碳行动具体要求。

党的二十大报告提出，"积极稳妥推进碳达峰碳中和""推动能源清洁低碳高效利用，推进工业、建筑、交通等领域清洁低碳转型"。聚焦"双碳"发展目标，能源领域不断优化能源结构，积极发展非化石能源。2023年全国原煤产量47.1亿t、煤炭进口量4.74亿t，2023年煤炭占能源消费总量的占比降至55.3%，清洁能源消费占比提高至26.4%，大力推进煤炭清洁高效利用，有序推进重点地区煤炭消费减量替代。不断发展降碳技术，二氧化碳捕集、利用及封存技术取得明显进步，依托矿山、油田和咸水层等有利区域，降碳技术已经得到大规模应用。国家发展改革委数据显示，初步测算，扣除原料用能和非化石能源消费量后，"十四五"前三年，全国能耗强度累计降低约7.3%，在保障高质量发展用能需求的同时，节约化石能源消耗约3.4亿t标准煤、少排放CO_2约9亿t。但以煤为主的能源结构短期内不能改变，以化石能源为主的能源格局具有较大发展惯性。因此，我们需要积极推动能源转型，进行绿色化、智能化矿山建设，坚持数字赋能，助力低碳发展。

联合国环境规划署指出，到2030年若要实现所有新建筑在运行中的净零排放，建筑材料和设备中的隐含碳必须比现在水平至少减少40%。据《2023中国建筑与城市基础设施碳排放研究报告》，2021年全国房屋建筑全过程碳排放总量为40.7亿t CO_2，占全国能源相关碳排放的38.2%。建材生产阶段碳排放17.0亿t CO_2，占全国的16.0%，占全过程碳排放的41.8%。因此建筑建造业的低能耗和低碳发展势在必行，要大力发展节能低碳建筑，优化建筑用能结构，推行绿色设计，加快优化建筑用能结构，提高可再生能源使用比例。

面对新一轮能源革命和产业变革需求，以新质生产力引领推动能源革命发展，近年来，中国矿业大学（北京）调整和新增新工科专业，设置全国首批碳储科学与工程、智能采矿工程专业，开设新能源科学与工程、人工智能、智能建造、智能制造工程等专业，积极响应未来产业（碳中和）领域人才自主培养质量的要求，聚集煤炭绿色开发、碳捕集利用与封存等领域前沿理论与关键技术，推动智能矿山、洁净利用、绿色建筑等深度融合，促进相关学科数字化、智能化、低碳化融合发展，努力培养碳中和领域需要的复合型创新人才，为教育强国、能源强国建设提供坚实人才保障和智力支持。

为此，我们团队积极行动，申请并获批承担教育部组织开展的战略性新兴领域"十四五"高等教育教材体系建设任务，并荣幸负责未来产业（碳中和）领域之一系列教材建设。本系列教材共计14本，分为碳中和基础、碳中和技术、碳中和矿山与碳中和建筑四个类别，碳中和基础包括《碳中和概论》《碳资产管理与碳金融》和《高碳资源的低碳化利用技术》，碳中和技术包括《二氧化碳转化原理与技术》《二氧化碳捕集原理与技术》《二氧化碳地质封存与监测》和《非二氧化碳类温室气体减排技术》，碳中和矿山包括《绿色矿山概论》《智能采矿概论》《矿山环境与生态工程》，碳中和建筑包括《绿色智能建造概论》《绿色低碳建筑设计》《地下空间工程智能建造概论》和《装配式建筑与智能建造》。本系列教材以碳中和基础理论为先导，以技术为驱动，以矿山和建筑行业为主要应用领域，加强系统设计，构建以碳源的降、减、控、储、用为闭环的碳中和教材体系，服务于未来拔尖创新人才培养。

本系列教材从矿业工程、土木工程、地质资源与地质工程、环境科学与工程等多学科融合视角，系统介绍了基础理论、技术、管理等内容，注重理论教学与实践教学的融合融汇；建设了以知识图谱为基础的数字资源与核心课程，借助虚拟教研室构建了知识图谱，灵活使用二维码形式，配套微课视频、模拟试卷、虚拟结合案例等资源，凸显数字赋能，打造新形态教材。

本系列教材的编写，组织了63所高等院校和31家企业与科研院所，编写人员累计达到165名，其中院士、教学名师、国家千人、杰青、长江学者等24人。另外，本系列教材得到了谢和平院士、彭苏萍院士、何满潮院士、武强院士、葛世荣院士、陈湘生院士、张锁江院士、崔愷院士等专家的无私指导，在此表示衷心的感谢！

未来产业（碳中和）领域的发展方兴未艾，理论和技术会不断更新。编撰本系列教材的过程，也是我们与国内外学者不断交流和学习的过程。由于编者们水平有限，教材中难免存在不足或者欠妥之处，敬请读者不吝指正。

刘波

教育部战略性新兴领域"十四五"高等教育教材体系
未来产业（碳中和）团队负责人
2024年12月

前　言

矿产资源是人类社会赖以生存和发展的重要物质基础，其开发和利用对国民经济发展做出了重大贡献。然而，矿产资源粗放的开发和利用方式也会带来严重的矿山生态环境问题，造成水污染、大气污染、固体废物污染、物理性污染及生态破坏，导致矿区环境污染与生态退化，严重制约了矿区社会经济的可持续发展。

随着生态文明建设的不断推进，推行生态优先、节约集约利用资源、绿色低碳发展，建设绿色矿山成为我国矿山领域发展的主旋律。矿山环境保护与生态修复是建设绿色矿山的重要内容，需要大量的专业技术人才，矿山生态与环境工程相关教学和教材是培养这些专业技术人才的重要条件。因此，编者在原有的"矿山环境工程"课程讲稿的基础上，通过扩展、补充完成了本书的编写。本书侧重介绍矿山环境保护与生态修复工程原理和工艺技术，融入了同行专家的科研新进展与新成果，如矿井水井下处理就地回用、煤矿矿井水地下水库、煤矿矿井水零排放、燃煤电厂烟气超低排放、CO_2矿化制备绿色建材、矿区生态重建等特色内容及相关案例，补充了矿区CO_2捕集利用与封存、生态系统碳汇等战略性新兴领域的前沿内容，还提供了综合型的实例。本书对部分设备和工艺配套了视频等数字化资源，读者可通过扫描书中二维码观看，并配有PPT课件、教学大纲、思考题答案等教学资源，免费提供给选用本书作为教材的授课教师，需要者请登录机械工业出版社教育服务网（www.cmpedu.com）注册后下载。

本书共8章，第1章由王建兵、张明青编写，第2章由王建兵、王春荣、牛军峰、赵华章、郭中权编写，第3章由周昊、王建兵、张明青编写，第4章由周昊、王建兵编写，第5章由王建兵、王春荣、张明青、胡术刚、瞿广飞编写，第6章和第8章由王建兵、王春荣编写，第7章由王建兵、贾建丽、张萌、薛生国、陈国梁编写。

在编写本书过程中，除采用了编者科研工作的有关成果外，还参考了同行专家学者的大量学术成果和资料，在此对他们表示敬意与感谢！

由于编者水平有限，书中难免存在疏漏与错误，敬请广大读者批评指正。

编　者

目 录

丛书序一
丛书序二
前言

第1章 绪论 / 1

1.1 矿产资源与矿业活动 / 1
    1.1.1 矿产资源及矿业活动的概念 / 1
    1.1.2 采矿 / 2
    1.1.3 选矿 / 5

1.2 矿业活动带来的生态环境问题 / 7
    1.2.1 矿山水污染 / 8
    1.2.2 矿山大气污染 / 11
    1.2.3 矿山固废污染 / 13
    1.2.4 矿山物理性污染 / 16
    1.2.5 矿山生态环境破坏 / 16

思考题 / 18

第2章 煤矿矿井水处理与资源化 / 19

2.1 煤矿矿井水处理与资源化方法 / 19
    2.1.1 煤矿矿井水的水质特征 / 19
    2.1.2 煤矿矿井水中悬浮颗粒物去除方法 / 19
    2.1.3 煤矿矿井水中铁锰去除方法 / 20
    2.1.4 煤矿矿井水脱盐方法 / 22
    2.1.5 煤矿酸性矿井水处理方法 / 22

2.2 矿井水混凝沉淀处理工艺 / 24
    2.2.1 矿井水的混凝沉淀处理基本原理 / 24
    2.2.2 矿井水混凝沉淀处理的构筑物 / 31
    2.2.3 矿井水混凝沉淀处理工艺设计及案例 / 36

2.3 矿井水过滤处理工艺 / 39

2.3.1 矿井水过滤处理工艺原理 / 39
2.3.2 矿井水过滤处理工艺采用的构筑物 / 40
2.3.3 矿井水过滤处理工艺设计及案例 / 45

2.4 矿井水脱盐处理工艺 / 50
2.4.1 膜分离处理工艺原理 / 50
2.4.2 矿井水处理常用的膜分离工艺 / 51
2.4.3 膜分离处理工艺设计及案例 / 58

2.5 煤矿矿井水地下水库技术 / 64
2.5.1 煤矿矿井水地下水库技术背景 / 65
2.5.2 煤矿矿井水地下水库技术基本原理 / 65
2.5.3 煤矿矿井水地下水工程实例 / 67

2.6 矿井水井下处理与复用技术 / 69
2.6.1 矿井水井下处理与复用的设想 / 69
2.6.2 矿井水井下主要处理单元 / 70
2.6.3 神华集团某矿矿井水井下处理利用工程实例 / 72
2.6.4 井下综采工作面用水深度处理工程实例 / 73

2.7 煤矿矿井水零排放技术 / 75
2.7.1 煤矿矿井水零排放的背景 / 75
2.7.2 煤矿矿井水零排放工艺流程 / 76
2.7.3 煤矿矿井水零排放工程实例 / 78

思考题 / 81

第3章 | 矿区粉尘污染控制 / 82

3.1 矿山粉尘分类及性质 / 82
3.1.1 矿山粉尘分类 / 82
3.1.2 矿山粉尘性质 / 83
3.1.3 煤尘爆炸 / 84
3.1.4 井工矿粉尘对人体健康的影响 / 85

3.2 露天矿粉尘污染控制 / 87
3.2.1 露天矿粉尘的来源 / 87
3.2.2 露天矿粉尘的防治 / 87

3.3 井工矿的防尘 / 90
3.3.1 湿式作业 / 90
3.3.2 通风排尘 / 94
3.3.3 密闭抽尘 / 95
3.3.4 净化风流 / 98
3.3.5 个体防护 / 105

思考题 / 106

目　录

第 4 章　燃煤电厂烟气污染控制　/ 107

4.1　燃煤电厂烟气污染控制方法　/ 107
- 4.1.1　燃煤电厂烟气污染控制方法概述　/ 107
- 4.1.2　烟气除尘原理及设备　/ 108
- 4.1.3　烟气脱硫的方法与主要技术原理　/ 114
- 4.1.4　烟气氮氧化物浓度控制方法及脱硝技术原理　/ 121

4.2　燃煤电厂烟气除尘设备选择及设计　/ 123
- 4.2.1　电除尘器的性能参数　/ 123
- 4.2.2　袋式除尘器的性能及滤料　/ 126
- 4.2.3　电除尘器的设计　/ 130
- 4.2.4　袋式除尘器的设计　/ 132

4.3　燃煤锅炉烟气石灰石/石灰法湿法脱硫　/ 134
- 4.3.1　石灰石/石灰法湿法脱硫工艺流程　/ 134
- 4.3.2　石灰石/石灰法湿法脱硫工艺的主要设备　/ 135
- 4.3.3　烟气脱硫设计的工艺参数　/ 138
- 4.3.4　石灰石/石灰法湿法脱硫工艺设计　/ 139

4.4　燃煤锅炉烟气脱硝工艺　/ 144
- 4.4.1　燃煤锅炉烟气选择性催化还原工艺　/ 144
- 4.4.2　燃煤锅炉烟气选择性非催化还原工艺　/ 145

4.5　燃煤电厂烟气超低排放与减污减碳协同　/ 147
- 4.5.1　燃煤电厂烟气超低排放的背景　/ 147
- 4.5.2　燃煤电厂烟气超低排放总体工艺流程及技术　/ 148
- 4.5.3　燃煤电厂减污减碳协同增效　/ 151

思考题　/ 153

第 5 章　矿山固体废物处理与处置　/ 154

5.1　矿山固体废物的处理及资源化途径　/ 154
- 5.1.1　处理技术　/ 154
- 5.1.2　资源化途径　/ 155

5.2　煤矸石处理与处置及综合利用　/ 157
- 5.2.1　煤矸石的组成　/ 157
- 5.2.2　煤矸石的性质　/ 158
- 5.2.3　煤矸石的利用方法及技术要求　/ 159

5.3　粉煤灰处置与综合利用　/ 164
- 5.3.1　粉煤灰的组成　/ 164
- 5.3.2　粉煤灰的性质　/ 165
- 5.3.3　粉煤灰的处理与利用　/ 166

5.4 煤矿区工业固废 CO_2 矿化制备绿色建材 / 173
    5.4.1 CO_2 矿化利用 / 173
    5.4.2 煤矿区工业固废 CO_2 矿化技术 / 174
    5.4.3 煤矿区工业固废 CO_2 矿化制备绿色建材应用实例 / 175
思考题 / 176

第6章 矿山噪声污染控制 / 177

6.1 矿山噪声概述 / 177
    6.1.1 矿山噪声源的分类 / 177
    6.1.2 矿山噪声的特点 / 178
    6.1.3 矿山噪声的危害 / 181
6.2 噪声控制的基本原理、程序和方法 / 181
    6.2.1 噪声控制的基本原理 / 181
    6.2.2 噪声控制的基本程序 / 182
    6.2.3 噪声控制的基本方法 / 183
6.3 矿山机械设备噪声控制 / 190
    6.3.1 风机噪声控制 / 190
    6.3.2 气动凿岩机噪声控制 / 194
    6.3.3 空压机噪声控制 / 196
    6.3.4 电动机噪声控制 / 198
    6.3.5 球磨机噪声控制 / 200
思考题 / 200

第7章 矿山生态修复与废弃矿山治理 / 201

7.1 矿山生态修复概述 / 201
    7.1.1 矿山生态修复的概念及内涵 / 201
    7.1.2 矿山土地复垦与生态重建工程技术要则 / 203
    7.1.3 矿区新生态环境的再造模式 / 207
7.2 露天采矿场生态修复 / 208
    7.2.1 露天采矿场生态修复的方法 / 208
    7.2.2 露天采矿场采空区充填 / 209
    7.2.3 露天采矿场地形修复 / 210
    7.2.4 露天采矿场边坡复绿 / 211
7.3 排土场生态修复 / 215
    7.3.1 排土场生态修复的方法 / 215
    7.3.2 排土场的稳定 / 215
    7.3.3 排土场土壤改良 / 216
    7.3.4 排土场植被恢复 / 217
7.4 塌陷区生态修复 / 218

7.4.1 塌陷区生态修复的方法 / 218
7.4.2 塌陷区填平整地 / 219
7.4.3 塌陷区土壤改良 / 220
7.4.4 塌陷区植被恢复 / 220

7.5 矸石山生态修复 / 222
7.5.1 矸石山生态修复的方法 / 222
7.5.2 矸石山自燃的防治 / 223
7.5.3 矸石山生态修复的主要技术措施 / 224

7.6 废弃矿山环境与生态修复工程 / 225
7.6.1 废弃矿山面临的主要生态环境问题 / 225
7.6.2 废弃矿山生态环境问题带来的危害 / 226
7.6.3 废弃矿山涌水治理技术 / 227
7.6.4 废弃矿山生态修复技术 / 230
7.6.5 废弃矿山治水增汇工程实例 / 232

思考题 / 234

第8章 | 煤矿碳中和及煤矿区碳汇技术体系 / 235

8.1 概述 / 235
8.1.1 碳达峰和碳中和 / 235
8.1.2 碳中和目标下我国能源发展方向 / 236
8.1.3 碳中和目标实施的技术体系 / 239

8.2 煤炭碳中和策略和科技创新路径 / 241
8.2.1 煤炭碳中和蓝图与发展策略 / 241
8.2.2 煤炭碳中和科技创新路径 / 244

8.3 煤矿区 CO_2 捕集利用与封存 / 246
8.3.1 CO_2 捕集利用与封存的基本概念 / 246
8.3.2 矿区咸水层 CO_2 封存 / 247
8.3.3 煤矿原位 CO_2 与甲烷重整制氢技术 / 249
8.3.4 煤矿区 CO_2 驱替煤层气 / 250
8.3.5 煤矿区 CO_2 捕集利用与封存技术创新 / 251

8.4 矿区生态系统碳汇 / 258
8.4.1 生态系统碳汇的概念 / 258
8.4.2 生态系统碳汇监测方法 / 258
8.4.3 生态系统碳汇核算方法 / 259
8.4.4 不同生态系统固碳增汇方式 / 262
8.4.5 煤矿区碳汇技术体系 / 267

思考题 / 270

参考文献 / 271

第 1 章
绪 论

1.1 矿产资源与矿业活动

1.1.1 矿产资源及矿业活动的概念

1. 矿产资源

人类的生存和发展离不开矿产资源,矿产资源简称矿产,是指由地质作用形成的,具有利用价值的,呈固态、液态、气态的矿物或有用元素的集合体。我国矿产分为能源矿产、金属矿产、非金属矿产和水气矿产四类。

能源矿产是指可作为能源利用的矿产,主要有煤、石油、天然气、油页岩、铀、钍等,按赋存状态分为固体和液气体2个矿组,11个矿种。

金属矿产是指为冶金工业所需的主要金属原料,主要有铁、锰、铬、钒、铜、铅、锌、汞、金、银等。金属矿产按相关产业部门分为黑色金属、有色金属、贵金属、稀有和稀土元素4个矿组,59个矿种。

非金属矿产分为化学工业、冶金辅助原料、建筑材料和其他非金属3个矿组,92个矿种,其中,部分矿种还可按不同的用途细分出若干个亚矿种。非金属矿产主要有硫铁矿、磷、钠盐、明矾石、芒硝、天然碱、重晶石、云母、石英、石墨、石膏、金刚石、滑石等。

水气矿产分为液态和气态2个矿组,6个矿种,如地下水和矿水、二氧化碳、硫化氢、氦气和氡气等。

矿物是在自然条件下由一种或数种化学元素在地质作用中形成的天然单质和化合物,具有一定的形态和一定的物理化学性质。矿物是组成岩石和矿石的基本单位。

矿石是指在现有技术和经济条件下,在质和量两个方面均能满足国民经济要求的矿物集合体。地壳中凡能用开采、洗选和冶炼等现代技术提取国民经济和国防建设各部门所需的金属或矿物产品的,都称为矿石。从中提取金属的矿石称为金属矿石,如铁矿石、铜矿石等;从中提取非金属元素、矿物或直接利用的矿石称为非金属矿石,如磷矿石、石棉、云母、石灰石等。

以矿石为主体的自然聚集体称为矿体。矿床是矿体的总称,一个矿床可由一个或多个矿体所组成。具有工业开采价值的矿产资源的赋存地称为矿山，是矿业开发活动集中的区域。我国矿山的管理体制大多是矿业公司下设几个矿山，矿山下设一个或几个采区（或车间）。

2. 矿业活动

矿产资源埋藏在地下，要转化为国民经济所需要的产品，必须通过一定的技术和手段，将其开发出来。矿产资源的开发过程称为矿业活动，包括矿产资源的开采、加工和利用等过程。矿山是矿业开发活动集中的区域。

矿产资源的开采就是采矿，是从地壳中将可利用矿物开采出来并运输到矿物加工地点或使用地点的行为、过程或工作。矿产资源的开采有露天开采和地下开采两种方式。

矿物开采出来后，需要对天然矿物资源进行分离、富集、提纯、提取和深加工，利用物理、化学的方法以获取有用物质的科学技术称为矿物加工。选矿是矿物加工的第一步，选矿可以将矿石破碎，使有用矿物和无用脉石彼此分离，然后将有用矿物富集，从而降低冶炼成本并增加矿产资源的回收率。

矿产资源的利用主要是指在矿产资源开采过程中对共生、伴生矿进行综合开发与合理利用，对生产过程中产生的废渣、废水（液）、废气、余热余压等进行回收和合理利用，以及对社会生产和消费过程中产生的各种废物进行回收和再生利用。

1.1.2 采矿

1. 露天开采

露天开采是指直接将覆盖于矿床之上的土、岩剥离后获取矿产资源的开采方法。露天开采一般机械化程度高、产量大、劳动效率高、成本低、比较安全，但受气候条件影响较大，需采用大型设备和进行大量基建剥离，基建投资比较大。露天开采包括地面准备、穿孔、爆破、采掘、运输、排卸、土地复垦七个环节。

（1）地面准备

露天矿在正式开始剥离采矿作业之前，需要先清理地表面有碍生产正常进行的障碍物，包括天然障碍物，如河流、树木；以及人工障碍物，如村庄、建（构）筑物、道路、输电线路等。

（2）穿孔

由于采掘设备的挖掘力有限，对大多数具有一定硬度的矿岩，必须首先将其松碎，以便于机械设备进行采掘，目前最经济的矿岩松碎的方法是穿孔爆破法。穿孔是指利用机械设备在岩石中穿凿孔洞，为后续的爆破作业准备放置炸药场所，小型露天矿也采用机械松碎矿岩。对于松软物料，若机械设备能够直接挖掘，则无须穿孔爆破，露天矿的穿孔机械有潜孔钻、牙轮钻等。

（3）爆破

爆破是当前露天矿最常用、最经济的矿岩松碎方法。

（4）采掘

采掘是指露天矿采用利用采掘设备将矿岩直接倒至内部排土场或装入运输设备的作业过程，它是露天开采的核心生产环节。露天矿常用的采掘设备是挖掘机。

(5) 运输

运输主要是把矿石运送到选矿厂和储矿场所，把剥离物运送到排土场所。运输环节设备多、涉及面广，在主要生产环节中起纽带作用。

(6) 排卸

排卸主要是指对运送到排土场的废弃物进行合理堆放，包括将有用的矿物向选矿厂或储矿场卸载。

(7) 土地复垦

土地复垦是采矿权人按照矿产资源和土地管理等法律、法规的要求，对在矿山建设和生产过程中，因挖损、塌陷等造成破坏的土地，采取整治措施，使其恢复到可供利用状态的活动。关于露天开采对其扰动过的土地进行治理，各国虽有不同的法律法规要求，但普遍的要求是将土地恢复到可供利用的状态。

2. 地下开采

地下开采是指通过开挖大量的井巷工程接触矿体，将埋藏较深的矿石开采出来的开采方法。为了开采地下矿床，必须从地面挖掘一系列通达矿床的井巷，以便人员、材料、设备、动力及新鲜空气能进入井下，采出的矿石、井下的废石、废气和井下水能排运到地面，即要建立矿床开采时的行人、运输、提升、通风、排水、供风、供水、供电、充填等系统。

在地下采矿中，一个矿区由多个矿井组成，矿井（或称为坑口）是一个具有独立矿石提运系统并进行独立生产经营的开采单位，是形成地下矿生产系统的井巷、硐室、装备、地面建筑物和构筑物的总称。

习惯上，划归矿井（坑口）开采的矿床称为井田（有时也称为矿段），划归矿山开采的矿床称为矿田，划归矿业公司开采的矿床称为矿区。如果矿山下面不再分设矿井（坑口），则矿田就等于井田（如图1-1中Ⅰ、Ⅱ号矿田）。否则，一个矿田可包括若干个井田（如图1-1中Ⅲ号矿田）。同样，一个矿区也可包括若干个矿田。

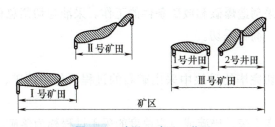

图1-1　矿区、矿田、井田

矿床地下开采的全过程分为矿床开拓、矿块采准切割和回采三个步骤。

(1) 矿床开拓

矿床开拓是指为整个矿井或阶段开采进行的总体性的井巷布置、工程实施和开采部署，矿床开拓从地表向矿体掘进一系列井巷和硐室，形成行人、提升、运输、通风、排水、供电、供风等系统。矿床的开拓方式有平硐开拓、竖井开拓、斜井开拓、斜坡道开拓，以及上述各种井巷的联合开拓。

平硐开拓法以平硐为主要开拓巷道，是一种最方便、最安全、最经济的开拓方法。由于受地形限制，只有矿床赋存于山岭地区、矿产埋藏在周围平地的地平面以上才能使用。平硐以上各中段采下的矿石，一般用矿车中转，先经溜井或辅助盲竖井下放到平硐水平，再由矿车经平硐运出地表，上部中段废石可经专设的废石溜井再经平硐运出地表，或平硐以上各中段均有地表出口时从各中段直接排往地表。

竖井开拓法以竖井为主要开拓巷道。主要用于开采急倾斜矿体（一般矿体倾角大于45°）和埋藏较深的水平和缓倾斜矿体（倾角小于15°）。这种方法便于管理，生产能力较高，在金属矿山使用较普遍。

斜井开拓法以斜井为主要开拓巷道，适用于开采缓倾斜矿体，特别适用于开采矿体埋藏不太深而矿体倾角为15°~45°的矿床。斜井开拓法施工简便、中段石门短、基建工程量少、基建期短、见效快，但斜井生产能力低。

用斜坡道作主要开拓巷道开拓矿床，称为斜坡道开拓法。供无轨自行设备运行的倾斜巷道，称为（无轨）斜坡道。根据斜坡道的用途，分为主斜坡道和副斜坡道。运送矿石的为主斜坡道，主斜坡道可通行无轨运输车辆、采掘设备。有的主斜坡道安装胶带运输机运送矿石，兼通行辅助无轨车辆，这种斜坡道称为联合斜坡道。副斜坡道主要供无轨自行设备出入、运送人员、材料、设备、废石的车辆出入及通风之用。在生产任务繁忙时副斜坡道也可以兼运部分矿石。

由两种或两种以上主要开拓巷道开拓一个矿床的方法称为联合开拓法。开拓巷道可以有多种可能的组合形式，如浅部用竖井、平硐或斜井开拓，深部用盲竖井或盲斜井开拓，采用何种组合形式取决于矿区地形、矿体埋藏深度及浅部和深部矿体的赋存特征（倾角）等因素。

（2）矿块采准切割

采准是指在已经开拓的阶段掘进一系列巷道，将阶段划分为矿块，并在矿块内为行人、通风、运料、凿岩和放矿等创造条件的采矿准备工作。切割是指在采准完毕的矿块中开辟自由面和自由空间，为回采创造爆破和放矿条件的工作。采准与切割总体上都是回采的准备工作，因而称为采准切割，简称采切。

（3）回采

回采是指在已经采切完毕的矿块中采出矿石的过程，包括落矿、矿石运搬和采场地压管理。

将矿石从矿体上分离下来并破碎成一定块度的采矿过程称为落矿。按矿体的硬度和物理化学性质不同，落矿方法有爆破落矿、机械落矿、水力落矿之分。爆破落矿法多用于较硬矿体，机械和水力落矿法多用于较软矿体。

将回采崩落的矿石从采场运搬至阶段运输水平的过程称为矿石运搬，包括重力运搬、耙斗装岩机运搬、自行设备运搬。

采场地压管理的基本方法可以分为人工支护、留矿柱维护采场、充填采空区和崩落围岩卸压等。

1）人工支护。在矿石或围场不稳固的情况下，采场需要人工支护，保证回采工作安全进行。

2）留矿柱维护采场。将矿块划分为矿房和矿柱，回采矿房时利用矿岩自身的稳固性和矿柱的支撑作用维护采场围岩稳定而不进行人工支护，待矿房采完后再回采矿柱并同时处理采空区。

3）充填采空区。采用充填采空区的方法回采矿块，矿柱矿量少，是目前所有采矿方法中矿石贫化最低、回收率最高的方法。

4）崩落围岩卸压。崩落围岩是指人为地释放围岩在开采过程中积累的变形能，并以崩落的岩石充填采空区，以减轻围岩的压力，还可以形成一定厚度的缓冲垫层，预防围岩突然垮落而造成破坏。

1.1.3　选矿

选矿是利用矿物的物理性质或化学性质的差异，借助各种选矿设备将矿石中的有用矿物和脉石矿物分离，并使有用矿物相对富集的工艺过程。选矿过程由准备作业、选别作业和产品处理作业组成。

1. 准备作业

选矿的准备作业包括破碎、筛分、磨矿等活动。

（1）破碎

破碎是指在打击或冲击作用下，克服矿物内聚力而使大块矿物分裂成小块矿物的过程。在这一过程中，矿物物料颗粒内部产生向四方传播的应力波，并在内部缺陷、裂纹、晶粒界面等处产生应力集中，从而沿这些脆弱面发生破碎。破碎机械包括颚式破碎机、旋回破碎机、圆锥破碎机、辊式破碎机和冲击式破碎机。目前，国内大多数金属矿石选矿厂主要还是采用颚式破碎机、旋回破碎机和圆锥破碎机等常规破碎设备。

（2）筛分

碎散物料通过一层或数层筛面被分成不同粒级的过程称为筛分。筛分原料被送到筛子上以后，小于筛孔尺寸的物料透过筛孔，称为筛下产物；大于筛孔尺寸的物料从筛面上不断排出，称为筛上产物。筛分的主要设备是筛分机。

（3）磨矿

磨矿作业是矿石破碎过程的继续，是分选前准备作业的重要组成部分。在选矿工业中，当有用矿物在矿石中呈细粒嵌布时，为了能把脉石从矿石中除去，并把各种有用矿物相互分开，必须将矿石磨细至 $0.1 \sim 0.3$ mm，甚至有时磨至 $0.05 \sim 0.074$ mm。因此，除处理某些砂矿以外的所有选矿厂，几乎都有磨矿作业。磨矿细度与选矿指标有密切的关系。在一定程度上，有用矿物的回收率随着磨矿细度的减小而增加。因此，适当减小矿石的磨碎细度能提高有用矿物的回收率和产量。磨矿作业所用的机械设备称为磨矿机，最常用的磨矿机为圆筒型磨矿机。

2. 选别作业

选别作业包括重选、磁选、电选、浮选、化学选矿等活动。

（1）重选

重选是按矿物密度差分选矿石的方法，一般包括水力分级、重介质选矿、跳汰选矿、斜面流选矿。水力分级是根据矿粒在运动介质中沉降速度的不同，将粒度级别较宽的矿粒群分成若干窄粒度级别产物的过程。水力分级和筛分的性质相同。重介质选矿是在密度大于水的介质中进行的选矿。跳汰选矿是指物料主要在垂直升降的变速介质流中，按密度差异进行分选的过程。斜面流选矿利用矿粒在斜面水流中运动状态的差异来进行分选的方法，包括溜槽选矿与摇床选矿。溜槽选矿是利用沿斜面流动的水流进行选矿的方法；摇床选矿由早期的固定式和可动式溜槽发展而来，选矿用的典型摇床为威氏摇床。

(2) 磁选

磁选是一种在不均匀磁场中利用矿物之间的磁性差异来实现不同矿物分离的选矿方法，此方法简单、方便，不会产生额外污染。磁选法广泛应用于黑色金属矿石的分选、有色和稀有金属矿石的精选、重介质选矿中磁性介质的回收和净化、非金属矿中含铁杂质的脱除、煤矿中铁物的排除及垃圾与污水处理等方面，它是处理铁矿石的主要选矿方法。磁选的主要设备是磁选机。

(3) 电选

电选是利用各种矿物及物料电性质不同而进行分选的一种物理选矿方法。其内容很广泛，包括电分级、摩擦带电分选、介电分选、高梯度电选、电除尘等。目前除少数一些矿物直接采用电选外，在大多数情况下，电选主要用于各种矿物及物料的精选。电选前，大多先经重选或其他选矿方法粗选后得出粗精矿，再采用单一电选或电选与磁选配合，得出最终精矿。电选的有效处理粒度通常为 0.1~2mm，但对片状或密度小的物料，如云母、石墨、煤等，其最大处理粒度则可达 5mm，而湿式高梯度电选机的处理粒度则可达微米级。国内外广泛使用的是鼓筒式电选机、其次为自由落下式及筛板式电选机，其他形式的电选设备使用得不多。

(4) 浮选

一般而言，从水的悬浮液中（称矿物和水的悬浮液为矿浆）浮出固体的过程称为浮游选矿，又称浮选。浮选是细粒和极细粒物料分选中应用最广、效果最好的一种选矿方法。泡沫浮选过程一般包括磨矿、调浆加药、浮选分离和产品处理，具体来说是通过磨矿将目标矿物与其他矿物及脉石分离，然后借助浮选剂的作用提高目标矿物与其他物料的性质差异，从而在浮选机中实现矿物的分选，最后对泡沫产品和尾矿产品进行脱水处理。矿物浮选一般采用悬浮药剂调整矿物的湿润性。浮选药剂通常可分为捕收剂、起泡剂和调整剂三类。

浮选机的种类繁多，差别主要表现在充气方式、充气搅拌装置结构等方面，所以目前应用最多的分类方法是按充气和搅拌方式的不同分类，可分为机械搅拌式和无机械搅拌式。利用叶轮-定子系统作为机械搅拌器实现充气和搅拌的统称为机械搅拌式浮选机，根据供气方式的不同又细分为机械搅拌自吸式和机械搅拌压气式两种；不用叶轮-定子系统作为搅拌机构，而用专门设备从浮选机外部强制吸入或压入空气的统称为无机械搅拌式浮选机，又称充气式浮选机，根据生成气泡的方法不同，有压气式、喷射式和真空减压式等。

(5) 化学选矿

化学选矿是基于矿物组分的化学性质的差异，利用化学方法改变矿物的性质，使目标组分或杂质组分选择性地溶于浸出溶剂中，从而达到分离的目的。化学选矿一般处理有用组分含量低、杂质组分和有害组分含量高、组成复杂的难选矿物原料，广泛用于各种难选的黑色金属、有色金属、贵金属和非金属矿产资源的开发，如氧化铜矿、金矿、铀矿和钒钛矿。化学选矿的基本流程包括焙烧、浸出、固液分离和浸出液处理。与前述的其他选别作业方法不同，化学选矿将改变矿物的化学组成，且需要消耗大量的化学试剂。

3. 产品处理作业

产品处理作业包括固液分离、尾矿贮存、选矿废水处理等活动。

（1）固液分离

在选煤厂中，固液分离是指矿物和水的分离，又称为脱水。脱水方法大致可以分为重力脱水、机械力脱水、热能脱水、磁力脱水等。

重力脱水是指靠重力而实现的脱水，包括自然重力脱水和重力浓缩脱水。机械力脱水是指靠机械力而实现的水和物料的分离，包括筛分脱水、离心脱水和过滤脱水。热能脱水是指利用热能使物料中的水汽化而蒸发的脱水。磁力脱水是指利用强磁场对磁性矿物产生的磁力来实现的固液分离。

选煤厂常用的脱水方法为重力脱水、机械力脱水和热能脱水。

（2）尾矿贮存

尾矿是指矿物分选作业的产物中有用目标组分含量较低而无法用于生产的部分。贮存尾矿的场所称为尾矿库，它多由筑坝拦截谷口或围地而成，包括山谷型尾矿库、傍山型尾矿库、平地型尾矿库、截河型尾矿库等。

尾矿库由尾矿堆存系统、尾矿库排洪系统、尾矿库回水系统等几部分组成。尾矿堆存系统包括坝上放矿管道、尾矿初期坝、尾矿后期坝、浸润线观测设施、位移观测设施及排渗设施等；尾矿库排洪系统包括截洪沟、溢洪道、排水井、排水管、排水隧洞等构筑物；尾矿库回水系统多利用库内排洪井、排洪管先将澄清水引入下游回水泵站，再提升至高位水池。

（3）选矿废水处理

选矿废水是在选矿过程中使用水作为选矿介质、溶剂与清洗液时产生的，具有水量大、悬浮物含量高、有害物质种类较多而浓度较低的特点。选矿废水中的主要物质有泥砂、尾矿粉、选矿药剂（如氰化物、黑药、黄药等）、金属离子及氟、砷等。另外，选矿废水的 pH 往往高于或低于国家规定的排放标准，这同样会对环境造成危害。由于目标矿物、矿石品质、选矿工艺等方面的差异，选矿废水处理需要根据废水水质有针对性地进行设计。

1.2 矿业活动带来的生态环境问题

矿山环境不仅包括矿山的自然环境，还包括由于矿床开采、矿物选别、冶炼、加工处理所建设的人工系统。本书提到的矿山环境工程，主要是论述矿山采矿及选矿等矿业活动对矿山大气环境、水环境、声环境、土壤环境和生态环境的影响及其防治工程，不涉及井下矿山环境、矿产资源成矿和赋存环境，以及由矿业活动发展起来的矿业城市环境。

矿业活动在产生大量物质财富和促进社会进步的同时，也对矿山环境造成较大的破坏，产生各种各样的污染物质，造成水体、大气和土壤污染，并给生态环境带来直接或间接、近期或远期、急性或慢性的不利影响。

1.2.1 矿山水污染

1. 矿山废水的来源

矿山废水主要包括矿井水、废石场淋滤水和选矿废水三类。

（1）矿井水

在矿井开拓、采掘过程中渗入、流入、涌入和溃入井巷或工作面的水统称矿井水。矿井水的来源包括大气降水、地表水和地下水。地下水主要包括含水层水、断层水和采空区水等。

1）大气降水。大气降水可沿岩石的孔隙和裂隙进入地下，或直接进入矿井。大气降水对矿井水量的影响随地区、季节、开采深度的差异而不同。一般来说，降水量小的地区、少雨的季节和开采深度较大的矿井，大气降水对矿井水量影响较小。

2）地表水。地表水是指位于矿井附近或直接分布在矿井上方的地表水体，如河流、湖泊、水库、水池等，它是矿井充水的重要水源，可直接或间接地通过岩石的孔隙、裂隙等流入矿井，威胁矿井的生产安全。

3）含水层水。多数情况下，大气降水与地表水先补给含水层，再流入矿井。流入矿井的含水层水量包括静储量和动储量。静储量是指在巷道未揭露含水层前，赋存在含水层中的地下水。如果大气降水、地表水等不断流入含水层中，使含水层的水得到新的补充，这些补给含水层的水量称为动储量。因此，属于静储量的含水层水对矿井水产生初期有一定的影响，而后逐渐减弱，属于动储量的含水层水对矿井水生产的影响将长期存在。

4）断层水。断层破碎带是地下水的通道和汇集带，断层破碎带可沟通各个含水层，并与地表水发生水力联系，形成断层水。由于巷道揭露或采掘活动破坏了围岩的隔水性能，造成断层水涌入井下。断层水与地表水或承压含水层连通后，对矿井生产造成巨大威胁，特别是在断层交叉处最容易发生透水事故。

5）采空区水。采空区水又称老窑积水，是指前期生产形成的采空区及废弃巷道由于长期停止排水而汇积的地下水。当揭露采空区水时，积水会倾泻而出，瞬时涌水量大，具有很大的破坏性；采空区水与其他水源无联系时，短期突水易于疏干；若与地表水有水力联系时，则地表水形成稳定的充水水源，危害较大；采空区水由于长期处于停滞状态，含矿物质较多，有一定的腐蚀性。

（2）废石场淋滤水

露天矿、排矿堆、尾矿及矸石堆经雨水淋滤、渗透后，形成含有高浓度硫酸和硫酸盐，以及 Cu、Pb、Zn、As、Hg、Cr、Ni 等元素的淋溶水地表径流，若未经处理排放，会直接或间接地污染地表水、地下水和周围的土地，并进一步污染农作物，有害元素成分经挥发也会污染空气。

（3）选矿废水

选矿废水的主要来源如下：

1）碎矿过程中湿法除尘的排水，碎矿及筛分车间、胶带走廊和矿石转运站的地面冲洗水。这类水主要含原矿粉末状的悬浮物，一般经沉淀后即可排放，沉淀物可进入选矿系统，回收其中的有用矿物。

2）洗矿废水，含大量悬浮物的选矿废水，通常经沉淀后澄清水回用于洗矿，沉淀物根据其成分进入选矿系统后排入尾矿系统。有时选矿废水呈酸性并含有重金属离子，则需进一步处理，其废水性质与矿山酸性废水相似，因而处理方法也相同。

3）冷却水，碎、磨矿设备冷却器的冷却水和真空泵排水。这类废水只是水温较高，往往被直接外排或冷却后回用于选矿。

4）石灰乳及药剂制备车间冲洗地面和设备的废水。这类废水主要含石灰或选矿药剂，应首先考虑回用于石灰乳或药剂制备，或进入尾矿系统与尾矿水一并处理。

在煤矿选矿中，处理 1t 煤用水量为 $2\sim8m^3$。在有色金属选矿中，处理 1t 矿石浮选用水 $4\sim7m^3$，重浮联选用水 $20\sim30m^3$，除去循环使用的水，绝大部分消耗的水伴随尾矿以尾矿浆的形式从选矿厂流出。据统计，若不考虑回水利用，每产 1t 矿石，废水的排放量大约为 $1m^3$。一般 1t 煤排放 $2.5m^3$ 矿井水，浮选法处理 1t 矿石，一般废水排放量为 $3.5\sim4.5m^3$；浮选-磁选法处理 1t 原矿石的废水排放量为 $6\sim9m^3$；若采用浮选-重选法处理 1t 原铜矿石的废水排放量为 $27\sim30m^3$。

在浮选过程中，为了有效地将有用组分选出来，需要在不同的作业中加入大量的浮选药剂，主要有捕收剂、起泡剂、有机和无机的活化剂、抑制剂、分散剂等。其中，黄药作为选矿过程中常用的浮药剂，是选矿废水中所含的主要污染物。黄药为淡黄色粉状物，有刺激性臭味，易分解，易溶于水，且在水中不稳定，尤其是在酸性条件下易分解。同时，部分金属离子、悬浮物、有机和无机药剂的分解物质等，都残存在选矿废弃溶液中，形成含有大量有害物质的选矿废水。

选矿废水中的污染物主要有悬浮物、酸、碱、重金属、氟、选矿药剂和其他的一些污染物，如油类、酚、铵、磷等。其中，重金属包括铜、铅、锌、铬及汞等离子及其化合物。选矿药剂主要是矿石浮选时用的各种有机和无机浮选药剂（包括剧毒的氰化物等）。废水中还含有各种不溶解的粗粒及细粒分散杂质。选矿废水中往往还含有钠、钾、镁、钙等的硫酸盐、氯化物或氢氧化物。选矿废水中的酸主要是含硫矿物经空气氧化与水混合而形成的。

煤炭的分选会排出大量黑色的洗煤水，其中主要含有大量的悬浮煤粉等，焦煤的浮选洗煤水中还含有油、酚、杂醇等有害物质。洗煤水的直接外排不仅严重浪费能源（煤泥），而且会染黑水域，影响景观，还会淤塞河道，影响水生生物生长等。

2. 矿山废水的主要污染物

（1）有机污染物

有机污染物是指废水中含有的碳水化合物、蛋白质、脂肪、木质素等有机化合物。矿山废水池和尾矿池中植物腐烂，可使废水中有机成分含量增加。矿山选矿厂、炼焦炉及分析化验室排放的废水中含有酚、甲酚、萘酚等有机物，它们对水生物极为有害。

（2）油类污染物

油类污染物是矿山废水中较为普遍的污染物。当油膜厚度在 $1\mu m$ 以上时，会阻碍水面的复氧过程，阻碍水分蒸发及大气与水体间的物质交换，影响鱼类和其他水生物的生长繁殖。

(3) 无机污染物

无机污染物主要包括 Hg、Cd、Pb、Cr、Cu 的化合物，放射性元素及砷、氟、氰化物等。重金属的毒性大，被重金属污染的矿山排水随灌渠进入农田时，除一部分流失，一部分被植物吸收外，剩余的大部分在泥土中聚积，当达到一定数量时，农作物就会出现病害。例如，当土壤中含铜达 20mg/kg 时，小麦会枯死，含铜达到 200mg/kg 时，水稻会枯死。此外，被重金属污染的水还会使土壤盐碱化。矿山废水中的氰化物主要来源于金属选矿及炼油、焦化、煤气工业等。例如，每吨锌、铅矿石进行浮选排放的废水中氰化物的平均浓度为 4~10mg/L，高炉煤气洗涤水中氰化物的含量最高可达 31mg/L；萤石矿的废水中含有氟化物，因为这种废水通常都是硬水，其中氟与钙或镁形成化合物沉淀下来，故毒性较小，而软水中的氟毒性却很大。

(4) 酸、碱污染物

酸、碱污染物是矿山水污染中较普遍的污染物。如美国某水体中的酸有 70% 来自矿山排水，尤其是煤矿排放的酸性矿井水。在矿山酸性废水中，一般都含有金属和非金属离子，其质和量与矿物成分、含量、矿床埋藏条件、涌水量、采矿方法、气候变化等因素有关。

酸性废水排入水体后，使水体的 pH 发生变化，消灭或抑制细菌及微物的生长，妨碍水体自净，还可腐蚀船舶和水工构筑物。若天然水体长期受酸或碱污染，水质将相应地逐渐酸化或碱化，从而产生生态影响。

酸、碱污染物不仅改变水体的 pH，还会大大增加水中一般无机盐和水的硬度。酸、碱与水体中的矿物相互作用产生某些盐类，水中无机盐的存在能增加水的渗透压，对淡水生物和植物生长产生不良的影响。

3. 矿山废水排放对生态环境和人类健康的影响

(1) 污染矿区及其周边的生态环境

矿山废水排入河流湖泊后，大量的悬浮固体会使河道淤塞；一些有毒的浮选剂等使水体及周围空气都有异臭，造成水中鱼虾减少、鱼肉有异味、鱼体变形等；有毒的重金属同样会对水源造成污染，尤其通过鱼虾及农作物的富集而对人体构成威胁。矿山废水引起的污染不仅限于矿区本身，它的影响范围远比矿区范围广。在美国的阿肯色、加利福尼亚等十几个州内，主要河流均受到金属矿山废水的污染，河水中所含的有毒元素，如 As、Cu、Pb 等，都超过了允许标准浓度。

(2) 危及人体健康及动植物的生存

矿山废水对人体健康的危害来自两个方面：其一，水中含有的微生物和病毒会引起各种传染病和疾病的蔓延；其二，矿山废水会污染饮用水，当饮用水中含有氰化物、砷、铅、汞、有机磷等有害物质时，会引起中毒事故。如选矿后的尾矿水中所含的酚类化合物达到有害浓度时，会引起头痛、头昏、贫血、失眠及其他神经系统症状；在含汞矿床排放的矿坑水中，汞含量超过 0.05mg/L 即可毒害人的神经系统，使人脑部受损，引起四肢麻木、视野变窄、发音困难等症状；铅在水中的浓度过高，会引起淋巴癌和白血病等。矿山水体污染严重时排入河流、湖泊，还会影响水生动植物的生长，甚至造成鱼虾绝迹。

（3）危害工农业生产

矿山废水污染对农业生产的危害也相当严重，尤其是酸性水侵入农田或用于灌溉会导致农作物不能正常生长，甚至枯萎、死亡。矿山废水也会给工业生产带来严重危害。地面和地下水受到污染后，若使用污染水进行生产，往往会降低产品质量或腐蚀设备，如井下酸性水能严重腐蚀管道和通排设备；经酸性水长期侵蚀的混凝土或木质结构，强度及稳定性将大大降低。

4. 疏干排水引起的水文地质环境问题

露采和井巷开掘均会使地下水的赋存状态发生变化。矿井疏干排水可改变地下水的天然径流和排泄条件，同时导致地下水资源的巨大浪费，使区域地下水水位大幅度下降，造成矿区水文地质环境的恶化。当疏干碳酸盐围岩含水层时，产生的溶洞有使地面塌陷的隐患；当采空区或井巷与地表储水体存在水力联系时，更会酿成淹没矿井的重大事故。矿井突水是煤矿常见的地质灾害。我国由于矿山疏干排水导致的矿井突水事故较多。在我国沿海地区的有些矿区（如复州湾黏土矿、金州湾石棉矿等），因疏干排水形成海水入侵，其入侵范围不断扩大，破坏了当地淡水资源，影响了植物生长。更严重的是，某些矿山由于排水，疏干了附近的地表水，浅层地下水长期得不到补充恢复，影响植物生长；有的矿区土地甚至石化和沙化，生态环境遭到破坏。

1.2.2 矿山大气污染

1. 矿区大气污染物的分类及其性质

现代矿山，特别是大型矿山，多由采矿、选矿和冶炼的联合企业开采，同时还设置为产品服务的建材、化工、烧结、焦化、电厂等辅助企业，这些企业都可能向矿区地面和井下空间排放各种无机和有机的气体、烟雾、矿物性及金属性粉尘。

采矿过程中产生的大气污染物主要来源于露天开采和井巷开采的爆破、运输及固体废物（简称固废）无序堆放、矿石加工、冶炼和利用过程。选矿过程中产生的大气污染物主要是破碎研磨及干燥过程中产生的粉尘及尾矿坝的干粉扬尘，其次是浮选车间挥发的药剂。

矿区大气污染物按其性质可分为气态污染物和气溶胶污染物两大类。

（1）气态污染物

采矿、选矿、冶炼生产过程中产生的气态污染物可分为：以 SO_2 为主的硫氧化物，以 NO 和 NO_2 为主的氮氧化物，以 CO_2 为主的碳氧化物，以及碳氢化合物和少数卤素化合物。此外，含铀、钍的矿山还存在放射性气体。

矿区大气中硫氧化物主要为 SO_2 和 SO_3，煤层或煤矸山自燃的矿区还排放 H_2S。据统计，1t 煤含硫量为 5~50kg；生产 1t 铅要排放 0.3t 硫，生产 1t 锌要排放 0.6t 硫；我国有色金属冶炼厂烟气中 SO_2 的体积分数一般为 4% 左右，高者可达 7%，每年进入烟气的总硫量约为 50 万 t，其中，SO_2 的体积分数大于 3.5% 的高浓度烟气硫排放量为 38.4 万 t/a，体积分数小于 3.5% 的低浓度烟气硫排放量为 11.63 万 t/a。可燃性硫在燃烧时，大部分与氧化合生成 SO_2，少量生成 SO_3。

氮氧化物包括 NO、NO_2、N_2O、N_2O_3、N_2O_4、N_2O_5 等，通常主要指 NO 和 NO_2。矿区氮氧化物主要来自冶炼厂的生产过程、锅炉烟气、露天开采及井工开采的炸药爆炸，以及矿区运输、装载、铲运等使用汽油、柴油为燃料的设备所排放的尾气。

碳氧化物是指 CO 和 CO_2。矿区碳氧化物主要来自冶炼生产，如生产 1t 铝排放 910~1000kg CO_2 和 80~400kg CO；此外，还来自矿山爆破作业，汽油、柴油等内燃设备排放的尾气及煤和矿石的自燃等。

（2）气溶胶污染物

矿区气溶胶成分极其复杂，含有数十种有害物质。矿区的气溶胶物质主要有粉尘和烟尘。

粉尘是指在矿山生产过程中，对矿物和岩石进行破碎、筛分、研磨、钻孔、爆破、运输等手段产生的悬浮于大气中或在大气中发生缓慢沉降的微小固体颗粒。粉尘属于固态、分散性气溶胶。

烟尘是指在冶炼和燃烧过程中矿物高温升华、蒸馏及焙烧时产生的固体粒子，属于固态凝聚性气溶胶，或是指常温下是固体物质，因加热熔融产生蒸气，并逸散到空气中，当被氧化后或遇冷时凝聚成极小的固体颗粒，分散悬浮于空气中。例如，在熔铅过程中，有氟化铅烟尘产生；电焊时有锰烟尘及氧化锰烟尘产生；黄铜和青铜中含有锌，当锌被熔化时，则有锌蒸气逸散到空气中，继而氧化成氧化锌烟尘等。这些微细的气溶胶颗粒都具有规则的结晶形态，并且其粒径比一般粉尘的小。

2. 矿区大气污染物对环境的影响

矿区的粉尘、废气和有害气体进入大气中，会降低大气能见度，降低到达地面的太阳光辐射量，在烟雾不散的情况下，比正常情况降低 40%。它还会改变矿区大气自然状态的成分和性质，甚至形成酸雨，导致大气环境质量下降。有害气体和酸雨的沉降会污染地表水、土壤、农作物和其他植被。酸雨进入土壤，会危害农作物和森林生态系统；进入地表，会引起水体酸化，破坏水生生态系统。酸雨还可能导致建筑物的金属和非金属材料部件受到缓慢腐蚀，损害人体健康，影响野生动植物生存。

煤炭的井工开采中所散发出来的甲烷，也称为煤层瓦斯（气），是宝贵的能源，但若不加以利用，排入大气中，将对臭氧层和地球温室效应产生很大影响，不仅污染矿区大气，还污染土壤。释放大量瓦斯的煤矿区的土壤呈灰色，无一定结构，可造成农作物部分或全部死亡。

3. 矿区大气污染物对人体造成的危害

矿区大气污染物可以直接通过人体的呼吸作用进入人体内，影响正常的生理功能。例如，人体吸入含 CO 的空气后，由于血红素与 CO 结合的亲和能力是与 O_2 亲和能力的 250~300 倍，CO 会很快散布到人体的各部分组织和细胞内，导致人因缺氧而窒息和血液中毒。由于毒物作用特点不同，有些毒物在生产条件下只引起慢性中毒，如矿山开采物、冶炼金属的排放物等，有些毒物常可引起急性中毒，如 CH_4、CO、Cl_2 等。

矿区大气污染物还可以产生刺激、腐蚀作用、窒息作用，引起职业病和中毒。如 SO_2、SO_3 与湿空气或湿表面接触形成硫酸，引起支气管炎、哮喘、肺气肿等病症。引起窒息的气体有 CO、H_2S、CH_4 等。矿区大气污染会引起多种职业病，如尘肺病、慢性职业中毒、急性职业中毒、职业性眼耳鼻喉病及职业性皮肤病等，其中以尘肺病为主，包括硅肺病、煤肺病、煤硅肺病等，占各种职业病的 70% 以上。矿区粉尘、烟尘污染引起烟雾笼罩，削弱了日光和紫外线的照射，能见度降低，杀菌作用减弱，易流行传染病，引发儿童佝偻病。

1.2.3 矿山固废污染

1. 矿山固废的产生

矿山开采过程所产生的无工业价值的矿体围岩和夹石统称为废石。废石包括井下岩巷掘进产生的废石及采矿产生的不能作为矿石的夹石和露天矿中剥离下来的矿体表面的围岩。露天矿山的开采需要事先剥离矿体上的覆土层和坡积物（称为剥离物）。当剥离工作接近矿体时，剥离物中往往会夹带部分矿石。在井工开采工程的初期，也会产生为建设主井、副井和风井广场而剥离的坡积物。

一般情况下，井下矿每开采 1t 矿石要产生废石 2~3t，一个大中型坑采矿山，基建工程中要产生 20 万~30 万 m^3 的废石，生产过程中还会产生 6 万~15 万 m^3 的废石。

露天矿每开采 1t 矿石要剥离废石 6~8t。我国矿山开采产生的剥离废石量更惊人，且矿山开采的采剥比大，如冶金矿山的采剥比为 1:2~1:4；有色矿山采剥比大多在 1:2~1:8，最高达 1:14；黄金矿山的采剥比最高可达 1:10~1:14。一个露天矿山的基建剥离废石量，少则几十万立方米，多则上千万立方米。我国几个较大的露天矿的总废石量就已达数亿吨。

矿石在选矿过程中选出目的精矿后，剩余的含目的金属很少的矿渣称为尾矿。通常，每处理 1t 矿石可产生尾矿 0.5~0.95t。我国目前大多数企业采用湿法选矿，尾矿大多以流体状态排出，每年排出尾矿 1 亿 t 左右，均用尾矿坝储存。金属矿床的矿石通常都要在矿山进行选矿，以提高矿物品位（含量），将有用的矿物运至冶炼厂，同时丢弃无用的废石。非金属矿床及燃料矿床一般所含的有用矿物较多，因而通常在矿山直接加工成产品，例如煤大多就是在矿山分选后外售，分选过程产生煤矸石和其他的杂质。

矿山生产工序及固体废物产生环节示意如图 1-2 所示。

我国矿山每年废石排放量超过 6 亿 t，仅露天铁矿山每年剥离废石就达 4 亿 t。目前我国废石的堆存总量已达数百亿吨，是废石排放大国。

2. 矿山固废对环境的影响

矿山废石和尾矿通常通过水、气和土壤影响周围环境。废石堆中的硫化矿物与空气接触时可被强烈氧化释放出 SO_2、CO_2、H_2S、NO 等有害气体。废石或尾矿在风化过程中可形成水溶性化合物或重金属离子，通过地表水或地下水严重污染周围水系和土壤，危害人体健康，影响农作物、森林、家禽和鱼类的生长繁殖。矿山废石和尾矿露天堆放，其中的有害成分通过风化、雨水和地表径流侵蚀渗入土壤，使土壤受到有害物质和放射性物质的污染，造成土壤酸化和盐渍化，使之发生结构变化，破坏土壤中微生物的生长，影响作物根系的生长。废石堆不稳定容易造成岩堆移动、泥石流等灾害，尾矿堆侵占土地，破坏自然景观，特别是任意排放和坝址布置不合理，对环境危害极大。

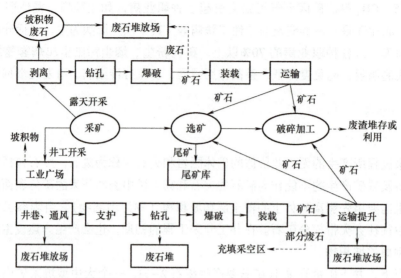

图 1-2　矿山生产工序及固体废物产生环节示意

3. 煤系固废对环境的影响

（1）侵占土地

根据不完全统计，截至2022年，我国煤矸石存量约为75亿t，2022年国内煤矸石产生量为8.08亿t，每年新增5亿~8亿t。大量的煤矿固体废物堆存，占用大量农田，这无疑加剧了我国人口多、可耕地资源短缺的紧张局面。煤炭工业还要大力发展，排放的煤矸石会越来越多，压占的土地也必将越来越多，我们必须高度重视这个问题。

（2）污染大气

煤矿固体废物在堆放及处理过程中会不同程度地排放出飘尘、二氧化硫、氮氧化物、一氧化碳和总氧化剂这五种污染物。在一定时期内，某些地区的煤系固废排放量比较大，对大气环境的污染比较严重。

在煤矸石自燃过程中，碳氧化成CO_2和CO，燃烧充分时主要生成CO_2，燃烧不充分时则生成的CO增多，此外还产生游离碳（表现为黑烟）。随着温度增高，部分矸石熔融，矸石山空隙减少，供氧出现不足，CO的产生量相对增多。CO由呼吸道进入人体，易与血红蛋白（Hb）结合生成碳氧血红蛋白（COHb），阻碍血红蛋白向体内供氧，引发人的中枢神经系统和酶中毒，当吸入CO体积分数在0.12%以上、作用于人体1h时，可使人的神经麻痹，甚至出现生命危险。大部分CO_2进入大气之中，大气中CO_2体积分数的增加，必然会给生态平衡带来一定影响，主要是加剧"温室效应"。

煤矸石中的硫分以有机硫化物和无机硫化物的形式存在。在燃烧过程中，有机硫化物分解、氧化生成SO_2，故有机硫化物称为可燃性硫化物；而无机硫化物多为硫酸盐，燃烧时不分解，残存于过火矸中，此种硫化物称为非可燃性硫化物。在燃烧时，可燃性硫主要生成SO_2，只有1%~5%氧化成SO_3。

SO_2在干燥洁净的大气中氧化成SO_3的过程是缓慢的，但当空气湿度较大、有颗粒物存在时，该氧化反应受到催化作用，产生大量的SO_3，在太阳紫外线照射下，可发生光化学反应，生成 SO_3 和硫酸雾。

SO_2 是无色但具有特殊臭味的刺激性气体，在人体吸入浓度低时，主要是刺激上呼吸道，引发气管炎等呼吸道疾病，当吸入浓度高（$>10^{-4}$）时，对呼吸道深部也有刺激作用，引起肺组织障碍、呼吸困难等严重疾病。近来还有人指出，SO_2 对骨髓、脾也有刺激甚至损伤作用，还会引发生成变性血红素，并破坏人的肌体内碳水化合物的正常代谢。当形成硫酸雾时，对呼吸道、肺泡有更强的毒害作用，其毒性比 SO_2 大 4~20 倍。

煤矸石中的黄铁矿，在自燃过程中放出硫化氢（H_2S），这是一种对人有强烈刺激作用的难闻气体，对人体的影响类似 SO_2。

煤矸石在自燃过程中，除产生上述有害气体外，还产生大量的烟尘，主要是可燃性碳氢化合物经氧化、分解、脱氢、缩合和聚合等一系列复杂过程形成的含有飞灰、炭黑的粒状浮游物。其中，粒径大于 10μm 者，容易沉降，称为降尘；粒径小于 10μm 者，不容易沉降，称为飘尘。飘尘对人体危害较大，它经过呼吸道沉积于肺泡，如果被溶解，就会浸入血液，造成血液中毒，未被溶解的飘尘有可能被细胞吸收，造成细胞破坏，侵入肺组织或淋巴结，进而引起尘肺。

此外，煤矸山经常粉尘飞扬，对大气环境造成严重污染。煤矸石从开始排放，到风化破碎之后较长时期内一直慢慢地释放着它本身带有的甲烷（CH_4），它和上述其他碳氢化合物一样污染着大气。

上述各种污染物往往数种同时共存于大气中，它们对人体的影响不仅比单一种类的污染物对人体的影响严重得多，而且大于各污染物的影响之和，这就是这些污染物之间的协同作用。它们不仅对人体造成上述种种严重危害，还对周围环境造成全面的污染影响，使周围的树木落叶，庄稼枯萎，还使下风向数千米之内的油漆褪色。

（3）污染水体

煤矿固体废物随大气降水和地表径流进入河、湖等地面水体，或随风飘迁落入地面水体，使地面水体受到污染；随渗沥水进入土壤，使地下水被污染；若直接排入江、河、湖、海，能造成更大范围的地表水体污染。

煤矸石对水体的污染按发生的原因分两种：一种是物理污染，大量的雨水将矸石上的细碎物质冲刷下来，形成混浊的泥流，流入附近水体中，造成对水体的物理污染；另一种是化学污染，煤矸石的成分一般不受冻结与解冻的影响，但是受析出的影响。渗入矸石堆中的水可浸出硫化物、碳化物以及铁、铝、镁、钡、钠等的氧化物。煤矸石中的硫化矿物与水和大气可发生化学反应，其实质是硫化矿物的氧化反应，反应式为

$$2FeS_2 + 7O_2 + 2H_2O = 4SO_4^{2-} + 2Fe^{2+} + 4H^+$$

$$4Fe^{2+} + O_2 + 4H^+ = 4Fe^{3+} + 2H_2O$$

$$Fe^{3+} + 3H_2O = Fe(OH)_3 \downarrow + 3H^+$$

以上三式相加，可得总反应式为

$$4FeS_2 + 15O_2 + 14H_2O = 8H_2SO_4 + 4Fe(OH)_3 \downarrow$$

从煤矸石山渗流出的水与其说是酸溶液，不如说是混合盐类的溶液，因为由上述反应式产生的酸继续与其他成分反应生成各种硫酸盐，被渗流水携带到地表水体中的酸实际上是酸

性盐的水解产物。如果矸石中含有较多的重金属矿物，重金属会对水体产生毒性污染，其危害往往较重，但这类污染不具有普遍性。

（4）诱发滑塌、泥石流等环境地质灾害

由于人们不重视对煤矸石的处理，不认真或根本不进行煤矸石贮存场地的设计，产生许多大型的、未经设计的、堆放极不正规的矸石山。煤矸石由于堆放不稳固而严重威胁着公共安全，历史上曾有惨痛的教训。1966年在英国南威尔士，一座高达60m的矸石山滑塌，0.11Mm³的矸石流落下来，使100多人丧生。造成这次事故的原因是矸石堆在一个泉眼上，使矸石山内水量达到过饱和，降低了矸石山的稳定性。1972年美国西弗吉尼亚的山谷连降72h暴雨，降雨量达94mm，使堆在山谷中的米德福克矸石蓄水坝破裂，近0.5Mm³的水携带近0.17Mm³矸石形成矸石流，倾泻到下游，冲毁了大量建筑物，使100余人死亡，4000多人无家可归。造成这两次惨祸的根本原因是贮矸场选址不当，矸石堆放时未经压实处理，堆积松散。此外，还不断有矸石烧死、熏死和滑塌压死人的报道。如果正在自燃的矸石山遇雨水渗入，矸石山内部的空气受热后急剧膨胀，会引发爆炸。

1.2.4 矿山物理性污染

矿山物理性污染主要包括噪声污染、热污染和放射性污染。

矿山噪声的来源主要有矿山采矿机械（包括凿岩机、钻机、风机、空压机和电动机等）振动、爆破、机械维修、选矿作业及矿区运输系统。矿山噪声源数量多、分布广，普遍未采取适当的控制措施，许多设备和作业区的噪声超过90dB的国家标准，对矿山工厂和附近居民造成危害。超过140dB的噪声会引起耳聋，诱发疾病，并能破坏仪器的正常工作，对栖息于该地区的动物构成生存威胁。

目前我国有部分矿床由于具有自燃倾向或处于热异常区，以及属于热水型矿井，开采深度虽不大，但热污染问题较突出。高温使得井下作业环境条件变差，不但影响工人的健康，而且使劳动生产率急剧下降。为解决工作面热污染问题，人们不得不采用特殊的矿山通风措施。

在开采铀矿或开采含铀、钍伴生的金属或非金属矿床时，矿山环境往往受到放射性物质的污染。伴生放射性矿主要污染核素有 ^{238}U、^{232}Th、^{226}Ra 和 ^{222}Rn 及其子体 ^{220}Rn，以及 ^{220}Rn 的子体等，特别是 ^{222}Rn 和 ^{220}Rn 及其子体对人类内照射剂量影响更大。伴生放射性矿的开发一般都是露天作业，在开发过程中形成了大量的粉尘，造成粉尘污染。此外，在生产单位的原料堆放场所，扬尘和生产工艺中产生的尾渣等都是造成大气放射性污染的源项。在推进生态文明建设、推进美丽中国建设的大背景下，矿山开采的辐射安全工作必须引起足够的重视。

1.2.5 矿山生态环境破坏

矿山生态系统是陆地生态系统的一个子系统，采矿生产使矿山生态结构破坏，矿山生态功能丧失或降低，生态环境恶化，生态平衡受到破坏。

矿山生态环境破坏问题根据矿山类别和问题特点大致可以分为三种类型：一是露天矿山开采对生态、自然景观的破坏；二是地下矿山开采造成的地面塌陷等问题；三是矿产资源采、选造成的化学污染和尾矿污染问题。当关注区域进一步扩大，矿山开采将导致数倍于开采面积的地表形态发生根本变化，从而严重影响该区域生态环境。以上问题在露天开采和井工开采中的具体表现如下。

1. 露天开采对生态环境的破坏

露天开采占用并破坏了大量土地，其中占用的土地是指生产、生活设施所占的土地；破坏的土地是指露天采矿场、排土场、尾矿场、塌陷区及其他矿山地质灾害破坏的土地。采矿过程中排放的废石和尾矿对土地资源的破坏最为严重。露天煤矿直接挖损对土地的破坏非常严重，不经生态重建或复垦治理将毫无利用价值。露天开采在很大程度上破坏了原来相对稳定的土壤、植被和山坡土体，破坏了矿山地面景观，产生的废石废渣等松散物质极易促使矿山地区水土流失，还对耕地、森林、草地等造成了破坏。

露天采场内疏干排水改变了地下水的自然流场及补、径、排条件，打破了地下水原有的自然平衡，破坏了大气降水、地表水与地下水的均衡系统转化关系，常常形成以采区为中心的大面积水位下降的漏斗区，造成水质恶化、泉眼干枯、对水源产生影响等。另外，露天开采使基岩裸露，易使流入境内的地下水酸化和受到重金属等有害物质的污染。而且，露天矿坑大量排放的酸性废水，对周围受纳水体也会产生一定的污染。此外，由于排出的废水入渗，也使地下水受到污染。水环境的变化与水资源的破坏继而影响地表土壤和植被，使之受到一定的污染，影响矿区的生态平衡，破坏了矿区周边的生态环境。

露天要剥离地表坡积物、土壤和矿体上覆岩层，地面及边坡开挖影响山体和边坡的稳定，导致岩（土）体变形，诱发崩塌、滑坡、泥石流等地质灾害。废石（渣）等大量的固体废物如果堆存不恰当、处置不合理，或堆积于山坡或沟谷中，在暴风雨情况下极易发生泥石流、滑坡、溃坝等事故，对矿山生态环境造成严重破坏。

采矿活动造成生物的生存环境或栖息地被破坏，这限制了生物的活动范围，影响了生物生存活力，导致生物多样性受损。由于矿产开采对矿区及周围水体、大气和土壤造成严重污染，导致某些生物减少，甚至灭绝，最终导致矿区生物多样性受损。在进行矿区生态修复和重建的过程中，人为引入的外来物种，对当地生态系统造成严重干扰和破坏，致使原有物种大量灭绝，导致矿区生物物种单一，生态系统退化。

露天采矿过程中的爆破产生的烟（粉）尘冲向天空，使土壤、植被和水体受到污染。露天堆积的排土场废弃土石，易于风化破碎，产生的大量粉尘随风飘扬，加重矿区环境的粉尘污染。降尘损害土地、农作物、景观和设备；飘尘的比表面积很大，能吸附有毒物质，它们发生协同作用时毒性更大，因而对生态环境的危害较大。

2. 井工开采对生态环境的破坏

井工开采破坏了地下岩层结构及地表水、地下水均衡系统，尤其是地下水循环系统。矿坑疏干排水使一些地下水源相继枯竭，造成大面积疏干漏斗、大批泉井干枯、水位下降、河水断流、地表水入渗或经塌陷灌入地下，使原本地下水良好的富水区变为缺水区；地面塌陷改变地表水体径流条件，使水质恶化；矿山废水的排放使矿区周围河道淤积、水质污染，造成水质型缺水，严重影响了矿山地区的生态环境。

大规模的地下采矿活动常引起大面积的地表变形，破坏了矿区原始的地形地貌，对土地资源破坏严重。地表变形通常是指由于地下采矿造成地表下沉、水平移动地表倾斜、地表弯曲等变形,甚至形成地表下沉盆地或出现漏斗状的塌陷坑。地表变形往往造成地表积水或地貌改变、建筑物断裂或倒塌、公路塌方、山坡滑落、水库漏水等,使矿区大片耕地变为凹凸不平的荒滩或阶梯状的洼地,造成山体崩塌、塌陷等地质灾害。

矿山井巷的开掘会破坏岩石应力平衡状态,由于地下采空,地面及边坡开挖影响山体、斜坡稳定,在一定条件下会引起山体崩塌、塌陷、滑坡等地质灾害,影响土壤和植被的生长,破坏矿区生态环境。特别是地表下沉和塌陷区引起地表水和地下水的水力联通,容易酿成淹没矿井的水灾事故。大面积地表塌陷的同时,会出现高度、深度不等的地裂缝,导致地面建筑物的坍塌,破坏地面景观,影响人民生活,甚至危及生命、财产安全。由于矿井疏干排水,在许多岩溶充水矿区,常常引起地面塌陷等灾害。

综上所述,矿产开发对矿山水环境、大气环境、土壤环境、声环境和生态环境的影响是严重的,而各种不利的环境影响最终都集中表现在对矿山生态系统的影响。研究各类污染产生的原因,提出经济、实用、高效的污染防治措施,是保障矿山可持续发展和生态平衡的重要任务。

思 考 题

1. 矿山废水的主要来源有哪些?以及矿山废水中主要存在哪些污染物?
2. 煤系固废对环境的主要影响有哪些?
3. 分别简述并列举煤炭露天开采与井工开采会带来哪些环境问题。
4. 请简述我国煤矿区主要存在的生态破坏和环境污染问题。

第2章
煤矿矿井水处理与资源化

2.1 煤矿矿井水处理与资源化方法

2.1.1 煤矿矿井水的水质特征

造成煤矿矿区污染的矿井水主要分为四类，分别是高悬浮物矿井水、高矿化度矿井水、酸性矿井水和含特殊污染物矿井水。

高悬浮物矿井水是所有煤矿矿井排水中最具普遍性和代表性的一种。矿井水中悬浮物的含量一般为几十至几百毫克每升，少数超过1000mg/L。煤矿矿井水中悬浮物主要成分为煤粉，呈现明显黑色，感观性状差。煤粉的相对密度一般只有$1.5g/cm^3$，远远小于地表水系中泥砂颗粒物的相对密度（平均相对密度为$2.4~2.6g/cm^3$）。

高矿化度矿井水也称矿井苦咸水，是矿化度（无机盐总含量）大于1000mg/L的矿井水。我国煤矿高矿化度矿井水的含盐量一般在1000~3000mg/L，少量矿井水达到4000mg/L。它主要含有SO_4^{2-}、Cl^-、Ca^{2+}、K^+、Na^+、HCO_3^-等粒子，硬度相应较高，水质多数呈中性或偏碱性，带苦涩味，少数为酸性。我国北方缺水煤矿的矿井水往往属于高矿化度矿井水。

酸性矿井水是水质特征为pH小于5.5的矿井水，其pH一般为3~5.5。当开采含硫矿层时，硫受到氧化与生化作用产生硫酸，酸性水易溶解煤及岩石中的金属元素，故铁、锰等金属元素及无机盐类含量增加，使矿化度、硬度升高，呈现出明显的黄色。

含特殊污染物矿井水主要是含有氟、铁、锰、铜、锌、铅、铀、镭等元素的矿井水。含氟矿井水来源于含氟较高的地下水区域或煤与岩石中含氟矿物萤石CaF_2、氟磷灰石；含铁、锰矿井水一般是在地下水还原条件下形成，多呈Fe^{2+}、Mn^{2+}的低价状态，有铁腥味，易变浑浊，可降低地表水的溶解氧；含重金属的矿井水主要有铜、锌、铅等；放射性元素水主要含有铀、镭等天然放射性核素及其衰变产物，其含量超过饮用水标准。

2.1.2 煤矿矿井水中悬浮颗粒物去除方法

矿井水中悬浮颗粒物的主要去除方法是以常规给水处理中的混凝、沉淀或澄清、过滤技术为基础，并针对含悬浮物矿井水的水质特征而增加一些预处理技术。

自 20 世纪 70 年代以来,"混凝+沉淀+过滤"一直是含悬浮物矿井水的主流处理工艺,适用于任何处理规模的含悬浮物矿井水。"澄清+过滤"技术于 20 世纪 90 年代在我国含悬浮物矿井水处理领域得到应用,并得到了较好的推广。"混凝+气浮+沉淀"工艺也常用于去除矿井水中的悬浮物,但是由于应用设备复杂,适用条件有限,目前在实际应用中已很少出现。

絮凝构筑物可分为水力搅拌和机械搅拌两种形式。水力搅拌絮凝构筑物主要有隔板絮凝池(分为往复式和回转式)、穿孔旋流絮凝池、涡流絮凝池、折板絮凝池、网格(栅条)絮凝池;机械搅拌絮凝构筑物主要为机械絮凝池。

澄清池多使用水力循环澄清池和机械搅拌澄清池两种。

常见的滤池有普通快滤池、无阀滤池、虹吸滤池、移动罩滤池、均质滤料滤池等。针对含悬浮物矿井水混凝性能差、处理规模和煤矿管理水平有限等特点,目前在含悬浮物矿井水处理中使用最多的过滤构筑物为普通快滤池和无阀滤池。

预处理主要采用预沉调节池,实现矿井水的预沉淀和调蓄水量。通常在进水悬浮物小于 500mg/L 时能够取得比较好的预处理效果,矿井水原水经平流式预沉调节池自然沉淀后,悬浮颗粒一般能够达到 50% 的去除率,尤其当矿井水中的悬浮颗粒以煤粉为主时,悬浮物的去除率更高。当矿井水原水中的悬浮物浓度超过 500mg/L 时,或矿井水原水中的悬浮颗粒以岩粉为主时,经平流式预沉调节池自然沉淀后,悬浮物的去除效果就不尽如人意,此时可在矿井水原水进入平流式预沉调节池之前投加高分子助凝剂 PAM,让水中的悬浮颗粒进行絮凝沉淀,加快原水中悬浮颗粒的沉降速度。当矿井水原水中的悬浮物浓度超过 800mg/L 时,需要在平流式预沉调节池前端增设辐流式预沉调节池,能够很好地提高悬浮物的去除率。

2.1.3 煤矿矿井水中铁锰去除方法

由于矿区缺水,很多煤矿都将矿井水净化处理后回用作为生产和生活用水。我国对矿井水回用作为生活用水和生产用水时,对铁、锰的含量进行了严格的限制,GB 5749—2022《生活饮用水卫生标准》中规定铁不超过 0.3mg/L,锰不超过 0.1mg/L。矿井水回用时铁和锰含量参照此标准执行,超过此标准的必须进行矿井水除铁和锰。矿井水除铁和锰的机理主要从地下水除铁和锰的技术中演变而来,主要是氧化法去除铁和锰。矿井水的氧化除铁和锰主要有空气氧化法、化学氧化法和接触氧化法三种。

1. 空气氧化法

含铁矿井水提升到地面后经曝气充氧,利用溶解氧将 Fe^{2+} 氧化为 $Fe(OH)_3$ 颗粒,因其溶解度小而沉淀析出,$Fe(OH)_3$ 颗粒在以后的沉淀、过滤等固液分离净化工序中被去除,从而达到除铁的目的,这种不依靠催化物质而利用空气直接将 Fe^{2+} 氧化为 $Fe(OH)_3$,然后将其颗粒从水中分离出来的除铁方法称为空气氧化法。该工艺对矿井水中的铁具有去除效果,但是当矿井水中的硅酸浓度为 40~50mg/L 时,自然氧化法除铁无效。当矿井水原水浊度、色度较高时,先去除浊度和色度后,再采用自然氧化法除铁的效果较好。自然氧化法对矿井水中的锰基本没有去除效果,除非将矿井水的 pH 提高到 9.5 以上时才有除锰效果。

2. 化学氧化法

对于铁、锰共存的矿井水，可先采用化学药剂（Cl_2 或 $KMnO_4$）氧化。Cl_2 是比氧更强的氧化剂，将它投入水中，能迅速将 Fe^{2+} 氧化为 Fe^{3+}。

$$2Fe^{2+}+Cl_2 = 2Fe^{3+}+2Cl^-$$

一般加入液氯或漂白粉作为氧化剂。理论上氧化 1mg/L 的 Fe^{2+} 离子需约 0.64mg/L 的氯，而实际上当水中含有有机物时，氯的消耗量要比此值大。

先向含有 Mn^{2+} 的水中投加氯，再流入锰砂滤池。在催化剂的作用下，氯将 Mn^{2+} 氧化为 $MnO_2 \cdot mH_2O$，并与原有的锰砂表面相结合。新生成的 $MnO_2 \cdot mH_2O$ 也具有催化作用，也是自催化反应。但是，此反应只有在 pH 大于 8.5 时才可以进行。所以，在实际水处理工艺中仅投加氯，并不能有效去除水中的锰。

高锰酸钾是比氧和氯都更强的氧化剂，对铁和锰的氧化都很有效。

$$3Fe^{2+}+MnO_4^-+2H_2O = 3Fe^{3+}+MnO_2+4OH^-$$

$$3Mn^{2+}+2MnO_4^-+2H_2O = 5MnO_2+4H^+$$

理论上氧化 1mg/L Fe^{2+} 离子需 0.94mg/L $KMnO_4$，但有人发现实际用量比理论量小时就有较好的除铁效果，这可能是因为 MnO_2 具有接触催化作用的缘故。

3. 接触氧化法

接触氧化法是指以溶解氧（空气）为氧化剂，以固体催化剂为滤料，以加速二价铁或二价锰的除铁、除锰方法。接触氧化法虽然用的是空气中的氧，但是与前述的空气氧化法不同，空气氧化法的曝气充氧先有一个氧化反应的过程和停留时间，再经过沉淀或过滤去除氧化后的固形物，又称容积氧化法。而接触氧化法是快速充氧后，铁、锰的氧化过程直接在滤池中进行。

接触氧化除铁的机理是催化氧化反应，起催化作用的是滤料表面的铁质活性滤膜 $Fe(OH)_3 \cdot 2H_2O$，铁质活性滤膜首先吸附水中的亚铁离子，被吸附的亚铁离子在活性滤膜的催化作用下迅速氧化为三价铁，铁质活性滤膜接触氧化铁的过程是一个自催化反应过程，其反应式如下

Fe^{2+} 的吸附：$Fe(OH)_3 \cdot 2H_2O+Fe^{2+} = Fe(OH)_2(OFe) \cdot 2H_2O+H^+$

Fe^{2+} 的氧化：$4Fe(OH)_2(OFe) \cdot 8H_2O+O_2+10H_2O = 8Fe(OH)_3 \cdot 8H_2O+4H^+$

接触氧化除锰的机理也是自催化反应，含锰矿井水在滤料表面的锰质活性滤膜 $MnO_2 \cdot xH_2O$ 的作用下，Mn^{2+} 被水中的溶解氧氧化为 MnO_2，并吸附在滤料表面，使滤膜得到更新，其反应式为

Mn^{2+} 的吸附：$Mn^{2+}+MnO_2 \cdot xH_2O = MnO_2 \cdot MnO \cdot (x-1)H_2O+2H^+$，

Mn^{2+} 的氧化：$2MnO_2 \cdot 2MnO \cdot (2x-2)H_2O+O_2+2H_2O = 4MnO_2 \cdot 2xH_2O$。

为排除铁快速氧化对锰氧化的干扰，接触氧化法采用一级曝气过滤除铁、二级曝气过滤除锰的分级方法。但是，工艺流程仍然比较复杂，运行费用也偏高；锰难以在滤层中快速氧化为 MnO_2，而附着于滤料上，形成锰质活性滤膜，除锰能力形成周期比较长，而且由于经常性反冲洗等外界因素的干扰，锰质滤膜有时根本不能形成，除锰效果更是呈现很不稳定的

状态。

由于地下水一般悬浮物、色度比较低，而含铁锰矿井水的悬浮物、浊度、色度往往比较高，所以含铁锰矿井水的处理工艺参数与地下水含铁锰的处理工艺参数会存在着较大的不同。

2.1.4 煤矿矿井水脱盐方法

由于煤矿缺水，往往需要将高矿化度矿井水处理后作为煤矿生产和生活用水，此时一般先要去除水中的悬浮物，再进行脱盐。高矿化度矿井水脱盐常用的处理技术有离子交换、蒸馏、电吸附除盐、电渗析和反渗透除盐淡化等技术。

离子交换技术一般适合于含盐量小于 500mg/L 的水质，目前主要用在锅炉软化水末端处理等方面，基本没有用在高矿化度矿井水处理的脱盐方面。

蒸馏技术是海水淡化工业中成熟的技术。从热源价格方面考虑，用蒸馏法处理含盐量在 4000mg/L 以下矿井水，是不经济的。由于热源来源限制，蒸馏法很少应用于矿井水的深度处理。

电吸附除盐技术是利用通电电极表面带电的特性对水中离子进行静电吸附，从而实现水质净化的目的。由于电吸附除盐技术的脱盐率在 50% 左右，设备庞杂，一般只适合原水含盐量小于 1500mg/L 的矿井水脱盐。

电渗析技术不能去除水中的有机物和细菌，设备运行能耗大，使其在苦咸水淡化工程中的应用受到局限，因而原有电渗析装置在苦咸水淡化方面逐渐被反渗透装置所取代。

反渗透除盐淡化技术具有适用范围广、工艺简单、脱盐率高（>95%）、水回收率高、操作管理方便、工艺技术先进可靠、运行稳定、出水水质好等特点。近年来，随着膜科学技术的发展，反渗透处理装置的一次性投资大幅下降，特别是低压膜的广泛应用，使反渗透处理运行成本大大降低。所以反渗透除盐淡化技术是目前常用的矿井水深度处理技术。煤矿矿井水反渗透处理系统对进水的要求最高，主要指标要求为 SDI_{15}（污染指数）≤5、浊度≤1NTU、余氯≤0.1mg/L（醋酸纤维素膜要求余氯≤0.5mg/L）等。

2.1.5 煤矿酸性矿井水处理方法

酸性矿井水的主要污染因子是酸污染、铁离子污染、黄水颜色污染、硫酸盐污染等。参考 GB 20426—2006《煤炭工业污染物排放标准》中采煤废水污染物排放限值，对于新建项目的酸性矿井水主要控制 pH、总悬浮物、化学需氧量、石油类、总铁、总锰等指标限制分别为 6~9、50mg/L、50mg/L、5mg/L、6mg/L、4mg/L。因此，酸性矿井水的处理：首先需要采用中和法调节 pH 至 7，然后去除悬浮物、铁和锰。根据国内外技术发展水平，酸性矿井水处理技术主要有中和法和人工湿地法等。

（1）中和法

中和法的原理是向酸性矿井水中投加中和剂。中和剂可以是各种碱性物质，一般采用石灰石、石灰、纯碱（Na_2CO_3）、烧碱（NaOH）作中和剂。石灰石、石灰作为中和剂主要有石灰石中和法、石灰中和法、石灰石-石灰联合处理法。采用石灰石中和法处理一般有三种形式：①石灰石、白云石普通滤池；②石灰石升流式膨胀滤池；③石灰石卧式中和滚筒。

酸性矿井水常用的中和剂是石灰。石灰来源方便，价格便宜，并且中和效果好，但是石灰作为中和剂也存在如下缺点：

1）石灰配制过程中粉尘污染而造成工作环境差。

2）石灰配制、石灰乳输送、投药过程复杂，劳动强度大。

3）中和过程产生的化学污泥量大。

4）设施和管道结垢严重。

石灰中和时，石灰的主要化学成分为 CaO，用水调配成石灰乳时则形成熟石灰 $[Ca(OH)_2]$，即

$$CaO + H_2O == Ca(OH)_2$$

熟石灰与酸性矿井水中 H_2SO_4 发生如下反应

$$Ca(OH)_2 + H_2SO_4 == CaSO_4 \downarrow + 2H_2O$$

同时还存在下列一些副反应

$$Ca(OH)_2 + FeSO_4 == CaSO_4 \downarrow + Fe(OH)_2$$
$$4Fe(OH)_2 + 2H_2O + O_2 == 4Fe(OH)_3 \downarrow$$
$$Fe_2(SO_4)_3 + 3Ca(OH)_2 == 2Fe(OH)_3 \downarrow + 3CaSO_4 \downarrow$$

烧碱和纯碱也可以作为中和剂。由于烧碱和纯碱价格太高，曾被放弃使用。随着经济的发展，由于石灰具有以上所述的缺点，烧碱和纯碱作为酸性矿井水的中和剂又被提起。采用烧碱和纯碱作中和剂的优点是配制溶解方便、用量少、污泥生成量少、不结垢等。国内如贵州和江西的一些中小型煤矿，由于酸性矿井水排放量较少，一般在 $100 \sim 1500 m^3/d$ 之间，采用石灰作为中和剂的缺点更为明显，所以很多煤矿采用烧碱或纯碱中和法处理酸性矿井水。国内有些产生酸性矿井水的煤矿为了减少酸性矿井水对井下轨道、设备、管道的腐蚀，需要在井下对酸性矿井水进行中和处理。石灰中和法就不太适合井下工作条件，一般采用烧碱或纯碱中和法较为合适。

（2）人工湿地法

人工湿地法处理酸性矿井水的净化机理一般认为是物理、化学和生物共同作用的结果。人工湿地集沉淀、过滤、吸附、氧化、微生物合成与分解代谢、植物的代谢与吸收作用于一体，可产生良好的出水水质。观测表明，氢离子、铁离子和悬浮物的去除率可达90%以上。在我国一些煤矿矿区，随着地下煤炭资源大量采出，岩体原有平衡遭到破坏，在采空区上方地表造成大面积的塌陷，这些塌陷区可培养生长、繁殖大量的植物、藻类和细菌，为人工湿地处理酸性矿井水提供了一些有利的条件。

按照要人工湿地中污染物处理机理的不同，可将人工湿地分为好氧湿地和厌氧湿地。在好氧湿地中，酸性矿井水中的金属离子经氧化作用和水解作用以氢氧化物的形式沉淀下来。在厌氧湿地中，酸性矿井水中的 SO_4^{2-} 在厌氧细菌的作用下被还原成 H_2S，H_2S 与金属作用生成不溶的金属硫化物。

按照水的流动方式，人工湿地分两种基本类型：一种是表面水流型，废水以潜水和漫流

的形式缓慢流过介质表面和介质上种植的水生植物等；另一种是地下水流型，废水是以渗滤流的形式，在介质表层之下缓慢流动，穿过介质和植物的根系。

虽然人工湿地法处理煤矿酸性矿井水在客观上和技术上均是可行的，但人工湿地进水理想的pH高于4.0，而煤矿酸性水pH一般为3.0~4.0，为了保持湿地系统中基质和腐殖土层的特性，以满足植物生长的要求，必须添加石灰石，结果导致成本提高和工艺复杂化。而且，湿地生态系统处理酸性水速度非常慢，停留时间长，一般要5~10d，需占用大量的面积。大片的塌陷区改造为具有处理能力的人工湿地，势必耗费巨大的投资；人工湿地还存在占地面积大、寒冷地区冬季处理效果差的缺点。这些限制了人工湿地在处理酸性矿井水方面的应用。

2.2 矿井水混凝沉淀处理工艺

2.2.1 矿井水的混凝沉淀处理基本原理

由于含有悬浮颗粒物和胶体污染物，矿井水通常会采用混凝沉淀法进行除浊处理。首先向矿井水中投加化学药剂来破坏胶体和悬浮颗粒在水中形成的稳定分散系，使其凝集成有明显沉降性的絮凝体，经过加药混合池后进入沉淀池，然后用重力沉降法分离去除。沉淀污泥通过沉淀浓缩后，经排泥管送到脱水车间处理，沉淀池出水进入下一处理单元。

1. 混凝工艺基本原理

目前混凝的过程较复杂，并不能完全解释其机理，常采用DLVO理论作为混凝的工艺原理。根据DLVO理论，混凝剂对水中胶体粒子的混凝作用有电性中和、吸附架桥和卷扫作用三种。

1）电性中和主要是低分子电解质对胶体微粒产生电中和，以引起胶体微粒凝聚。

2）吸附架桥作用是指不仅带异性电荷的高分子物质与胶粒具有强烈吸附作用，不带电甚至带有与胶粒同性电荷的高分子物质与胶粒也有吸附作用。对高分子物质吸附架桥作用的研究表明：当高分子链的一端吸附了某一胶粒后，另一端又吸附另一胶粒，形成"胶粒—高分子—胶粒"的絮凝体，如图2-1所示。高分子物质在这里起到胶粒与胶粒相互结合的桥梁作用，故称为吸附架桥作用。当高分子物质投量过多时，将产生"胶体保护"作用，如图2-2所示。胶体保护可理解为：当全部胶粒的吸附面均被高分子覆盖以后，两胶粒接近时，就受到高分子的阻碍而不能聚集，这种阻碍来源于高分子之间的相互排斥（图2-2）。排斥力可能由于"胶粒—胶粒"之间高分子受到压缩变形（像弹簧被压缩一样），也可能由于高分子之间的电性斥力（对带电高分子而言）或水化膜而具有排斥势能。因此，高分子物质投量过少，不足以将胶粒架桥连接起来，投量过多又会产生胶体保护作用。最佳投加量应是既能把胶粒快速絮凝起来，又可使絮凝起来的最大胶粒不易脱落。根据吸附原理，胶粒表面高分子覆盖率为1/2时絮凝效果最好。但在实际水处理中，胶粒表面覆盖率无法测定，故高分子混凝剂投量通常由试验确定。

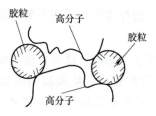

图 2-1 吸附架桥模型示意

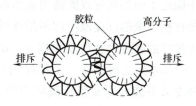

图 2-2 胶体保护示意

起架桥作用的高分子都是线性分子且需要一定长度。长度不够不能起粒间架桥作用，只能被单个分子吸附。所需最小长度，取决于水中胶粒尺寸、高分子基团数目、分子的分枝程度等。

3）卷扫作用（也称网捕作用）是指当混凝剂投量很大而形成大量氢氧化物沉淀时，可以网捕、卷扫水中胶粒，使其产生沉淀分离。这种作用基本上是一种机械作用，所需混凝剂量与原水杂质含量成反比，即原水胶体杂质含量少时，所需混凝剂多，反之亦然。

目前关于铝盐的混凝机理研究较多，将硫酸铝 $[Al_2(SO_4)_3]$ 投入废水中，产生 Al^{3+} 和 SO_4^{2-}。Al^{3+} 是高价阳离子，它大大增加了废水中的阳离子浓度，在带负电荷的胶体微粒吸引下，Al^{3+} 由扩散层进入吸附层，使 ξ 电位降低。于是带电的胶体微粒趋向电中和，消除了静电斥力，降低了它们的悬浮稳定性，当再次相互碰撞时，即凝聚结合为较大的颗粒而沉淀。

Al^{3+} 在水中水解后最终生成 $Al(OH)_3$ 胶体，$Al(OH)_3$ 胶体是带电胶体，当 pH<8.2 时，带正电。它与废水中带负电的胶体微粒互相吸引，中和其电荷，凝结成较大的颗粒而沉淀。$Al(OH)_3$ 胶体有长的条形结构，表面积很大，活性较高，可以吸附废水中的悬浮颗粒，使呈分散状态的颗粒形成网状结构，成为更粗大的絮凝体（矾花）而沉淀。

显然，铝盐的多核水解产物，分子尺寸都不足以起粒间架桥作用，它们只能被单个分子吸附从而起电性中和作用。而中性氢氧化铝聚合物 $[Al_2(SO_4)_3]_n$ 则可起架桥作用，不过目前对此尚有争议。

在此仅讨论与明矾有关的化学反应。明矾能在水中离解，产生可以中和胶体负电荷的 Al^{3+} 离子。然而，大部分铝离子与水中的碱度（重碳酸根）反应生成难溶的氢氧化铝 $Al(OH)_3$。总的化学反应如下

$$Al_2(SO_4)_3 \cdot 18H_2O + 6HCO_3^- = 2Al(OH)_3 \downarrow + 18H_2O + 3SO_4^{2-} + 6CO_2$$

如果没有足够的重碳酸根来使这一反应发生，一般可通过增加石灰 $Ca(OH)_2$ 或碳酸钠 Na_2CO_3（苏打）来使 pH 升高。形成的氢氧化铝沉淀物是一种轻的、蓬松的絮体，它在沉降过程中能将脱稳的颗粒物吸附在它的表面。这些脱稳的颗粒物也能通过相互碰撞凝聚长大。

颗粒物脱稳的程度可用碰撞效率因子 α 来定量描述，α 可定义为能导致凝聚的颗粒间碰撞的次数占总碰撞次数的分数。如果颗粒是完全脱稳的，那么每一次碰撞都会产生凝聚，因而 $\alpha=1$。反之，例如，当 $\alpha=0.25$ 时，颗粒间的四次碰撞中只有一次能使颗粒黏结在一起。将混凝剂投入快速混合/混凝（Rapid Mixing/Coagulation）池的原水中，采用快速旋转的叶轮混合化学药剂。混凝池中的水力停留时间一般小于 0.5min。然后池中叶轮平缓地搅动约 0.5h，进行絮凝（Flocculation）反应。在这段时间里，正在沉淀的氢氧化铝形成清晰可见的絮体。在絮凝池里的搅拌必须非常谨慎。搅拌必须使颗粒彼此充分接触，并且使絮体的尺寸

长大，但又不能过于强烈而导致脆弱的絮体颗粒破碎。搅拌也有助于防止絮体在絮凝池中沉淀下来，但是在接下来的沉淀池中却不用这样做。

絮凝池里搅拌的强度由参数 G 来描述，G 为均方根速度梯度，或者更简单地称作混合强度。G 值是一个基本的工程参数，工程师用它来控制搅拌强度，使颗粒间的碰撞率达到最大，而搅拌强度又不会大到使絮体破坏的程度。混合强度 G 取决于输入搅拌浆上的功率，可以表示为如下形式

$$G = \sqrt{\frac{P}{\mu V_b}} \tag{2-1}$$

式中　P——输入搅拌浆上（或其他混合方式）的功率（W）；

　　　V_b——容器的体积（m^3）；

　　　μ——水的黏度（Pa·s）。

颗粒物凝聚的速率可看作总颗粒数量浓度变化的速率。颗粒数量浓度 N 等于总颗粒物数（这里每一个颗粒都作为单一的颗粒来对待，且不管它是凝聚态的还是单一态的）除以水的体积。每次两颗粒碰撞后凝聚在一起，颗粒物的数量浓度就相应减少一个。因此，絮凝的速率在数学上可以表示为 dN/dt。由于絮凝池中存在多个混合浆叶，因此每一个小室都是一个连续搅拌槽式反应器（CSTR），从一个小室流出的出水中的颗粒物浓度是紧接着的另一个小室进水中的颗粒物浓度。通过考虑一种简单的、条件仍然与实际相对应的情况，可以清楚地了解混凝/絮凝过程。

假定初始时所有颗粒物的大小近似相同（称为单分散分布），水的混合是相对缓和的（称为层流混合），凝聚体的体积是组成凝聚体（称为聚结团聚作用）的各单个颗粒物体积的总和。在这种情况下，絮凝的速率 $r(N)$ 可表示为如下形式

$$r(N) = -kN \tag{2-2}$$

式中　N——颗粒物数量浓度；

　　　k——一定工艺条件下的絮凝速率常数。

其中，

$$k = \frac{4\alpha\Omega G}{\pi} \tag{2-3}$$

式中　α——碰撞效率因子；

　　　Ω——絮体的体积。

Ω 的定义式如下

$$\Omega = \frac{\pi d_p^3 N_0}{6} \tag{2-4}$$

式中　N_0——直径为 d_p 的单分散颗粒物的初始数量浓度。

Ω 可以看作每升水中颗粒物的总体积，换句话说，它是颗粒物的体积浓度，而不是颗粒物的数量浓度。因为，在颗粒聚结团聚过程中，尽管颗粒物的数量浓度随着团聚作用的进行而变化，但絮状物的体积浓度是常数。

【例 2-1】　矿井水沉淀前的絮凝作用。

为了改善沉淀效果，通过添加明矾使直径为 0.01mm 的矿井水悬浮物颗粒完全脱稳，脱

稳后的颗粒流过两个并排的搅拌良好的絮凝室中的一个。絮凝室是一个每条边长都为 3.5m 的立方体。在每一絮凝室里，利用桨式混合器，以 2.5kW 的功率进行混合。絮凝室进水的颗粒数量浓度为 10^5 个/mL。求离开絮凝池的凝聚体的平均直径。

解： 每一絮凝室处理污水厂进水量 3.0MGD（MGD 代表百万加仑每天的流量，它是美国水和废水处理的流量的单位，$1.0\text{MGD}=0.043\text{m}^3/\text{s}$）的一半，即每一个絮凝室接收的水量为 1.5MGD。

首先，用式（2-1）算出混合强度 G。

$$G=\sqrt{\frac{2.5\text{kW}\times1000\text{W}/\text{kW}}{0.001145\text{Pa}\cdot\text{s}\times(3.5\text{m})^3}}=226\text{s}^{-1}$$

絮凝室如同稳态的连续搅拌反应器，其中发生颗粒数量浓度的一级衰减。

对于一级衰减的稳态 CSTR，质量守恒关系是输入的速率＝输出的速率＋$V_b kC$（C 为质量浓度）。

对絮凝室，以颗粒物的数量浓度 N 而不是质量浓度 C 计算，并且用式（2-1）~式（2-4）中定义的变量来写出这样的等式

$$QN_0=QN+V_b kN$$

式中　Q——设计水量；

N_0——进水的颗粒数量浓度；

N——出水的颗粒数量浓度；

V_b——沉沙池的容积。

等式两边同时除以 QN，可得

$$\frac{N_0}{N}=1+k\frac{V_b}{Q}=1+\frac{4\alpha\Omega GV_b}{\pi Q}$$

需要知道颗粒物的直径 d_p 和初始颗粒数量浓度 N_0，以确定絮体的体积 Ω。假定颗粒物的直径为 $1\times10^{-5}\text{m}$，并且初始颗粒数量浓度为 10^5 个/mL，则絮体体积为

$$\Omega=\frac{\pi(1\times10^{-5}\text{m})^3\times\left(\frac{10^5}{\text{mL}}\right)\times\left(\frac{10^6\text{mL}}{\text{m}^3}\right)}{6}=5.24\times10^{-5}$$

并且 $\alpha=1.0$，既然悬浮物颗粒是完全脱稳的，因此

$$\frac{N_0}{N}=1+\frac{4\times5.24\times10^{-5}\times226\text{s}^{-1}}{\pi}\times\frac{(3.5\text{m})^3}{1.5\text{MGD}\times0.0438\text{m}^3/\text{s}/\text{MGD}}=10.8$$

这就意味着平均每一聚集物包含 10.8 个最初的直径为 0.01mm 的悬浮物颗粒。由于这一方法假定颗粒聚结形成凝聚体，那么平均凝聚体的体积 V_a 应该等于单个颗粒物体积 V_p 的 10.8 倍，即 $V_a=10.8V_p$。要求凝聚体的平均直径 d，利用上式可得

$$V_a=\frac{\pi}{6}d_a^3=10.8\frac{\pi}{6}d_p^3$$

由此可得

$$d_a=(10.8d_p^3)^{\frac{1}{3}}=[10.8\times(0.01\text{mm})^3]^{\frac{1}{3}}=0.0221\text{mm}$$

对铝盐混凝剂（铁盐类似）而言，当pH<3时，简单水合铝离子$[Al(H_2O)_6]^{3+}$可起压缩胶体双电层作用；在pH=4.5~6.0范围内（视混凝剂投量不同而异），主要是多核羟基配合物对负电荷胶体起电性中和作用，凝聚体比较密实；在pH=7~7.5范围内，电中性氢氧化铝聚合物$[Al(OH)_3]_n$可起吸附架桥作用，同时存在某些羟基配合物的电性中和作用。

阳离子型高分子混凝剂可对负电荷胶粒起电性中和与吸附架桥双重作用，絮凝体一般比较密实，非离子型和阴离子型高分子混凝剂只能起吸附架桥作用。当高分子物质投量过多时，也产生"胶体保护"作用，使颗粒重新悬浮。

2. 沉淀工艺基本原理

沉淀是反应物所在溶液发生化学反应从而生成不溶于溶液的物质，这些物质在重力作用下可以完成固液分离。根据水中悬浮颗粒浓度的高低、性质及悬浮颗粒的絮凝性能的不同，以及按照其在水处理工艺环节中的不同表现，可以把沉淀分为自由沉淀、絮凝沉淀、拥挤沉淀、压缩沉淀。

1）自由沉淀也称离散沉淀，由于悬浮颗粒的浓度较低，而且沉淀过程中悬浮颗粒物呈离散状态，颗粒间不会互相黏合，也不改变颗粒的形状、粒度及密度，各自独立完成沉淀过程。影响颗粒沉降速度的主要因素为颗粒形状、粒度及密度。另外，自由沉降过程通常发生在较短的时间内，所以水流的水平流速与停留时间对沉淀效果会有很大影响。因为沉降发生在稀溶液中，且颗粒离散，所以原水的颗粒浓度并不会影响沉淀效果。平流沉淀池即属于较为典型的自由沉降，初沉池的初期沉降也属于自由沉降，但自由沉降很短的时间后，絮体之间便会发生黏结，转变为另一种沉淀类型。

2）絮凝沉淀是指一种絮凝性颗粒在稀悬浮液中的沉淀。当悬浮物浓度较高（≥50mg/L）时，各微小絮体在沉降过程中相互碰撞黏结，形成较大的絮状体，其颗粒质量、形状、粒径及密度不断发生变化，沉降速度也会相应改变。比较典型的絮凝沉降包括初沉池中颗粒经过短暂的自由沉淀之后即转入絮凝沉降，以及活性污泥法中二沉池内的初期沉淀。

3）拥挤沉淀是水中悬浮物颗粒浓度较大时，在下沉过程中将彼此干扰。颗粒的沉降速度为颗粒做自由沉降时的速度与液体上涌速度之差。当颗粒浓度还不太高时，只在一定程度上降低沉降速度，颗粒还保持各自的沉降形式。随着颗粒浓度的进一步增大，颗粒间的干涉影响加剧，沉速大的颗粒也超不过沉速小的颗粒，在聚合力的作用下，颗粒群结合成为一个整体，各自保持相对不变的位置，共同下沉，液体与颗粒群之间形成清晰的界面，故拥挤沉淀又称成层沉淀。当浑液面以等速下沉到一定高度后，浑液面的沉速逐渐减慢，这时浑液面开始进入压缩沉降的范围。二沉池中活性污泥的沉淀中期和混凝沉淀池中的沉淀都是典型的拥挤沉淀。

4）压缩沉淀也称为污泥浓缩，当沉降颗粒积聚在沉淀池底部后，后沉降的颗粒因其自身重量将会挤压先沉降的颗粒。随着压力的累积增加，存于颗粒空隙间的水分会被挤出，使污泥浓度升高。二沉池中活性污泥的沉淀后期及浓缩池内的污泥浓缩都属于压缩沉淀。

虽然颗粒物具有不规则的形态，但是它们的大小可以用与其沉降速度相等的球体的当量直径来表示。可以使用一种相当简单的方法来计算球形颗粒物的沉降速度。当某一球形颗粒达到它的最终速度时，向下的重力与阻力和浮力平衡。

雷诺数用下式表示

$$Re = \frac{\rho v_s d_p}{\mu} \tag{2-5}$$

式中 ρ——水的密度；

v_s——颗粒沉降的速度；

d_p——颗粒的水力学直径；

μ——水的绝对黏度。

只需要考虑层流区的情况来理解沉淀池操作的基本原理。在层流区，$Re<1$，阻力可以表示为

$$F_D = 3\pi\mu v_s d_p \tag{2-6}$$

重力和浮力分别可以表示为

$$\begin{cases} F_G = mg = V_p \rho_p g \\ F_B = m_w g = V_p \rho g \end{cases} \tag{2-7}$$

式中 g——重力加速度，$g = 9.8 \text{m/s}^2$；

m——颗粒物的质量；

m_w——颗粒物排开的水的质量；

V_p——颗粒物的体积，$V_p = \pi d_p^3 / 6$；

ρ_p——颗粒密度。

可以看出，当颗粒物达到最终的沉降速度时，作用在颗粒上的力的平衡可表示为

$$F_G = F_D + F_B$$

将式（2-6）和式（2-7）代入平衡方程中，即

$$\frac{\pi d_p^3 \rho_p g}{6} = 3\pi\mu v_s d_p + \frac{\pi d_p^3 \rho g}{6} \tag{2-8}$$

简化得到斯托克斯定律

$$v_s = \frac{g(\rho_p - \rho) d_p^2}{18\mu} \tag{2-9}$$

颗粒通过沉淀池时沉降的高度为

$$h_p = v_s \theta = \frac{v_s V_b}{Q} \tag{2-10}$$

式中 θ——水在沉淀池中的水力停留时间；

V_b——沉淀池的容积；

Q——通过沉淀池中水的流量。

在沉淀池中，如果颗粒物沉降到池的底部，则认为已从水中除去。为了能沉降到沉淀池的底部，颗粒的沉降速度必须大于或等于临界沉降速度 v_0，即

$$v_0 = \frac{h}{\theta} = \frac{hQ}{V_b} = \frac{hQ}{hA_b} = \frac{Q}{A_b} \tag{2-11}$$

式中 h——沉淀池有效水深；

A_b——矩形沉淀池的底面积。

临界沉降速度（也称为表面负荷率或者溢流率）是能保证从沉淀池中除去颗粒的最小沉降速度。换句话说，沉降速度大于或等于临界沉降速度 v_0 的颗粒能 100% 从水中除去。因此，基于式（2-9）和式（2-11），如果想要从水中除去所有粒径为 d 的颗粒，当通过沉淀池的流量为 Q 时，矩形沉淀池底面积 A_b 必须是

$$A_\mathrm{b} = \frac{18Q\mu}{g(\rho_\mathrm{p}-\rho)d_\mathrm{p}^2} \tag{2-12}$$

虽然许多水和废水处理厂的澄清池不是矩形，而是圆形，式（2-11）和式（2-12）仍然可以使用。然而，对于圆形的澄清池，池的底面积是 π 乘以池子半径的平方，而不是矩形沉淀池的长乘以宽。大部分圆形沉淀池都是从中心进水，处理后的出水从池子周边的出水堰流出。如果池子太小，水流向出水堰的速度太快，固体就会因为运动得过快而不能沉淀下来。一般溢流率的范围为 $1\sim2.5\mathrm{m^3/(m^2 \cdot h)}$。另一个影响沉淀池效果的参数是停留时间。任何池子的水力停留时间是容积除以进水的流量，在数量上它等于以日平均流量的速度进水放满一个空水池所需要的时间。尽管溢流率不取决于沉淀池的深度，但水力停留时间却与深度有关。一般停留时间范围为 $1\sim4\mathrm{h}$。

【例 2-2】 沉淀池中泥沙的去除。

某一矿井水处理厂用一圆形沉淀池来处理 3.0MGD 的矿井水。井下矿井水清仓时，矿井水中经常夹带着直径为 0.010mm、平均密度为 $2.2\mathrm{g/cm^3}$ 的泥沙颗粒。在使用前必须将水中的泥沙去除。澄清池深为 3.5m，直径为 21m，水温为 15℃。该澄清池的水力停留时间为多少？该澄清池能去除矿井水中所有的泥沙颗粒吗？

解：一个容器的水力停留时间 θ 可用下式计算

$$\theta = \frac{V}{Q} \tag{2-13}$$

式中 V——容器的体积；

Q——水流通过容器时的流量。

圆形池的体积

$$V = \frac{\pi d_\mathrm{b}^2 h}{4}$$

式中 d_b——圆形池的直径；

h——圆形池的深度。

因此，澄清池的水力停留时间为

$$\theta = \frac{\pi d_\mathrm{b}^2 h}{4Q} = \frac{\pi \times (21\mathrm{m})^2 \times 3.5\mathrm{m}}{4 \times 3.0\mathrm{MGD} \times (0.0438\mathrm{m^3/s/MGD})} = 9226\mathrm{s} = 2.6\mathrm{h}$$

要弄清泥沙颗粒能否被去除，就需要计算它们的沉淀速度，并且将其与沉淀池的临界沉淀速度相比较。假定在 15℃ 下，水的密度为 $999.1\mathrm{kg/m^3}$，黏度为 $0.00114\mathrm{kg \cdot (m \cdot s)}$。然后利用式（2-9）求得颗粒物的沉降速度：

$$v_\mathrm{s} = \frac{9.8\mathrm{m/s^2} \times (2200-999.1)\mathrm{kg/m^3} \times (10^{-5}\mathrm{m})^2}{18 \times 0.00114\mathrm{kg/(m \cdot s)}} = 5.74 \times 10^{-5}\mathrm{m/s}$$

该沉淀池的临界速度为

$$v_0 = \frac{h}{\theta} = \frac{3.5\text{m}}{9226\text{s}} = 38 \times 10^{-5} \text{m/s}$$

泥沙的沉降速度明显小于沉淀池的临界速度,因此该沉淀池不能将水中的泥沙全部去除。注意,临界速度也可以通过水的流量除以沉淀池的表面积得出。

20 世纪初,哈真(Hazen)提出了浅池理论:设斜管沉淀池池长为 L,池中水平流速为 V,颗粒沉速为 U_0,在理想状态下,$L/H = V/U_0$。可见,当 L 与 V 不变时,池身越浅,可被去除的悬浮物颗粒越小。若用水平隔板,将 H 分成 3 层,每层层深为 $H/3$,在 U_0 与 V 不变的条件下,只需 $L/3$,就可以将 U_0 的颗粒去除。也即总容积可减少到原来的 1/3。如果池长不变,由于池深为 $H/3$,则水平流速为 $3V$,仍能将沉速为 U_0 的颗粒除去,也即处理能力提高 3 倍。同时将沉淀池分成 n 层,就可以把处理能力提高 n 倍。

2.2.2 矿井水混凝沉淀处理的构筑物

混凝沉淀处理的流程包括投药、混合、反应及沉淀分离。其示意流程如图 2-3 所示。

图 2-3 混凝沉淀处理的示意流程

可将混凝沉淀分为混合、反应、沉淀三个阶段。混合阶段的主要作用是将药剂迅速、均匀地分配到废水中的各个部分,以压缩废水中胶体颗粒的双电层,降低或消除胶粒的稳定性,使这些微粒能互相聚集成较大的微粒——绒粒。混合阶段需要剧烈短促地搅拌,作用时间要短,以获得瞬时混合的效果为最好。反应阶段的作用是促使失去稳定的胶体粒子碰撞结大,成为可见的矾花绒粒,所以反应阶段需要较长的时间,并且只需缓慢地搅拌。在反应阶段,由聚集作用所生成的微粒与废水中原有的悬浮微粒之间或各自之间,由于碰撞、吸附、黏着、架桥作用生成较大的绒体,然后送入沉淀池进行沉淀分离。进行混凝沉淀处理的废水经过投药混合反应生成絮凝体后,进入沉淀池实现絮凝体沉淀,并与水分离,最终达到净化的目的。

针对含悬浮物矿井水混凝性能差和处理规模有限等特点,目前在含悬浮物矿井水处理中使用的絮凝构筑物主要有网格絮凝池、折板絮凝池和穿孔旋流絮凝池,其中前两种絮凝池使用得最多。由于穿孔旋流絮凝池在矿井水中的絮凝效果不是特别好,并且易于积泥,目前在矿井水絮凝构筑物中使用较少。

沉淀池按照水在池中的流动方向划分为平流式沉淀池(卧式)、竖流式沉淀池(立式)、辐流式沉淀池(辐流式或径流式)、斜流式沉淀池(斜管、斜板类)等类型。矿井水净化处理大多是平流式沉淀、斜管(板)沉淀,在含悬浮物矿井水处理中,使用最多的沉淀构筑物为斜管(板)沉淀池。斜管(板)沉淀池是指在沉淀池有效容积一定的条件下,通过增设一层或多层斜管(板)的方式,增加沉淀面积,从而达到比较高的悬浮颗粒去除效果的一种沉淀构筑物。斜管(板)沉淀池增加了沉淀面积,优化了矿井水中悬浮颗粒的沉降条件,缩短了沉淀距离,沉淀效率高,容积小,占地面积少,适用于各种含悬浮物矿井水处理中的沉淀单元使用。在斜板沉淀池中,按水流与沉泥相对运动方向可分为上下流、同向流、侧向流三种形式。而斜管沉淀池只有上向流、同向流两种形式。目前,上向流斜管沉淀池和侧向流斜板沉淀池是最常用的两种基本形式。在矿井水悬浮物较高时,斜管沉淀池会出现堵塞、垮塌,刮泥机无法使用,排泥管堵塞等影响正常运行的问题。

1. 网格絮凝池

网格絮凝池是在池内沿流程一定距离的过水断面中设置网格的絮凝池(图2-4)。水流通过网格时,相继收缩、扩大,形成漩涡,造成絮粒碰撞。其构造一般由安装多层网格的多格竖井组成,各竖井之间的隔墙上、下交错开孔。各竖井的过水段面尺寸相同,平均流速相同。絮凝池的能耗由不同规格的网格及层数进行控制,一般分为三段,前段采用密网,中段采用疏网,末端不安装网,絮凝过程中 G 值发生变化。网格絮凝池流速一般按照由大到小进行设计。反应时间为 $10\sim30\min$,平均 G 值为 $20\sim70\mathrm{s}^{-1}$,GT 值为 $10^4\sim10^5$,以保证絮凝过程的充分和完善。絮凝时间为 $6\sim15\min$,絮凝池内的速度梯度 G 由进口至出口逐渐减小。为使絮粒不致被破坏或产生沉淀,絮凝池内流速必须加以控制,控制值随絮凝池形式而异。网格絮凝池的絮凝效果较好,絮凝时间相对较少,水头损失较小。其缺点是网眼易堵塞,池内平均流速较低,容易积泥。

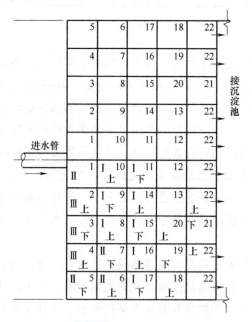

图 2-4 网格絮凝池

图 2-4 彩图

注:阿拉伯数字代表水流方向;罗马数字代表网格层数;
上、下标记为各竖井之间的隔墙开孔位置。

2. 折板絮凝池

折板絮凝池是把池内呈直线的隔板改为呈折线的隔板,池中设有扰流装置,使其达到絮凝所要求的紊流状态的一种絮凝构筑物。折板絮凝池通常采用竖流式,当折板转弯次数增多后,转弯角度减少。这样,既增加折板间水流紊动性,又使絮凝过程中的 G 值由大到小逐渐变化,适应了絮凝过程中絮体由大到小的变化规律,提高了絮凝效果。常见的折板可分为平板折板和波纹折板两类。

按照水流通过折板间隔数,折板絮凝池可分为单通道折板絮凝池和多通道折板絮凝池。多通道折板絮凝池是指将絮凝池分成若干格,每一格内安装若干折板,水流沿着格子依次上下流动,在每一格内,水流通过若干个由折板组成的并联通道,如图 2-5 所示。水流不分格,直接在相邻两道折板间上下流动就成为多通道折板絮凝池,如图 2-6 所示。单通道折板絮凝池多用于水量小的矿井水处理厂,多通道折板絮凝池常用于水量大的矿井水处理厂。

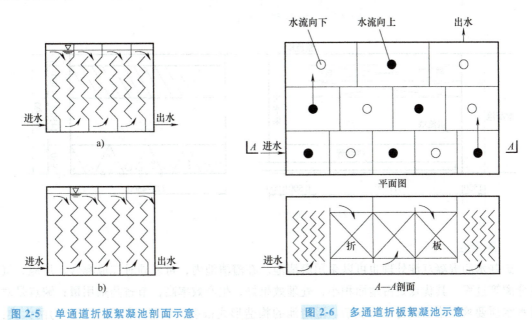

图 2-5　单通道折板絮凝池剖面示意
　　a) 同波折板　b) 异波折板

图 2-6　多通道折板絮凝池示意

折板絮凝池具有能耗和药耗低、停留时间短等特点,目前已在含悬浮物矿井水中得到应用,尤其是在一些小型处理规模的净化工艺(一体化净水器)中,折板絮凝池是其主流处理构筑物。

3. 上向流斜管沉淀池

上向流斜管沉淀池又称逆向流斜管沉淀池,是目前我国使用最多的一种沉淀构筑物。在上向流斜管沉淀池中,经过絮凝后的原水从斜管底部沿管壁向上流动,水从上部汇入集水槽,泥渣则由底部滑落至积泥区。图 2-7 为上向流斜管沉淀池构造示意。

4. 侧向流斜板沉淀池

侧向流斜板沉淀池在平流式沉淀池的沉淀部分设置斜板,其他与平流式沉淀池相同。侧向流斜板沉淀池构造示意如图 2-8 所示。水流从水平方向通过斜板,污泥则向下沉淀,水流方向与沉淀的下沉方向垂直。侧向流斜板沉淀池特别适用于旧平流式沉淀池的改造。当池深较大时,为使斜板的制作和安装方便,在垂直方向可分成几段,在水平方向也可分为若干个单体组合使用。

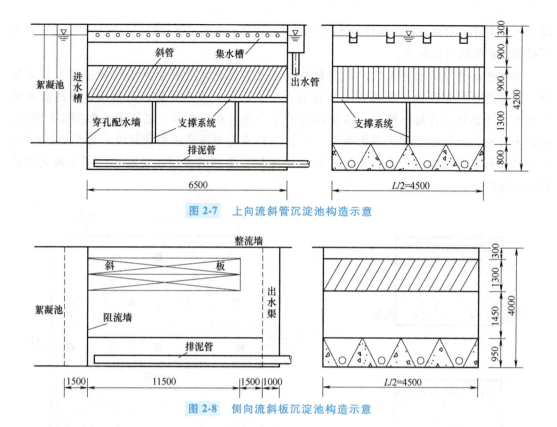

图 2-7 上向流斜管沉淀池构造示意

图 2-8 侧向流斜板沉淀池构造示意

5. 澄清池

矿井水的混凝沉淀处理也可以采用澄清池。在澄清池内，可以同时完成混合、反应、沉淀分离等过程。其优点是占地面积小，处理效果好，生产效率高，节省药剂用量；缺点是对进水水质要求严格，设备结构复杂。澄清池的构造形式很多，从基本原理上可分为两大类：一类是泥渣循环型，包括机械加速澄清池（图 2-9）、水力循环加速澄清池（图 2-10）；另一类是悬浮泥渣型，包括悬浮澄清池（图 2-11）、脉冲澄清池（图 2-12）。

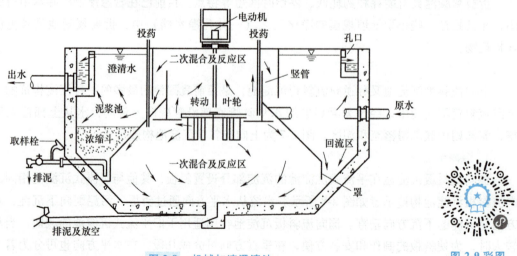

图 2-9 机械加速澄清池

图 2-9 彩图

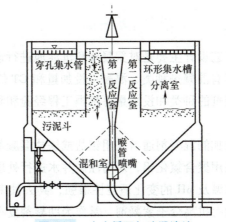

图 2-10 水力循环加速澄清池

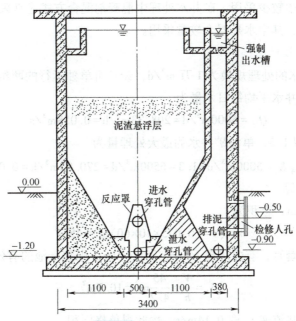

图 2-11 悬浮澄清池

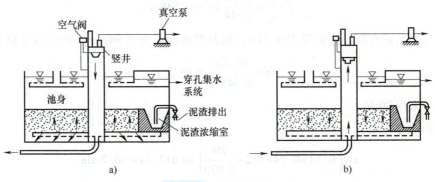

图 2-12 脉冲澄清池
a) 竖井排水期 b) 竖井弃水期

2.2.3 矿井水混凝沉淀处理工艺设计及案例

矿井水混凝沉淀处理工艺设计主要是对絮凝池和沉淀池进行设计。对于不同矿井水，影响混凝处理效果的主要因素有混凝剂种类、混凝剂投加量和 GT 值，因此在工艺设计时需要对它们进行重点考虑。混凝剂的种类和投加量可根据工程经验和科研文献调研选择，也可根据实验室试验结果确定。

矿井水混凝沉淀处理投加的混凝剂通常采用铝盐或铁盐混凝剂。目前聚合氯化铝较为常用，也有用聚合铝铁的。采用聚合氯化铝，对高浊矿井水进行处理试验结果表明，这种无机高分子混凝剂对矿井水的水温及 pH 的变化适应性很强，其去浊率比硫酸铝有明显优势。聚丙烯酰胺是一种使用广泛的有机高分子絮凝剂，常作为助凝剂发挥吸附架桥作用。聚丙烯酰胺与其他混凝剂一起使用，能够产生良好的混凝效果，但由于其价格昂贵，在高浊矿井水作生活饮用水源的处理中较少采用。矿井水处理中混凝剂混合方式通常采用水泵混合、管道混合器混合和机械混合，其中水泵混合较常采用。

1. 网格絮凝池的设计案例

【例 2-3】 矿井水的处理规模为 1 万 m^3/d，设计可单独运行的两组网格絮凝池。

解：预计单池矿井水平均每日水量为

$$Q_{平} = 5000 m^3/d = 208.33 m^3/h = 0.058 m^3/s$$

总变化系数 K_z 取 1.3，单池矿井水的最大处理量为

$$Q_{max} = Q_{平} K_z = 5000 m^3/d \times 1.3 = 6500 m^3/d = 270.83 m^3/h = 0.075 m^3/s$$

（1）设计参数计算

絮凝时间 $t = 10 min$，容积为

$$V = Qt = (0.075 \times 10 \times 60) m^3 = 45 m^3$$

与斜管沉淀池配套时，有效水深 h 一般采用 4.2m，则絮凝池的有效面积为

$$A_1 = \frac{V}{h} = \frac{45}{4.2} m^2 = 10.7 m^2$$

水流经每格的竖井流速 v_1 取 0.14m/s，由此得单格面积

$$f = \frac{Q}{v_1} = \frac{0.075}{0.14} m^2 = 0.536 m^2$$

设计每格为正方形，边长采用 0.74m，因此每格面积为 0.548 m^2，由此得分格数为

$$n = \frac{10.7 m^2}{0.548 m^2} = 19.5$$

因此，采用 20 格。

实际絮凝时间为

$$t = \left(0.74 \times 0.74 \times 4.2 \times \frac{20}{0.075}\right) s = 613.3 s = 10.2 min$$

絮凝池的平均水深 h 为 4.2m，取超高 0.3m，得池的总高度为

$$H = (4.2 + 0.3) m = 4.5 m$$

(2) 网格设计

v_2 按照进口 0.3m/s 递减到 0.1m/s，上孔上缘在最高水位以下，下孔下缘与池底平齐。Ⅰ、Ⅱ、Ⅲ表示每格的网格层数，如图 2-13 所示。网格孔洞参数见表 2-1。

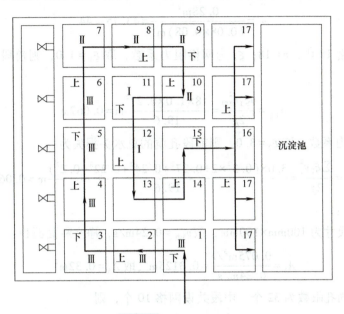

图 2-13　网格布置图

表 2-1　网格孔洞参数

格编号	1	2	3	4	5	6
孔洞（高/m）×（宽/m）	0.34×0.74	0.34×0.74	0.38×0.74	0.42×0.74	0.46×0.74	0.51×0.74
流速/(m/s)	0.3	0.3	0.27	0.24	0.22	0.2
格编号	7	8	9	10	11	12
孔洞（高/m）×（宽/m）	0.53×0.74	0.53×0.74	0.56×0.74	0.6×0.74	0.63×0.74	0.68×0.74
流速/(m/s)	0.19	0.19	0.18	0.17	0.16	0.15
格编号	13	14	15	16	17	
孔洞（高/m）×（宽/m）	0.74×0.74	0.74×0.74	0.74×0.74	1.0×0.74	0.25×0.74	
流速/(m/s)	0.14	0.14	0.14	0.1	0.1	

1~6 格为前段，水过网孔的流速 $v_{3前}$ 取 0.25~0.3m/s。

7~12 格为中段，水过网孔的流速 $v_{3中}$ 取 0.22~0.25m/s。

(3) 各段计算

1) 前段部分：

网格的孔眼尺寸为 80mm×80mm，取 $v_{3前}=0.27$m/s，净空断面积：

$$A_2 = \frac{0.075 \text{m}^3/\text{s}}{0.27 \text{m/s}} = 0.28 \text{m}^2$$

每个网格的孔眼数：

$$n' = \frac{0.28 \text{m}^2}{(0.08 \times 0.08) \text{m}^2} = 43.75 \approx 44$$

前段共设网格18块，$n=18$；ξ_1 为网格阻力系数，取 $\xi_1 = 1.0$，则前段网格的总水头损失为

$$h_{1前} = \frac{n\xi_1 v_{3前}^2}{2g} = \frac{18 \times 1.0 \times 0.27^2}{19.6} \text{m} = 0.067 \text{m}$$

ξ_2 为孔洞阻力系数，取 $\xi_2 = 3.0$，则前段孔洞的总水头损失为

$$h_{2前} = \frac{\sum \xi_2 v_2^2}{2g} = \frac{3.0 \times (0.3^2 \times 2 + 0.27^2 + 0.24^2 + 0.22^2 + 0.2^2)}{19.6} \text{m} = 0.061 \text{m}$$

2）中段部分：

网格的孔眼尺寸为 100mm×100mm，取 $v_{3中} = 0.24$ m/s，净空断面面积：

$$A_3 = \frac{0.075 \text{m}^3/\text{s}}{0.24 \text{m/s}} = 0.3125 \text{m}^2, \text{取 } A_3 = 0.32 \text{m}^2$$

设每个网格的孔眼数为32个。中段共设网格10个，则

$$h_{1中} = \frac{n\xi_1 v_{3中}^2}{2g} = \frac{10 \times 1.0 \times 0.24^2}{19.6} \text{m} = 0.03 \text{m}$$

中段孔洞水头损失为

$$h_{2中} = \frac{\sum \xi_2 v_2^2}{2g} = \frac{3.0 \times (0.19^2 \times 2 + 0.18^2 + 0.17^2 + 0.16^2 + 0.15^2)}{19.6} \text{m} = 0.028 \text{m}$$

3）后段部分：

不设网格，孔洞水头损失为

$$h_{2后} = \frac{\sum \xi_2 v_2^2}{2g} = \frac{3.0 \times (0.14^2 \times 3 + 0.1^2 \times 2)}{19.6} \text{m} = 0.012 \text{m}$$

絮凝池内水头损失为

$$h = \sum h_1 + \sum h_2 = 0.198 \text{m}$$

絮凝池的格墙宽为 0.2m，絮凝池总宽为 4.9m，长为 4m。

2. 斜管沉淀池的设计案例

【例 2-4】 矿井水的处理规模为 5000m³/d，设计两座可单独运行的斜管沉淀池。

解：预计单池矿井水平均每日水量 $Q_平 = 5000 \text{m}^3/\text{d} = 208.33 \text{m}^3/\text{h} = 0.058 \text{m}^3/\text{s}$，总变化系数 K_z 取 1.3，单池矿井水的最大处理量为 $Q_{max} = Q_平 K_z = (5000 \times 1.3) \text{m}^3/\text{d} = 6500 \text{m}^3/\text{d} = 270.83 \text{m}^3/\text{h} = 0.075 \text{m}^3/\text{s}$。

（1）设计参数

液面上升流速 $v = 2.5$ mm/s

采用蜂窝六边形塑料管，板厚为 0.4mm，内切圆直径 $d = 25$mm，斜管倾角 $\theta = 60°$，斜管

长 $L = 1000\text{mm}$。

沉淀池有效系数 $\varphi = 0.92$

（2）设计计算

清水区净面积

$$A' = \frac{Q}{v} = \frac{0.075}{0.0025}\text{m}^2 = 30\text{m}^2$$

斜管部分面积

$$A = \frac{A'}{\varphi} = \frac{30}{0.92}\text{m}^2 = 32.6\text{m}^2$$

采用宽 $B' = 5\text{m}$、长 $L' = 7\text{m}$ 的斜管。

进水方式选择由边长 $B' = 5\text{m}$ 的一侧流入。

管内流速

$$v_0 = \frac{v}{\sin\theta} = \frac{2.5\text{mm/s}}{\sin 60°} = 2.89\text{mm/s}$$

考虑水量波动采用 $v_0 = 3\text{mm/s}$。

复核雷诺数有 $v_0 = 3\text{mm/s}$，$d = 25\text{mm}$，查表得 $Re = 18.8$。

管内沉淀时间

$$T = \frac{L}{v_0} = \frac{1000}{3}\text{s} = 5.56\text{min}$$

沉淀池斜管区高度 $H_1 = L\sin\theta = (1 \times 0.866)\text{m} \approx 0.9\text{m}$。

超高采用 0.3m，配水区高为 1.3m，清水区高度采用 1.0m，排泥槽高采用 0.4m，有效池深 $H_2 = (0.9 + 1.0 + 1.3)\text{m} = 3.2\text{m}$。

总高 $H = (3.2 + 0.4 + 0.3)\text{m} = 3.9\text{m}$。

进口采用穿孔墙配水，流速为 0.1m/s。采用淹没孔集水槽，共 8 个，间距为 0.85m。采用穿孔管排泥，V 形槽边与水平呈 45°，共设 4 个槽，槽高为 40cm，排泥管上装快开闸门。

2.3 矿井水过滤处理工艺

2.3.1 矿井水过滤处理工艺原理

矿井水经混凝沉淀处理后，出水悬浮物浓度有时仍然较高，为进一步降低水中的悬浮物浓度，可采用过滤工艺进行处理。过滤去除水中悬浮物的机理主要包括以下三个方面。

1. 阻力截留

当原水自上而下流过粒状滤料层时，粒径较大的悬浮颗粒首先被截留在表层滤料的空隙中，从而使此层滤料间的空隙越来越小，截污能力随之变得越来越强，结果逐渐形成一层主要由被截留的固体颗粒构成的滤膜，并由它起主要过滤作用。这种作用属于阻力截留或筛滤作用。筛滤作用的强度，主要取决于表层滤料的最小粒径和水中悬浮物的粒径，并与过滤速度有关。悬浮物粒径越大，表层滤料和滤速越小，就越容易形成表层滤膜，滤膜的截污能力也越高。

2. 重力沉降

原水通过滤料层时，众多的滤料表面提供了巨大的可供悬浮物沉降的面积。据估计，$1m^3$ 粒径为 0.5mm 的滤料中就拥有 $400m^2$ 的有效沉降面积，形成无数的小"沉淀池"，悬浮颗粒极易在此沉降下来。重力沉降强度主要与滤料直径和过滤速度有关。滤料越小，沉降面积越大；滤速越小，水流越平稳，这些都有利于悬浮物的沉降。

3. 接触絮凝

由于滤料具有巨大的表面积，它与悬浮物之间有明显的物理吸附作用。此外，通常用作滤料的砂粒在水中常带有表面负电荷，能吸附带正电荷的铁、铝等胶体，从而在滤料表面形成带正电荷的薄膜，进而吸附带负电荷的黏土杂质和多种有机物等胶体，在砂粒上发生接触絮凝。在大多数情况下，滤料表面对尚未凝聚的胶体还能起到接触碰撞的媒介作用，从而促进其凝聚。

在实际过滤过程中，上述三种机理往往同时起作用，只是依条件不同而有主次之分。对粒径较大的悬浮颗粒，以阻力截留为主，由于这一过程主要发生在滤料表层，通常称为表面过滤。对于细微悬浮物，以发生在滤料深层的重力沉降和接触絮凝为主，称为深层过滤。

2.3.2 矿井水过滤处理工艺采用的构筑物

矿井水过滤处理工艺主要采用滤池和过滤器两种。滤池以普通快滤池、虹吸滤池、重力式无阀滤池和压力滤池为代表，过滤器以盘式过滤器和多介质过滤器为代表。

1. 普通快滤池

普通快滤池是应用较广的池型之一，一般是矩形的钢筋混凝土池子，可以几个池子相连，呈单行或双行排列。图 2-14 为单行布置的普通快滤池构造示意。

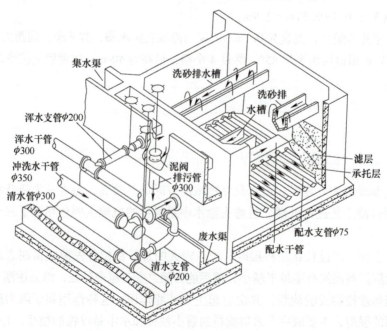

图 2-14 单行布置的普通快滤池构造示意

过滤处理工艺过程包括过滤和反洗两个基本阶段。过滤即截留污染物;反洗即把被截留的污染物从滤料层中洗去,使之恢复过滤能力。从过滤开始到结束所延续的时间称为滤池的工作周期,一般应大于 8h,最长可达 48h 以上。从过滤开始到反洗结束称为一个过滤循环。

过滤开始时,原水自进水管(浑水管)经集水渠、洗砂排水槽分配进入滤池,在滤池内水自上而下穿过滤料层、垫料层(承托层),由配水系统收集,并经清水管排出。经过一段时间过滤后,一方面,滤料层被悬浮颗粒所阻塞,水头损失逐渐增大至一个极限值,以致滤池出水量锐减;另一方面,由于水流的冲刷力又会使一些已截留的悬浮颗粒从滤料表面剥落下来而被大量带出,影响出水水质。这时,滤池应停止工作,进行反冲洗。

反冲洗时,关闭浑水管及清水管,开启排水阀及反冲洗进水管,反冲洗水自下而上通过配水系统、垫料层、滤料层,并由洗砂排水槽收集,经集水渠内的排水管排走。反洗过程中,由于反洗水的进入会使滤料层膨胀流化,滤料颗粒之间相互摩擦、碰撞,附着在滤料表面的悬浮物质被冲刷下来,由反洗水带走。

滤池经反冲洗后,恢复了过滤和截污的能力,又可重新投入工作。如果刚开始过滤的出水水质较差,则应排入下水道,直至出水合格,这称为初滤排水。

2. 虹吸滤池

虹吸滤池是一种利用虹吸作用替代进水阀门和反冲洗水排水阀门的重力式滤池。一座虹吸滤池通常是由 6~8 个单元滤池组成的一个整体。单元滤池之间采用真空系统或继电系统控制进水虹吸管和排水虹吸管进行连锁式的过滤和反冲洗运行。滤池的形状主要是矩形,水量较少时也可建成圆形。图 2-15 为圆形虹吸滤池构造和工作示意。

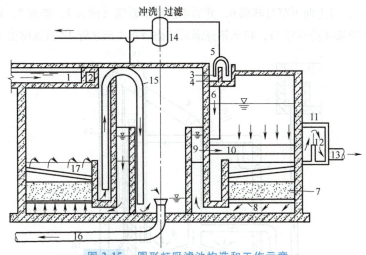

图 2-15　圆形虹吸滤池构造和工作示意

1—进水槽　2—配水槽　3—进水虹吸管　4—单元滤池的进水槽　5—进水堰　6—布水管
7—滤层　8—配水系统　9—集水槽　10—出水管　11—出水井　12—控制堰　13—清水管
14—真空控制系统　15—冲洗虹吸管　16—冲洗排水管　17—冲洗排水槽

图 2-15 的右半部表示滤池过滤时的情况:经过澄清的水由进水槽 1 流入滤池上部的配水槽 2,经进水虹吸管 3 流入单元滤池的进水槽 4,再经过进水堰 5 和布水管 6 流入滤池。水经过滤层 7 和配水系统 8 流入集水槽 9,再经出水管 10 流入出水井 11,通过控制堰 12 由

清水管 13 流出滤池。

在过滤过程中滤层含污量不断增加，水头损失不断增大，要保持控制堰 12 上的水位，即维持一定的滤速，则滤池内的水位应该不断地上升，才能克服滤层增长的水头损失。当滤池内的水位上升到预定高度时，水头损失达到最大允许值（一般采用 1.5~2.0m），滤层就需要进行冲洗。

图 2-15 的左半部表示滤池冲洗时的情况：首先破坏进水虹吸管 3 的真空，则配水槽 2 的水不再进入滤池，滤池继续过滤。起初滤池内水位下降较快，但很快就无显著下降，此时就可以开始冲洗。利用真空控制系统 14 抽出冲洗虹吸管 15 中的空气，使它发生虹吸现象，并把滤池内的存水通过冲洗虹吸管 15 抽到池中心的下部，再由冲洗排水管 16 排走。此时滤池内水位降低，当集水槽 9 的水位与池内水位形成一定的水位差时，冲洗工作就正式开始了。冲洗水的流程与普通快滤池相似。当滤料冲洗干净后，破坏冲洗虹吸管 15 的真空，冲洗立即停止，再启动进水虹吸管 3，滤池又可以进行过滤。

虹吸滤池采用小阻力配水系统，因此可以借出水堰顶与冲洗排水槽顶之间的高差作为反冲洗所需的水头。冲洗水头一般采用 1.0~1.2m，平均冲洗强度一般采用 10~15L/(m²·s)，冲洗历时 5~6min。

虹吸滤池利用虹吸作用控制滤池运行，不需大型闸阀及电动、水力等控制设备，能利用滤池本身的水位反冲洗，便于实现自动控制，适用于中小型水处理厂。虹吸滤池的缺点是池深较大（一般为 5~6m），且冲洗水头受池深限制，有时冲洗效果不够理想。

3. 重力式无阀滤池

无阀滤池有重力式和压力式两种，前者应用较广。图 2-16 为重力式无阀滤池示意。原水自进水管 2 进入滤池后，自上而下穿过滤层 6，滤后水从排水系统（滤头 7、垫板 8、集水空间 9），通过联络管 10 进入顶部冲洗水箱 11，待水箱充满后，滤后水由出水管 12 溢流排出至清水池。

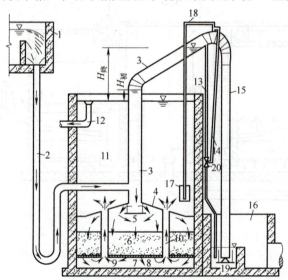

图 2-16　重力式无阀滤池示意

1—进水配水槽　2—进水管　3—虹吸上升管　4—顶盖　5—配水挡板　6—滤层　7—滤头　8—垫板　9—集水空间　10—联络管　11—顶部冲洗水箱　12—出水管　13—虹吸辅助管　14—抽气管　15—虹吸下降管　16—排水井　17—虹吸破坏斗　18—虹吸破坏管　19—锥形挡板　20—水射器

随着过滤时间的延长，过滤阻力逐步增加，与进水连通的虹吸上升管 3 中的水位不断上升，当达到虹吸辅助管 13 的管口时，水从辅助管下落，通过水射器 20 由抽气管 14 抽吸虹吸管顶部的空气，在短时间内，虹吸管因出现负压，使虹吸上升管 3 和虹吸下降管 15 中的水位上升会合，发生虹吸现象。顶部冲洗水箱 11 中的水便从联络管 10 经排水系统反向流过滤层，再经虹吸上升管 3 和虹吸下降管 15 进入排水井 16 排走，这就是滤池的反冲洗。直至顶部冲洗水箱 11 内水位下降至虹吸破坏斗 17 斗口以下时，虹吸管吸进空气，虹吸破坏，反冲洗结束，滤池恢复自上而下过滤。

无阀滤池的运行全部自动，操作方便，工作稳定可靠；结构简单，材料节省，造价比普通快滤池低 30%~50%。但滤池的总高度较大；滤池冲洗时，进水管照样进水，并被排走，浪费了一部分澄清水。这种滤池适用于小型水处理厂。

4. 压力滤池

压力滤池是密闭的钢罐，里面装有和快滤池相似的配水系统和滤料等，是在压力下进行工作的。在工业给水处理中，它常与离子交换软化器串联使用，过滤后的水往往可以直接送到用水点。

压力滤池的构造如图 2-17 所示。滤料的粒径和厚度都比普通快滤池大，分别为 0.6~1.0mm 和 1.1~1.2m。滤速常采用 8~10m/h，甚至更大。配水系统多采用小阻力系统中的缝隙式滤头。压力滤池的水头损失可达 5~6m，甚至 10m 以上。反洗常用空气助洗和压力水反洗的混合方式，以节省冲洗水量，提高反洗效果。

压力滤池分竖式和卧式，竖式压力滤池有现成的产品，直径一般不超过 3m。卧式压力滤池直径不超过 3m，但长度可达 10m。

压力滤池耗费钢材多，投资较大，但因占地少，又有定型产品，可缩短建设周期，且运转管理方便，因而在工业中采用较广泛。

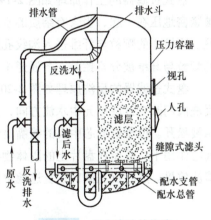

图 2-17 压力滤池的构造

5. 盘式过滤器

盘式过滤器的过滤盘片表面刻有细微沟纹，相邻盘片沟纹走向的角度不同，形成许多沟纹交叉点，不同规格的盘片的沟纹交叉点的个数也不相同，一般为 12~32 个，这取决于盘片的过滤精度。这些交叉点构成大量的空腔和不规则的通路，从而导致流与颗粒间的碰撞凝聚，使其更容易在下一个交叉点被拦截，因此即使一些颗粒从最初的交叉点漏过，最终仍会被后面的交叉点拦截。

当盘片之间的沟纹累积了大量杂质后，过滤器装置通过改变进出水流方向，自动打开压紧的盘片，并喷射压力水驱动盘片高速旋转，通过压力水的冲刷和旋转的离心力使盘片得到清洗，然后改变进出水流向，恢复初始的过滤状态。

盘式过滤器的核心部件就是盘片，它由一组双面带不同方向沟槽的聚丙烯盘片构成

（图 2-18），相邻两盘片叠加，相邻面上的沟槽棱边便形成许多交叉点，这些交叉点构成了大量的空腔和不规则的通路，这些通路由外向里不断缩小。过滤时，这些通路导致水的紊流，最终促使水中的杂质被拦截在各个交叉点上。如把一摞盘片叠加安装在过滤芯骨架上，在弹簧和来水的压力下就形成了外松内紧的过滤单元。

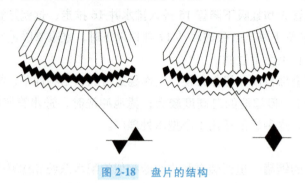

图 2-18　盘片的结构

盘片上沟槽的不同深浅和数量确定了过滤单元的过滤精度。

盘式过滤器的工作原理如图 2-19 所示。过滤过程中，过滤盘片在弹簧力和水力作用下被紧密地压在一起，当含有杂质的水通过时，大的颗粒和粗纤维直接被拦截，这称为表面过滤。比较小的颗粒与纤维进入沟纹孔后进入盘片内部，由于沿程孔隙逐渐减小，从而使细小的颗粒与纤维被分别拦截在各通道中，这称为深层过滤。

盘式过滤器的反洗原理如图 2-20 所示。由可调节设定的时间或压差信号自动启动反洗，反洗阀门改变过滤单元中水流方向，过滤芯上弹簧被水压顶开，所有盘片及盘片之间的小孔隙被松开。位于过滤芯中央的喷嘴沿切线喷水，使盘片旋转，在水流的冲刷与盘片高速旋转离心作用下，截留在盘片上的固体物被冲洗出去，因此消耗很少的自用水量即可达到很好的清洗效果。然后反洗阀门恢复过滤位置，过滤芯上弹簧力再次压紧盘片，恢复到过滤状态。

图 2-19　盘式过滤器的工作原理

图 2-20　盘式过滤器的反洗原理

6. 多介质过滤器

多介质过滤是在过滤器内可根据需要装填各种滤料，如石英砂、锰砂、瓷砂、陶粒及改性滤料等，其中改性火山岩具有显著的除铁、除锰功能。过滤器在一定压力下进行过滤，通常用泵将水输入过滤器,过滤后,借助剩余压力将过滤水送到其后的用水装置。这种过滤器的本体是一个由钢板制成的圆柱形密闭容器,故属于受压容器。为防止压力集中,容器两端采用椭圆形或蝶形封头,过滤器上部装有布水装置(图2-21)及排空气管,下部装有配水装置(图2-22),在容器外配有必要的管道和阀门。

图 2-21　过滤器上部的布水装置

图 2-22　过滤器下部的配水装置

多介质过滤器过滤后的水可以直接送到用水点,对于小型供水特别方便。滤料的粒径、厚度一般都较大,粒径一般采用 0.5~2.0mm,滤料层厚度一般用 1.0~1.2m。滤速为 8~10m/h,甚至更大。在采用粗滤料及较大的滤料厚度时,常考虑用压缩空气辅助冲洗,以节省冲洗水量,提高冲洗效果。压力过滤器的进出水管上都装有压力表,两表压力的差值即过滤时的水头损失,一般达 5~6m,有时可达 10m。配水系统大多采用小阻力系统中的缝隙式滤头。

多介质过滤器罐体内以不同粒径的滤料,从下至上按大小压实排列。当水流自上往下流过滤层时,水中含有的悬浮物质流进上层滤料形成的微小孔隙,受到吸附和机械阻流作用,悬浮物被滤料表层所截留。同时,这些被截留的悬浮物之间又发生"重叠"和"架桥"作用,在滤层表面形成薄膜,继续发生过滤作用。这就是所谓滤料表层的薄膜过滤效应。这种薄膜过滤效应不但表层存在,当水流进入中间滤料层时也产生这种截留作用。与表层的薄膜过滤效应不同的是,这种中间截留作用称为渗透过滤作用。此外,由于滤料之间紧密排列,水中的悬浮物颗粒流经滤料颗粒形成的弯曲孔道时,就有更多的机会和时间与滤料表面相互碰撞和接触,于是水中的悬浮物滤料的颗粒表面絮凝相互黏附,发生接触混凝作用。

2.3.3　矿井水过滤处理工艺设计及案例

矿井水过滤处理工艺设计主要包括滤速、滤料组成及级配、配水系统、反冲洗系统等方面的设计。滤速关系到出水水质好坏、滤层纳污量大小、过滤周期长短、反冲洗效果等,滤料组成及级配是过滤的关键。滤速及滤料组成的选用,应根据进水水质、滤后水水质要求、滤池构造等因素,一般优先选用减速过滤,出水水质有保障,通过试验或参照相似条件下已有滤池的运行经验确定。配水系统的作用在于使冲洗水在整个滤池面积上均匀分布。配水均匀性对冲洗效果影响很大。配水不均匀,不同滤层膨胀不足,而部分滤层膨胀过甚,甚至会导致部分承托层发生移动,造成漏砂现象。滤池冲洗的目的是去除滤层中截留的污物,使滤池恢复过滤能力。滤池反冲洗的要求是使底层大颗粒滤料能浮动,从而得以清洗。同时表层小颗粒滤料不得被带出。

1. 普通快滤池的设计案例

【例 2-5】 设计水量为 $Q=60000\text{m}^3/\text{d}$（包括自用水）。拟采用普通快滤池，大阻力配水系统，单独反冲洗。

解：

（1）滤池面积及尺寸

滤池工作时间为 24h，冲洗周期为 12h，设计的单次反冲洗时间为 0.1h。滤池实际工作时间为

$$T=24\text{h}-0.1\times\frac{24}{12}\text{h}=23.8\text{h}$$

初始设计滤速 $v_1=10\text{m/h}$，则设计滤池面积为

$$F=\frac{Q}{v_1 T}=\frac{60000}{10\times 23.8}\text{m}^2=252\text{m}^2$$

每组滤池单格数为 $N=8$，布置成对称双行排列。则每个滤池面积为

$$f_d=\frac{F}{N}=\frac{252}{8}\text{m}^2=31.5\text{m}^2$$

采用滤池长宽比为 3，实际滤池设计尺寸应为整数，取 3m×9m，实际滤地面积 f 为 27m²，实际滤速为 11.67m/h。

校核强制滤速 v_2 为

$$v_2=\frac{Nv_1}{N-1}=\left(8\times\frac{11.67}{8-1}\right)\text{m/h}=13.34\text{m/h}$$

（2）滤池高度

承托层高为 450mm。滤料层采用双层滤料，厚 $h=820\text{mm}$，其中无烟煤层厚为 370mm，石英砂厚为 450mm。滤层上最大水深为 1800mm，超高为 300m。滤池高度 H（图 2-23）为

$$H=(450+820+1800+300)\text{mm}=3370\text{mm}$$

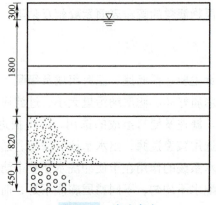

图 2-23 滤池高度

(3) 每个滤池的配水系统（图2-24）

大阻力配水系统的干管水冲强度 q 为 $14L/(s \cdot m^2)$，冲洗时间为 $6min$。干管流量为

$$q_g = fq = (27 \times 14)L/s = 378L/s$$

干管的起端流速为 $1.34m/s$，采用管径为 $600mm$。

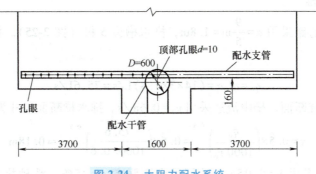

图 2-24 大阻力配水系统

支管的中心距离采用 $a_j = 0.2m$。每池的支管数为

$$n_j = \frac{2L}{a_j} = \frac{2 \times 3m}{0.2m} = 30$$

每根支管的进口流量为

$$q_j = \frac{q_g}{n_j} = \frac{378L/s}{30} = 12.6L/s$$

支管的起端流速为 $2.5m/s$，支管直径为 $80mm$。
支管孔眼总面积与滤池面积之比 K 采用 0.25%，孔眼总面积为

$$F_k = Kf = 0.25\% \times 27m^2 = 0.0675m^2 = 67500mm^2$$

采用孔眼直径为 $10mm$，每个孔眼面积为 $78.5mm^2$。孔眼总数为

$$N_k = \frac{F_k}{f_k} = \frac{67500mm^2}{78.5mm^2} \approx 860$$

每根支管孔眼数为

$$n_k = \frac{N_k}{n_j} = \frac{860}{30} \approx 29$$

每支根管孔眼布置成两排，与垂线呈 $45°$ 向下交错排列。
每根支管长度为

$$l_j = 0.5 \times (9 - 0.6)m = 4.2m$$

每排孔眼中心距为

$$a_k = \frac{4.2m}{0.5 \times 29} \approx 0.29m$$

支管长度与直径之比为 52.5（<60）。干管横截面面积与支管总横截面面积之比为

$$\frac{0.785 \times 0.6^2}{30 \times 0.785 \times 0.08^2} = 1.875 (符合要求)$$

支管壁采用 5mm，孔眼直径与壁厚之比为 2，流量系数 $\mu = 0.67$（$K' = 100K$），则孔眼的水头损失为

$$\frac{1}{2 \times 9.8} \times \left(\frac{q}{10\mu K'}\right)^2 = \frac{1}{2 \times 9.8} \times \left(\frac{14}{10 \times 0.67 \times 0.25}\right)^2 \text{m} = 3.56\text{m}$$

（4）洗砂排水槽

洗砂排水槽中心距采用 $a = \frac{9}{5}\text{m} = 1.8\text{m}$，排水槽设 5 根（图 2-25）。排水槽总长 $l_0 = 3\text{m}$，每槽排水量为

$$q_0 = q l_0 a = (14 \times 3 \times 1.8)\text{L/s} = 75.6\text{L/s}$$

采用三角形标准断面，槽中流速采用 $v_0 = 0.6\text{m/s}$。排水槽断面尺寸为

$$x = 0.5 \times \left(\frac{q_0}{1000 v_0}\right)^{0.5} = 0.5 \times \left(\frac{75.6}{1000 \times 0.6}\right)^{0.5} \text{m} \approx 0.18\text{m}$$

排水槽底厚度采用 $\delta = 0.05\text{m}$，砂层最大膨胀率 $e = 45\%$。洗砂排水槽顶距砂面高度 H_e 为

$$H_e = eh + 2.5x + \delta + 0.075\text{m} = (45\% \times 0.82 + 2.5 \times 0.18 + 0.05 + 0.075)\text{m} \approx 0.94\text{m}$$

洗砂排水槽总面积为

$$F_0 = 2x \times 3 \times 5 = 5.4\text{m}^2$$

$$\frac{F_0}{f} = \frac{5.4}{27} \times 100\% = 20\% < 25\%（符合要求）$$

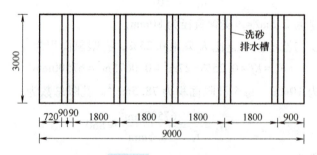

图 2-25　滤池平面

（5）滤池的各种灌渠计算

进水管的流量为 $0.7\text{m}^3/\text{s}$，渠中流速为 1.09m/s。

采用进水渠宽为 800mm，水深为 800mm，各个滤池进水管流量为 $0.0875\text{m}^3/\text{s}$，管中流速为 0.91m/s，则清水支管的管径为

$$D_1 = \left(\frac{4 \times 0.0875}{0.91\pi}\right)^{0.5} \text{m} = 350\text{mm}$$

流量为 $q_g = 378\text{L/s}$，管中流速为 2.38m/s，管径为

$$D_2 = \left(\frac{4 \times 0.378}{2.38\pi}\right)^{0.5} \text{m} = 450\text{mm}$$

反冲洗水进水渠宽为 700mm，水深为 270mm，渠内水流速度为 2m/s。

清水总渠流量为 $0.7\mathrm{m^3/s}$，渠中流速为 $1.09\mathrm{m/s}$，渠宽为 $800\mathrm{mm}$，水深为 $800\mathrm{mm}$，渠内水为压力流。每个滤池清水管的流量为 $0.0875\mathrm{m^3/s}$，流速采用 $0.91\mathrm{m/s}$，则清水支管的管径为

$$D_3 = \left(\frac{4 \times 0.0875}{0.91\pi}\right)^{0.5} \mathrm{m} = 350\mathrm{mm}$$

排水流量为 $0.378\mathrm{m^3/s}$，管中流速为 $1.33\mathrm{m/s}$。反冲洗排水管的直径为

$$D_4 = \left(\frac{4 \times 0.378}{1.33\pi}\right)^{0.5} \mathrm{m} = 600\mathrm{mm}$$

反冲洗排水渠宽为 $800\mathrm{mm}$，高为 $700\mathrm{mm}$。

(6) 反冲洗高位水箱

反冲洗高位水箱的容积为

$$V = 1.5fqt = (1.5 \times 27 \times 14 \times 6 \times 60)\mathrm{L} = 204120\mathrm{L} = 204.12\mathrm{m^3}$$

水深为 $2\mathrm{m}$，直径为 11.5，超高为 $0.3\mathrm{m}$。

水箱底至滤池配水管间的沿程及局部损失之和为 $1.0\mathrm{m}$。配水系统水头损失 $3.56\mathrm{m}$。承托层水头损失为

$$(0.022 \times 0.45 \times 14)\mathrm{m} = 0.1386\mathrm{m}$$

滤料层水头损失为

$$\left[\left(\frac{2.65}{1} - 1\right) \times (1 - 0.41) \times 0.82\right]\mathrm{m} = 0.8\mathrm{m}$$

安全富余水头 $1.5\mathrm{m}$。冲洗水箱底高出洗砂排水槽高为

$$H_0 = (1.0 + 3.56 + 0.1386 + 0.8 + 1.5)\mathrm{m} = 6.999\mathrm{m}$$

2. 多介质过滤器的设计案例

【例 2-6】 活性炭吸附罐相关设计参数见表 2-2。

表 2-2 活性炭吸附罐相关设计参数

序号	参数名称	数值
1	设计进水流量	$Q = 130\mathrm{m^3/h}$
2	过滤速度	$v = 8\mathrm{m/h}$
3	接触时间	$T = 30\mathrm{min}$
4	升流式水力负荷	$q_1 = 3\mathrm{L/(m^2 \cdot s)}$
5	反冲洗强度	$q = 8\mathrm{L/(m^2 \cdot s)}$
6	反洗时间	$t = 15\mathrm{min}$
7	活性炭吸附罐数量	$n = 2$ 个
8	膨胀率	$e = 35\%$
9	石英砂粒径	$0.5 \sim 1.0\mathrm{mm}$
10	垫层高度	$h_1 = 0.45\mathrm{m}$
11	活性炭粒径	$0.8 \sim 2.0\mathrm{mm}$
12	炭床高度	$h_2 = 4\mathrm{m}$

解：

（1）活性炭吸附罐面积

$$F = \frac{Q}{v} = \frac{130}{10} \text{m}^2 = 13 \text{m}^2$$

单个活性炭吸附罐面积

$$F_1 = \frac{F}{n} = \frac{13}{2} \text{m}^2 = 6.5 \text{m}^2$$

（2）活性炭吸附罐直径

$$d = 2 \times \sqrt{\frac{F_1}{\pi}} = 2 \times \sqrt{\frac{6.5}{\pi}} \text{m} = 2.88 \text{m} = 2880 \text{mm}$$

（3）反冲洗水量

$$Q_f = 60 \times q \times F \times t = (60 \times 8 \times 13 \times 15) \text{L} = 93600 \text{L}$$

（4）水泵流量

$$q_v = \frac{60 Q_f}{1000 t} = \frac{60 \times 93600}{1000 \times 15} \text{m}^3/\text{h} = 374.4 \text{m}^3/\text{h}$$

（5）罐体设备高度

$$H = h_1 + h_2 \times (1+e) + 0.15 \text{m} = [0.45 + 4 \times (1+35\%) + 0.15] \text{m} = 6.0 \text{m}$$

2.4 矿井水脱盐处理工艺

2.4.1 膜分离处理工艺原理

凡是在溶液中一种或几种成分不能透过，而其他成分能透过的膜，都称作半透膜。膜分离法是用一种特殊的半透膜将溶液隔开，使一侧溶液中的某种溶质透过膜或者溶剂（水）渗透出来，从而达到分离溶质的目的。根据膜种类的不同和推动力的不同，膜分离法可分为不同的过程（表2-3）。

表2-3 膜分离法

分离过程	推动力	膜名称	用途
扩散渗析	浓度差	渗析膜	分离溶质，用于回收酸、碱等
微滤	压力差	微滤膜	分离悬浮固体、浊度、原生动物、细菌等
超滤	压力差	超滤膜	截留分子量>1000的大分子，去除胶体、蛋白质、细菌等
纳滤	压力差	纳滤膜	截留分子量>400的大分子，分离溶质、病毒等
反渗透	压力差	反渗透膜	分离小分子溶质，用于海水淡化，去除无机离子、色素、有机物等
电渗析	电位差	离子交换膜	分离离子、盐类，用于苦咸水淡化，除盐，回收酸、碱等

最直观的膜分类方式是根据设计目的不同进行的：一种是为了截留颗粒物（包括病原体等）这通常通过微滤和超滤来实现；另一种是为了去除溶解性物质（包括盐类和其他可

溶性矿物质），这通常通过纳滤和反渗透来完成。颗粒物分离过程包括微滤和超滤，而溶质（溶解性物质）分离过程包括纳滤和反渗透。大部分颗粒物分离膜用中空纤维制成，将数以千计的纤维装在一个压力容器中，这些纤维的典型外径在 0.5~2.0mm。水在压力的驱动下通过纤维壁。膜分离处理有两种形式：一种是从纤维管内部进水，透过膜进入膜外部的透过液收集室（外流式）；另一种是从纤维膜外进水，透过膜进入位于膜中心的透过液孔道（向心流式）。在膜的进水一边积累的颗粒物必须要通过反冲膜组件的方式定期清除掉。与此相对应，大部分溶质分离膜是用多层膜片卷绕在缠绕式构件中的卷式膜。膜片之间的通道与高压进水通道和低压出水通道交替连接，水在压力的驱动下，从进水通道透过膜进入透过水通道，水就被净化。

颗粒物分离膜和溶质分离膜的性能都可以用污染物截留率和水的回收率两个基本标准来衡量。

截留率 R 可以量化为保留在浓水中的目标污染物所占的分数，即

$$R = 1 - \frac{C_p}{C_f} \tag{2-14}$$

式中 C_p——透过液流中污染物的浓度；

C_f——进水流中污染物的浓度。

由于颗粒物分离膜常常可以将污染物的浓度降低几个数量级，因此它的截留率也可以用对数值来表示，即

$$R_{\log} = -\log(1-R) = -\log\left(\frac{C_p}{C_f}\right) = \log\left(\frac{C_f}{C_p}\right) \tag{2-15}$$

由于所有的膜过程都产生一股含有废物的水流，因此回收率或者透过流量占进水流量的分数，常常具有极端的重要性。

回收率 r 定义式为

$$r = \frac{Q_p}{Q_f} \tag{2-16}$$

式中 Q_p——透过流量；

Q_f——进水流量。

疏松的颗粒物分离膜的回收率一般大于 95%，常常高达 98%，然而溶质分离膜很少能够取得高于 90%的回收率。目前，美国许多家庭水槽下安装的小型反渗透膜的回收率一般只有 50%，或者更小。

2.4.2 矿井水处理常用的膜分离工艺

矿井水处理常用的膜分离工艺包括超滤、反渗透和电渗析。

1. 超滤

超滤是一种靠机械筛分原理去除液体中杂质的技术，用于去除废水中大分子物质和微粒，对悬浮物、胶体、细菌和微生物有高效而稳定的截留效果。超滤截留大分子物质和微粒是通过膜表面孔径机械筛分作用、膜孔阻塞、阻滞作用和膜表面及膜孔对杂质的吸附作用，

一般认为主要是筛分作用。

超滤的工作原理如图 2-26 所示。在外力的作用下,被分离的溶液以一定的流速沿着超滤膜表面流动,溶液中的溶剂和低相对分子质量物质、无机离子,从高压侧透过超滤膜进入低压侧,并作为滤液排出;而溶液中高分子物质、胶体微粒及微生物等被超滤膜截留,溶液被浓缩并以浓缩液形式排出。由于它的分离机理主要是借机械筛分作用,膜的化学性质对膜的分离特性影响不大,因此可用微孔模型表示超滤的传质过程。

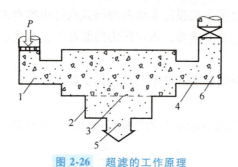

图 2-26 超滤的工作原理

1—超滤进口溶液 2—超滤膜的溶液 3—超滤膜 4—超滤出口溶液
5—透过超滤膜的物质 6—被超滤膜截留下的物质

超滤膜是一种孔径规格一致、额定孔径范围为 $0.01\sim0.1\mu m$ 的微孔过滤膜。在膜的一侧施以适当压力,就能筛出小于孔径的溶质分子,以分离分子量大于 500D⊖、粒径大于 $2\sim20nm$ 的颗粒。

超滤膜根据膜材料的不同,可分为无机膜和有机膜。无机膜主要是陶瓷膜和金属膜;有机膜主要由高分子材料制成,如醋酸纤维素、芳香族聚酰胺、聚醚砜、聚偏氟乙烯等,目前较常用的有机膜材质为聚偏氟乙烯(PVDF)膜。超滤膜可被做成平面膜、卷式膜、管式膜或中空纤维膜等形式,其中,中空纤维超滤膜由于填充密度大、有效膜面积大、纯水通量高、操作简单、易清洗等优势,被广泛应用于污水回用行业。超滤装置有板式、管式(内压列管式和外压管束式)、卷式等形式。工业废水行业较常用的是管式超滤装置。

超滤与反渗透的共同点在于,两种过程的动力同是溶液的压力,在溶液的压力下,溶剂的分子通过薄膜,而溶解的物质阻滞在隔膜表面上。两者区别在于,超滤所用的薄膜(超滤膜)较疏松、透水量大、除盐率低,用以分离高分子和低分子有机物及无机离子等,能够分离的溶质分子至少要比溶剂的分子大 10 倍,在这种系统中渗透压已经不起作用了。超滤的去除机理主要是筛滤作用。超过滤的工作压力低($0.07\sim0.7MPa$)。反渗透所用的薄膜(反渗透膜)致密、透水量低、除盐率高,具有选择透过能力,用以分离分子大小大致相同的溶剂和溶质,所需的工作压力高(大于 $2.8MPa$),其去除机理为在反渗透膜上的分离过程伴有半透膜、溶解物质和溶剂之间复杂的物理化学作用。

在工业水处理中,超滤逐渐取代常规预处理方式,成为反渗透预处理方式的首选。超滤膜处理系统对大肠杆菌的截留率为 99.99%,矿井水悬浮物(SS)的截留率为 55%~

⊖ D 的全称为道尔顿(Dalton),是分子量常用单位,指将分子中所有原子按个数求原子量的代数和。

99.99%，COD_{Cr}的截留率为20%~60%（考虑分子量）。保证出水 SDI<3（100%时间），出水浊度<0.1NTU。

超滤的影响因素包括料液流速、操作压力、温度、运行周期和进料浓度。提高料液流速虽然对减缓浓差极化、提高透过通量有利，但需提高料液压力，增加能耗。一般紊流体系中流速控制在 1~3m/s。超滤膜透过通量与操作压力的关系取决于膜和凝胶层的性质，一般操作压力为 0.5~0.6MPa。操作温度主要取决于所处理物料的化学、物理性质。由于高温可降低料液的黏度，增加传质效率，提高透过通量，因此应在允许的最高温度下进行操作。随着超滤过程的进行，在膜表面逐渐形成凝胶层，使透过通量逐步下降，当通量达到某一最低数值时，就需要进行清洗，这段时间称为一个运行周期。运行周期的变化与清洗情况有关。随着超滤过程的进行，主体液流的浓度逐渐增高，此时黏度变大，使凝胶层厚度增大，从而影响透过通量。因此对主体液流应定出最高允许浓度。

2. 反渗透

用一种半透膜将淡水和盐水隔开（图 2-27），该膜只让水分子通过，而不让溶质通过。由于淡水中水分子的化学位比盐水中水分子的化学位高，所以淡水中的水分子自发地通过膜而渗入盐水中，如图 2-27a 所示，直到盐水侧的水位上升到一定高度为止，此时盐水的渗透压为 π，如图 2-27b 所示。如在盐水侧施加压力 P，当 $P=\pi$ 时，水分子在膜两侧通过的数目相等，达到平衡状态；当 $P>\pi$ 时，则盐水中的水分子将流向淡水，使盐水变浓，这就是反渗透现象，如图 2-27c 所示。

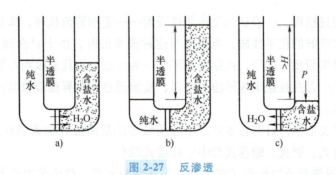

图 2-27　反渗透

渗透压是区别盐溶液与纯水性质的一种标志，它可用下式表示：

$$\pi = iRTC \tag{2-17}$$

式中　π——渗透压；

i——范特霍夫系数，它表示溶质的离解状态（对于非电解质溶液，$i=1$；对于电解质溶液，当其离解时，溶液的浓度应等于离解的阴、阳离子的总 mol 数，即完全离解时，$i=2$，如海水的 i 约等于 1.8）；

R——理想气体常数，$R=0.082×10^5$ Pa·L/(mol·K)；

T——绝对温度（K）；

C——溶液的浓度（mol/L）。

【例 2-7】 含盐量为 32000mg/L 的海水，其主要成分是 NaCl，浓度为 (32000÷58.5)mmol/L =547mmol/L=0.547mol/L，25℃（298K）时的渗透压为

$$\pi=(1.8\times0.547\times0.082\times10^5\times298)\text{Pa}=24\times10^5\text{Pa}=2.4\text{MPa}$$

表 2-4 列出了常见水溶液的渗透压。

表 2-4 常见水溶液的渗透压

成分	浓度/(mg/L)	渗透压/MPa	成分	浓度/(mg/L)	渗透压/MPa
海水	32000	2.4	$MgSO_4$	1000	0.025
苦咸水	2000~5000	0.105~0.28	$MgCl_2$	1000	0.068
NaCl	35000	2.8	$CaCl_2$	1000	0.058
NaCl	2000	0.16	蔗糖	1000	0.014
Na_2SO_4	1000	0.042	葡萄糖	1000	0.007
$NaHCO_3$	1000	0.09			

任何溶液都具有相应的渗透压，但要有半透膜才能表现出来。如半透膜两侧为不同浓度的溶液，则渗透的驱动力为该两溶液渗透压之差，较稀溶液内的水分子将渗入较浓溶液中。渗透压与溶液的性质、浓度和温度有关，而与膜无关。反渗透不是自动进行的，为了进行反渗透作用，就必须加压。只有当工作压力大于溶液的渗透压时，反渗透才能进行。在反渗透过程中，溶液的浓度逐渐增高，因此，反渗透设备的工作压力必须超过与浓水出口处浓度相应的渗透压。温度升高，渗透压增高。所以溶液温度的任何增高必须通过增加工作压力予以补偿。

反渗透膜的透过机理，一般认为是选择性吸附——毛细管流机理，即认为反渗透膜是一种多孔性膜，具有良好的化学性质，当溶液与这种膜接触时，由于界面现象和吸附的作用，对水优先吸附或对溶质优先排斥，在膜面上形成一纯水层。被优先吸附在界面上的水以水流的形式通过膜的毛细管并被连续地排出。所以，反渗透过程是界面现象和在压力下流体通过毛细管的综合结果。

反渗透膜的种类很多，目前在水处理中应用较多的是醋酸纤维素膜和芳香族聚酰胺膜。反渗透装置有板框式、管式、螺卷式和中空纤维式四种。

1）板框式反渗透装置的构造（图 2-28）与压滤机相似。整个装置由若干圆板一块一块地重叠起来组成。圆板外环有密封圈，使内部组成压力容器，高压水串流通过每块板。圆板中间部分是多孔性材料，用以支撑膜并引出被分离的水。每块板两面都装上反渗透膜，膜周边用胶黏剂和圆板外环密封。板式装置上下安装有进水管和出水管，分别使处理水进入和排出，板周边用螺栓把整个装置压紧。板框式反渗透装置结构简单，体积比管式的小，其缺点是装卸复杂，单位体积膜表面积小。

2）管式反渗透装置与多管热交换器相仿，如图 2-29 所示。它是将若干根直径为 10~20mm、长为 1~3m 的反渗透管状膜装入多孔高压管中，管膜与高压管之间衬以尼龙布以便透水。高压管常用铜管或玻璃钢管，管端部用橡胶密封圈密封，管两头由管箍和管接头以螺栓连接。管式反渗透装置的优点是水力条件好，安装、清洗、维修比较方便，能耐高压，可以处理高黏度的原液；其缺点是膜的有效面积小，装置体积大，而且两头需要较多的连接装置。

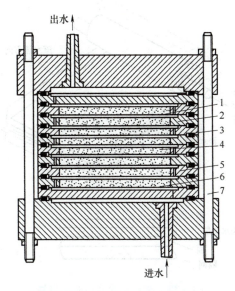

图 2-28　板框式反渗透装置的构造
1—膜　2—水引出孔　3—橡胶密封圈　4—多孔性板　5—处理水通道　6—膜间流水道　7—双头螺栓

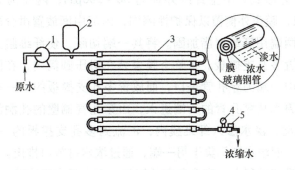

图 2-29　管式反渗透装置
1—高压水泵　2—缓冲器　3—管式组件　4—压力表　5—阀门

3）螺卷式反渗透装置由平板膜制成。在多孔的导水垫层两侧各贴一张平板膜,膜的三个边与垫层用胶黏剂密封呈信封状,称为膜叶。将一个或多个膜叶的信封口胶接在接受淡水的穿孔管上,在膜与膜之间放置隔网,然后将膜叶绕淡水穿孔管卷起来,便制成了圆筒状膜组件(图 2-30)。将一个或多个组件放入耐压管内便可制成螺卷式反渗透装置。工作时,原水沿隔网轴向流动,而通过膜的淡水则沿垫层流入多孔管,并从那里排出器外。螺卷式反渗透装置的优点是结构紧凑,单位容积的膜面积大,所以处理效率高,占地面积小,操作方便;其缺点是不能处理含有悬浮物的液体,原水流程短,压力损失大,浓水难以循环,以及密封长度大,清洗、维修不方便。

螺卷式反渗透装置组件结构及工作过程(视频)

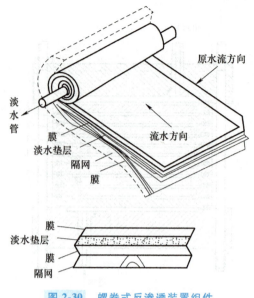

图 2-30　螺卷式反渗透装置组件

4）中空纤维式反渗透装置是用中空纤维膜制成的一种反渗透装置。图 2-31 为其中一种构造形式。中空纤维外径为 $50\sim200\mu m$，内径为 $25\sim42\mu m$，将其捆成膜束，膜束外侧覆以保护性隔网，内部中间放置供分配原水用的多孔管，膜束两端用环氧树脂加固。将其一端切断，使纤维膜呈开口状，并在这一侧放置多孔支撑板。将整个膜束装在耐压圆筒内，在圆筒的两端加上盖板，其中一端为穿孔管进口，而放置多孔支撑板的另一端则为淡水排放口。高压原水从穿孔管的一端进入，由穿孔管侧壁的孔洞流出在纤维膜际间空隙流动，淡水渗入纤维膜内，汇流到多孔支撑板的一侧，通过排放口流出器外，而浓水则汇集于另一端，通过浓水排放口排出。中空纤维式反渗透装置的优点是单位体积膜表面积大，制造和安装简单，不需要支撑物等；其缺点是不能用于处理含有悬浮物的废水，预先必须经过过滤处理，另外，难以发现损坏的膜。

中空纤维式反渗透装置工作过程（动画）

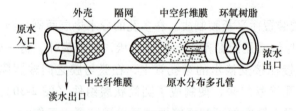

图 2-31　中空纤维式反渗透装置的构造形式

3. 电渗析

电渗析的原理是在直流电场的作用下，依靠对水中离子有选择透过性的离子交换膜，使离子从一种溶液透过离子交换膜进入另一种溶液，以达到分离、提纯、浓缩、回收的目的。

电渗析器（彩图）

电渗析过程一般在电渗析器中完成，电渗析器包括压板、电极托板、电极、极框、阳离子交换（阳膜）、阴离子交换（阴膜）、隔板甲、隔板乙等部件，将这些部件按一定顺序组装并压紧，组成电渗析器，电渗析原理如图 2-32 所示。C 为阳离子交换膜（简称阳膜），A 为阴离子交换膜（简称阴膜），阳膜只允许阳离子通过，阴膜只允许阴离子通过。纯水不导电，而废水中溶解的盐类所形成的离子却是带电的，这些带电离子在直流电场作用下能做定向移动。以废水中的盐 NaCl 为例，当电流按图示方向流经电渗析器时，在直流电场的作用下，Na^+ 和 Cl^- 分别透过阳膜（C）和阴膜（A）离开中间隔室，而两端电极室中的离子却不能进入中间隔室，结果使中间隔室中 Na^+ 和 Cl^- 含量随着电流的通过而逐渐降低，最后达到要求的含量。在两旁隔室中，由于离子的迁入，溶液浓度逐渐升高而成为浓溶液。

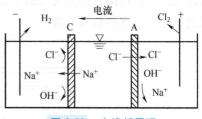

图 2-32　电渗析原理

离子交换膜是电渗析器的关键部分，离子交换膜具有与离子交换树脂相同的组成，含有活性基团和使离子透过的细孔，常用的离子交换膜按其选择透过性可分为阳膜、阴膜、复合膜等数种。阳膜含有阳离子交换基团，在水中交换基团发生离解，使膜上带有负电，能排斥水中的阴离子，吸引水中的阳离子并使其通过。阴膜含有阴离子交换基团，在水中离解出阴离子并使其通过。复合膜由一面阳膜和一面阴膜其间夹一层极细的网布做成，具有方向性的电阻。当阳膜面朝向负极，阴膜面朝向正极，正、负离子都不能透过膜，显示出很高的电阻。这时两膜之间的水分子离解成 H^+ 和 OH^-，分别进入膜两侧的溶液中。当膜的朝向与上述相反时，膜电阻降低，膜两侧相应的离子进入膜中。离子交换膜是由离子交换树脂做成的，具有选择透过性强、电阻低、抗氧化耐蚀性好、机械强度高、使用中不发生变形等性能。

用于隔开阴、阳膜的隔板本身就是水流的通道，隔板上有配水孔、布水槽、流水道及隔网（为使水流搅动并防止相邻阳膜与阴膜粘连）。为了增加水的流程长度，流水道可设计成多条回路状。图 2-33 是有 4 条回路的隔板示意。通过此隔板时水的流程长度就是 $4l$。隔板材料应要求绝缘性能好、化学稳定性好。常用的隔板材料有聚氯乙烯、聚丙烯等，厚度为 0.5~2.5mm。

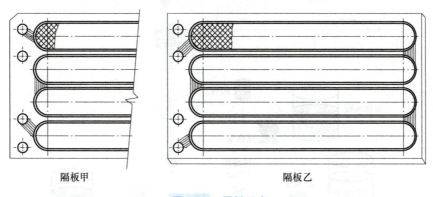

图 2-33　隔板示意

电极材料常用铅板、石墨和不锈钢等，以防腐蚀。现有用钛涂钌电极的，效果甚好。极框用于防止膜贴到电极上，保证极室水流畅通。电极托板用来承托电极并连接进、出水管。

电渗析器的组装方式如图 2-34 所示。一对正、负电极之间称为一级；具有同一水流方向的并联膜称为一段。在一台装置中，膜的对数（阴、阳膜各一张合称为一对）可在 120 对以上。一台电渗析器分为几级是为了降低两个电极间的电压；分为几段则是为了使几段串联起来，加大水的流程长度。

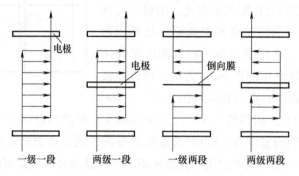

图 2-34　电渗析器的组装方式

电渗析器在操作运行时应控制合适的电流密度（单位面积膜通过的电流，单位为 A/cm^2）。若电流密度过大，会产生浓差极化现象，导致水垢生成、效率降低。根据经验，原水含盐量为 500mg/L 以下时，适用的操作电流密度为 $0.2\sim1mA/cm^2$；原水含盐量为 $500\sim2000mg/L$ 和 $2000\sim5000mg/L$ 时，可分别采用 $1\sim3mA/cm^2$ 和 $3\sim10mA/cm^2$。

2.4.3　膜分离处理工艺设计及案例

1. 超滤工艺设计

进行超滤装置设计，首先根据所处理溶液的化学和物理性能、处理规模和对产品质量的要求，选择该工艺所采用的超滤膜及组件类型；其次通过小型试验或中型试验确定超滤膜的设计水通量，设计需要的膜面积和组件数，确定膜组件的排列和操作流程（图 2-35）。

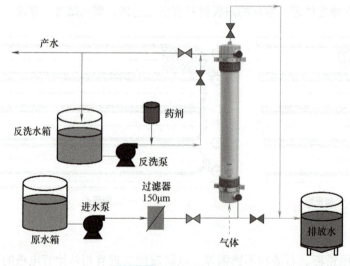

图 2-35　超滤工艺示意

(1) 超滤膜的选择

应根据所处理矿井水的水质特点，包括矿井水的温度、pH、分离物质相对分子质量范围等，选择适合的超滤膜材料和型号。要求选择的超滤膜在截留相对分子质量、允许使用的最高温度、pH 范围、膜的水通量及膜的耐污染等性能等方面，能够满足设计目标所提出的要求，此外超滤膜还具有很好的化学稳定性。

(2) 膜组件的选择

根据不同的用途，可供设计的膜组件有管式、平板式、卷式和毛细管式等多种，应根据所处理矿井水的特点选择膜组件。

(3) 超滤膜水通量的设计

超滤膜的水通量直接决定了装置的设计总膜面积、装置规模及投资额。影响超滤膜透过通量的主要因素有操作压力、料液浓度、膜面积流速、料液温度、膜清洗周期。上述参数的最佳组合是保证超滤系统产水通量、装置稳定运行的重要条件。

(4) 膜面积及膜组件数量的确定和计算

在确定超滤膜的水通量后，根据处理规模按下式计算超滤工艺所要求的膜面积：

$$S = \frac{1000}{J_{UF}} Q_p \tag{2-18}$$

式中　S——超滤膜的有效膜面积（m^2）；

　　　Q_p——设计产水水量（m^3/h）；

　　　J_{UF}——超滤膜的设计水通量 [$L/(m^2 \cdot h)$]。

确定膜面积 S 后，根据选择的超滤组件膜面积，组件个数可由下式确定：

$$N = S/A \tag{2-19}$$

式中　N——所需膜组件的个数；

　　　S——超滤膜的有效膜面积（m^2）；

　　　A——单个膜组件的膜面积（m^2）。

【例 2-8】　某煤矿企业拟在矿井水处理厂增设超滤装置，进水水量为 $100m^3/h$，要求水回收率 ≥90%，出水 SDI≤3.0，产水浊度 <0.2NTU，试设计反超滤工艺系统。

解：根据矿井水水质选择 PVDF 材质外压式立式超滤膜元件，膜面积为 $72m^2/$支，根据该型号膜的设计导则，设计通量应 ≤$50L/(m^2 \cdot h)$。

则按 $J_{UF} = 50L/(m^2 \cdot h)$ 计算产水水量 $Q_p = (100 \times 90\%) m^3/h = 90 m^3/h$

所需超滤膜的有效面积 $S = (90 \times 1000 \div 50) m^2 = 1800 m^2$

所需膜组件个数 $N = (1800 \div 72)$ 支 = 25 支

上述计算是按最低要求计算，考虑余量和膜架安装的对称性选择 30 支；验证产水通量 $J_{UF} = [90 \times 1000 \div (30 \times 72)] L/(m^2 \cdot h) = 41.7 L/(m^2 \cdot h)$，符合要求。

此外，还需考虑膜的反洗等因素。

一般超滤膜的工作压力为 0.1~0.3MPa，过滤周期根据原水的水质设定在 20~60min，每个过滤周期后超滤膜会进行在线自动反洗，反洗总历时一般取 30~150s，水反洗强度一般为 $100L/(m^2 \cdot h)$。通常情况下运行 7d 左右会在反洗水中加入药剂进行反洗，称为化学分散清洗（CEB）。

超滤膜工作一段时间后会根据运行情况（通常 1~12 个月），进行离线清洗（通常称为化学清洗，CIP），根据污染情况选择酸洗或碱洗。例如，当受到有机物、微生物污染时，可选择体积分数为 0.01% 的 NaOH 进行清洗；当受到无机物污染时，可配置 1%~2% 柠檬酸溶液进行清洗。超滤膜常规运行参数如图 2-36 所示。

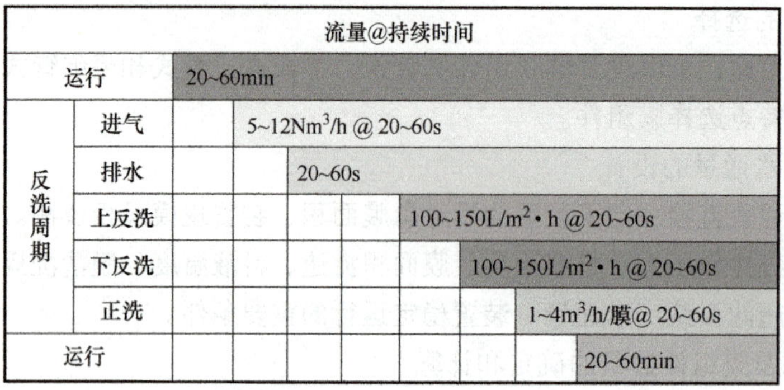

		流量@持续时间
运行		20~60min
反洗周期	进气	5~12Nm³/h @ 20~60s
	排水	20~60s
	上反洗	100~150L/m²·h @ 20~60s
	下反洗	100~150L/m²·h @ 20~60s
	正洗	1~4m³/h/膜 @ 20~60s
运行		20~60min

图 2-36　超滤膜常规运行参数

2. 反渗透工艺设计

（1）反渗透工艺设计的常用参数

在反渗透工艺设计之前需要先熟悉几个性能参数，公式如下。

1）产水通量：

$$J_{\text{RO}} = \frac{V}{St} \tag{2-20}$$

式中　J_{RO}——单位膜面积在单位时间内透过的水量 [L/(m²·h)]；
　　　V——透过水容积（L）；
　　　S——反渗透膜的有效膜面积（m²）；
　　　t——运行时间（h）。

2）回收率：

$$r = \frac{Q_{\text{p}}}{Q_{\text{f}}} \tag{2-21}$$

式中　Q_{p}——透过流量（m³/h）；
　　　Q_{f}——进水流量（m³/h）。

3）浓缩倍数：

$$CF = \frac{Q_{\text{f}}}{Q_{\text{m}}} = \frac{100}{100-r} \tag{2-22}$$

式中　CF——浓缩倍数；
　　　Q_{f}——进水流量（m³/h）；
　　　Q_{m}——浓水产量（m³/h）。

4）盐分透过率：

中空纤维膜

$$SP = \frac{C_p}{C_f} \times 100\% \tag{2-23}$$

卷式膜

$$SP = \frac{C_p}{\dfrac{C_f + C_m}{2}} \times 100\% \tag{2-24}$$

式中　SP——盐分透过率（%）；

C_p——产水含盐量（mg/L）；

C_f——进水含盐量（mg/L）；

C_m——浓溶液含盐量（mg/L）。

5）脱盐率：

$$R = 100\% - SP \tag{2-25}$$

式中　R——脱盐率（%）。

（2）反渗透工艺设计的一般步骤

1）落实设计依据。在拿到原水水质资料时，一定要确认矿井水的类型、水质的波动范围，以及前段工艺对水质的影响情况。切记要反复落实产水水质要求，若有必要需改造前段处理工艺，以满足反渗透工艺的进水要求和运行可靠性。

2）膜元件选型。根据原水的含盐量、进水水质情况和产水水质要求，选择适当的膜元件。可根据各家的产品特点进行选型。目前反渗透膜的品种和品牌都非常多，应用比较广泛的有蓝星东丽、陶氏、海德能、时代沃顿等，而且各家都有各自的优点。

反渗透膜装置（彩图）

3）确定膜通量和系统回收率。根据进水水质和处理要求的不同，确定反渗透膜元件单位面积的产水通量和回收率。产水通量可以参照所选厂家的设计导则。回收率的设定需要考虑原水中含有的难溶性盐的析出极限值（朗格利尔饱和指数）、给水水质的种类和产水水质。如果产水通量和回收率设计过高，发生膜污染的可能性增加，进而会导致产水量下降，清洗频率增加。产水通量设计过低，则水在膜元件中流速过低，也会导致膜污染。一般厂商均对膜组件的最大回收率做了规定，设计时应严格遵守。

4）排列和级数。反渗透工艺设计计算是膜组件数量选择和膜组件合理排列的依据。膜组件数量决定了反渗透系统的透水量，而排列方式则决定了系统的回收率。为了使反渗透系统达到设计回收率，同时使每个组件内的水流状态基本相同，必须将系统进行多段排列设计。图2-37和图2-38分别展示了一级两段反渗透和两级反渗透示意。

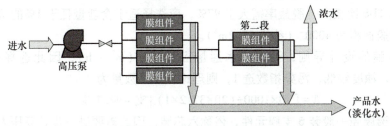

图2-37　一级两段反渗透示意

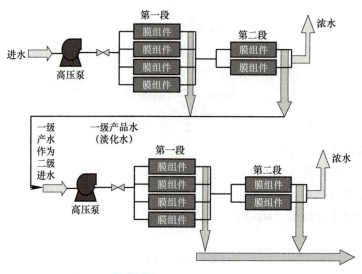

图 2-38　两级反渗透示意

（3）膜元件数量的计算

理论所需膜元件的数量可按下式计算：

$$N = \frac{Q_p}{JAf} \tag{2-26}$$

式中　N——所需膜元件数量（支）；

Q_p——产水量（m^3/h）；

J——膜元件单位面积产水通量 [$L/(m^2 \cdot h)$]；

A——单支膜元件面积（m^2）；

f——污染指数。

通常情况下，反渗透系统排列方式以近似 2:1 的排列方式居多。

实际设计中，反渗透膜厂家都有自主研发的膜元件选型软件，可以输入原水水质及相关要求进行膜型号选型及膜数量设计参考。

【例 2-9】　某煤矿企业拟在矿井水处理厂增设反渗透装置，进水水量为 100m^3/h，总溶解性固体（TDS）为 4424mg/L，电导率为 7050us/cm，浊度为 0.003NTU，设计回收率为 70%，产水 TDS<150mg/L。试设计反渗透工艺系统。

解：

产水水量 $Q_p = (100 \times 70\%) m^3/h = 70 m^3/h$

脱盐率 $R = 1 - 150 \div 4424 = 96.6\%$

由于原水 TDS 比较高，脱盐率需大于 97%，应选择适于含盐量低于 1% 的抗污染反渗透膜元件，有效膜面积为 400ft^2（约为 37.2m^2）。

按该型号膜的设计导则，设计产水通量应 ≤20$L/(m^2 \cdot h)$，因此选择产水通量为 20$L/(m^2 \cdot h)$，浊度较低，污染指数选 1，则理论膜元件数量为

$$N = [70 \times 1000 \div (20 \times 37.2 \times 1)] 支 = 94.1 支$$

标准反渗透膜壳一般装 6 支膜元件，俗称六芯装，因此需要进一步计算压力容器数量。

(94.1÷6) 支 = 15.7 支，选 16 支膜壳。

即共选取 16×6 = 96 支 400ft² 膜元件。

验证产水通量 J = [70000÷(96×37.2×1)] L/(m²·h) = 19.6L/(m²·h) < 20L/(m²·h)，符合要求。

各段压力容器的排列确定方法如下：

按设计的回收率，反渗透系统通常按近似 2∶1 的方式排列，即 16÷(2+1) = 5.3，取整后，实际系统的膜元件按 (11×6)∶(5×6) 的方式排列。

3. 电渗析工艺设计

电渗析脱盐的效率遵循电化学中的法拉第定律，具体如下：

1) 电流通过电解质溶液时，在电极上析出的物质量与电流强度和通电时间成正比。

2) 为了析出 1mol 任何物质所需的电量与物质的本性无关，均为 96500C（1C = 1A·s）（这里，任何物质均以其当量粒子为基本单元，如 1mol H⁺、1mol $\frac{1}{2}$Ca²⁺ 等）。

实际工作中，通以一定电流时所去除的盐量要比理论去除量少，两者的比值称为电流效率 η，定义式如下：

$$\eta = \frac{实际除盐量}{理论除盐量} \times 100\% = \frac{按照法拉第定律析出一定量物质所需的电流}{实际通过电极的电流} \times 100\%$$

$$= \frac{Q(\rho_0 - \rho_1)F}{nI} \times 100\% = \frac{q(\rho_0 - \rho_1)F}{I} \times 100\% \tag{2-27}$$

式中　Q——处理水流量（L/s）；

q——一个淡水室的处理水流量（L/s）；

ρ_0、ρ_1——进水、出水含盐量，计算时以其当量粒子为基本单元（mmol/L）；

F——法拉第常数，F = 96500mA·s/mmol；

I——操作电流（mA）；

n——并联膜对数。

电渗析的电流效率 η 一般在 75%~90%。

在给定的进出水水质要求条件下，电渗析器的设计主要是确定所需的总流程长度和膜对数。

如果电渗析器隔板上的流水道宽度为 b（cm），流程长度为 l（cm），则电流密度 i（mA/cm²）：

$$i = \frac{I}{A} = \frac{I}{lb} \tag{2-28}$$

一个淡水室的流量 q（L/s）：

$$q = \frac{vtb}{1000} \tag{2-29}$$

式中　v——水流在隔板流水道中的线速度（cm/s），一般采用 5~10cm/s；

t——隔板厚度（cm），一般为 0.05~0.25cm。

将式（2-28）和式（2-29）代入式（2-27）并整理，得流程长度 l：

$$l = \frac{vtF(\rho_0 - \rho_1)}{1000i\eta} \quad (2\text{-}30)$$

并联膜对数 n：

$$n = \frac{总处理水流量}{一个淡水室的流量} = \frac{Q}{q} = \frac{1000Q}{tbv} \quad (2\text{-}31)$$

【例 2-10】 某处一苦咸水含有 3500mg/L 的 NaCl。拟采用电渗析将此水淡化至 NaCl 含量为 500mg/L，淡水产量为 15m³/h。试计算此电渗析器的主要尺寸。

解： 按题意，进、出水浓度分别为

$$\rho_0 = 3500\text{mg/L} \div 58.5 = 59.83\text{mmol/L}$$

$$\rho_1 = 500\text{mg/L} \div 58.5 = 8.55\text{mmol/L}$$

根据一般电渗析器的规格，选用隔板厚度 $t = 2\text{mm} = 0.2\text{cm}$，隔板流水道中的线速度 v 采用 8cm/s，电流密度 i 参考经验数据采用 6mA/cm^2，电流效率 η 取 0.8，代入式（2-30），得所需总流程长度：

$$l = \frac{8 \times 0.2 \times 96500 \times (59.83 - 8.55)}{1000 \times 6 \times 0.8}\text{cm} = 1649.5\text{cm}$$

选用 800mm×1600mm 的隔板，每张隔板上有 4 条回路串联的流水道，流水道宽度为 $b = 15\text{cm}$，每条回路流水道有效长度为 140cm。则一张隔板上流水道总长度为（140×4）cm = 560cm。电渗析器所需段数：

$$(1649.5 \div 560)段 = 2.95\,段，取 3 段。$$

已知总处理水量 $Q = 15\text{m}^3/\text{h} = (15 \times 1000 \div 3600)\text{L/s} = 4.17\text{L/s}$。

代入式（2-31），得每段所需膜对数：

$$n = \frac{1000 \times 4.17}{0.2 \times 15 \times 8}对 = 173.8\,对，取 174 对。$$

3 段串联，共需 800mm×1600mm 的隔板（174×3）对 = 522 对。

考虑到总流程长度较长、总膜对数数量较多，故该电渗析装置由 2 台电渗析器组成。每台电渗析器组装成 3 段 1 级形式：每段内 174 对÷2 = 87 对并联，3 段串联；1 级电极供电。每台电渗析器可生产淡水 7.5m³/h。

粗略估算每台电渗析器总高度约为 167cm，包括：每张隔板厚为 0.2cm，每张膜厚为 0.1cm，每块电极板厚为 5cm，故电渗析器总高度 = [（0.2+0.1）×2×87×3+5×2]cm = 166.6cm。

2.5 煤矿矿井水地下水库技术

煤炭是我国主体能源，西部是我国煤炭主产区，矿井水保护利用是煤炭开发面临的重大技术难题。为解决神东矿区因高强度大规模开采引起的生态环境脆弱与水资源匮乏的问题，顾大钊院士基于对煤矿水灾的防治和井下水资源的保护与合理利用，提出了利用煤矿井下采空区对水资源进行"转移、净化、储存和利用"的地下水库水循环利用关键技术，为矿区开发提供了 95% 以上用水，确保了矿区可持续开发。

2.5.1 煤矿矿井水地下水库技术背景

煤炭是我国主体能源，占能源消费总量的 56.2%。相关研究表明，我国 1t 煤产生矿井水约 2t，每年产生矿井水约 80 亿 m^3，每年约有 50 亿 m^3 矿井水未得到有效利用，相当于我国年工业和民用缺水的 50%（100 亿 m^3）。西部是我国煤炭主产区，煤炭储量及煤炭产量分别占全国的 80% 及 70% 以上，但水资源量仅占全国的 6.7%，占全球的 0.3%。西部煤炭主产区水资源短缺和矿井水保护问题突出。

为保护利用矿井水资源，不同研究机构开展了大量研究，形成了两种思路：一种是以"堵截法"为代表的原位保护技术，采用限高开采、充填开采、分区开采等技术，确保煤炭开采覆岩裂隙不导通含水层，实现地下水保护；另一种是以"疏导法"为代表的水资源保护技术，将矿井水在井下安全储存利用起来，避免外排地表蒸发损失，以煤矿地下水库技术为核心。西部矿区井工开采规模均在 300 万 t 以上，甚至千万吨级，限高开采丢弃大量煤炭资源，充填开采效率较低（当前最高充填效率为 100 万 t/年），难以满足工程需求。而煤矿地下水库是针对西部生态脆弱区煤层埋藏浅、厚度大、保水开采地质条件较差等特点，在传统保水开采技术难以有效保护地下水的背景下提出的，是以"导储用"为核心，突破了原有的"堵截法"保水理念，实现了由"被动保水"向"主动保水"的转变。

2.5.2 煤矿矿井水地下水库技术基本原理

1. 煤矿地下水库储水原理

煤矿地下水库是利用煤炭开采形成的采空区垮落岩体空隙，将安全煤柱用人工坝体连接形成水库坝体，同时建设矿井水入库设施和取水设施，对矿井水进行分时分地储存及分质分期利用（图 2-39），它包含以下三层意思：

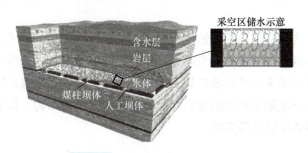

图 2-39　煤矿地下水库储水示意

1）煤矿地下水库位于煤层开采形成的采空空间中，储水空间由采空区垮落岩体间的自由空隙组成。

2）强调煤矿地下水库具有人为控制坝体安全和调控利用水资源的作用。

3）强调煤矿地下水库具有分布性，不同开采水平的地下水库可以进行连通。

2. 煤矿地下水库六大关键技术

煤矿地下水库涵盖规划与设计、建设、运行与监控的技术体系，包括水源预测、库容设计、水库选址、坝体构建、安全运行和水质保障六大关键技术。

（1）水源预测

西部缺水矿区煤炭高强度开采引起覆岩结构遭到破坏，含水层水体以层间水平径流向垂向径流为主的新水循环模式转变，使得大部分顶板砂岩弱含水层及第四系潜水含水层地下水渗流至煤矿采空区，导致区域地下水赋存、补给、循环模式发生改变。水源预测是建设煤矿地下水库的首要工作，包括水的来源、水的渗流路径和水资源量三部分。

1）水的来源。对于西部浅埋深薄基岩煤层，高强度开采导水裂缝带极易导通第四系松散含水层和基岩含水层，必然产生大量矿井水，因此，水源主要为第四系孔隙水和基岩裂隙地下水。

2）水的渗流路径。含水层渗流导致采场区域地下水流场重新分布，形成以导水裂隙带为渗流中心、采空区为地下水汇聚地的地下水漏斗。由采动裂隙分布的 O 形圈特征可知，地下水渗流路径主要分布在工作面煤壁、开切眼及两巷附近的覆岩裂隙。

3）水资源量。煤矿地下水库储水量必须满足水资源的"使用-补给"的平衡关系，即储水量能满足矿井各方面的用水需求。煤层开采后的涌水量由静储量和动储量组成。静储量为顶板垮落带内岩石的孔隙水和裂隙水，其大小由储水系数、给水度、垮落带空间和水位降深等来决定。动储量是垮落带和断裂带内水头降低导致周围一定范围内含水层的水向采空区流动形成的侧向补给。

（2）库容设计

煤矿地下水库主要利用采空区垮落岩体间空隙进行储存矿井水，采空区储水范围内垮落岩体的空隙总量就是水库的库容。考虑采动覆岩破坏规律的影响因素，水库库容与工作面开采尺寸、开采方法、覆岩力学性质，以及垮落岩体块度、堆积形态、碎胀性、有效应力等密切相关。其中，采空区垮落岩体空隙率与碎胀性是确定库容的关键参数。煤矿地下水库库容采用储水系数来表征采空区的储水能力，将储水系数定义为单位体积采空区的储水量。

（3）水库选址

地下水库位置的选择应达到相应的地质和水文地质条件要求，须考虑一系列因素。总体而言，煤矿地下水库选址时要遵循三个原则，即煤层底板不漏水、采空区域可聚水、开采规划好调水。按照地质和水文标准以及岩体工程方面划分界限，确定选址区，其要求包括煤层底板具有相应厚度和一定黏土矿物的泥岩、弱的或隐伏的断裂结构、没有或很少岩相和构造各向异性、较小的岩体渗透性等方面。

（4）坝体构建

煤矿地下水库坝体是开采设计留设的开采边界保安煤柱、防水煤柱及人工坝体的混合体，形成了地下水库周边的结构，起到承重、阻水和防渗的作用。煤矿地下水库坝体具有非连续、变断面、非均质等特性，相对于地面水库坝体来说受力十分复杂，主要受到采动矿压、水压、覆岩压力、采空区垮落岩体侧向压力、地震和矿震等众多非线性力的联合作用。

（5）安全运行

煤矿地下水库安全运行包括坝体安全监测、库内水位水压自动监测和特殊工况下水库应急保障三大技术，坝体安全监测主要是指坝体变形及其应力、应变演化监测，变形监测的目的是对挡水坝体与围岩相对位移、特别是接触缝的位移进行观测，监测仪器采用振弦式基岩变位计。应力监测的目是对挡水坝体的应力、应变和覆岩压力进行观测,监测仪器采用振弦式应变计。库内水位水压自动监测是指对水压和水位、清水抽采量、矿井水回灌量、水质等进行 24h 实时自动监测。特殊工况下水库应急保障三大技术包括防溃坝技术、防渗漏技术和防淤技术,通过在煤柱坝体内布置应力、应变传感器和渗流压力器,实时监测坝体应力变化和渗漏量,一旦超过预警值,监控中心便可调整水库中的水体或通过库间水体调运技术将该水库调至稳定状态,并对渗漏严重部位采用防渗工程。

(6) 水质保障

煤矿地下水库水-岩作用下矿井水净化机理是水质保障中的关键,采空区内堆积着具有裂隙、空隙属性的垮落岩体,与矿井水的水岩作用包括水解作用、吸附作用,可溶矿物的溶解作用。在长期水-岩作用下,煤矿地下水库岩体与矿井水产生物理化学作用,对矿井水中的 COD、悬浮物等沉淀、过滤和吸附发挥着重要作用。

2.5.3 煤矿矿井水地下水工程实例

大柳塔煤矿利用煤矿井下采空区对水资源进行"转移、净化、储存和利用"的地下水库水循环利用关键技术,建成了我国第一个具有立体空间网络的庞大的地下水库水资源保护与循环利用工程系统,实现了水资源的高效循环利用,既解决了矿井水灾问题,又创造性地保护了井下水资源,为我国浅埋煤层绿色开采开辟了新途径。

1. 大柳塔煤矿水文地质条件

大柳塔井田位于乌兰木伦河中游东岸,地形北高南低,东侧和北侧支沟发育,北侧基岩裸露,相对高差最大为 216m。由松散层沙层泉或烧变岩泉排泄形成地表水系,流入乌兰木伦河和悖牛川。井田内主要含水层有位于乌兰木伦河及悖牛川河流域的第四系河谷冲积层潜水;主要分布于区内地势较低区段的第四系上更新统萨拉乌苏组潜水;主要分布在井田中部位于基岩之上、离石黄土层之下的第四系下更新统三门组砂砾层含水层,该层局部与第四系松散砂层直接接触,厚度为 0~27.4m,平均厚度为 11.77m,含水层厚度为 0.10~27.48m,平均厚度为 8.24m;主要出露于哈拉沟、母河沟及王渠沟一带的中生界碎屑岩类裂隙含水层。井田内隔水层主要有第四系中更新统离石黄土隔水层和中下侏罗统延安组隔水层。矿井主要充水水源有雨季对矿井充水影响较大的地表水、本区主要含水层的松散沙层水、对生产影响较小的基岩裂隙水和富水性较强的烧变岩水,以及对下部煤层的开采造成很大威胁的老采空区水。随着上部煤层的开采,采空区不断接受地表水、松散含水层水及基岩含水层水的补给,形成矿井主要的充水水源。2015 年矿井正常涌水量为 486m³/h,矿井水文地质类型为中等。

2. 地下水库建设概况

大柳塔煤矿第一个采空区储水设施于 1998 年建成。在采空区储水技术的基础上,通过持续技术创新,2010 年在两个水平(不同垂直高度的开采层面)联合建成了充分利用采空区空间储水、采空区矸石对水体的过滤净化、自然压差输水的"循环型、环保型、节能型、效益型"的煤矿分布式地下水库,具有井下供水、井下排水、矿井水处理、水灾防治、环境保护和节能减排六大功能。大柳塔煤矿地下水库水循环工艺流程如图 2-40 所示。

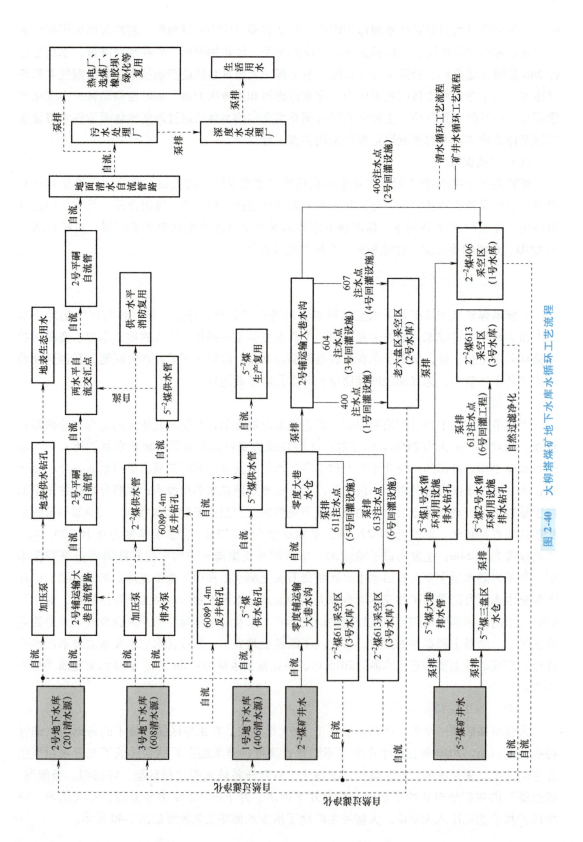

图 2-40 大柳塔煤矿地下水库水循环工艺流程

目前地下水库污水日回灌量约为 9790m³，经地下水库矸石沉淀过滤吸附净化后供井下生产和地面生产、生活使用，井下清水日均复用水量约为 7770m³，地面日均使用水量约为 4500m³，其余水储存于地下水库备用，地下水库现有总储水量约为 710.5 万 m³，实现了"地面清水零入井，地下污水零升井"的"双零"目标，有效保护了水资源。

3. 地下水库坝体建设

地下水库是由煤柱坝体和人工坝体（合称为水库坝体）围成的一个封闭的采空区空间，在塌陷后的破碎岩层缝隙储存水资源，储水系数一般为 0.15~0.25，煤柱坝体均为综合机械化采煤工作面（简称综采工作面）回采后余留的大巷保护煤柱，宽度最小在 30m（一般为 30~100m）。由于大柳塔矿煤层硬度比较大，煤柱坝体抗压强度一般不存在问题，能满足建设水库的要求。人工坝体是人为地对各综采工作面巷道口采用混凝土等材料进行封闭而形成的坝体，其安全可靠性对水库建设和防灾起到非常关键的作用。

4. 地下水库污水回灌系统

大柳塔矿煤层的污水通过泵排全部回灌到煤层采空区地势较高的地方，通过渗流自然净化后循环利用。

5. 地下水库清水利用系统

经采空区自然净化后的清水主要供井下生产和地面利用。井下生产用水主要用于设备冷却、喷雾降尘和消防系统等方面；地面用水主要用于选煤厂、橡胶坝补水、地面绿化、露天开采、地表生态示范园、当地村民灌溉和小区生活管网补水等方面。井下生产用水每天约为 7770m³，地面用水每天约为 4500m³。清水供给方式主要有自流和泵排两种方式，原则上能自流的绝不用泵排，以节能降耗。

2.6 矿井水井下处理与复用技术

2.6.1 矿井水井下处理与复用的设想

近几年，随着矿井水水处理工艺技术的不断发展革新、煤矿企业节能环保意识的不断增强，以及国家政策的大力支持，矿井水在井下处理复用已经成为未来矿井水利用的一种发展趋势，它将慢慢取代将矿井水提升至地面，处理后又返回至井下复用的重复提升模式，节省了矿井水的提升能耗及管路投资维护费用。

煤矿井下环境复杂，硐室及巷道空间狭窄，巷道错综复杂，空气潮湿，条件恶劣。井下巷道宽度一般为 5m 左右，高度一般在 4m 左右，有的宽度甚至只有 2m 左右，高度只有 1.5m 左右，由于空间的局限性，地面常规矿井水处理构筑物无法在井下直接利用。井下空气潮湿，电气设备和电缆易受砸压而使绝缘损坏，极易发生触电、漏电及短路等一系列故障。矿井水处理电气设备及控制系统的选型及加工制造需符合《煤矿安全规程》的规定。

由于井下环境条件的特殊性，地面矿井水处理工艺技术参数不能直接在井下利用，需对其进行改进。煤矿井下生产用水主要包括井下消防、防尘洒水用水、采煤机冷却用水、乳化液配制用水等。井下不同的用水点对水质要求不同，且差别较大，如井下消防、防尘洒水对细菌学指标要求较高，滚筒采煤机、掘进机等喷雾用水对水的碳酸盐硬度要求较高，乳化液配制用水对水的悬浮物浓度要求较高。在我国大部分缺水矿区，矿井水处理后作为煤矿生产用水已经普及，主要利用途径之一就是作为煤矿井下消防洒水，通常采用预沉、混凝沉淀（或澄清）及过滤等常规工艺技术即可满足消防洒水的水质要求，可用于巷道冲洗、低压喷雾防尘、泥浆注水等。滚筒采煤机、掘进机等高压喷雾用水的水质对水中碳酸盐硬度要求较高，我国多数矿区矿井水含盐量较高，经常规处理无法降低水中含盐量，需要通过深度软化进行除盐处理。《液压支架（柱）用乳化油、浓缩物及其高含水液压液》标准中要求，在配制高含水液压液时所使用水质应符合以下要求：水质外观无色、无异味、无悬浮物和机械杂质，pH 范围为 6~9，水中氯离子含量不大于 200mg/L，硫酸根离子含量不大于 400mg/L。

井下巷道一般处于数百米以下，需要通过强制通风来实现空气流通，井下巷道交错复杂，井下水处理构筑物设计尺寸应不影响巷道通风，以保证井下生产安全。由于井下空间有限，井口口径大小有限，运输设备的绞车或罐笼的大小固定，因此矿井水处理所选设备尺寸不能过大，设备的长、宽、高要符合井下运输及安装空间要求。煤矿井下设备必须有煤矿矿用产品安全标志，包括防爆、防水、防潮、防尘和防静电技术，符合《煤矿安全规程》的规定。

矿井水井下复用技术要求处理设施占用空间小、流程简单、自动化程度高、出水水质稳定、能够有效去除水中悬浮物，对于含盐量及硬度较高的水，能降低其含盐量及硬度，使其达到使用标准。

2.6.2 矿井水井下主要处理单元

1. 采空区预处理

矿井水中含有大量煤粉、岩粉等悬浮物，为减轻后续处理负荷，需采取预处理技术将水中悬浮物去除。目前井下常采用的预处理技术有采空区预过滤技术。采空区是指在煤矿作业过程中，将地下煤炭或煤矸石开采完成后留下的空洞或空腔。采空区形成后，将采空区上部顶板全部垮落处理，在顶板塌落的过程中，顶板周围岩石产生位移、破坏、垮落，致使采空区填满顶板与岩石。利用采空区作为过滤容器，充填物作为过滤介质，将矿井水引至较高处，依靠重力流流过采空区，从采空区低处将过滤后的矿井水收集起来，此处理过程称为采空区预过滤处理。

采空区预过滤处理充分利用填充物对矿井水进行物理、化学及生物净化作用，其净化的机理有过滤、沉淀、吸附及离子交换。

采空区中垮落的固体填充物有煤粒、岩粒等粒状填料，此外，还有部分黏土等固体物质，煤粒、岩粒等粒状填料能够截留水中悬浮颗粒，水中的部分有机物、细菌及病毒也会黏附在悬浮颗粒上，一并去除。

矿井水通过采空区时，由于采空区具有一定长度，水流水平流速缓慢，水中悬浮颗粒会发生沉淀作用。当矿井水由采空区进入集水区后，水流更加缓慢，几乎处于静止状态，此时沉淀作用更好。

由于采空区的填充物有砂岩、粉砂岩，这些物质孔隙率为 5%~13%，可对矿井水中的一些有害离子和细小颗粒产生一些吸附作用。此外，煤层顶底板含有一定量的黏土矿物，黏土矿物表面一般带有负电,具有较强的吸附和阳离子交换作用,可吸附水中的阳离子。

2. 复合沉淀池

沉淀是依靠重力作用将悬浮物从水中分离出来的工艺技术。随着矿井水处理水量的累积,采空区会逐渐达到饱和,当采空区过滤达到饱和时,沉淀池发挥主要作用。

根据原水水质和实现完全意义上的无人值守,处理工艺中不投加絮凝剂,这样沉淀池前就不需设反应池。为了保证沉淀效果,沉淀池采用高效复合沉淀池。复合沉淀池是平流式沉淀池和斜管沉淀池相结合的沉淀池,始端是平流沉淀区,末端是斜管沉淀区,结构如图2-41所示。

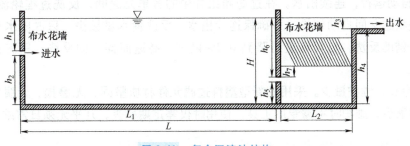

图 2-41 复合沉淀池结构

原水首先进入该沉淀池的平流沉淀区,在平流沉淀区,较大的颗粒在平流沉淀区沉降,不易沉淀的颗粒将在斜管沉淀区沉降。高效复合沉淀池沉淀下来的污泥沉入池底下方的污泥区,然后进入集泥管采用静水压力排泥,将污泥排入淤泥池。水从平流沉淀区始端通过布水花墙进入,从末端通过布水花墙流出进入斜管沉淀区,最终水从斜管沉淀区上端流出。

平流式沉淀池布水孔上、下各有一个回流区域,同时在沉淀池的右下部也会存在一个较小的死水区;复合沉淀池中的平流沉淀区的四个边角有较小的死水区,但与平流式沉淀池的回流区和死水区的面积相比,减小了数倍,水力条件明显改善。

复合沉淀池的特点如下:

1)保留了平流式沉淀池对水质变化的缓冲作用,沉淀系统具有良好的稳定生产能力。根据运行经验,悬浮颗粒物的自然沉降主要发生在矩形平流沉淀区的前 1/4～1/3 部分。即使待处理水的悬浮颗粒物含量增加,由于平流沉淀区的除浊作用,斜管沉降系统所受冲击小,有利于系统功能的正常发挥,因而也能保持出水水质的相对稳定。

2)允许一定程度的超负荷生产。在矩形平流沉淀区内,尽管部分轻小颗粒可与大而重的颗粒发生共沉降,但总是有少量既未自由沉淀也未被共同沉淀的颗粒物流入沉淀池的末端,经过斜管沉降系统后,颗粒间可能再次发生碰撞而沉降。考虑到斜管或斜板的高沉淀效率,可以适当降低对进水浊度的要求,因此允许一定程度的超负荷运行。有资料表明,理想状态下,在平流沉淀出水区加装斜管沉降系统后,出水量可提高到原来的 2～3 倍。

3)对水质、水量的变化反应及时,耐受一定的冲击负荷,安全性能好。

4)经过斜管或斜板沉降系统处理后,沉淀池的水力和水流状况得到优化,这有助于有效控制短流、紊流、密度流现象,从而提高沉淀效率。

3. 盘式过滤器

盘式过滤器具有以下四个方面的特点:

1）高效，精确过滤。盘式过滤器是具有特殊结构的滤盘过滤技术，性能精确灵敏，确保只有粒径小于要求的颗粒才能进入系统，过滤器的规格有 5μm、10μm、20μm、55μm、100μm、130μm、200μm 等多种，可根据用水要求选择不同精度的过滤盘，系统流量可根据需要灵活调节。

2）标准模块化，节省占地。系统基于标准盘式过滤单元，按模块化设计，可按需取舍，灵活可变，互换性强。系统紧凑，占地极小，可灵活利用边角空间进行安装，如处理水量为 300m³/h 左右的设备占地仅约为 6m²（一般水质，过滤等级为 100μm）。

3）全自动运行，连续出水。在过滤器组合中的各单元之间，反洗过程轮流交替进行，工作、反洗状态之间自动切换，可确保连续出水。反洗耗水量极少，只占出水量的 0.5%。如配合空气辅助反洗，自耗水更可降到 0.2% 以下。高速而彻底的反洗，只需数十秒即可完成。

4）寿命长，维护量少。采用的新型塑料过滤元件材质坚固、无磨损、无腐蚀、极少结垢。零部件很少，维护时不需专用工具，使用时仅需定期检查，几乎无须日常维护。

2.6.3 神华集团某矿矿井水井下处理利用工程实例

该矿生产用水需求量大，将一部分矿井水回用于井下生产仍不能满足需水量，每年需从附近乡镇大量购进水资源，将其与矿井水混合后用于生产。但该混合水中的悬浮物、铁和锰均有一定程度的超标。同时，由于该矿采用最先进的综采设备，设备的冷却水和液压支架乳化液配制用水均采用该混合水。若长期运行，水中的悬浮物、铁和锰会造成冷却喷雾设备严重阻塞、设备腐蚀等，影响甚至破坏生产系统的正常运行。

此工程处理的矿井水水量为 100m³/h，原矿井水经采空区处理后，悬浮物质量浓度为 30mg/L，铁质量浓度为 6.5mg/L，锰质量浓度为 0.16mg/L，浊度为 10NTU，再进入图 2-42 所示的矿井水井下处理工艺进行处理。矿井水经该系统处理后，悬浮物、铁、锰、浊度和 pH 完全满足回用的水质要求。

根据原水水质和实现完全意义上的无人值守，处理工艺中不投加絮凝剂，这样沉淀池前就不需设反应池，为了保证沉淀效果，采用高效复合沉淀池。原水首先进入该沉淀池的平流沉淀区，在平流沉淀区，较大的颗粒在平流沉淀区沉降，不易沉淀的颗粒将在斜板沉淀区沉降。高效复合沉淀池沉淀下来的污泥沉入池底下方的污泥区，然后进入集泥管采用静水压力排泥，将污泥排入淤泥池。

过滤系统由 50μm 过滤器和双滤料精过滤器组成。50μm 过滤器采用先进的全自动过滤器，有一个电动机自动清洗装置。水首先从进口进入粗滤网，然后由内而外通过细滤网流出，粗滤网设计用于保护清洗装置，免于受到大块颗粒的破坏。双滤料精过滤器是经过改良的过滤器，高度为 2.8m，直径为 2.4m，可以更好地适应井下狭小空间，解决了以往在地面应用的过滤器滤层高度值不适于在井下巷道使用的难题。只需要较低的滤层高度，就可以达到良好的处理效果。此设计采用双层滤料，其中上部采用密度较轻、粒径介于 1.0~2.0mm 的果壳滤料，该滤料具有坚韧性大、耐磨、抗压、吸附能力强、抗油浸、不结块、不腐烂等特点。滤层下部采用新技术生产的水处理专用滤料陶粒，粒径为 1.0~2.0mm，它通过电化学氧化-还原（电子转移，REDOX）进行水处理工作，能去除水中铁、锰离子和硫化物，减少矿物质结垢（如碳酸盐、硝酸盐和硫酸盐等）。由于井下主要是工业生产用水，过滤后，没有设专门消毒环节。

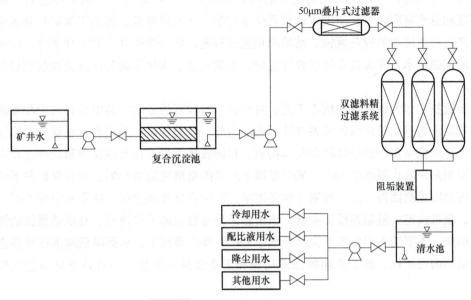

图 2-42　矿井水井下处理工艺流程

阻垢仪为全自动电子阻垢仪。射频发生器（图 2-42 中未标出）产生的高效电能通过射频转换器、换能器，转换为被处理介质——水分子的内能，使水的活性大大提高，渗透力、携带力增强，达到了附垢、防垢的目的。

控制系统为自动控制系统，包括 PLC 可控制编程元件、多个液位控制器、各种接触器、断路器、指示灯等，控制设备设有手动和自动单独控制开关、转化开关等部件。系统中所有电器具有井下防尘、防湿和防爆的功能，完全符合煤矿井下安全规范。

2.6.4　井下综采工作面用水深度处理工程实例

井下综采工作面用水主要是设备冷却、乳化液配制等用水，用水量较小，但其对水质要求较高，尤其是对水中硬度、硫酸盐与氯化物要求较高。根据目前国内相关标准要求，水质要达到煤矿企业矿山支护标准 MT 76—2002《液压支架（柱）用乳化油、浓缩物及其高含水液压液》中的有关要求，硫酸根离子含量≤400mg/L，氯离子含量≤200mg/L。而我国煤矿多处于北方地区，大部分煤矿的矿井水都属于高矿化度、高硬度矿井水，即使经净化处理也无法满足井下综采工作面用水水质的要求。需要进行深度处理，降低水中溶解性盐类的含量才能利用。

由于液压控制、关键设备冷却等用水量只占井下用水的很小一部分，如果在地面对矿井水全部进行深度处理，不但主体设备投资十分巨大，而且需要更换现有管路，给煤矿企业带来巨大的经济负担，往往难于进行。例如，淮南某煤矿在地面建设了矿井水深度处理工程，却迫于成本压力无法运行。如果仅对部分矿井水在地面进行深度处理，那么需要敷设专用管道到井下工作面，这势必占用本来就非常拥挤的巷道空间，实施起来存在很大难度。因此，在井下对高矿化度、高硬度矿井水进行深度处理，达到上述设备的用水要求，成为经济合理、技术可行的必然选择。

针对上述问题，在乳化液配制用水前端对原水进行深度处理，降低其中的悬浮物、胶体、硬度和总溶解固体等，使出水满足乳化液配制用水水质要求，解决了煤矿矿井水应用于井下生产过程中出现的设备腐蚀、结垢和堵塞等问题。结合煤矿井下的工作条件，综采工作面乳化液配制用水处理装置采用以叠片过滤、介质过滤、软化除硬和反渗透脱盐相结合的工艺方法。

反渗透技术作为该装置的核心工艺，对于进水有较高的要求，其中胶体污染和难溶盐结垢是影响反渗透系统稳定运行的关键性因素。为此，该装置设计采用叠片过滤与介质过滤相结合的工艺降低原水中的悬浮物和胶体物质，预防胶体污染。在常规反渗透处理过程中，通常采用阻垢剂来防止原水中 Ca^{2+}、Mg^{2+} 等离子所致的难溶性盐类结垢，但在煤矿井下特殊环境中，投加阻垢剂面临计量、控制等较多困难，若能在反渗透之前去除原水中的 Ca^{2+}、Mg^{2+} 等离子，就可以省去阻垢剂投加系统。该装置采用全自动离子交换器，充填钠型强酸性阳离子交换树脂，不需动力消耗即可去掉原水中 Ca^{2+}、Mg^{2+} 等离子，从而降低原水在反渗透处理过程中结垢的可能性，离子交换树脂采用饱和工业食盐水再生，不对井下环境造成酸、碱污染。

煤矿井下工作面供水压力根据深度不同一般为 2.0~6.0MPa，有些较深的矿井一般设置中间水仓。大部分煤矿的工作面供水是经过净化处理的矿井水或深井水，在地面供水点悬浮物一般少于 50mg/L，考虑回用要求时一般少于 30mg/L，甚至更低。但是经过长距离输送到工作面后，往往会混入少量油类、有机物及铁锈、煤渣、煤粉等。

综采工作面乳化液配制用水处理装置的工艺流程如图 2-43 所示。首先经过管道过滤器去除铁锈、煤渣等较大的颗粒物，之后通过压力调节单元设置的减压阀将原水压力降低到 1.0~2.5MPa 范围内进入叠片过滤单元。减压压力根据水质情况计算反渗透所需压力，并叠加各个处理单元损失压力及富余压力确定。叠片过滤单元通常包括三台并联运行的 $20\mu m$ 精度叠片过滤器及相应的液压三通阀。工作时，待过滤矿井水分别经过液压三通阀的进、出水口，进入三台叠片过滤器，随着滤出杂质的增多，叠片过滤器前、后的压差不断升高，当达到 0.05MPa 时，通过控制阀切断某台液压三通阀进水与出水通道，打开出水与排放通道。由于系统内维持 1.0MPa 以上的压力，当排放通道打开时，另外两台叠片过滤器的滤过水便在压力作用下反向流过叠片过滤器，并携带滤出杂质通过液压三通阀的排放通道排出，实现反冲洗。

介质过滤单元采用两台 $10\mu m$ 滤袋过滤器并联运行，每台前后设有切断阀门，当过滤压差达到 0.05MPa 时，可以关断某台过滤器前后的阀门，实现不停机更换滤袋。经过叠片过滤和介质过滤的工作面给水可以达到浊度小于 1NTU，满足离子交换除硬和反渗透的进水要求。除硬单元采用全自动离子交换器，填充 C100E 强酸阳离子交换树脂，用饱和工业食盐水再生。全自动离子交换器采用水力自动控制软化、再生、冲洗流程，不需电力设备及人工干预。经过离子交换去除绝大部分 Ca^{2+}、Mg^{2+} 离子后，进入反渗透系统进一步降低 SO_4^{2-}、Cl^- 等盐类的含量，使出水满足乳化液配制用水的有关要求。

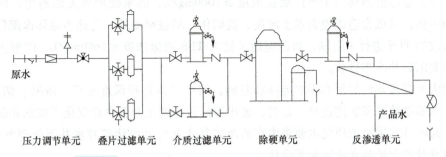

图 2-43　综采工作面乳化液配制用水处理装置的工艺流程

原水及处理后的水质分析结果见表 2-5。进水属于高硫酸盐硬度的高矿化度矿井水，SO_4^{2-}、Cl^- 等指标均超过乳化液配制用水水质要求，经综采工作面乳化液配制用水处理装置处理后，出水水质各项指标均优于上述标准要求，满足井下工作面配制乳化液及液压支架、电液阀等工作要求。

表 2-5　原水及处理后的水质分析结果

检测项目	单位	进水水质	出水水质	标准要求
pH	—	8.2	7.4	6~9
K^+	mg/L	10.1	0.9	—
Na^+	mg/L	202	21.3	—
Ca^{2+}	mg/L	123	5.5	—
Mg^{2+}	mg/L	51.0	2.3	—
HCO_3^-	mg/L	307	15.5	—
SO_4^{2-}	mg/L	595	35.8	≤400
Cl^-	mg/L	310	23.9	≤200
TDS	mg/L	1842	135.2	—
浊度	NTU	25	0.12	—

2.7　煤矿矿井水零排放技术

2.7.1　煤矿矿井水零排放的背景

随着煤炭生产开发布局的优化，煤炭开发进一步向大型煤炭基地集中，14 个大型煤炭基地产量占全国的 95% 以上，其中以内蒙古、陕西、新疆为代表的西部地区煤炭产量为 23.1 亿 t，占全国的 59.2%。而水资源与煤炭资源呈逆向分布，上述地区均处于干旱半干旱地区，水资源缺乏，植被稀少，生态环境脆弱，煤矿及相关工业用水紧张；矿井水多为高矿化度矿井水，总溶解固体（TDS）质量浓度≥1000mg/L，简单处理后无法利用；同时由于缺乏受纳水体，排放会造成地表水土流失、盐碱化、植被枯萎等，为此多地环保部门已经对矿井水排放的 TDS 进行了限制，鲁西南地区要求 TDS 质量浓度≤1600mg/L，内蒙古鄂尔多斯等地区要求矿井水零排放。

针对大型煤炭基地的用水需求与排放限制，将矿井水进行深度处理、浓缩、结晶分盐，实现矿井水零排放是现实的选择。目前，废水零排放研究主要集中在煤化工废水和脱硫废水等领域，对矿井水零排放研究主要集中在洁净矿井水及含悬浮物矿井水井下处理利用方面，通过减少升井实现矿井水的地面零排放。

2.7.2 煤矿矿井水零排放工艺流程

1. 零排放处理工艺路线

高矿化度矿井水零排放处理大体可分为四个单元步骤：以去除悬浮物为目的的净化处理，出水满足排放和一般回用要求（不限制 TDS）；以部分脱盐回用为目的的深度处理，产品水 TDS 质量浓度≤1000mg/L，可以作为生活用水和要求较高的工业用水；以减量为目的的浓缩处理，浓缩后的浓盐水 TDS 质量浓度≥6 万 mg/L，满足蒸发结晶的经济性要求，产品水 TDS 质量浓度通常≤1000mg/L；以总溶解固体固化为目的的蒸发结晶处理，产品水 TDS 质量浓度通常<100mg/L（图 2-44）。

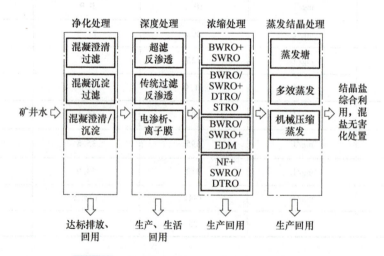

图 2-44 高矿化度矿井水零排放处理工艺路线
BWRO—苦咸水反渗透　SWRO—海水反渗透　DTRO—碟管反渗透
STRO—管网式反渗透　EDM—电驱离子膜　NF—纳滤

2. 净化处理技术

矿井水净化处理旨在降低其中的悬浮物，对 TDS 基本没有处理效果。井下提升上来的矿井水悬浮物（SS）质量浓度通常不超过 300mg/L，感官呈现黑灰色，通过净化处理后 SS 质量浓度可以降至 50mg/L 或以下，满足 GB 20426—2006《煤炭工业污染物排放标准》要求；对于 TDS 质量浓度<1000mg/L 的矿井水还可以进一步处理至 SS 质量浓度≤30mg/L，浊

度≤5NTU，满足 GB/T 18920—2020《城市污水再生利用　城市杂用水水质》、GB/T 19923—2005《城市污水再生利用　工业用水水质》等标准要求。净化处理技术已经非常成熟，大型煤炭基地建成及在建的矿井水净化处理设施多采用构筑物式的混凝澄清过滤工艺、混凝沉淀过滤工艺或混凝澄清/沉淀工艺，具有运行稳定、抗冲击负荷能力强等优点，其中前两者出水 SS 质量浓度≤10mg/L，浊度≤5NTU，可以直接作为深度处理的进水；混凝澄清/沉淀工艺由于缺少过滤环节，出水 SS 质量浓度≤50mg/L，但是波动较大，浊度通常在 20NTU 左右，若直接作为深度处理进水，则造成深度处理的预处理环节投资过大、运行费用过高，整体不经济，应该增加多介质过滤单元或者优先考虑选用传统过滤反渗透工艺。一体化处理器及磁分离工艺等在大型煤炭基地应用极少，前者处理能力小，抗冲击负荷能力弱，后者出水水质不理想，SS 质量浓度在 30mg/L 左右，无法稳定满足排放及回用要求，如作为深度处理的进水应该增设多介质过滤单元，并且适当降低后续预处理工艺的处理负荷。

3. 深度处理技术

矿井水深度处理主要作为获得高品质生产用水的手段，也可以作为矿井水零排放过程中一级浓缩处理单元，通常回收率可以达到 50%～70%，出水 TDS 质量浓度≤1000mg/L，根据需要可以达到 200mg/L 左右，作为生活杂用水、电厂用水等。

矿井水深度处理技术相对成熟，以 BWRO 为主的超滤（UF）反渗透工艺和传统多介质+活性炭过滤的反渗透工艺最为广泛。前者适合净化处理效果较好、管理水平较高的煤矿，UF 回收率可以达到 95%以上，出水浊度≤1NTU，污染指数（SDI15）≤5，为反渗透处理提供较好的进水条件；后者适合净化处理效果一般或者铁、锰、油类较高的矿井水，操作略为复杂，自动化水平不高，但是抗水质波动能力较强，可恢复性高，出水浊度≤3NTU，SDI15≤10。二者对于难溶物质结垢的抑制主要通过药剂阻垢实现，在保证较低运行费用的前提下实现尽可能高的回收率，根据矿井水水质不同，回收率最高可以达到 75%。传统电渗析与电驱离子膜（EDM）工艺原理类似，都是在电场作用下实现带电离子的分离，前者利用异相膜实现正负离子的迁移，其发展较早，近十年随着反渗透成本降低，应用较少；后者利用均相膜实现正负离子的迁移，属于新兴技术；但是二者都存在维护复杂、回收率不高（一般为 45%～50%）、脱盐率较低（通常仅为 50%～70%）等问题，在矿井水深度处理方面应用较少。

4. 浓缩处理技术

浓缩处理主要针对高矿化度矿井水深度处理或者一级浓缩后产生的浓水，SS 和浊度一般处在较低水平，可以满足浓缩处理的进水要求，而以 Ca^{2+}、Mg^{2+}、Ba^{2+}、Sr^{2+}、HCO_3^-、SO_4^{2-}、SiO_2 等为代表的难溶盐类接近饱和或者已经达到药剂分散的上限，TDS 质量浓度一般在 1 万～3 万 mg/L，需要专门处理才能进行浓缩。不同浓缩处理工艺产生的产品水 TDS 差别较大，苦咸水反渗透（BWRO）和海水反渗透（SWRO）出水 TDS 质量浓度≤1000mg/L，纳滤（NF）、碟管反渗透（DTRO）和管网式反渗透（STRO）出水 TDS 质量浓度一般为 1000～2000mg/L。根据工艺条件不同，EDM 出水一般为 TDS 质量浓度≤2 万 mg/L，大多在 1.5 万 mg/L 左右；为满足蒸发需要，高浓盐水 TDS 质量浓度通常要达到 5 万～10 万 mg/L，其中 EDM 的高浓盐水可达到 10 万 mg/L 以上。浓缩处理技术是矿井水零排放的重点和难点，工艺路线较多，而且大多没经过实际工程检验，主要技术难题是经济高效的防结垢预处理技术和高倍浓缩技术。较为成熟的是 BWRO+SWRO 工艺（图 2-45）和 BWRO/SWRO+DTRO/STRO 工艺（图 2-46），前者适于 TDS 质量浓度在 2 万 mg/L 以下的浓缩处理，最终高浓盐水 TDS 质量浓度可达 6 万 mg/L 以上，最高渗透压力可达 8MPa；后者适于 TDS 质量浓度在 3 万 mg/L 以下的浓缩处理，最终高浓盐水 TDS 质量浓度可达 8 万 mg/L 以上，最高渗透压力可达 12MPa。

BWRO/SWRO+EDM 工艺（图 2-47）将 BWRO/SWRO 高脱盐率和 EDM 适应高含盐量的优点结合起来，通过产品水和浓水分别循环脱盐、浓缩，实现较高脱盐率和浓缩倍率，最终出水 TDS 质量浓度≤1000mg/L，高浓盐水 TDS 质量浓度可达 10 万~14 万 mg/L，目前尚处于中试阶段。

其他还有 NF+SWRO/DTRO 工艺（图 2-48）及正渗透工艺等，前者多用于工艺物料分离，后者涉及驱动液的选择、污染等问题，目前在矿井水零排放方面优势不明显。

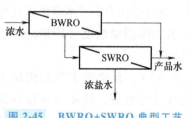

图 2-45　BWRO+SWRO 典型工艺

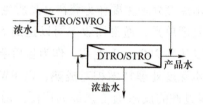

图 2-46　BWRO/SWRO+DTRO/STRO 典型工艺

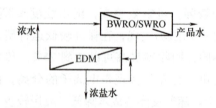

图 2-47　BWRO/SWRO+EDM 典型工艺

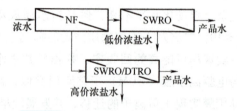

图 2-48　NF+SWRO/DTRO 典型工艺

5. 蒸发结晶技术

蒸发结晶是高矿化度矿井水中总溶解固体彻底固化的最终方法，主要有多效蒸发（MED）工艺和机械蒸汽再压缩（MVR）工艺。MED 先利用蒸汽加热物料，再利用物料产生的二次蒸汽加热后一效的物料，依次循环，一般三效蒸发具有较高的性价比，同时可以分别控制各效温度，有利于分盐操作；MVR 相当于一效蒸发器产生的二次蒸汽经压缩机压缩提高压力和饱和温度，增加热焓后，再送入蒸发器作为热源，替代生蒸汽循环利用，从而达到节能目的，但是存在蒸汽压缩机完全依靠进口、投资较高，以及无法单独实现分盐操作等缺点。在运行费用方面，MED 与 MVR 在业内存在较多争议，一般认为在蒸汽价格较高的地方，MVR 较为经济；在蒸汽价格较低的地方，MED 的优势更加明显。

2.7.3　煤矿矿井水零排放工程实例

通过鄂尔多斯红庆河煤矿高矿化度矿井水零排放工程，对相关零排放技术进行分析，以期为矿井水零排放技术研究和工程设计提供借鉴。

1. 工程概况

煤矿矿井水预期抽排量可达 600m³/h，TDS 质量浓度约为 2500mg/L，按照环保部门要求矿井水全部回用于生产生活，实现零排放。矿井水处理后的产品水 TDS 质量浓度≤1000mg/L，主要指标优于 GB 5749—2022《生活饮用水卫生标准》要求，工程设计水质指标见表 2-6。浓水经过两级浓缩后，进入三效蒸发结晶，离心分离得到工业产品级别的硫酸钠和氯化钠，以及少量经过鉴定后可以作为一般固废或者危险废物（简称危废）填埋处理的杂盐。

表 2-6　工程设计水质指标

项目	质量浓度/(mg/L)		
	净化水质	进水水质	产品水水质
Ca^{2+}	3.42	8.84	—
Mg^{2+}	2.65	3.18	—
Na^+	820.00	997.27	≤200
K^+	45.00	54.00	—
Fe	0.12	0.14	≤0.03
Ba^{2+}	0.01	0.01	≤0.01
Cl^-	256.00	355.11	≤250
SO_4^{2-}	1054.00	1264.80	≤250
HCO_3^-	174.00	497.97	—
SiO_2	16.00	19.20	—
TDS	2505.00	3011.75	≤1000

注：净化水质、进水水质、产品水水质 pH 分别为 9.66、8.45、6.50~8.50。

项目设计处理能力为 600m³/h，分两期建设，工艺流程如图 2-49 所示，分为净化处理、深度处理、浓缩处理和蒸发结晶处理四个单元，主要影响因素为 SS、Fe、SiO_2 等，各单元水质控制指标见表 2-7。净化处理已由"三同时"先期建设完成，采用混凝+迷宫反应+斜板沉淀+纤维过滤+消毒工艺，设计处理能力为 900m³/h，要求 SS 质量浓度≤10mg/L，实际运行时处理能力约为 400m³/h，出水 SS 质量浓度在 20mg/L 左右。

该矿井水 Ca^{2+}、Mg^{2+} 浓度极低，TDS 质量浓度在 2500mg/L 左右，深度处理采用 BWRO 工艺，单元回收率可达 75% 以上，预处理采用自清洗过滤器与 UF 组合工艺；由于净化处理效果一般，作为深度处理进水 SS、Fe 等超过常规要求，为此在深度处理的预处理阶段增加设计了曝气除铁及过滤单元保证 SS 质量浓度≤10mg/L，Fe 质量浓度≤0.03mg/L。深度处理的浓水 TDS 质量浓度在 1.3 万 mg/L 左右，Ca^{2+}、Mg^{2+} 浓度不高，一级浓缩采用 BWRO 工艺，浓水经过两级精密过滤及药剂阻垢后回收率即可达到 65%，减小了软化规模，降低了运行压力；一级浓缩浓水 TDS 质量浓度约为 3.6 万 mg/L，SWRO 和 DTRO 均可以运行，但考虑蒸发结晶的经济性，选用 DTRO 工艺，浓盐水 TDS 质量浓度≥9 万 mg/L，回收率为

25%~60%，且可调整。一级浓水通过 Na^+ 软化除硬、脱碳、调节 pH 至 10.0~10.5，保证 DTRO 浓水侧 SiO_2 等离子浓度小于其溶度积，采用蒸发结晶产生的工业氯化钠再生，降低了再生废液处理难度；DTRO 单元采用浓水再循环模式，矿井水 TDS 质量浓度在 5000mg/L 以下波动时，保证高浓盐水 TDS 质量浓度≥9 万 mg/L。

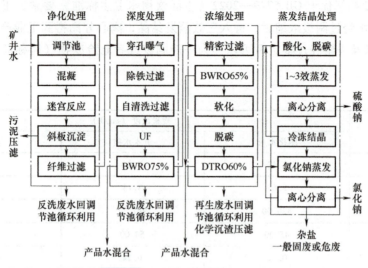

图 2-49 矿井水零排放工艺流程

表 2-7 各单元水质控制指标

项目	质量浓度/(mg/L)		
	深度处理浓水	一级浓缩浓水	二级浓缩浓水
Ca^{2+}	35.5	99.0	250.0
Mg^{2+}	12.6	37.0	92.0
Na^+	3960	11232	28105
K^+	213	601	1493
Cl^-	1432	4054	10119
SO_4^{2-}	5024	14266	35657
HCO_3^-	1927	5296	12835
TDS	12795	36202	90336

蒸发结晶采用三效强制循环蒸发器，加酸、脱碳后的高浓盐水蒸发至硫酸钠饱和，通过离心分离、干燥，得到 GB/T 6009—2014《工业无水硫酸钠》Ⅲ类合格品，一期产量约为 12.8t/d；离心母液冷冻至-5℃，再次离心分离得到十水硫酸钠，送入高浓盐水池溶解实现硫酸钠循环浓缩；离心母液进入单效氯化钠蒸发器蒸发至饱和，通过离心分离、干燥，得到 GB/T 5462—2015《工业盐》日晒工业盐二级品，一期产量约为 4.1t/d；部分离心母液排至耙式干燥机作为杂盐排出，一期产量约为 5.2t/d，其余循环至氯化钠单效蒸发器，实现氯化钠循环浓缩。

2. 运行效果

项目深度处理及浓缩处理单元投入试运行，矿井水进水 TDS 质量浓度在 1900～2500mg/L 波动，水量为 300m³/h；混合产品水 TDS 质量浓度≤300mg/L，水量为 290m³/h，作为生产生活用水。蒸发结晶单元投入试运行，成功实现硫酸钠和氯化钠分离。全系统运行稳定，总回收率≥96.5%，综合直接运行费用约为 7.89 元/t，净化处理、深度处理及浓缩处理直接运行费用合计为 18.43 元/t，其中净化处理 0.25 元/t，深度处理 2.95 元/t，浓缩处理 BWRO 单元 3.64 元/t，浓缩处理 DTRO 单元 11.59 元/t，蒸发结晶处理 79.09 元/t。

思 考 题

1. 我国煤矿矿井水主要分为哪几类？其水质特征分别是什么？分别思考针对不同类型的矿井水应该采取什么样的组合工艺对其进行处理。
2. 高浊矿井水混凝处理工艺最重要的两个工艺参数是什么？并分析其重要的原因。
3. 请简述常见的膜分离法种类，并简述其工作原理与应用范围，列举上述膜分离工艺中需要注意的事项。
4. 请设计 3 套处理量为 2t/h 的矿井水处理工艺，分别针对高浊度矿井水、高铁锰矿井水和高矿化度矿井水进行处理分别作为井下降尘用水、矿区杂用水和锅炉冷却循环水补水水质要求。
5. 请思考煤矿矿井水地下水库技术的基本原理。
6. 某煤矿处于西北干旱地区，属于严重缺水，矿井水产生量为 4600m³/d，请设计一条井上井下联合的矿井水分质处理、分级利用的工艺流程。
7. 请思考煤矿矿井水零排放技术路线，并能根据矿井水的原水水质特点设计不同的零排放技术路线。

第3章 矿区粉尘污染控制

3.1 矿山粉尘分类及性质

3.1.1 矿山粉尘分类

矿山粉尘是矿井在建设和生产过程中所产生的各种岩石和矿石微粒的总称,除按其成分分为煤尘和岩尘外,还可以有很多种不同的分类方法。

1. 按矿尘粒径划分

1)粗尘:粒径大于 $40\mu m$,相当于一般筛分的最小粒径,在空气中极易沉降。

2)细尘:粒径为 $10\sim40\mu m$,在明亮的光线下,肉眼可以看到,在静止空气中加速沉降运动。

3)微尘:粒径为 $0.25\sim10\mu m$,用光学显微镜可以观测到,在静止空气中做等速沉降运动。

4)超微尘:粒径小于 $0.25\mu m$,用电子显微镜才能观察到,在空气中做扩散运动。

2. 按矿尘性质划分

1)无机性粉尘:根据来源不同,无机性粉尘可分为金属性粉尘(如铁、锡、铅、铜、锰等金属及其化合物粉尘)、非金属矿物粉尘(如石英、石棉、滑石、煤)、人工合成无机粉尘(如水泥、玻璃纤维、金刚砂等)。

2)有机性粉尘:根据来源不同,有机性粉尘又可分为植物性粉尘(如木尘、烟草、棉麻等)、动物性粉尘(如畜毛、羽毛、角粉)、人工有机粉尘(如农药、有机纤维等)。

3)混合性粉尘:两种以上不同性质的粉尘同时存在称为混合性粉尘,这种粉尘在生产中最为常见。

3. 按矿尘成因划分

1)原生矿尘:在开采之前因地质作用和地质变化等原因而生成的矿尘,它存在于煤体和岩体的层理、节理、裂缝之中。

2)次生矿尘:在开掘、装载、转运等生产过程中,因破碎煤岩而产生的矿尘,是煤矿井下矿尘的主要来源。

4. 按矿尘存在状态划分

1) 浮游矿尘：悬浮于矿井空气中的矿尘，简称浮尘。

2) 沉积矿尘：从矿井空气中沉降下来的矿尘，简称落尘。

浮尘和落尘在不同风流环境下可以相互转化。矿井防尘的主要对象是悬浮于空气中的矿尘，所以一般所说的矿尘就是指这种状态的矿尘。

5. 按矿尘粒子是否进入肺泡划分

1) 呼吸性粉尘：粉尘粒子能随呼吸进入人体肺泡，直径一般小于 $10\mu m$。

2) 非呼吸性粉尘：粉尘粒子被呼吸道阻留，不能随呼吸进入人体肺泡，粒子直径一般大于 $10\mu m$。

6. 按矿尘粒子折光度不同划分

1) 可见性粉尘：肉眼可见，粉尘粒子直径大于 $10\mu m$。

2) 显微性粉尘：显微镜可观察，粉尘粒子直径为 $0.25\sim10\mu m$。

3) 超显微粉尘：只有在超显微镜下（如电子显微镜）才能看到，粉尘粒径一般小于 $0.25\mu m$。

7. 按矿尘中游离的 SiO_2 含量划分

1) 硅尘：含游离 SiO_2 在 10% 以上的矿尘，它是引起矿工肺病的主要因素。岩尘一般均为硅尘。

2) 非硅尘：含游离 SiO_2 在 10% 以下的矿尘，煤尘一般均为非硅尘。

3.1.2 矿山粉尘性质

1. 矿尘的物质组成

矿尘的化学成分基本上与原岩矿相同，但从粉尘总体来看，矿尘中也混入了因生产工具磨损而形成的金属尘粒、润滑油雾等。

矿尘各个化学成分的比例与原岩矿中的有所不同。例如，容易粉碎的硬度小的物质组分，以及密度较小的和不容易被水湿润的物质成分，在矿尘中所占的比例可能大于岩矿中该类物质的比例。悬浮矿尘中游离 SiO_2 的含量一般低于岩矿中的含量，因为游离 SiO_2 主要来源于石英。

2. 矿尘的粒度与分散度

矿尘的粒度是指矿尘颗粒的大小。由于其尺寸极小，故在测定中以微米（μm）为度量单位，用尘粒直径或投影的定向长度来表示颗粒的大小。

矿尘的分散度是指矿尘中各粒径的尘粒所占总体质量或数量的百分数。前者称为质量分散度；后者称为数量分散度。它反映了被测地点粉尘粒度的组成状况。

矿尘组成中小颗粒所占百分数大，即分散度高，对人体的危害性大。矿井中矿尘的分散度大致是，大于 $10\mu m$ 的占 2.5%~7%，5~10μm 的占 4%~11.5%，2~5μm 的占 22.5%~35%，小于 $2\mu m$ 的占 46.45%~60%。

3. 矿尘的比表面积

矿尘的比表面积是指单位质量矿尘的总表面积。同一质量的矿尘，其分散度越高（即小颗粒所占百分比大），则比表面积越大。所以矿岩被碎成细微的颗粒后，它们的比表面积会成千上万倍地增加。比表面积增大时，矿岩的物理化学活性也随之增高。比表面积增大，尘粒在溶液中的溶解度增大；比表面积越大，尘粒与空气中的氧反应也就越剧烈，可能发生矿尘的自燃和爆炸；比表面积越大，尘粒表面空气中气体分子的吸附能力也会增大。

4. 矿尘的湿润性

矿尘的湿润性决定于尘粒的成分、大小、荷电状态、温度和气压等条件。一般来说，吸水性随压力增加而增加，随温度上升而降低，随尘粒变小而减小。粉尘中易被水所湿润的称为亲水性粉尘；否则，称为疏水性粉尘。有些粉尘吸水后形成不溶于水的硬垢，称为水润性粉尘。

5. 矿尘的爆炸性

一定粒度的某些粉尘，当其在空气中的浓度达到一定值时，在有明火、电火花或其他高温热源存在条件下，可能燃烧或爆炸。能燃烧的粉尘都具有爆炸危险性。如煤尘、泥炭尘、钙粉、铝粉、木粉等，当空气中氧与可燃性粉尘完全反应时，爆炸最剧烈；如果粉尘浓度过大，则因氧气供应不足，不易引起爆炸；如果粉尘浓度过低，则因尘粒间距太远，有反应产生的热量不足以引起爆炸。对于煤尘来说，含尘量为 $112\sim500\text{g/m}^3$ 是最危险的爆炸浓度，而爆炸最强烈的浓度为 112g/m^3。含硫大于10%的硫化矿尘，发生爆炸的浓度范围是 $250\sim1500\text{g/m}^3$。

细微粉尘具有很大比表面积，故它能很快地与氧结合而发生爆炸。实践表明，粒径为 $70\sim100\mu\text{m}$ 范围内的爆炸性粉尘最易发生爆炸，具有巨大比表面积的极细粉尘在爆炸发生之前就已缓慢氧化完毕，不能形成有力的爆炸。试验表明，只有当温度达到引燃矿尘的温度时才会形成爆炸。硫化矿尘的引燃温度是 $435\sim450℃$，煤尘的引燃温度是 $700℃$。应该指出，含挥发分为30%~35%的煤尘最易发生爆炸，而含挥发分大于60%的煤尘却无爆炸风险。

3.1.3 煤尘爆炸

煤尘爆炸是煤矿主要灾害之一。同时具备以下三个条件就可以发生煤尘爆炸。

1. 煤尘本身具有爆炸性

煤尘是否有爆炸性，应当在井下采取煤样，送国家规定的鉴定单位进行煤尘爆炸性鉴定后确定。一般来说，无烟煤除个别情况外大多无爆炸性，而其他各类煤炭均属于爆炸性煤尘。煤的碳化程度越低，挥发分产率越高，煤尘的爆炸性就越强。据爆炸性鉴定结果统计，我国90%以上的煤矿均有煤尘爆炸危险。煤尘发生爆炸时，粒径为1mm及更小的煤尘都能参与爆炸，但爆炸的主体是粒径小于0.075mm的煤尘。

2. 浮游煤尘具有一定的浓度

煤尘能够发生爆炸的最低或最高浓度分别称作爆炸的下限或上限浓度，低于下限浓度或高于上限浓度的煤尘都不会发生爆炸。不同种类的煤炭和不同的试验条件所得到的爆炸上、下限浓度是不同的，但一般来说，煤尘爆炸的下限浓度为 $30\sim50\text{g/m}^3$，上限浓度为 $300\sim400\text{g/m}^3$，其中爆炸力最强的浓度为 $300\sim400\text{g/m}^3$。井下空气中如果有瓦斯和煤尘同时存在，可以相互降低两者的爆炸下限，从而增加瓦斯煤尘爆炸的危险性。瓦斯浓度达到3.5%

时，煤尘浓度只要达到 6.1g/m³ 就可以发生爆炸。

我国大多数煤矿属于具有煤尘爆炸危险的矿井，在矿井生产过程中，有不少作业时间和地点可能产生浮游煤尘达到煤尘爆炸的浓度下限。例如，在煤层中放炮时及放炮后的短时间内，煤炭受剧烈破碎并将附近的沉积煤尘扬起，迅速使悬浮的煤尘达到下限浓度；在煤仓及溜煤眼上、下口，井下翻车机等运煤容器集中卸载地点，以及综采放顶煤的放煤口附近常有可能被引爆的浮游煤尘。特别是矿井巷道中普遍有大量连续沉积的落尘，这些煤尘如果重新飞扬在空气中，就可迅速达到爆炸下限的浓度，这是许多局部性事故迅速扩大成为区域性乃至全矿性特大恶性事故的主要原因。

3. 具有点燃引爆煤尘的高温热源

煤尘爆炸的引爆温度一般为 650~990℃，这种温度在井下各种作业地点是容易产生的，温度越高，越容易引爆。空气中含氧量降低，则引爆温度升高，含氧量低于 17% 时，煤尘就不会爆炸。

矿井可以引起煤尘爆炸的火源是经常可能发生的，如放炮火源、电气火花、碰撞火花或局部的火灾或沼气爆炸等。具有爆炸性的煤尘遇到火源时，火源周围煤尘迅速气化，放出可燃性气体，这些气体与空气混合后被点燃，燃烧的热量传递给附近的煤尘，又使它们受热气化和燃烧，这种煤尘气化不断循环扩展开来，传播速度越来越快，最终使煤尘的燃烧转变为爆炸。在发生爆炸的地点，空气受热膨胀，空气密度变稀薄，在一个极短时间内形成负压区，外部空气在气压差的作用下向爆炸地点反流冲击，带来新鲜空气，这时爆炸地点如果还有煤尘、瓦斯和火源，可能发生二次爆炸，造成更大灾害。

煤尘爆炸可放出大量热能，爆炸火焰温度高达 1600~1900℃，使人员和设备受到严重损害。煤尘爆炸时，距离爆源 10~30m 内的破坏程度较轻。在爆炸区，离爆源越远，爆炸压力越高，爆炸力破坏越强。经实测的煤尘爆炸压力可达到 1.925MPa（相当于 19 个大气压）。在煤尘爆炸中，火焰的传播速度和爆炸冲击波速度越传越快，而冲击波越来越超前于火焰的传播。

这样，巷道中沉积煤尘先被冲击波扬起，随即被火焰点燃爆炸，使爆炸不断向远处蔓延。经实测，火焰的传播速度为 610~1800m/s，而冲击波最高速度据计算可达 2340m/s。煤尘爆炸气体中有大量的二氧化碳和一氧化碳，灾区空气中一氧化碳含量可高达 2%~3%，这是造成人员死亡的主要原因。结焦性的煤尘发生强烈爆炸时，有部分煤尘被焦化而形成焦炭皮渣或黏块附着于支柱的背风侧，而迎风侧有烧痕；在弱爆炸时，皮渣与黏块在支柱的迎风侧。

3.1.4 井工矿粉尘对人体健康的影响

煤矿粉尘是导致煤矿工人各种职业病的"元凶"，煤矿粉尘可以通过呼吸道、皮肤等途径进入人体，会对皮肤、黏膜、上呼吸道等产生局部的刺激作用，并产生一系列的病变，引发角膜炎、鼻炎、咽炎、阻塞性皮质炎、粉刺、毛囊炎、脓皮病、尘肺病等多种疾病。如果长期接触并吸入高浓度粉尘，日积月累就可引发各类呼吸系统及肺部疾病，如尘肺病、肺结核、肺脓肿等病症。其中最常见也是最主要的就是尘肺病。尘肺病是指矿工长期过量吸入细微粉尘而引起的以肺组织纤维化为主的职业病，它严重影响了工人的身体健康及生活质量。

尘肺病的发病年限、病情轻重、得病人数与矿井的下列因素有关：

(1) 粉尘的成分

粉尘中游离二氧化硅含量越高，发病的年限越短，得病的人数也多。在含有80%~95%游离二氧化硅的粉尘空气中工作，发病年限可缩短到一年半。

(2) 粉尘的浓度

在浮游粉尘浓度很高的环境中工作，进入肺部的粉尘多，使发病年限缩短，病情发展也很快，得病人数也多。因此，降低粉尘的浓度是预防尘肺的最主要措施。

(3) 粉尘的粒度

在各种粉尘的粒度中，粒径大于 $25\mu m$ 的尘粒被鼻毛阻留在鼻孔内。$5~25\mu m$ 的尘粒大多阻留在鼻腔的通道和湿润的黏膜上，一部分则阻留在呼吸道的表皮上，以上这些较大的尘粒都可以通过咳嗽或其他形式排出体外。最后进入肺内的属于 $5\mu m$ 以下的尘粒，其中一部分还可在呼吸时排出体外，一部分则留在肺细胞中。留在肺内的尘粒多为 $0.2~2\mu m$ 的粉尘。呼吸性粉尘含量越大，则尘肺发展越快。

工人接触粉尘工龄越长，在肺内沉留的粉尘越多，发病可能性越大，当然这也和接触的粉尘浓度和成分相关。

工人体质不同，肺部抵抗侵害的能力也不同，而且病情的严重程度也不一致。因此，安排好工人的生活，保证必要的休息和睡眠，增强矿工的体质和对粉尘侵害的抵抗力都是预防煤矿职业病的重要措施。

尘肺病有硅肺病、煤肺病和煤硅肺病三种，具体如下：

(1) 硅肺病

长期过量吸入含结晶型游离二氧化硅的岩尘可引起硅肺病。矿工在高浓度的岩尘空气中工作，一般平均 5~10 年就能得硅肺病，有时可能在 2~3 年甚至一年半之内就会得病。

硅肺病的发展期可分为以下三期：

一期硅肺病往往无症状，有的在紧张劳动时感到呼吸困难，稍有干咳、胸痛。

二期硅肺病只是在中等劳动时才感到呼吸困难和干咳、胸痛。

三期硅肺病在一般休息或工作时都感到呼吸困难、咳嗽带痰和胸痛，重者出现全身衰竭，容易并发肺结核，这是硅肺病死亡的主要原因。

硅肺病的病因主要是硅尘进入肺部后，硅尘中的二氧化硅使肺部抵抗粉尘侵害的吞噬细胞受到破坏，引起肺纤维性硬化而失去正常功能。

(2) 煤肺病

长期过量吸入煤尘所引起的尘肺病称作煤肺病。它的病情比硅肺病缓和些，且得病的年限较长，最终也能使矿工失去劳动能力。在高浓度煤尘爆炸空气中工作，一般 10~15 年可得煤肺病。

(3) 煤硅肺病

既接触煤尘又接触硅尘的工人有可能得煤硅肺病。它的病情比单纯煤肺病严重得多，兼有煤肺病和硅肺病的特点。

煤矿的尘肺病对矿工的安全健康和生命造成威胁，我们应当充分重视。只要认真执行矿井综合措施，各种尘肺病都是可以预防的。

3.2 露天矿粉尘污染控制

3.2.1 露天矿粉尘的来源

矿山生产过程中的各个环节，如剥离、凿岩、爆破、破碎、装运、选矿等，都产生大量的粉尘。凿岩工作中的产尘是连续的，而且地点分散、时间长、细尘多、难以控制，是矿山防尘工作的重点。爆破工作产尘的特点是在短时间内集中产生大量的粉尘，伴有大量炮烟，若无有效的通风排尘措施，不仅爆破地点的粉尘、炮烟长时间达不到国家规定的卫生标准，还会污染和影响其他作业区。

矿山产尘随矿（岩）石性质、作业条件、选用设备及防尘措施的不同而发生变化。随着采掘机械化程度的提高，粉尘产生量增加，这就给防尘工作提出了更高的要求。

根据露天锡矿山实测资料，干式凿岩无防尘措施时，凿岩、爆破和装运三个主要生产工序产尘量的比例分别是85%、10%和5%；湿式凿岩时，凿岩、爆破和装运三个主要生产工序产尘量的比例分别是41.3%、45.6%和13.1%。穿孔设备、装载设备、运输设备、凿岩设备和推土设备产尘量占总产尘量的比例分别为6.3%、1.19%、91.33%、0.57%和0.61%。

3.2.2 露天矿粉尘的防治

1. 爆破尘毒污染防治技术

爆破尘毒污染的控制方法分为通风防尘毒、工艺防尘毒和湿式防尘毒等方法。

1）通风防尘毒应用最早，且行之有效，但通风只能起到稀释、转移污染物的作用，而且由于露天矿范围大、开采深度逐渐增加等原因，通风防尘毒应用范围受到限制。

2）工艺防尘毒主要包括保证堵塞长度，采用孔底起爆装置，控制炸药的包装材料，完善炸药配方，采用高台阶挤压爆破或松动爆破等。这些方法应用于矿山，起到了降低爆破尘毒产生量的作用。

3）湿式防尘毒近几年发展较快，方法也越来越多，主要有充水药室爆破、水塞爆破、用胶糊填塞炮孔、爆破区洒水、泡沫覆盖爆破、使用喷雾器实现人工降雨和人工降雪、表面活性剂溶液降尘毒等。随着石油化工工业的迅速发展，利用泡沫覆盖爆区、富水胶冻炮泥降尘毒及表面活性剂溶液降尘毒成为降低爆破尘毒产生的一个重要途径。

泡沫药剂由起泡剂、稳定剂和水等组成，在寒冷地区还有适量的防冻剂。泡沫覆盖爆区降尘毒是在装药和安装好起爆网络后，用发泡器产生100倍以上的空气机械泡沫。吹送到爆破区段。泡沫层厚度为0.3~1.5m，爆破$1m^3$矿岩的泡沫消耗量为0.06~0.16m^3。泡沫覆盖爆区降尘毒一般多用于气候炎热、水源不足的地区，降尘毒效率可达40%以上，通风时间可缩短2/3~3/4。

富水胶冻炮泥由水、水玻璃、硝酸铵、硫酸铜等组成。在酸性盐、硝酸铵和Cu^{2+}的作用下，水玻璃发生水解和电离，形成硅溶胶，放置一段时间后，硅溶胶自动形成凝胶，即富水胶冻炮泥。用富水胶冻炮泥填塞炮孔，在爆破瞬间有毒气体和粉尘与富水胶冻炮泥微粒接触，发生复杂的物理、化学反应，在减少尘毒产生的同时，爆破后一段时间内也能使尘毒量明显下降。试验表明，用富水胶冻炮泥填塞炮孔与用砂土填塞相比，有毒气体下降可达70%以上，粉尘下降达90%以上。

表面活性剂是由水基和油基两种不同基团组成的，添加在水中能大幅度降低水的表面张力的一类有机化合物。在水中加入表面活性剂形成表面活性剂溶液，用其堵塞炮孔，能明显减少爆破尘毒的产生。工业试验表明，采用表面活性剂能使有毒气体和粉尘的产生量下降60%以上。

2. 钻机作业防尘技术

钻机防尘措施主要有干式捕尘、湿式除尘及干湿联合除尘三种方法。

1）干式捕尘是将除尘器安装在钻机口进行捕尘，多级旋风除尘器组成的除尘系统效果较好。

2）湿式除尘主要采用风水混合法除尘，即利用压气动力把水送到钻孔底部，在钻进和排渣过程中湿润粉尘，形成潮湿粉团或泥浆，排至孔口密闭罩内或用风机吹到钻孔旁侧。

3）干湿联合除尘是将干式捕尘和湿式除尘联合起来使用的一种综合除尘方式，越来越多的矿山采用这种除尘方式，并取得了明显效果。

此外，高效高压静电除尘器的应用也取得了重大进展。

3. 铲装作业防尘技术

铲装作业的基本防尘措施是湿式作业，以及对司机室密闭净化。增加矿岩湿度是防止粉尘飞扬、降低空气含尘量的有效方法，包括预先湿润爆堆和装载时喷雾洒水。预先湿润爆堆在装载作业前30min进行，既可取得良好的防尘效果，又不影响作业。装载时喷雾洒水是在铲装作业的同时用喷雾器向作业地带喷雾洒水。这种方法设备简单、使用方便、效果较好。为了提高普通喷雾的效果，特别是呼吸性粉尘的降尘效果，可采取以下措施：

1）利用声波技术。利用声波发生器产生的高频高能波，使尘粒之间、尘粒与水雾之间产生声凝聚效应，从而提高水雾对尘粒的捕集效率。

2）利用荷电水雾。利用水雾粒子与尘粒间的静电相互作用提高捕尘效率。

4. 运输过程中扬尘防治技术

装卸作业的防尘措施主要是洒水，可根据矿石含水情况使用水枪或洒水器，采取喷水措施后，岩矿装卸作业场地附近粉尘的平均浓度可降低为 $1.3 \sim 2 mg/m^3$。

汽车运输过程路面扬尘产尘量的大小与路面状况、汽车行驶速度和干湿程度等因素有关。

根据汽车道路扬尘扩散规律，当风速小于4m/s时，风速对载煤汽车在道路上行驶时引起的扬尘量影响较小；当风速大于4m/s时，风速对载煤汽车扬尘量影响明显。由风洞试验可知，在大气干燥和地面风速大于4m/s的条件下，载煤汽车行驶时引起的路面扬尘量与汽车速度成正比，与汽车质量成正比，与道路表面粉尘量成正比，汽车行驶引起的路面扬尘量预测经验公式为

$$Q = 0.123 \times \frac{v}{5}\left(\frac{w}{6.8}\right)^{0.85}\left(\frac{p}{0.5}\right)^{0.72} = 0.0079vw^{0.85}p^{0.72} \qquad (3-1)$$

式中 Q——汽车行驶引起的路面扬尘量（kg/km）；

v——汽车速度（km/h）；

w——汽车质量（t）；

p——道路表面粉尘量（kg/m²）。

对于道路运输扬尘，应采取加强道路硬化、及时对路面进行清洁打扫、定时洒水、运输车辆加装防尘帆布、矿石洒水等措施，以减少汽车运输过程中产生的扬尘。

减少露天矿路面扬尘的根本途径是保证路面的结构及施工质量，并加强日常维护，使用永久性的水泥混凝土路面。然而，由于经济、技术的原因，露天矿有相当数量的碎石路面。目前，露天矿汽车路面的防尘措施有洒水车洒水或沿路敷设的洒水器向路面洒水，喷洒钙、镁等吸湿性盐溶液，用乳液处理路面。洒水是目前使用最广泛的一种防尘措施，但在炎热季节，由于水分蒸发很快，必须频繁洒水，这势必耗费大量人力、物力，还可能因路面养护不善而恶化路况。在冬季洒水容易造成路面冰冻。吸湿性盐水溶液对轮胎或金属零部件有强烈的腐蚀作用，而且抑尘成本比洒水高几倍到几十倍。抑尘剂处理路面作用时间长，原料来源广泛，制作、喷洒方便，成本低，无二次污染，近年来得到了广泛应用，取得了很好的效果。

5. 贮煤场灰尘的防治措施

贮煤场灰尘主要来源于贮煤场煤堆表面扬尘和堆取煤料过程扬尘两个方面，主要产生于汽车卸煤、煤场堆放、堆取作业等若干环节。汽车卸煤时，原煤由于重力作用下落和风吹作用造成扬尘；在煤场堆放情况下，煤堆表面在风吹作用下产生扬尘；堆取料机进行堆取作业时，在堆取料机的机械动力扰动作用下容易产生扬尘。

煤灰起尘量的大小取决于作业强度、煤尘粒径、煤堆表面含水率和环境风速。其中，环境风速和煤堆表面含水率是决定煤尘对空气质量影响大小的两个主要因素。煤堆表面含水率越大，煤场扬尘越少。

煤灰起尘量按下式计算：

$$Q_p = 4.23 \times 10^{-4} v \times 4.9 A_p \qquad (3-2)$$

式中 Q_p——煤灰起尘量（mg/s）；

v——贮煤场平均风速（m/s）；

A_p——贮煤场面积（m²）。

贮煤场灰尘大气污染防治可采取以下措施：

1）煤场采用半封闭式，有雨篷，四周设遮挡墙，场内设喷洒装置，定时洒水。

2）卸煤时应尽量降低卸煤落差，对作业区内的落煤和地面灰尘应及时喷水、清扫，以减少二次扬尘；在大风时不进行卸煤作业。

3）运输车辆装载不宜过满，并尽量采取遮盖、密闭措施，减少其沿途抛洒，并及时清扫散落在路面的泥土和灰尘，冲洗轮胎，定时洒水压尘，减少运输过程中的扬尘。

4）煤场周围种植大量乔木，组成防护林带，减少煤尘对周围环境的影响。

通过采取以上措施，可有效减少煤尘污染周围环境的问题。

6. 废石临时堆场灰尘的防治措施

矿区大量堆存的尾粉、尾砂、废石是重要的粉尘污染源，尤其在干燥多风季节更严重，尾粉、尾砂、废石的细小颗粒在风力作用下起尘，加重了矿区的粉尘污染。煤矿区的废石主要是煤矸石，据矸石堆扬尘风洞模拟试验有关资料分析，矸石堆放场的起尘风速约为4.8m/s。

废石场防尘主要采用洒水抑尘的方法。一般对于硬岩、大块的废石，采用水枪冲洗比较合适；对于软质、易扬尘的岩土，采用洒水器比较合适。

此外，在废石堆物料表面喷洒覆盖剂也是一种效果不错的抑尘方法，由于覆盖剂和废石间具有黏结力，互相渗透、扩散，在化学键力和物理吸附作用下，废石表面形成薄层硬壳，可防止风吹、雨淋、日晒引起的扬尘。覆盖剂的物料组成主要是焦油、酸焦油、防腐油、聚醋酸乙烯、乳化剂和水等。

3.3 井工矿的防尘

矿井粉尘是矿井生产过程中产生的固体物质细微颗粒的总称。煤矿在生产、贮存、运输及巷道掘进等各个环节中都会向空气中排放大量的粉尘。井工在煤矿中工作，长时间暴露在高浓度的煤尘环境中，容易患上煤硅肺病等职业病。煤硅肺病是一种由长期吸入煤尘和二氧化硅尘所致的职业病，会引起肺弥漫性结节、肺纤维化等疾病，严重时会导致死亡。煤硅肺病是煤矿工人职业病的重要类型，而井工则是患煤硅肺病的高危人群之一。

井工矿尘治理的基本途径通常有减尘、降尘、除尘、隔尘、防尘。减尘是指减少和抑制尘源产尘，从而减少井下空气中煤尘的浓度。一是减少产尘总量和产尘强度；二是减少呼吸性矿尘所占的比例。减尘是防尘技术措施中最积极、最有效的措施，主要通过向煤岩体注水、湿式打眼、湿式作业来实现。降尘一般是采用喷雾洒水来实现。除尘主要是通过通风排尘和除尘装置捕集除尘来实现。隔尘是指通过佩戴各种防护面具的个体防护措施以减少吸入人体的矿尘。

防尘措施分为湿式作业、通风排尘、密闭抽尘、净化风流、个体防护。

3.3.1 湿式作业

湿式作业是利用水或其他液体，使之与尘粒相接触而捕集粉尘的方法。水能湿润矿尘，增加尘粒的重量，并能将微细尘粒聚结为较大的颗粒，使浮尘加速沉降，使落尘不易扬起。

湿式作业是矿井综合防尘的主要技术措施之一，除缺水和严寒地区外，在一般煤矿应用较为广泛。我国煤矿较成熟的经验是采取以湿式凿岩为主，配合水炮泥和水封爆破、洒水及喷雾洒水及煤层注水等防尘技术措施，所需设备简单、使用方便、费用较低且除尘效果较好，但增加了工作场所的湿度，影响工作环境和煤矿产品的质量。

湿式作业主要有两种方式：一种是用水或者其他液体湿润、冲洗初生和沉积的矿尘；另一种是用水或者其他液体捕集悬浮于矿井空气中的粉尘。

1. 湿式凿岩

湿式凿岩就是在凿岩过程中,将压力水通过凿岩机送入并充满孔底,以湿润、冲洗和排出产生的粉尘。它是凿岩工作普遍采用的有效防尘措施。煤矿尘肺患者中95%以上发生于岩巷掘进工作面,而掘进过程中的矿尘又主要来源于凿岩和钻眼作业。据实测,干式钻眼产尘量约占掘进总产尘量的80%~85%;而湿式凿岩的除尘率可达90%左右,并能将凿岩速度提高15%~25%。

湿式凿岩有中心供水和旁侧供水两种供水方式,目前使用较多的是中心供水式凿岩机。湿式凿岩的防尘效果取决于单位时间内送入钻孔的水量。只有向钻孔底部不断充满水,才能起到对粉尘的湿润作用,并使之顺利排出。

2. 水炮泥和水封爆破

水炮泥是用盛水的塑料袋代替或部分代替炮泥充填于炮孔内,爆破时水袋在高温高压爆破波的作用下破裂,使大部分水被汽化,然后重新凝结成极细的雾滴,与同时产生的粉尘接触、碰撞,粉尘成为雾滴的凝结核或被雾滴所湿润而起到降尘作用。水炮泥爆破除具有降尘效果外,对减小火焰、降低湿度、防止引燃事故,以及减少烟量和有毒有害气体含量效果也十分显著。

水封爆破和水炮泥的作用原理相同。它是先将炮孔内的炸药先用炮泥填好,再给炮孔口填一小段炮泥,两段炮泥之间的空间,插入细水管并注水,封堵水管孔后,进行爆破。由于水封爆破在炮孔的水流失过多时会造成放空炮,加之其作业过程较复杂等原因,现已处于逐渐被淘汰的状态。

水炮泥在炮孔中的布置方法对爆破效果很重要。一般情况下采用以下三种方法:

1) 先装炸药,再装水炮泥,最后装黄泥(图3-1)。
2) 先装水炮泥和炸药,再装水炮泥和黄泥。
3) 先装水炮泥和炸药,再装水炮泥(不装黄泥)。

具体装填方法应视炮孔深度而定,国内矿井一般多采用第一种方法。

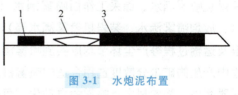

图3-1 水炮泥布置

1—黄泥 2—水炮泥 3—炸药

根据双鸭山矿务局在四次半煤岩、四次全岩巷道掘进时,对使用普通炮泥和水炮泥爆破产尘浓度进行了对比观测;在放炮后30s,工作面使用普通炮泥时粉尘浓度为387.5mg/m³,而采用水炮泥时为50mg/m³,降尘效率达87%。大屯姚桥煤矿在煤巷掘进中使用水炮泥取得了类似的效果,见表3-1。

表3-1 大屯姚桥煤矿在煤巷掘进中使用水炮泥的效果比较

试验地点	测尘次数	作业程序	粉尘浓度/(mg/m³)		降尘率(%)	炮烟扩散时间/min	
			未用	使用		未用	使用
4017掘进巷	12	拉槽	425	145	65.88	10	5
4015掘进巷	12	刷帮	845	245	71.00	10	5
平均			635	195	69.29	—	—

如果在水炮泥中同时添加湿润剂、黏尘剂等物质，可大大提高降尘效率。此外，德国等西方国家已开始应用化学材料代替水炮泥中的水，这些材料大多具有较好的膨胀性能，因此爆炸时的封堵效果和降尘效果更好。我国研制出的凝胶水炮泥也取得了良好的降尘、降烟效果。

3. 洒水及喷雾洒水

洒水降尘是用水湿润沉积于煤堆、岩堆、巷道周壁、支架等处的矿尘。当矿尘被水湿润后，尘粒间会互相附着凝集成较大的颗粒，附着性增强，矿尘就不易飞起。在炮采炮掘工作面放炮前后洒水，不仅有降尘作用，还能消除炮烟、缩短通风时间。

煤矿井下洒水，可采用人工洒水或喷雾器洒水。对于生产强度高、产尘量大的设备和地点，还可设自动洒水装置。

喷雾洒水是将压力水通过喷雾器（又称喷嘴），在旋转或（及）冲击的作用下，使水流雾化成细微的水滴喷射于空气中，其捕尘作用如下：

1）在雾体作用范围内，高速流动的水滴与浮尘碰撞接触后，尘粒被湿润，在重力作用下下沉。

2）高速流动的雾体将其周围的含尘空气吸引到雾体内湿润下沉。

3）将已沉落的尘粒湿润黏结，使之不易飞扬。

研究表明，在掘进机上采用低压洒水，降尘率为43%～78%，而采用高压喷雾时达到75%～95%；炮掘工作面采用低压洒水，降尘率为51%，采用高压喷雾时达72%，且对微细粉尘的抑制效果明显。

在煤尘的发源地进行喷雾洒水是降低井下空气中含尘量最简单、最方便又比较有效的措施。它适用于掘进、采煤、运输、提升及风流净化等各种作业场所，包括掘进机喷雾洒水、采煤机喷雾洒水、综采工作面喷雾洒水（液压支架移架和放煤口喷雾洒水、转载点喷雾洒水、放炮喷雾洒水、装岩机喷雾洒水等）。除上述地点、工艺的喷雾洒水外，在煤仓、溜煤眼及运输过程等产尘环节均应实施喷雾洒水。为了达到较好的除尘效果，应根据不同生产过程中产生的矿尘分散度选用合适的喷雾器。煤矿常用的喷雾器分为水力喷雾器和风水联动喷雾器两类。为实现定点喷雾的自动化，可选用机械式、油压式、光控式、触控式的各类自动喷雾洒水装置。

4. 其他湿式作业技术

我国从20世纪80年代开始试验并推广应用降尘剂等防尘技术，目前已在井下进行试验与应用的防尘方法主要有水中添加降尘剂降尘、泡沫除尘、磁化水除尘及黏尘剂抑尘等，以下主要介绍前三种方法。

（1）水中添加降尘剂降尘

水中添加降尘剂是在水力除尘的基础上发展起来的一种降尘技术。试验表明，几乎所有的降尘剂都具有一定的疏水性，加之水的表面张力又较大，对粒径在$2\mu m$以下的粉尘，捕获率只有1%～28%。添加降尘剂后，则可大大增加水溶液对粉尘的浸润性，从而提高降尘效率。

降尘剂主要由表面活性物质组成。矿用降尘剂大部分为非离子型表面活性剂，也有一些为阴离子型表面活性剂，但很少采用阳离子型。表面活性剂是亲水基和疏水基两面活性剂分子完全被水分子包围，亲水基一端被水分子吸引，疏水基一端被水分子排斥。亲水基被水分子引入水中，疏水基则被排斥到空气中，如图 3-2 所示。于是表面活性剂分子会在水溶液表面形成紧密的定向排列层，即界面吸附层。由于存在界面吸附层，使水的表层分子与空气接触状态发生变化，接触面积大大缩小，导致水的表面张力降低，同时朝向空气的疏水基与粉尘之间有吸附作用，而把尘粒带入水中，使其得到充分湿润。

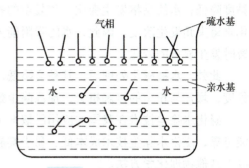

图 3-2　在水中的降尘剂分子

（2）泡沫除尘

泡沫除尘是用无空隙的泡沫体覆盖源，使刚产生的粉尘得以湿润、沉积，失去飞扬能力的除尘方法。

能够产生泡沫的液体称作泡沫剂。纯净的液体是不能形成泡沫的，只要溶液内含有粗粒分散胶体、胶质体系或者细粒胶体等形成的可溶性物质时就能形成泡沫。发泡原理如图 3-3 所示。

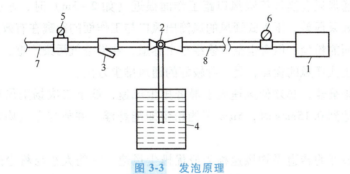

图 3-3　发泡原理

1—发泡喷头　2—管路定量分配器　3—过滤器　4—发泡液储槽　5、6—压力表　7、8—高压软管

由高压软管 7 供给的高压水，进入过滤器 3 中加以净化，随后流入管路定量分配器 2，此处由于高压水引射作用将发泡液储槽 4 中的发泡液按定量（一般混合比为 0.1%~1.5%）吸出。含有发泡原液的高压水通过高压软管 8 流入发泡喷头 1。

在一定的风速下，喷洒在网格上的雾滴直径和均匀性直接影响成泡率的大小。雾滴过小时，容易穿过网孔漏掉，而不能成泡；雾滴过大时，气泡耗液量增大，开始时还可导致泡沫的强度和倍数增加，但增加到一定界限时两参数急剧下降，而且随着泡沫耗液量的增加，会使更多的溶液在发泡过程中不起作用。

泡沫降尘可应用于综采机组、掘进机组、带式运输机及尘源较固定的地点，一般泡沫防尘效果较高，可达 90% 以上，尤其是对降低呼吸性粉尘效果显著。

（3）磁化水除尘

磁化水是经过磁水器处理过的水，这种水的物理化学性质发生了暂时的变化，此过程称作水的磁化。磁化水性质变化的大小与磁化器磁场强度、水中含有的杂质性质、水在磁化器内的流动速度等因素有关。

磁化处理后，水系性质发生变化，可以使水的硬度突然升高，然后变软；水的电导率和黏度降低；水的晶格发生变化，使复杂的长链状变成短链状，水的氢键发生弯曲，并使水的化学键夹角发生改变。因此，水的吸附能力、溶解能力及渗透能力增加，使水的结构和性质暂时发生显著的变化。

此外，水被磁化处理后，其黏度降低、晶构变小，会使水珠变小，有利于提高水的雾化程度，增加与粉尘的接触机会，提高降尘效率。

磁化水除尘技术在我国的应用已取得了初步成果。磁化水降尘设备简单、安装方便、性能可靠，磁化水除尘技术成本低、易于实施、一次投入长期有效，磁化水除尘技术降尘效率高于其他物理化学方法。

现场测试表明，以清水降尘效率为100%计算，湿润剂降尘效率为166%，而磁化水降尘效率为282%。因此，随着此项技术的日趋完善，必将产生良好的社会效益与经济效益。

3.3.2 通风排尘

决定通风排尘效果的主要因素有工作面通风方式、通风风量、风速等。

抽出式局部通风只有当风筒吸风口距工作面很近（如2~3m）时，才能有效地排出粉尘，稍远时排尘效果很差。压入式通风的风筒出风口与工作面的距离在有效射程内时，能有效排出掘进工作面的粉尘，但含尘空气途经整个巷道，巷道空气污染严重。混合式通风兼有压入式通风和抽出式通风的优点，是一种较好的通风排尘方法。

要使排尘效果最佳，必须使风速大于最低排尘风速，低于二次扬尘风速。根据试验观测，掘进巷风速达到0.15m/s时，5μm下的粉尘即能悬浮，并能与空气均匀混合而随风流运动。

使粉尘浓度最低的巷道平均风速称为最优排尘风速。它的大小与粉尘的种类、粒径大小、巷道潮湿状况和有无产尘作业等因素有关。掘进防尘风量应使掘进巷道风速处于最优排尘风速范围内。

5μm以下粉尘对人体的危害性最大，能使这种微细粉尘保持悬浮状态并随风流运动的最低风速称为最低排尘风速。最低排尘风速 v_s 可用下面的经验公式计算：

$$v_s = \frac{3.17 v_f}{\sqrt{a}} \tag{3-3}$$

式中 a ——井巷的摩擦阻力系数；

v_f ——粉尘粒子在静止空气中均匀沉降的速度（m/s）。

当排尘风速由最低风速逐渐增大时，粒径稍大的粉尘也能悬浮，同时增强了对粉尘的稀释作用。在产尘量一定的条件下，粉尘浓度随风速的增加而降低。当风速增加到一定数值时，工作面的粉尘浓度降低到最低值。粉尘浓度最低值所对应的风速称为最优排尘风速。通风排尘的关键是确定最佳排尘风速。

国内外对矿井最优排尘风速进行了大量的试验研究。试验结果表明，在干燥的井巷中，无论是否有外加扰动,都存在最优排尘风速(图 3-4),而在井巷潮湿的条件下,风速在 0.5~6m/s 范围内,随风速增大,粉尘浓度不断下降。

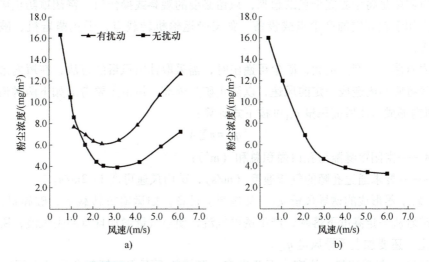

图 3-4 干燥/潮湿井巷中粉尘浓度与风速的关系
a) 干燥井巷 b) 潮湿井巷

当风速超过最优排尘风速后,继续增高风速,原来沉降的粉尘将被重新吹起,粉尘浓度再度增高。大于最优排尘风速时,使粉尘浓度再度增高的风速称为扬尘风速。扬尘风速可用下面的经验公式计算:

$$v_b = (4.5 : 7.5)\sqrt{\rho_d g d} \tag{3-4}$$

式中 v_b——扬尘风速(m/s);
ρ_d——粉尘粒子的密度(kg/m³);
g——重力加速度(m/s²);
d——粉尘粒子的直径(μm)。

3.3.3 密闭抽尘

密闭抽尘的目的是把局部尘源所产生的矿尘限制在密闭空间之内,防止其飞扬扩散,污染作业环境,同时为抽尘净化创造条件。

矿山用密闭有吸尘罩密闭和密闭罩密闭两种形式。

1. 吸尘罩密闭

吸尘罩密闭是尘源位于吸尘罩口外侧的不完全密闭形式,依靠罩口的吸气作用吸捕矿尘,适用于不能完全密闭起来的产尘点或设备,如装车点、采掘工作面、锚喷作业等。

为保证吸尘罩吸捕矿尘的作用,按下式计算吸尘罩的风量 q_v(单位为 m³/s):

$$q_v = (10x^2 + A)v \tag{3-5}$$

式中 x——尘源与罩口的距离(m);
A——吸尘罩口断面面积(m²);

v——要求的矿尘吸捕风速（m/s），一般取 1~2.5m/s。

2. 密闭罩密闭

密闭罩密闭是将尘源完全包围起来，只留必要的观察或操作口。密闭罩防止矿尘飞扬的效果好，适用于较固定的产尘点或设备，如皮带运输机转载点、干式凿岩机、破碎机、翻笼、溜井等。

当矿岩有落差，产尘量大，矿尘可逸出时，需采取抽出风量的方法，在罩内形成一定的负压，使经缝隙向内造成一定的风速，以防止矿尘外溢。风量主要考虑如下两种情况：

1）罩内形成负压所需风量 q_{v1} 可按下式计算：

$$q_{v1} = v\sum A \tag{3-6}$$

式中　$\sum A$——密闭罩缝隙与孔口面积总和（m²）；

　　　v——要求通过孔隙的气流速度（m/s），矿山风速可取 1~2m/s。

2）矿岩下落形成的诱导风量 q_{v2}，某些产尘设备，如运输机转载点、破碎机供料溜槽、溜井等，矿岩从一定高度下落时，产生诱导气流，使空气量增加且有冲击气浪，所以在风量 q_{v1} 的基础上，还要加上诱导风量 q_{v2}。

诱导风量 q_{v2} 与矿岩量、块度、下落高度、溜槽断面面积和倾斜角度及上下密闭程度等因素有关，目前多采用经验数值。各设计手册给出了典型设备的参考数值。表 3-2 是皮带运输机转载点抽风量参考值。

表 3-2　皮带运输机转载点抽风量参考值

溜槽角度	高差/m	物料末速/(m/s)	皮带宽度下的抽风量/(m³/min)					
			500			1000		
			Q_1	Q_2	Q_1+Q_2	Q_1	Q_2	Q_1+Q_2
45°	1.0	2.1	50	750	800	200	1100	1300
	2.0	2.9	100	1000	1100	400	1500	1900
	3.0	3.6	150	1300	1450	600	1800	2400
	4.0	4.2	200	1500	1700	800	2100	2900
	5.0	4.7	250	1700	1950	1000	2400	3400
60°	1.0	3.3	150	1200	1350	500	1700	2200
	2.0	4.3	250	1600	1850	950	2300	3250
	3.0	5.6	350	2000	2350	1400	2800	4200
	4.0	6.5	500	2300	2800	1900	2300	5200
	5.0	7.3	600	2600	3200	2400	3700	6100

密闭罩密闭一般由密闭（吸尘）罩、风筒、除尘器及风机等部分组成。风筒与扇风机的选择应根据具体条件设计。矿井有许多产尘量大且比较集中的尘源，为保证作业环境原棉矿尘浓度达到卫生标准要求和不污染其他工作地点，采取抽尘净化系统。就地消除矿尘是经济而有效的方法，如掘进工作面、溜井、装载站、破碎机、运输机、锚喷机、翻笼等尘源，皆可考虑采取这一防尘措施。其应用情况简介如下：

1）溜井密闭与喷雾：适用于作业量较少、产尘量不高的溜井，如图 3-5 所示。井口密闭门采用配重方式关启，平时关闭，卸矿时依靠矿石冲击开启。喷雾与卸矿联动，可采取脚踏、车压、机械杠杆、电磁阀等控制方式。

2）溜井抽尘净化：适用于卸矿频繁、作业量大、产尘量高的溜井，如图3-6所示。在溜井口下部，开凿一专用排尘巷道，通向附近的进（排）风巷道。在排尘巷道中设风机与除尘器，抽出溜井内含尘风流诱导风流，并配合良好的溜井口密闭，可取得较好的除尘效果。

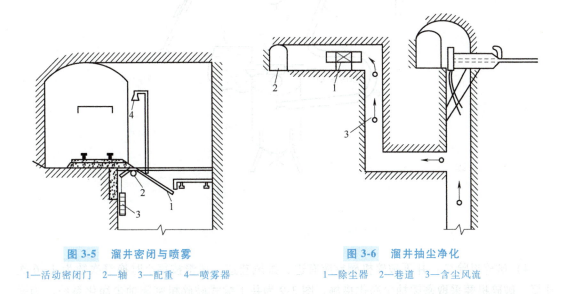

图3-5 溜井密闭与喷雾

1—活动密闭门 2—轴 3—配重 4—喷雾器

图3-6 溜井抽尘净化

1—除尘器 2—巷道 3—含尘风流

3）干式凿岩捕尘：湿式凿岩的方法并不是在所有的矿井都能使用。在水源缺乏的矿井，冰冻期长而又无采暖设备的北方地区矿山，以及不宜用水作业的特殊岩层（如遇水膨胀的泥页岩层等），都要考虑采用干式凿岩方法。为了减少干式凿岩产生的大量粉尘，可采用干式凿岩捕尘系统。图3-7为中心抽尘干式凿岩捕尘系统。该系统用压气引射器作动力（负压为30~50kPa），矿尘经钎头吸尘孔、钎杆中孔、凿岩机导管及吸尘软管排到旋风积尘筒。大颗粒在积尘筒内沉放，微细尘粒经滤袋净化后排出。

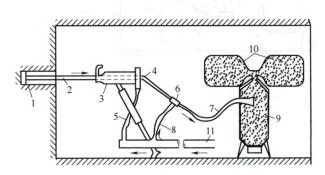

图3-7 中心抽尘干式凿岩捕尘系统

1—钎头 2—钎杆 3—凿岩机 4—接头 5、8—压风管 6—引射器
7—吸尘器 9—旋风积尘筒 10—滤袋 11—总压风管

我国矿山采用较多的还有 75-1 型孔口捕尘器,如图 3-8 所示。

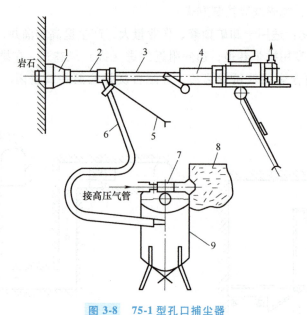

图 3-8 75-1 型孔口捕尘器

1—捕尘罩 2—捕尘塞 3—钎杆 4—凿岩机 5—固定叉
6—吸尘管 7—引射管 8—收尘袋 9—滤尘筒

4) 破碎机除尘:井下破碎机硐室应有进、排风巷道,风量按每小时换气次数为 4~6 次计算。破碎机要采取密闭抽尘净化措施。图 3-9 为井下颚式破碎机密闭抽尘净化系统。为避免矿尘在风筒内沉积,筒内排尘风速取 15~18m/s。

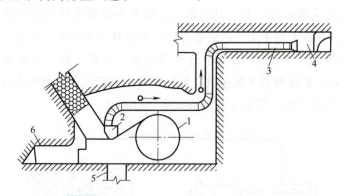

图 3-9 井下颚式破碎机密闭抽尘净化系统

1—破碎机 2—吸尘罩 3—除尘器与风机 4—排风管 5—溜井 6—进风管

3.3.4 净化风流

净化风流是指使井巷中的含尘空气通过一定的设备或设施,将矿尘捕获而使井巷风流矿尘浓度降低的方法。目前通常使用的是在巷道中设置净化水幕和安装除尘器。净化水幕应以整个巷道断面布满水雾为原则,并尽可能布置在离产尘点较近的地点,以扩大风流净化范围。设置水幕时，应使水雾喷射方向与风流方向相反，以提高除尘效果。

密闭中含尘空气经风筒与风机抽出后，如果不能直接排到回风巷道，必须用除尘器净化，达到卫生要求后，才能排到巷道中。按除尘作用机理，除尘器可分为机械除尘器、过滤除尘器、湿式除尘器、电除尘器四种类型。

1) 机械除尘器是利用机械除尘技术进行除尘。机械除尘技术是指依靠机械力进行除尘的技术，包括重力沉降、惯性除尘和旋风除尘等。机械除尘器的结构简单、成本低，但除尘效率不高，常用作多级除尘系统的前级。

2) 过滤除尘器包括袋式除尘器、纤维层除尘器、颗粒层防尘器等。其原理是利用矿尘与过滤材料间的惯性碰撞、拦截、扩散等作用捕集矿尘。这类除尘器结构比较复杂，除尘效率高，但当矿尘含湿量大时，滤料容易黏结，影响其性能。

3) 湿式除尘器是利用湿式除尘技术进行除尘。湿式除尘技术也称为洗涤式除尘技术，是一种利用水（或其他液体）与含尘气体相互接触，伴随有热量、质量的传递，经过洗涤使尘粒与气体分离的技术。湿式除尘器的种类有水浴除尘器、泡沫除尘器等。这类除尘器主要用水作除尘介质，结构简单，效率较高，但需处理污水，且矿井的给水排水系统应完善。

4) 电除尘器是利用静电作用的原理捕集粉尘的设备，包括干式与湿式静电除尘器。它利用电离分离捕集矿尘，除尘效率高，造价较高，但在有爆炸性气体和过于潮湿的环境中严禁采用。

由于矿山的特殊工作条件（如工作空间较小、分散、移动性强、环境潮湿等），除某些固定产尘点（如破碎硐室、装载硐室、溜井等）可以选用通用的标准产品外，通常要根据矿井工作条件与要求，设计制造比较简便的除尘器。矿山常用的除尘器类型如下。

1. 旋风除尘器

旋风除尘器如图 3-10 所示，含尘气流以较高的速度（14~24m/s），切向方向沿外圆筒流进除尘器后，由于受到外筒上盖及内筒壁的限流，迫使气流做自上而下的旋转运动。在气流旋转运动过程中会形成很大的离心力。尘粒受到离心力作用，因其密度比空气大千倍以上，而能从旋转气流中分离出来并依靠旋转气流的诱导及重力作用，甩向器壁而下落于集尘箱中。

净化后气流旋转向上，由内圆筒排出。在旋转气流中，尘粒获得的离心力 F 由下式计算：

$$F = \frac{\pi}{6} d_p^3 \rho_p \frac{v_t^2}{R} \quad (3-7)$$

式中　d_p——尘粒直径（m）；

ρ_p——尘粒密度（kg/m³）；

v_t——尘粒的切线速度（m/s）；

R——旋转半径（m）。

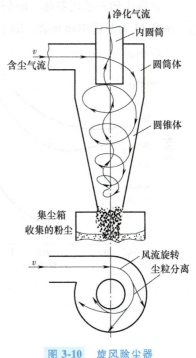

图 3-10　旋风除尘器

旋风除尘器的分离粉尘过程是比较复杂的,旋风除尘器有多种结构形式,它对粒径 10μm 以上的矿尘除尘效率较高,矿山多用作前级预除尘。

2. 袋式除尘器

袋式除尘器是一种使含尘气流通过由致密纤维滤料做成的滤袋,将粉尘分离、捕集的除尘装置。袋式除尘器主要由袋室、滤袋、框架、清灰装置等部分组成。滤布的过滤作用如图 3-11 所示。

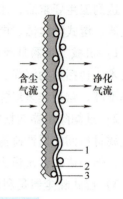

初始滤料是清洁的,当含尘气流通过时,主要依靠粉尘与滤料纤维间的惯性碰撞、拦截、扩散及静电吸引等作用,将粉尘阻留在滤料上。机织滤料主要是将粉尘阻留于表面,非机织滤料除表面外还能深入内部,但都是在滤料表面形成初始粉尘层。初始粉尘层比滤料更致密,孔隙曲折细小而且均匀,捕尘效率增高。这是袋式除尘器的主要捕尘过程。图 3-12 为滤布的分级除尘效率曲线。

图 3-11 滤布的过滤作用
1—滤布 2—初始粉尘层
3—捕集粉尘

初始粉尘层形成后,捕尘效率提高;随着捕集粉尘层的增厚,效率虽仍有增加,但阻力随之增大。阻力过高,将减少处理风量且可使粉尘穿透滤布,降低效率。所以,当阻力达到一定程度(1000~2000Pa)时,要进行清灰。清灰要在不破坏初始粉尘层的情况下,清落捕集粉尘层。清灰方式有机械振动、逆气流反吹、压气脉冲喷吹等。常用滤料有涤纶绒布、针刺毡等。为增加过滤面积,多将滤料做成圆筒(扁)袋形,多条并列。过滤风速一般为 0.5~2m/min,阻力控制在 1000~2000Pa。此方法适用于非纤维性、非黏结性粉尘。

袋式除尘器一般由箱体、滤袋架及滤袋、清灰机构、灰斗等组成,用风机或引射器作动力。图 3-13 为凿岩用简易袋式除尘器。

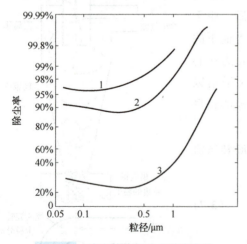

图 3-12 滤布的分级除尘效率曲线
1—积尘后 2—振打后 3—新滤布

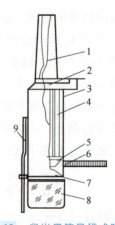

图 3-13 凿岩用简易袋式除尘器
1—引射器 2—压气阀 3—清灰机构 4—滤袋 5—锥体
6—尘气入口 7—箱体 8—灰斗 9—滤袋架

3. 纤维层过滤器中的纤维层滤料

纤维层过滤器中的纤维层滤料是用短纤维制成的蓬松的絮状过滤材料。当含尘气流通过纤维层时，粉尘被纤维所捕获并沉积在纤维层内部。随着粉尘沉积量逐渐增多，在纤维上形成链状聚合体，滤料的孔隙变得致密和均匀，除尘效率和阻力都随之增高。当达到一定容尘量时，部分沉积粉尘能透过滤料，效率开始下降，下降到设计规定的数值时，需更换新滤料。这种过滤器适用于低含尘浓度气流的净化。

国产涤纶纤维层滤料有多种型号，除尘效率为 70%~90%。阻力为 100~500Pa，过滤风速为 0.5~2m/s。常利用框架固定滤料，做成 V 形袋状。

4. 水浴除尘器

在湿式除尘器中，为增强含尘气流中粉尘与水的碰撞接触的机会，要使水形成水滴、水膜或泡沫，以提高除尘效率。图 3-14 为水浴除尘器，含尘气流经喷头高速喷出，冲击水面并急剧转弯穿过水层，激起大量水滴，分散于筒内，粉尘被湿润后沉于筒底，风流经挡水板除雾后排出。除尘效率与喷射速度（一般取 8~12m/s）、喷头淹没深度（一般取 20~30mm）等因素有关，一般为 80%~90%，阻力为 500~1000Pa。

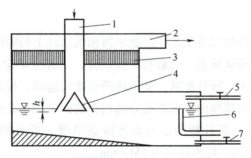

图 3-14　水浴除尘器
1—进风管　2—排风管　3—挡水板　4—喷头　5—供水管　6—溢流管　7—污水管

5. 湿式旋流除尘风机

湿式旋流除尘风机由湿润凝集筒、扇风机、脱水器及后导流器四部分组成。含尘气流进入除尘风机即与迎风的喷雾相遇，然后通过已形成水膜的冲突网；粉尘被湿润并凝聚，进入扇风机。扇风机起通风动力和旋流源的作用。为增强对粉尘的湿润，在第一级叶轮的轴头上装发雾盘，与叶轮一起旋转，将水分散成微细水滴。含尘风流高速通过风机并产生旋转运动，进入脱水器。被水滴捕获的粉尘及水滴受离心力作用，被抛向脱水器筒壁，并被集水环阻挡而流到贮水槽中。风流经后导流器流出。风机的电动机要加防水密封。冲突网一般由2~5层16~60目的金属网或尼龙网组成；尼龙网网孔小、效率高，但易被粉尘堵塞；金属网易被腐蚀。除尘效率为 85%~95%，阻力为 2000~2500Pa，耗水量约为 15L/min。

6. 旋流粉尘净化器

旋流粉尘净化器是一种利用喷雾的湿润凝集和旋流的离心分离作用的除尘器（图 3-15）。它的结构为圆筒形，可直接安装在掘进通风风筒的任意位置。为此，其进、排风口的断面应与所选用的风筒断面相配合。在除尘器进风断面变化处安设圆形喷雾供水环，其上间隔 120° 安装 1 个喷嘴，共 3 个。在筒体内固定支架上安装带轴承叶轮，叶轮上安装 6 个扭曲叶片，叶片扭曲 10°~12°，并使叶片扭曲斜面与喷嘴射流的轴线正交。在排风侧设迎风 45°的流线型百叶板，筒体下设集水箱和排水管。

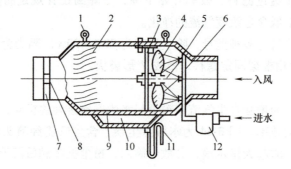

图 3-15　旋流粉尘净化器

1—吊挂环　2—流线型百叶板　3—支撑架　4—带轴承叶轮　5—喷嘴　6—供水环　7—风筒卡紧板
8—螺栓　9—回收泥尘孔板　10—集水箱　11—排水 U 形管　12—滤水器

　　除尘器工作时，由矿井供水管供水，经滤水器和供水环上的喷嘴喷雾，同时，含尘风流进入除尘器因断面变大而风速降低，大颗粒矿尘沉降，大部分矿尘与水滴相碰撞而被湿润。在喷雾与风流的共同作用下，叶片旋转，使风流产生旋转运动，被湿润的矿尘和水滴被抛向器壁，流入集水箱，经排水管排出。未能被分离捕获的矿尘和水滴被百叶板所阻挡，再一次被捕集而流入集水箱。迎风百叶板的前后设置清洗喷嘴，可定期清洗积尘。除尘效率为 80%~90%，阻力约为 200Pa，耗水量约为 15L/min。

7. 湿式纤维层过滤除尘器

　　它是利用抗湿性化学纤维层滤料、不锈钢丝网或尼龙网作过滤层并连续不断地向过滤层喷射水雾，在过滤层上形成水珠、水膜，以达到除尘作用的除尘装置。由于在滤料中充满水珠和水膜，含尘气流通过时，增加了矿尘与水及纤维碰撞接触的概率，提高了除尘效率。水滴碰撞并附着在纤维上，因自重而下降，在滤料内形成下降水流，将捕集的矿尘冲洗带下，流入集水筒中，起到经常清灰的作用，可保持除尘效率和阻力的稳定，并能防止粉尘二次飞扬。图 3-16 为湿式纤维层过滤除尘器的一种结构形式，它由箱体、滤料及滤料架、供水和排水系统等部分组成。利用矿井供水管路供水，设水净化器，以防水中杂物堵塞喷嘴。喷嘴数目及布置根据设计喷水量及均匀喷雾的要求确定。箱体下设集水筒，可直接将污水排到矿井排水沟，排水应设水封，以防漏风。为防止排风带出水滴，箱体内风速应不大于 4m/s，同时在排风侧设挡水板。滤料用疏水性化学纤维层，除尘效率在 95%以上，阻力小于 1000Pa。分级除尘效率曲线如图 3-17 所示。

　　总之，随着矿山机械化程度的不断提高，与之配套的除尘器集中净化除尘已势在必行。目前，国内外研制的除尘器种类繁多，除尘原理各异，除尘效果也有差别。各类除尘器只有满足一定的技术要求，才能在矿井内工作地点应用。选择除尘器时必须全面考虑除尘器的投资和运行费用、除尘效率、压力损失、适用性等。表 3-3～表 3-6 分别列出了常用除尘器的性能、分级效率、耐温性、投资费用和运行费用，表 3-7 列出了袋式除尘器的一次投资及年运行费所占比例，可供设计选用除尘器时参考。

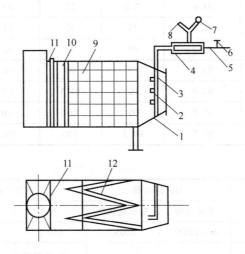

图 3-16　湿式纤维层过滤除尘器的结构形式
1—箱体　2—喷嘴　3—供水管　4—水净化器　5—总供水管　6—水阀门　7—水压表
8—水电继电器　9—滤料架　10—松紧装置　11—挡水板　12—集水筒

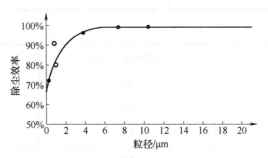

图 3-17　分级除尘效率曲线

表 3-3　常用除尘器的性能

除尘器名称	适用的粒径范围/μm	效率（%）	阻力/Pa	设备费	运行费
旋风除尘器	5～30	60～70	800～1500	少	中
冲击水浴除尘器	1～10	80～90	600～1200	少	中
卧式旋风水膜除尘器	>5	90～95	800～1200	中	中
文丘里洗涤器	0.5～1	90～98	4000～10000	少	大
电除尘器	0.5～1	95～99	50～130	大	大
袋式除尘器	0.5～1	95～99	1000～1500	大	大

表 3-4 常用除尘器的分级效率

除尘器名称	总效率（%）	不同粒径时的分级效率（%）				
		0~5μm	5~10μm	10~20μm	10~44μm	>44μm
带挡板的沉降室	58.6	7.5	22	43	80	90
普通的旋风除尘器	65.3	12	33	57	82	91
长锥体旋风除尘器	84.2	40	79	92	99.5	100
喷淋塔	94.5	72	96	98	100	100
电除尘器	97.0	90	94.5	97	99.5	100
文丘里除尘器（ΔP=7.5kPa）	99.5	99	99.5	100	100	100
袋式除尘器	99.7	99.5	100	100	100	100

表 3-5 常用除尘器的耐温性

除尘器种类	旋风除尘器	袋式除尘器		电除尘器		湿式洗涤器
		普通滤料	玻璃丝滤料	干式	湿式	
最高使用温度	400℃	80~120℃	250℃	350℃	80℃	400℃
备注	特高温者（<1000℃）可采用内衬耐火材料以提高耐温性	温度随滤料种类而异	聚四氟乙烯滤料的耐温性和价格与之差不多	高温时易产生粉尘比电阻随温度而变化的问题	温度过高会产生使绝缘部分失效的问题	特高温时，在入口内衬的耐火材料，由于与水接触，存在因冷却而出现的问题

表 3-6 常用除尘器的投资费用和运行费用

设备	投资费用（万元）	运行费用（万元/年）
高效旋风除尘器	100	100
袋式除尘器	250	250
电除尘器	450	150
塔式洗涤器	270	260
文丘里洗涤器	220	500

表 3-7 袋式除尘器的一次投资及年运行费所占比例

一次投资（万元）		年运行费（万元）	
细目	所占比例（%）	细目	所占比例（%）
除尘器本体	30~70	劳务	20~40
烟道及烟囱	10~30	动力	10~20
基础及安装	5~10	滤布及部件更换	10~30
风机及电动机	2~10	装置杂项开支	25~35
规划及设计	1~10		

3.3.5 个体防护

在采取通风防尘措施后,总体矿尘浓度虽可达到卫生标准,但还有个别地点不能达标,同时仍有少量微细矿尘悬浮于空气中。所以,个体防护是综合防尘措施不可缺少的一项,要求所有接尘人员必须佩戴防尘口罩。

对防尘口罩的基本要求包括以下几点:

1) 呼吸空气量:因运动状况、劳动强度、劳动环境及身体条件不同,呼吸空气量也不同,运动状况与呼吸空气量见表3-8。

表3-8 运动状况与呼吸空气量

运动状况	呼吸空气量/(L/min)	运动状况	呼吸空气量/(L/min)
静止	8~9	行走	17
坐着	10	快走	25
站立	12	跑步	64

矿工的劳动比较紧张而繁重,呼吸空气量一般在20L/min以上。

2) 呼吸阻力:一般要求在没有粉尘、流量为30L/min的条件下,吸气阻力应不大于50Pa,呼气阻力不大于30Pa。阻力过大将引起呼吸肌疲劳。

3) 阻尘率:矿用防尘口罩应达到Ⅰ级标准,即对粒径小于$5\mu m$的粉尘,阻尘率大于99%。

4) 有害空间:口罩面具与人脸之间的空腔应不大于$180cm^3$,否则影响吸入新鲜空气量。

5) 妨碍视野角度:应小于10°,主要是下视野。

6) 气密性:在吸气时,无漏气现象。

几种国产防尘口罩的型号及性能见表3-9。

表3-9 几种国产防尘口罩的型号及性能

类型	型号	阻尘率(%)	阻力/Pa		妨碍视野角度/(°)	质量/g	空腔/cm³
			吸气	呼气			
简易型	武安303型	97.2	13		5	33	195
	湘劳Ⅰ型	95	8.8		5	24	
	湘冶Ⅰ型	97	11.76		4	20	120
	武安6型	98	9.12	8.43	8	42	140
复式	武安302型	99	29.4	25.48	5	142	108
	武安301型	99	12	29.4	1	126	131
	武安4型	99	27.5	12	3	122	130
	上海803型	97.4	17.25	27.5		128	150
	上海305型	98		17.25	7	110	150
送风	AFK型	99				900	
防尘帽	AFM型	95				1100	

思 考 题

1. 矿山粉尘的分类及性质是什么?
2. 露天矿粉尘的来源有哪些?请按照产尘量从大到小的顺序排列这些来源。
3. 常用的矿井综合防尘措施包括哪些?
4. 煤矿开采过程中会产生大量的粉尘,其对人体的危害不限于硅肺病,粉尘表面能吸附各种有毒气体,可导致肺癌等疾病的发生,因此对井巷大气中粉尘污染的防治尤为重要,其主要防治方法有哪些?

第4章 燃煤电厂烟气污染控制

4.1 燃煤电厂烟气污染控制方法

4.1.1 燃煤电厂烟气污染控制方法概述

我国多数煤矿山建有燃煤电厂，燃煤电厂在源源不断输送出清洁能源的同时，燃煤产生的烟尘、二氧化硫、氮氧化物、重金属汞等气污染物也将持续增长，潜在的环境问题不断显现，增加了酸雨的污染程度，加重了水体富营养化的影响，直接危害人类生存环境，这对我国大气环境保护，尤其是对防治酸雨污染提出了严峻考验。因此，燃煤电厂必须配套完善除尘、脱硫、脱硝等环保设施，从产生源头对烟尘、二氧化硫、氮氧化物及重金属汞等污染物进行有效控制。

燃煤电厂主要通过除尘器进行除尘，常用电除尘器和袋式除尘器两种设备。与其他除尘设备相比，电除尘器能耗小，压力损失一般为200~500Pa，除尘效率可高于99%。此外，电除尘器处理烟气量大，可达10万~100万 m^3/h，还可以用于高温或强腐蚀性的场合。电除尘器的缺点是初投资高，对制造、安装和运行管理的技术水平要求高。在收集细粉尘的场合，电除尘器已是主要的除尘装置之一。袋式除尘器除尘效率高，一般可达99%以上，特别是对细粉也有较高的捕集效率；适应性强，能处理不同类型的颗粒污染物，包括电除尘器不易处理的高比电阻粉尘；操作稳定，入口气体含尘浓度变化较大时，对除尘效率影响不大；结构简单，使用灵活，便于回收粉尘，不存在污泥处理。袋式除尘器的应用主要受到滤料的耐温、耐蚀性能限制，一般使用温度应小于300℃，但烟气温度也不能低于露点温度，否则会在滤料上结露；此外，袋式除尘器不适于去除黏性强和吸湿性强的粉尘。

燃煤电厂经高效除尘器后排放的烟尘基本为空气动力学直径小于 $10\mu m$ 的飘尘，且大部分属于PM2.5，而袋式除尘技术的最大优点就是除尘效率高，电除尘器和布袋除尘器对细颗粒捕集效率都能达到95%以上。因此，随着我国环保要求的提高和排放标准的趋于严格，烟尘治理逐步向袋式除尘、电袋除尘技术发展，特别在近几年电袋除尘器开始大规模应用于燃煤电厂。

燃煤电厂主要通过湿法脱硫吸收塔进行烟气脱硫。湿法脱硫吸收塔集除尘、脱硫、氧化等多项功能于一体，采用价廉易得的石灰石或石灰作脱硫吸收剂，用湿式球磨机将不大于 20mm 的石灰石块磨制成吸收浆液。由于吸收浆液的循环利用，脱硫吸收剂的利用率很高。在吸收塔内，吸收浆液与烟气接触、混合，烟气中的 SO_2 与浆液中的碳酸钙及鼓入的空气进行化学反应后被脱除，最终反应产物为石膏。脱硫后的烟气经除雾器除去烟气夹带的细小液滴，净烟气经烟道排入烟囱。脱硫石膏浆液经脱水装置脱水后回收。

烟气脱硝方法主要包括选择性催化还原（SCR）和选择性非催化还原（SNCR），选择性催化还原（SCR）是目前世界上应用最多、最为成熟且最有成效的一种烟气脱硝技术，其基本原理是采用氨（NH_3）作为还原剂，将 NO_x 还原成 N_2。SCR 技术 NO_x 脱除效率高，可达 80%～90%，二次污染小，技术较成熟，应用广泛，投资和运行成本高。

4.1.2 烟气除尘原理及设备

1. 电除尘器的工作原理

电除尘器的工作原理如图 4-1 所示，在阳极板和阴极线上，通以高压直流电，维持一个足以使气体电离的静电场。气体电离后所产生的电子、阴离子和阳离子，吸附在通过电场的粉尘上，而使粉尘获得电荷。带电粉尘在电场力的作用下，向电极性相反的电极运动而沉积在电极上，以达到粉尘和气体分离的目的。当沉积在电极上的粉尘厚度达到一定的厚度时，通过振打使其以片状脱落，被振落的灰尘落入灰斗中，完成清灰过程。

2. 电除尘器的结构

电除尘器主要包括电晕电极、集尘极、电晕电极振打器、集尘极振打器、气流分布板、高压供电设备、壳体、保温箱及输灰装置等（图 4-2）。

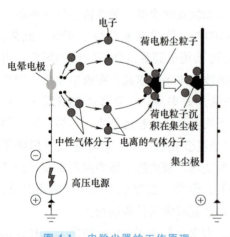

图 4-1 电除尘器的工作原理

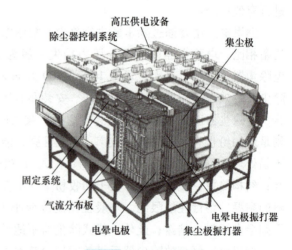

图 4-2 电除尘器的结构

（1）电晕电极

电晕电极是电除尘器中使气体产生电晕放电的电极，主要包括电晕线、电晕框架、电晕框悬吊架、悬吊杆和支持绝缘套管等。电晕电极的形式很多，目前常用的有直径为 3mm 左右的圆形线、星形线、锯齿线、芒刺线等，如图 4-3 所示。对电晕线的一般要求：起晕电压低、电晕电流大、机械强度高、能维持准确的极距及易清灰等。电晕线的固定方式有两种：一种为重锤悬吊式（图4-4），重锤重量为10kg；另一种为管框绷线式（图4-5）。

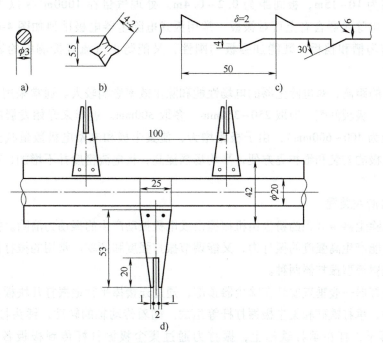

图4-3　常用电晕电极的形式

a）圆形线　b）星形线　c）锯齿线　d）芒刺线

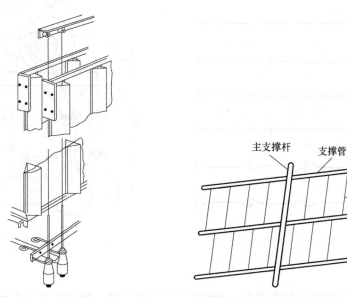

图4-4　重锤悬吊式电晕线示意图　　图4-5　管框绷线式电晕线示意图

（2）集尘极

集尘极的结构形式很多。小型管式电除尘器的集尘极为直径约15cm、长约3m的管，大型的直径可加大到 40cm，长 6m。每个除尘器所含集尘管数目少则几个，多则 100 个以上。板式电除尘器的集尘极垂直安装，电晕电极置于相邻的两板之间。集尘极一般长为 10~20cm、高为 10~15m，板间距为 0.2~0.4m。处理气量在 1000m³/s 以上，效率高达 99.5% 的大型电除尘器含有上百对极板。常用板式电除尘器电极排列如图 4-6 所示。极板两侧通常设有沟槽和挡板，既能加强板的刚性，又能防止气流直接刷板的表面，从而降低了二次扬尘。

极板之间的距离，对电除尘器的电场性能和除尘效率影响较大。通常采用 72~100kV 变压器的情况下，极板间距一般取 250~350mm，多取 300mm。近年来开始发展的宽间距电除尘器（板间距为 400~600mm），由于极距增大，使集尘极和电晕电极数量减少，钢材耗量减少，并使电极的安装和维护更方便，平均场强提高，板电流密度并不增加，有利于捕集高比电阻粉尘。

（3）电极清灰装置

在干式电除尘器中沉积的粉尘由机械撞击或电极振动产生的振动力清除。振打系统必须高度可靠，既能产生高强度的振打力，又能调节振打强度和频率。常用的振打器主要有电磁型振打器和挠臂锤型振打器两种。

电磁型振打器一般垂直安装在除尘器顶部，通过连接棒平行地振打几块板。挠臂锤型振打器由传动轴、承打铁砧和集尘极振打杆等组成。随着传动轴的转动，锤头打到一定位置，然后靠自重落下，打在承打铁砧上，振打力通过集尘极振打杆传到极板各点，如图 4-7 所示。

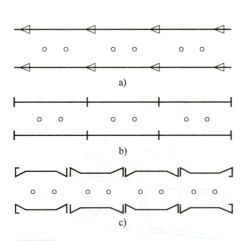

图 4-6　常用板式电除尘器电极排列示意

a）V形板　b）折流板　c）典型折流板

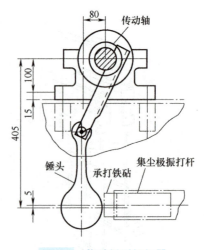

图 4-7　挠臂锤型振打器

振打强度的大小取决于很多因素，主要由除尘器的容量、极板安装方式、振打方向、粉尘性质和烟气温度等决定。一般要求极板上各点的振打强度不小于 50g。实际上，振打强度也不宜过大，只要能使板面上残留极薄的一层粉尘即可，否则二次扬尘增多，结构损坏加重。

电晕电极上沉积粉尘一般都比较少，但对电晕放电的影响很大。常用的是与集尘极振打装置基本相同的侧部机械振打装置，所不同的是电晕电极带有高压电，振打轴上需要装电磁轴，使之与集尘极和壳体绝缘。此外，电磁轴两端还需装万向联轴节，以补偿振打轴同轴度的偏差。

（4）气流分布装置

电除尘器中气流分布的均匀性对除尘效率影响很大。当气流分布不均匀时，在流速低处所增加的除尘效率远不足以弥补流速高处效率的降低，因而总效率降低。图 4-8 给出了气流分布不均匀时电除尘器通过率的校正系数（F_v）。

为了减少涡流，保证气流分布均匀，在进出口处应设变径管道，进口变径管内应设气流分布板。最常见的气流分布板有百叶窗式、多孔板分布格子、槽形钢式和栏杆型分布板等，其中以多孔板分布格子使用最为广泛。多孔板分布格子通常采用厚度为 3~3.5mm 的钢板，孔径为 30~50mm，分布板层数为 2~3 层，开孔率需要通过试验确定。

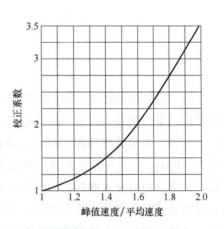

图 4-8　气流分布不均匀时电除尘器通过率的校正系数

电除尘器正式投入运行前，必须进行测试、调整，检查气流分布是否均匀，对气流分布的具体要求如下：

1）任何一点的流速不得超过该断面平均流速的 ±40%。

2）在任何一个测定断面上，85%以上测点的流速与平均流速不得相差 ±25%。

近年来开发的电除尘器斜气流技术采用电除尘器进气端上小下大，出气端上大下小的不均匀气流分布形式，并引入工业应用，取得一定效果。

（5）高压供电设备

高压供电设备提供粒子荷电和捕集所需要的高场强和电晕电流。高压供电装置是一个以电压、电流为控制对象的闭环控制系统，主要包括升压变压器、高压整流器、控制元件和控制系统的传感元件四部分。通常高压供电设备的输出峰值电压为 70~1000kV，电流为 100~2000mA。

电压升到一定值时，电除尘器内将产生火花放电。为使电除尘器能在高压下操作，同时避免火花放电，高压电源不能太大，必须分组供电。大型电除尘器常常采用 6 个或更多的供电机组。增加供电机组的数目，减少每个机组供电的电晕线数，能改善电除尘器的性能。但是增加供电机组数和增加电场分组数，必然增加投资。因此，电场分组数的确定必须考虑保证效率和减少投资两方面因素。

3. 袋式除尘器的工作原理

袋式除尘器如图 4-9 所示。含尘气流从下部孔板进入圆筒形滤袋内，气流通过滤布的孔隙时，粉尘被捕集于滤料上，透过滤料的清洁气体由排出口排出。沉积于滤布上的粉尘在机械振动的作用下从滤布表面脱落下来，落入灰斗中。

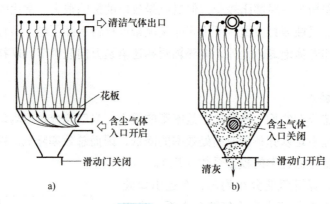

图 4-9 袋式除尘器
a）过滤　b）清灰

袋式除尘器的滤尘机制包括筛分、惯性碰撞、拦截、扩散等作用。袋式除尘过程分为两个阶段：第一阶段，含尘气体通过清洁滤料，这时起捕集作用的主要是滤料纤维。常用滤料由棉、毛、人造纤维等加工而成，滤料本身网孔较大，一般为 $20\sim50\mu m$，表面起绒的滤料为 $5\sim10\mu m$，远大于粉尘粒径，因而新鲜滤料的除尘效率较低。随着捕集的粉尘量不断增加，一部分粉尘嵌入滤料内部，另一部分粉尘在滤料表面形成粉尘初层。粉尘初层形成后，它成为袋式除尘器的主要过滤层，使除尘效率大大提高。第二阶段，随着颗粒在滤袋上积聚，滤袋两侧的压力差增大，会把有些已附在滤料上的细小粉尘挤压过去，使除尘效率下降。因此，袋式除尘器阻力达到一定数值后，要及时清灰。但清灰不能过分，即不应破坏粉尘初层，否则会引起除尘效率显著降低。

4. 袋式除尘器的结构和类型

袋式除尘器的结构形式多种多样，可以按滤袋形状、气流通过滤袋的方向、清灰方式等进行分类。

袋式除尘器按滤袋形状可以分为圆袋和扁袋。袋式除尘器多采用圆筒形滤袋，通常直径为 $120\sim300mm$，袋长为 $2\sim12m$。圆袋受力较好，袋笼及连接简单，易获得较好的清灰效果。扁袋有板形、菱形、楔形、椭圆形、人字形等多种形状，特点是均为外滤式，内部都有相应的骨架支撑。扁袋布置紧凑，在体积相同时，可布置较多的过滤面积，一般能增加 $20\%\sim40\%$。

袋式除尘器按气流通过滤袋的方向可以分为外滤式和内滤式。外滤式袋式除尘器的工作原理是气体由滤袋外侧穿过滤料流入滤袋的内侧，粉尘被阻留在滤袋的外表面。外滤式滤袋内需设支撑骨架。脉冲喷吹类和高压反吹类除尘器多为外滤式。内滤式袋式除尘器的工作原理是含尘气体由袋口进入滤袋内，然后穿过滤袋流向外侧，粉尘被阻留在滤袋的内表面。内滤式多用于圆袋。机械振动、逆气流反吹等清灰方式多用内滤式。

清灰是袋式除尘器运行中十分重要的一环，实际上多数袋式除尘器是按清灰方式命名和分类的。常用的清灰方式有三种，即机械振动清灰、逆气流清灰和脉冲喷吹清灰。对于难以清除的颗粒，也有同时用两种清灰方法的，如逆气流和机械振动结合式。

(1) 机械振动清灰

机械振动清灰是利用手动、电动或气动的机械装置使滤袋产生振动而清灰。振动方式大致有三种：滤袋沿水平方向摆动，或沿垂直方向振动，或靠机械转动定期将滤袋扭转一定的角度（图4-10）。振动频率有高、中、低之分。清灰时必须停止过滤，有的还辅以反向气流，因而箱体多做成分室结构，逐室清灰。

机械振动袋式除尘器的过滤风速一般取 1.0~2.0m/min，压力损失为 800~1200Pa。该类型袋式除尘器的优点是工作性能稳定，清灰效果较好。但滤袋常受机械力作用损坏较快，滤袋检修与更换工作量大。

(2) 逆气流清灰

逆气流清灰是指清灰时，气流方向与正常过滤时相反，其形式有反吹风和反吸风两种。过滤操作过程与机械振动清灰式相同，但在清灰时，要关闭含尘气流，开启逆气流进行反吹风。此时滤袋变形，沉积在滤袋内表面的灰层破坏、脱落。通过花板落入灰斗。图 4-11 给出了逆气流清灰袋式除尘器工作过程的示意图。安装在滤袋内的支撑环可以防止滤袋完全被压扁。逆气流清灰式除尘器的过滤风速一般为 0.3~1.2m/min，压力损失控制范围为 1000~1500Pa。

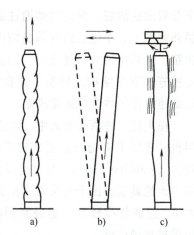

图 4-10 机械振动清灰的振动方式

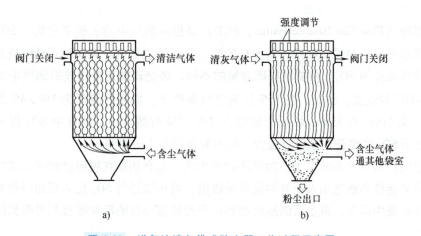

图 4-11 逆气流清灰袋式除尘器工作过程示意图

a) 过滤　b) 清灰

逆气流反吹清灰袋式除尘器多采用分室工作形式，也有使部分滤袋逐次清灰而不取分室结构的形式。这种清灰方式的除尘器结构简单，清灰效果好，滤袋磨损少，特别适用于粉尘黏性小的玻璃纤维滤袋的情况。

(3) 脉冲喷吹清灰

脉冲喷吹清灰方式是利用 4~7atm（$1atm = 1.01×10^5 Pa$）的压缩空气反吹，产生强度较大的清灰效果。压缩空气的脉冲产生冲击波，使滤袋振动，导致积附在滤袋上的灰层脱落。

这种清灰方式有可能使滤袋清灰过度，继而使粉尘通过率上升，因此必须选择适当压力的压缩空气和适当的脉冲持续时间（通常为0.1~0.2s）。每清灰一次，称为一个脉冲，全部滤袋完成一个清灰循环的时间称为脉冲周期，通常为60s。因喷吹时间很短，且只有少部分滤袋清灰，一般不采用分室结构。

如图4-12所示，脉冲喷吹清灰经常采用上部开口、下部封闭的滤袋。含尘气体通过滤袋时粉尘被阻留于滤袋外表面上，净化后的气体由袋内经文氏管进入上部净化箱，然后由出气口排走。为防止滤袋被压扁，布袋内安置笼形支撑结构。毡制的滤袋常采用脉冲喷吹清灰，过滤速度由气体含尘浓度决定，一般为2~4m/min。

在上述三种清灰方式中，以脉冲喷吹清灰方式较新，但也已应用了40多年。过去它广泛用于中、小烟气量的场合（<3000m³/min），目前已成功地应用于处理烟气量相当大的装置。由于它实现了全自动清灰，净化效率达99%，过滤负荷较高，滤袋磨损减轻，运行安全可靠，应用越来越广泛。

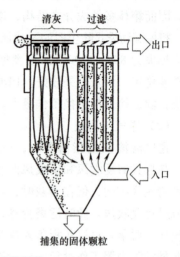

图4-12 脉冲喷吹清灰袋式除尘器

4.1.3 烟气脱硫的方法与主要技术原理

1. 烟气脱硫的方法及分类

烟气脱硫（Flue Gas Desulfurization，FGD）是指从烟气中除去硫氧化物（SO_2和SO_3），其基本原理都是以一种碱性物质作为SO_2的吸附剂，即脱硫剂。煤炭和石油燃烧排放的烟气通常含有较低浓度的SO_2。根据燃料硫含量的不同，燃烧设施直接排放的烟气中SO_2浓度范围为10^{-4}~10^{-3}数量级。例如，在15%过剩空气条件下，燃用含硫量为1%~4%的煤，烟气中SO_2仅占0.11%~0.35%；燃用含硫量为2%~5%的燃料油，烟气中SO_2仅占0.12%~0.31%。由于SO_2浓度低，烟气流量大，烟气脱硫通常十分昂贵。

烟气脱硫方法可分为两大类：抛弃法和再生法。抛弃法即在脱硫过程中形成的固体产物被废弃，必须连续不断地加入新鲜的化学吸收剂。再生法是与SO_2反应后的吸收剂可连续地在一个闭环系统中再生，再生后的脱硫剂和由于损耗需补充的新鲜吸收剂再回到脱硫系统循环使用。

烟气脱硫也可按脱硫剂是否以溶液（浆液）状态进行脱硫而分为湿法工艺、干法工艺和半干法工艺。湿法工艺是利用碱性吸收液或含触媒粒子的溶液吸收烟气中的SO_2；干法工艺是利用固体吸附剂和催化剂在不降低烟气温度和不增加湿度的条件下，除去烟气中的SO_2。半干法工艺是指脱硫剂在半干状态下脱硫、在湿状态下再生（如水洗活性炭再生流程），或者在湿状态下脱硫、在半干状态下处理脱硫产物（如喷雾干燥法）的烟气脱硫工艺。喷雾干燥法工艺采用雾化的脱硫剂浆液进行脱硫，但在脱硫过程中雾滴被蒸发干燥，最后的脱硫产物也呈干态，因此常称为半干法。

湿法烟气脱硫技术中脱硫剂和脱硫生成物均为湿态，湿法脱硫工艺具有工作硫容高、工艺操作弹性大、处理硫负荷性能强的特点，适用于高含硫工艺气体的净化。干式烟气脱硫是指无论加入的脱硫剂是干态的或是湿态的，脱硫的最终反应产物都是干态，干法脱硫工艺具有净化度高，设备布局简单，工艺操作方便，还可转化吸收有机硫化物的特点，多用于烟气脱碳后气体的精脱硫。

表 4-1 为目前正在发展和应用的主要烟气脱硫方法。表中将烟气脱硫工艺分为四类：湿法抛弃系统、湿法回收系统、干法抛弃系统和干法回收系统。由于 SO_2 为酸性气体，因此几乎所有洗涤过程都采用碱性物质的水溶液或浆液。在大部分抛弃工艺中，从烟气中除去的硫以钙盐的形式被抛弃，因此碱性物质消耗量大。在回收工艺中，回收产物通常为单质硫、硫酸或液态 SO_2。

表 4-1 主要烟气脱硫方法

方法	脱硫剂活性组分	操作过程	主要产物
湿法抛弃系统			
石灰石/石灰法	CaO_3/CaO	$Ca(OH)_2$ 浆液	$CaSO_4$、$CaSO_3$
双碱法	Na_2SO_3、$CaSO_3$ 或 $NaOH$、CaO	Na_2SO_3 溶液脱硫，由 $CaCO_3$ 或 CaO 再生	$CaSO_4$、$CaSO_3$
加镁的石灰石/石灰法	$MgSO_4$ 或 MgO	$MgSO_3$ 溶液脱硫，由 $CaSO_3$ 或 CaO 再生	$CaSO_4$、$CaSO_3$
海水法	海水	海水碱性物质	镁盐、钙盐
湿法回收系统			
氧化镁法	MgO	$Mg(OH)_2$ 浆液	15% SO_2
钠碱法	Na_2SO_3	Na_2SO_3 溶液	90% SO_2
柠檬酸盐法	柠檬酸钠、H_2S	柠檬酸钠脱硫、H_2S 回收硫	硫黄
氨法	$NH_3 \cdot H_2O$	氨水	硫黄
碱式硫酸铝法	Al_2O_3	Al_2O_3 溶液	硫酸或液体 SO_2
干法抛弃系统			
喷雾干燥法	Na_2CO_3 或 $Ca(OH)_2$	Na_2CO_3 溶液或 $Ca(OH)_2$ 溶液	Na_2SO_3、Na_2SO_4 或 $CaSO_3$、$CaSO_4$
炉后喷吸附剂增湿活化	CaO 或 $Ca(OH)_2$	石灰或熟石灰粉	$CaSO_3$、$CaSO_4$
循环流化床法	CaO 或 $Ca(OH)_2$	石灰或熟石灰粉	$CaSO_3$、$CaSO_4$
干法回收系统			
活性炭吸附法	活性炭、H_2S 或水	吸附浓缩的 SO_2 与 H_2S 反应生成 S，或用水吸收生成硫酸	硫黄或硫酸

2. 典型工艺介绍

（1）石灰石/石灰法湿法烟气脱硫

石灰石/石灰法湿法烟气脱硫是采用石灰石或者石灰浆液脱除烟气中 SO_2 的方法。石灰石/石灰法湿法烟气脱硫工艺开发较早，吸收剂廉价易得，是目前世界上技术最为成熟、应用最多的脱硫工艺。

该工艺以石灰石浆液作为吸收剂，通过石灰石浆液在吸收塔内对烟气进行洗涤，发生反应，以去除烟气中的 SO_2，反应产生的亚硫酸钙通过强制氧化生成含两个结晶水的硫酸钙，脱硫后的烟气从烟囱排放。锅炉烟气经除尘、冷却后送入吸收塔，吸收塔内用配制好的石灰石或石灰浆液洗涤含 SO_2 的烟气，洗涤净化后的烟气经除雾和再热后排放。吸收塔内排出的洗涤液流入循环槽，加入新鲜的石灰石或者石灰浆液进行再生。

影响石灰石/石灰法湿法烟气脱硫的主要工艺参数包括 pH、石灰石粒度、液气比、钙硫比、气体流速、浆液的固体含量、气体中 SO_2 的浓度，以及吸收塔结构等。

石灰石/石灰法湿法烟气脱硫的优点：技术成熟，运行可靠；对锅炉负荷变化有良好的适应性，在不同的烟气负荷及 SO_2 浓度下，脱硫系统仍可保持较高的脱硫效率及系统稳定性。其缺点：占地面积较大，脱硫塔的设备投资较高；脱硫塔循环量大，能耗较高；系统有发生结垢、堵塞的倾向。

（2）双碱法

双碱法是美国通用汽车公司开发的一种方法。在美国它是一种主要的烟气脱硫技术，是为了克服石灰石/石灰法湿法容易结垢的弱点和提高 SO_2 的去除率发展起来的。双碱法采用碱金属盐类（Na^+、K^+ 等）或碱类的水溶液吸收 SO_2，然后用石灰或石灰石再生吸收 SO_2 后的吸收液，将 SO_2 以亚硫酸钙或硫酸钙形式沉淀析出，得到较高纯度的石膏，再生后的溶液返回吸收系统循环使用。

双碱法的优点在于生成固体的反应不在吸收塔中进行，这样避免了塔的堵塞和磨损，提高了运行的可靠性，降低了操作费用，同时提高了脱硫效率。它的缺点是多了一道工序，增加了投资。

（3）氧化镁法

氧化镁法具有脱硫率高（可达 90% 以上）、可回收硫、可避免产生固体废物等特点，在有镁矿资源的地区，是一种竞争性的脱硫技术。氧化镁法可分为抛弃法、再生法和氧化回收法。

氧化镁法的基本原理是利用 MgO 的浆液吸收 SO_2，生成含水亚硫酸镁和少量硫酸镁，然后送流化床加热，当温度在 700~950℃ 时释放出 MgO 和高浓度 SO_2。再生的 MgO 可循环利用，SO_2 可回收硫酸。美国化学基础公司开发的氧化镁浆洗再生法是氧化镁湿法脱硫的代表工艺。

氧化镁法的优点在于脱硫效率高（可达 90% 以上）、可回收硫、不存在如石灰石/石灰法湿法烟气脱硫系统常见的结垢问题，终产物采用再生手段，既节约了吸收剂，又省去了废物处理的麻烦。它的缺点在于工艺较复杂，运行成本也较高。

（4）海水脱硫法

用于燃煤厂的海水烟气脱硫工艺是近几年发展起来的新型烟气脱硫工艺。海水脱硫工艺主要由烟气系统、供排海水系统、海水恢复系统等组成。其主要流程和反应原理是，锅炉排出的烟气经除尘器除尘后,由烟气系统增压风机送入气-气换热器的热侧降温,然后送入吸收塔,在吸收塔中来自循环冷却系统的海水洗涤烟气,吸收塔内洗涤烟气后的海水呈酸性,并含有较多的亚硫酸根,不能直接排放到海中。吸收塔排出的废水依靠重力流入海水处理厂,与来自冷却循环系统的海水混合,并用鼓风机鼓入大量空气,使亚硫酸根氧化为硫酸根,并驱赶出海水中的二氧化碳。混合并处理后海水的pH、COD等达到排放标准后排入海域。净化后的烟气通过烟气换热器升温后,经烟囱排入大气。

海水脱硫法的优点在于,同石灰石/石灰法湿法烟气脱硫相比,海水脱硫由于无脱硫剂成本、工艺设备较简单,无后续的脱硫产物处理,投资和运行费用相对较低。其缺点在于,能耗较大,并且在大量使用海水脱硫技术后可能会对海洋生物产生影响。

(5) 湿式氨法

湿式氨法脱硫的基本原理是采用一定浓度的氨水作为脱硫剂,氨水与进入反应塔的烟气接触混合,烟气中SO_2与氨水反应,生成亚硫酸铵,它与空气氧化反应,生成硫酸铵溶液,经结晶、脱水、压滤后制得最终的脱硫副产物是可作农用肥的化学肥料硫酸铵。

湿式氨法脱硫的优点在于,将回收的二氧化硫、氨全部转化为硫酸铵化肥,尤其适用于高硫煤;脱硫效率较高,可达90%~99%;占地面积相对较小;系统阻力较小。其缺点在于,对烟气中的尘含量要求较高($\leq 200mg/m^3$),如烟气中尘含量达$350mg/m^3$,平均每天将有近1t的滤料要清理;脱硫成本主要取决于氨的价格,氨的消耗为1t SO_2消耗0.5t氨,如氨的价格上涨较多,将影响脱硫成本,相对于低廉的石灰石等吸收剂,氨的价格要高得多,高运行成本及复杂的工艺流程影响了湿式氨法脱硫工艺的推广应用,但在氨来源温度、副产品具有市场的某些地区,湿式氨法仍具有一定的吸引力。

(6) 喷雾干燥法

喷雾干燥法是20世纪80年代迅速发展起来的一种半干法脱硫工艺。喷雾干燥法是目前市场份额仅次于湿钙法的烟气脱硫技术,其设备和操作简单,可使用碳钢作为结构材料,不存在有微量金属元素污染的废水。目前,喷雾干燥法主要用于低硫煤烟气脱硫,用于高硫煤的系统只进行了示范研究,尚未工业化。

喷雾干燥法的工艺过程主要包括吸收剂制备、吸收和干燥、固体废物捕集及固体废物处置四个主要过程。其脱硫过程是SO_2被雾化的$Ca(OH)_2$浆液或Na_2CO_3溶液吸收,同时,温度较高的烟气干燥了液滴,形成干固体废物。干固体废物(亚硫酸盐、硫酸盐、未反应的吸收剂和飞灰等)由袋式除尘器或电除尘器捕集。

影响SO_2去除率的工艺参数包括吸收塔烟气出口温度接近绝热饱和温度的程度、吸收剂钙硫比,以及SO_2入口浓度。

喷雾干燥法烟气脱硫的优点在于系统简单,操作简单;烟气不需要加热;水耗能耗低;占地面积小,可实现不停工安装、检修。它的缺点在于吸收剂利用率低,吸收剂用量大,脱硫率中等,雾化器材质要求高。

(7) 循环流化床烟气脱硫

锅炉排出的烟气直接进入流化床反应塔与塔内高浓度的脱硫剂反应,完成脱硫。脱硫后的烟气进入电除尘器除尘净化后,经引风机,由烟囱排出。

该法的优点在于系统阻力低，占地少，有利于现有电站锅炉的烟气脱硫剂技术改造；系统对烟气的含尘量要求不高，系统不运行时，可直接作为烟道使用，系统可用率较高。其缺点在于脱硫效率相对较低，目前国内运行的系统中脱硫效率基本在 80% 左右，适用范围较小，适用范围为一炉一塔或两炉一塔，对多炉一塔系统的稳定性较差；脱硫产物由于含量比较复杂，基本无法利用。

3. 烟气脱硫技术的综合比较

烟气脱硫技术的综合比较设计有如下主要因素：

（1）脱硫率

脱硫率由很多因素决定，除工艺本身的脱硫性能外，还取决于烟气的状况，如 SO_2 浓度、烟气量、烟温、烟气含水量等。通常湿法工艺的效率最高，可达到 95% 以上，而干法和半干法工艺的效率通常在 60%~85% 的范围内。

（2）钙硫比（Ca/S）

湿法工艺的反应条件比较理想，因此实际操作中的 Ca/S 接近 1，一般为 1.0~1.2。干法和半干法的脱硫反应为气固反应，反应速率较湿法工艺慢，通常为达到要求的脱硫率。其 Ca/S 要比湿法大得多，如半干法一般在 1.5~1.6，干法一般在 2.0~2.5。

（3）脱硫剂利用率

脱硫剂利用率是指与 SO_2 反应消耗掉的脱硫剂与加入系统的脱硫剂总量之比。脱硫剂的利用率与 Ca/S 有密切关系，达到一定脱硫率时所需要的 Ca/S 越低，脱硫剂的利用率越高，所需脱硫剂量及所产生的脱硫产物也越少。在烟气脱硫工艺中，湿法的脱硫剂利用率最高，一般可达到 90% 以上，湿-干法为 50% 左右，而干法最低，通常在 30% 以下。

（4）脱硫剂的来源

大部分烟气脱硫工艺都采用钙基化合物作为脱硫剂，其原因是钙基化合物如石灰石储量丰富，价格低廉且生成的脱硫产物稳定，不会对环境造成二次污染。有些工艺也采用钠基化合物、氨水、海水作为吸收剂。

（5）脱硫副产品的处理处置

脱硫副产品是硫或硫的化合物，如硫黄、硫酸、硫酸钙、亚硫酸钙、硫酸镁、硫酸钠等。石灰石/石灰法湿法脱硫副产品是石膏，干法和湿-干法的脱硫副产品是 $CaSO_4$ 和 $CaSO_3$ 的混合脱硫灰渣。选用的脱硫工艺应尽可能考虑到脱硫副产品可综合利用。如果进行堆放或填埋，应保证脱硫副产品化学性质稳定，对环境不产生二次污染。

（6）对锅炉原有系统的影响

石灰石/石灰法或氨法等湿法脱硫工艺一般安装在电厂的除尘器后面，因此对锅炉燃烧和除尘系统基本没有影响。但是，经过脱硫后烟气温度降低，一般在 45℃ 左右，大都在露点以下，若不经过再加热而直接排入烟囱，则容易形成酸雾，严重腐蚀烟囱，也不利于烟气的扩散。

在喷钙干法脱硫系统中，石灰石喷入锅炉炉膛后，将增加灰量，并将改变灰成分，使锅炉的运行状况发生变化，影响锅炉受热面的结渣、积灰、腐蚀和磨损特性。

干法和半干法脱硫工艺通常安装在锅炉原有的除尘器之前。脱硫系统对除尘器的运行有较大影响。其原因为烟气的温度降低，含湿量增加；除尘器入口烟尘浓度增加；进入除尘器的颗粒成分、粒径分布和电阻率特性发生变化。据研究,它对电除尘器的除尘效率影响不大,但由于尘的浓度成倍增加,排放浓度仍可能超标,因此对原有电除尘器的改造可能是必要的。

(7) 对机组运行方式适应性的影响

由于电网运行的需要,电厂的机组有可能作为调峰机组,负荷变动较大。与调峰机组配套的脱硫装置必须能适应这种机组经常起停的特点。因此,脱硫装置的各种设备必须能耐受经常性的热冲击,有良好的负荷跟踪特性,且脱硫系统停运后维护工作量小。

(8) 占地面积

烟气脱硫工艺占地面积的大小对现有电厂的改造十分重要,有时甚至限制了某些脱硫工艺应用的可能。在各种脱硫工艺中,回收法湿法工艺的占地面积最大,湿-干法次之,干法工艺最小。以容量为 300MW 的电厂机组为例,石灰石/石灰法湿法占地为 3000~5000m^2,湿-干法为 2000~3500m^2,干法为 1500~2000m^2,氨法为 1000~1500m^2。

(9) 流程的负载程度

工艺流程的复杂性在很大程度上决定了系统投入运行后的操作难度、可靠性、可维护性及维修费用。烟气脱硫系统是电厂的一个辅助系统,必须具有操作方便、可靠性高的特点。

典型的石灰石/石灰法湿法脱硫工艺流程的机械设备总数约为 150 台(套),工艺流程最为复杂。喷雾干燥法的流程为中等复杂,工艺采用石灰进行消化,然后制成石灰浆液,而浆液的处理比较复杂。干法流程较简单,几乎没有液体罐槽,仅有少量的风机。

(10) 动力消耗

动力消耗包括脱硫系统的电能、水和蒸汽耗量。以 300MW 机组为例,配套各种烟气脱硫工艺的动力消耗见表 4-2。

表 4-2 烟气脱硫工艺的动力消耗

工艺	水耗/(t/h)	蒸汽/(t/h)	电耗/[(kW·h)/h]	占电厂用量比例(%)
石灰石/石灰法	45	2	5000	1.6
喷雾干燥法	40	—	3000	1.0
炉内喷钙尾部增湿法	40	—	1500	0.5
循环流化床法	40	—	1200	0.4

(11) 工艺成熟程度

烟气脱硫工艺的成熟程度是技术选用的重要依据。只有成熟的、已商业化运行的系统才能保障运行的可靠性。

湿法工艺的生产商比较多,主要集中在美国、德国和日本。制造厂对于大型锅炉湿法脱硫装置的设计、制造、安装和调试都已积累了丰富的经验。目前湿法洗涤塔的单塔最大容量已能用于 1000MW 锅炉烟气脱硫。由于湿法工艺的历史长、数量多,系统的可用率已有极大的提高,一般能达到 98% 以上。喷雾干燥法脱硫工艺在电厂已安装 118 台,总容量为 15GW,是仅次于湿法洗涤工艺的主要脱硫工艺,其可用率也较高,大多数电厂超过 97%。喷钙法虽然由于脱硫率低、吸收剂耗量大等原因运用不多,但有不少欧洲国家(如德国、奥地利和瑞典)的电厂仍在使用,系统的可用率可达到 95%。根据以上指标,表 4-3 列出了烟气脱硫技术综合评价。

表 4-3　烟气脱硫技术综合评价

烟气脱硫技术	石灰石/石灰法湿法	简易湿法	喷雾干燥法	炉内喷钙尾部增湿法	湿式氨法
环境性能	很好	好	好	好	好
工艺流程简易情况	石灰浆制备要求较高,流程也复杂	流程较简单	流程较简单	流程简单	流程复杂,要求电厂和化肥厂联合实现
工艺技术指标	脱硫率为95%,钙硫比为1.1,利用率为90%	脱硫率为70%,钙硫比为1.1,利用率为90%	脱硫率为80%,钙硫比为1.5,利用率为50%	脱硫率为80%,钙硫比为2,利用率为50%	脱硫率为85%~95%,钙硫比为1.1,利用率为90%
吸收剂获得	容易	容易	较易	较易	一般
脱硫副产品	脱硫渣为$CaSO_4$及少量烟尘,可以综合利用,送堆渣场堆放	脱硫渣为$CaSO_4$及少量烟尘,可以综合利用,送堆渣场堆放	脱硫渣为烟尘、$CaSO_3$、$CaSO_4$、$Ca(OH)_2$混合物,尚不能利用	脱硫渣为烟尘、$CaSO_3$、$CaSO_4$、CaO混合物,尚不能利用	副产品为磷酸铵,浓度二氧化硫气体,直接用于工业硫酸生产
适用情况或应用前景	燃煤高、中硫锅炉,当地有石灰石矿	燃煤高、中硫煤锅炉,当地有石灰石矿	燃煤高、中、低硫煤锅,炉都可使用	燃煤高、中、低硫煤锅炉	燃煤高、中、低硫煤锅炉,附近有联合化肥厂和液氨
对锅炉及烟道的负面影响	腐蚀出口烟囱	腐蚀出口腐蚀	增加除尘器除灰量,塔壁易积灰	影响锅炉和除尘器效率	腐蚀烟道
电耗占总发电量的比例	1.5%~2%	1%	1%	<0.5%	1%~1.5%
300MW机组占地面积/m²	3000~5000	2000~3500	2000~3500	1500~2000	1000~2000
技术成熟度	商业化	国内工业示范	国内工业示范	国内工业示范	国内工业试验
FGD占电厂总投资的比例	13%~19%	8%~11%	8%~12%	5%~8%	8%~10%
脱硫成本[元人民币/t(SO_2脱除)]	1000~1400	800~1000	900~1200	800~1000	1000~1200
副产品效益[元人民币/t(SO_2脱除)]	有待开发	有待开发	无	无	600

4. 石灰石/石灰法湿法烟气脱硫技术原理

湿式石灰石/石灰工艺是使用氧化钙或者碳酸钙浆液在湿式洗涤塔中吸收二氧化硫,脱硫的基本原理如下。

在水中气相 SO_2 被吸收并经过下列反应离解:

$$SO_2(气) \Longleftrightarrow SO_2(液)$$

$$SO_2(液) + H_2O \Longleftrightarrow H^+ + HSO_3^- \Longleftrightarrow 2H^+ + SO_3^{2-}$$

由于 H^+ 被 OH^- 中和,生成 H_2O,使这一平衡向右进行。

1) 当采用石灰石时(pH<7):

$$H_2SO_3 + CaCO_3 \Longleftrightarrow CaSO_3 + CO_2 \uparrow + H_2O$$

$$CaSO_3 + \frac{1}{2}O_2 \Longleftrightarrow CaSO_4$$

$$CaSO_3 + SO_2 + H_2O \Longleftrightarrow Ca(HSO_3)_2$$

2) 当采用石灰时(pH>7):

$$CaO + H_2O \Longleftrightarrow Ca(OH)_2$$

$$Ca(OH)_2 + SO_2 \Longleftrightarrow CaSO_3 + H_2O$$

$$CaSO_3 + \frac{1}{2}O_2 \Longleftrightarrow CaSO_4$$

鼓入的空气也可以用来氧化 HSO_3^- 和 SO_3^{2-},最后生成石膏沉淀物。

$$HSO_3^- + \frac{1}{2}O_2 \Longleftrightarrow SO_4^{2-} + H^+$$

$$SO_3^{2-} + \frac{1}{2}O_2 \Longleftrightarrow SO_4^{2-}$$

$$Ca^{2+} + SO_4^{2-} \Longleftrightarrow CaSO_4$$

4.1.4 烟气氮氧化物浓度控制方法及脱硝技术原理

1. 燃烧源氮氧化物控制方法

燃烧过程中形成的 NO_x 分为三类。第一类 NO_x 由燃料中固定氮生成,称为燃料型 NO_x。第二类 NO_x 由大气中的氮生成,主要产生于高温下原子氧和氮之间的化学反应,通常称作热力型 NO_x。在低温火焰中由于含碳自由基的存在还会生成第三类 NO_x,称为瞬时 NO_x。

燃烧源 NO_x 控制主要有三种方法:燃料脱硝、低氮燃烧技术和烟气脱硝。前两种方法是减少燃烧生成的 NO_x 量,第三种方法则是对燃烧后烟气中的 NO_x 进行治理。通常固体燃料的含氮量为 0.5%~2.5%,燃料脱硝就是通过处理将燃料煤转化为低氮燃料。总体而言,燃料脱硝难度很大,成本很高,目前尚无成熟技术。低氮燃烧技术原理主要是减少燃料周围的氧浓度,降低火焰峰值温度,以及将已经生成的 NO_x 还原为 N_2,它按技术形式分类可分为低过量空气燃烧技术、烟气再循环技术、空气分级燃烧技术、燃料分级燃烧技术和低 NO_x 燃烧技术。低氮燃烧技术成本低,应用广泛,但对 NO_x 的去除效率较低,小于60%。当低氮燃烧技术不能达到 NO_x 排放标准时,就需要对烟气进一步处理,即烟气脱硝。烟气脱硝技术主要包括选择性催化还原、选择性非催化还原法、液体吸收法、吸附法等。烟气脱硝效率可达 80% 以上，但成本较高。

2. 选择性催化还原法基本原理

选择性催化还原（Selective Catalytic Reduction，SCR）法烟气脱硝工艺是在一定温度的烟气中喷入氨（NH_3）或尿素 $[CO(NH_2)_2]$ 等还原剂，混油还原剂的烟气流经一个专有催化剂的反应器（称为 SCR 脱硝反应器），在催化剂的作用下，还原剂与烟气中 NO_x 发生还原反应生成无害的氮气和水，随烟气排入大气，从而达到脱除 NO_x 的效果。

选择性催化还原法烟气脱硝工艺（视频）

烟气中 NO_x 与 NH_3 在催化剂作用下的 SCR 反应如图 4-13 所示。SCR 的化学反应机理比较复杂，主要是 NH_3 在一定的温度和催化剂的作用下，有选择地把烟气中 NO 还原为 N_2，同时生成水。催化的作用是降低分解反应的活化能，使其反应温度降低至 150~450℃，其反应可表示如下：

$$4NO + 4NH_3 + O_2 \rightleftharpoons 4N_2 + 6H_2O$$
$$NO + NO_2 + 2NH_3 \rightleftharpoons 2N_2 + 3H_2O$$
$$6NO_2 + 8NH_3 \rightleftharpoons 7N_2 + 12H_2O$$

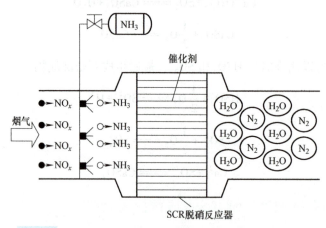

图 4-13　烟气中 NO_x 与 NH_3 在催化剂作用下的 SCR 反应

其中第一反应最主要的，因为烟气中 NO_x 几乎是以 NO 形式存在，在没有催化剂的情况下，这些反应只能在很窄的温度范围内（980℃左右）进行。通过选择合适的催化剂，反应温度可以降低，并且可以扩展到适合电厂实际使用的 290~430℃ 范围。

在反应条件改变时，还可能发生以下反应：

$$4NH_3 + 3O_2 \rightleftharpoons 2N_2 + 6H_2O + 1267.1 kJ$$
$$2NH_3 \rightleftharpoons N_2 + 3H_2 - 91.9 kJ$$
$$4NH_3 + 5O_2 \rightleftharpoons 4NO + 6H_2O + 907.3 kJ$$

发生 NH_3 分解的反应和 NH_3 氧化为 NO 的反应都在 350℃ 以上才进行，450℃ 以上才剧烈起来。在一般的选择性催化还原工艺中，反应温度常控制在 300℃ 以下，这时仅有 NH_3 氧化 N_2 的副反应发生。但是在某些条件下，在 SCR 系统里也会产生如下不利反应：

$$SO_2 + \frac{1}{2}O_2 \xrightarrow{催化剂} SO_3$$

$$NH_3+SO_3+H_2O \Longleftrightarrow NH_4HSO_4$$
$$2NH_3+SO_3+H_2O \Longleftrightarrow (NH_4)_2SO_4$$
$$SO_3+H_2O \Longleftrightarrow H_2SO_4$$

反应中形成的 NH_4HSO_4 和 $(NH_4)_2SO_4$ 很容易污染空气预热器，对空气预热器影响很大。NH_3 和 NO_x 在催化剂上的反应时遵循 Eley-Rideal 机理（一种表面催化反应机理），即 NH_3 选择吸附在催化剂表面上的酸性中心位（B酸及L酸）并得到活化，气相中的 NO 分子与其反应，并消耗催化剂表面活性氧而生成 N_2 和 H_2O，气相中氧通过催化剂传递而更新表面氧化而完成催化循环。

NH_3 和 NO_x 在催化剂上的反应主要过程如下：①NH_3 通过气相扩散在催化剂表面；②NH_3 由外表面向催化剂孔内扩散；③NH_3 吸附在活性中心上；④NO_x 从气相扩散到吸附态 NH_3 表面；⑤NH_3 与 NO_x 反应生成 N_2 和 H_2O；⑥N_2 和 H_2O 通过微孔扩散到催化剂表面；⑦N_2 和 H_2O 扩散到气相主体。

3. 选择性非催化还原法基本原理

选择性非催化还原（Selective Non-Catalytic Reduction，SNCR）法脱硝技术是把炉膛作为反应器，将 NH_3 或氨基还原剂直接喷入炉膛内温度为 900~1100℃ 的区域，后者迅速分解成 NH_3，NH_3 与烟气中的 NO_x 反应生成 N_2。该方法不用催化剂，反应温度较高，脱硝速率较低，一般不超过60%，而且还原剂消耗量较大，故虽有诱人之处，也有严重不足。

SCNR 工艺是向高温烟气中喷射氨或尿素等还原剂，将 NO_x 还原成 N_2，其主要化学反应与 SCR 法相同，一般可获得 30%~50% 的脱 NO_x 率，所用的还原剂为氨、氨水和尿素等，也可添加一些增强剂，与尿素一起使用。

将氨作为还原剂的方法称为 Exxon 法，美国称此为 De-NO_x 法，德国称此为热力 NO_x 法，该法由美国 Exxon 研究和工程公司于 1975 年开发并获得专利。使用尿素与增强剂的方法，称为燃烧技术中的脱 NO_x 法，也称 NO_x OUT 法。该法由 EPRI 于 1980 年研制并获得专利，美国 Fuel-Tech 公司在此基础上做了工艺完善，并持有几项补充专利。SNCR 系统中，氨或尿素与 NO 的还原反应如下：

$$2NO+2NH_3+\frac{1}{2}O_2 \Longleftrightarrow 2N_2+3H_2O$$

$$2NO+CO(NH_2)_2+\frac{1}{2}O_2 \Longleftrightarrow 2N_2+CO_2+2H_2O$$

4.2 燃煤电厂烟气除尘设备选择及设计

4.2.1 电除尘器的性能参数

1. 电除尘器中粒子运动速度

荷电粉尘在电场中受库仑力的作用向集尘极移动，经过一定时间后到达集尘极表面，放出所带电荷而沉积其上。荷电粒子向集尘极移动的速度即驱进速度 w，其计算公式为

$$w = qE_p/(3\pi\mu d_p) \tag{4-1}$$

式中 d_p——尘粒的直径；

q——荷电量；

E_p——集尘区电场强度；

μ——气体黏度。

在一般电除尘器中，荷电（电晕）电场强度 E_0 和集尘区电场强度 E_p 是近似相等的。图 4-14 给出了在典型粒径和场强条件下驱进速度与粒径和电场强度的关系。当颗粒直径为 2~50μm 时，w 与颗粒直径成正比。

2. 电除尘器捕集效率

电除尘器的捕集效率与粒子性质、电场强度、气流速度、气体性质及除尘器结构等因素有关。严格地从理论上推导捕集效率方程是困难的，必须做一些假定。安德森根据现场试验的分析，德意希通过理论推导，得到了形式相同的粒子捕集效率公式。

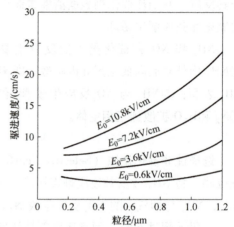

图 4-14 驱进速度与粒径和电场强度的关系

德意希在推导该公式时做了如下假定：除尘器中气流为紊流状态；在垂直于集尘表面的任一横断面上粒子浓度和气流分布是均匀的；粒子进入除尘器后立即完成了荷电过程；忽略电风、气流分布不均匀、被捕集粒子重新进入气流等影响。

如图 4-15 所示，设气体流向为 x，气体和粉尘在 x 方向的流速皆为 $v(\text{m/s})$，气体流量为 $Q(\text{m}^3/\text{s})$；x 方向上每单位长度的集尘板面积为 $a(\text{m}^2/\text{m})$，总集尘板面积为 $A(\text{m}^2)$；电场长度为 $L(\text{m})$，气体流动截面面积为 $F(\text{m}^2)$；直径为 $d\rho_i$ 的颗粒的驱进速度为 $w(\text{m/s})$，在气体中的浓度为 $\rho_i(\text{g/m}^3)$，则：

在 dt 时间内与长度为 dx 的空间所捕集的粉尘量为

$$dn = adx \cdot w_i\rho_i dt = -Fdxd\rho_i \tag{4-2}$$

由于 $dt = \dfrac{dx}{v}$，代入上式得

$$\frac{aw_i}{Fv}dx = -\frac{d\rho}{\rho_i} \tag{4-3}$$

将其由除尘器入口（含尘浓度为 ρ_{1i}）到出口（含尘浓度为 ρ_{2i}）进行积分，并考虑到 $Fv = Q$，$aL = A$，得

$$\frac{aw_i}{Fv}\int_0^L dx = -\int_{\rho_{1i}}^{\rho_{2i}} \frac{d\rho}{\rho} \tag{4-4}$$

$$\frac{Aw_i}{Q} = -\ln\frac{\rho_{2i}}{\rho_{1i}} \tag{4-5}$$

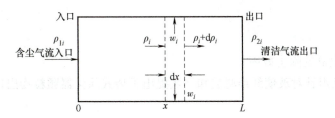

图 4-15 捕集效率方程式推导示意图

则理论分级捕集效率方程（即德意希方程）为

$$\eta_i = 1 - \frac{\rho_{2i}}{\rho_{1i}} = 1 - \exp\left(-\frac{A}{Q}w_i\right) \tag{4-6}$$

德意希方程概括了分级除尘效率与集尘极面积、气体流量和颗粒驱进速度之间的关系，指明了提高电除尘器捕集效率的途径，因而在除尘器性能分析和设计中被广泛采用。

沿着气流方向，随着大颗粒的不断捕集，烟气中的颗粒越来越小，也就变得越来越难以捕集。为将这一现象考虑进设计过程，有些设计者采用修正的德意希方程：

$$\eta = 1 - \exp(-wA/Q)^k \tag{4-7}$$

式中 k——指数，一般取为 0.5。

由于各种因素的影响，由式（4-2）计算得到的理论捕集效率要比实际值高得多。为此，实际中常常根据在一定的除尘器结构形式和运行条件下测得的总捕集效率值，代入德意希方程，反算出相应的驱进速度值，并称为有效驱进速度，以 w_e 表示。表 4-4 列出了各种工业粉尘的有效驱进速度。

表 4-4 各种工业粉尘的有效驱进速度

粉尘种类	有效驱进速度/(m/s)	粉尘种类	有效驱进速度/(m/s)
煤粉（飞灰）	0.10~0.14	冲天炉（铁焦比为10）	0.03~0.04
纸浆及选纸	0.08	水泥生产（干法）	0.06~0.07
平炉	0.06	水泥生产（湿法）	0.10~0.11
酸雾（H_2SO_4）	0.06~0.08	多层床式焙烧炉	0.08
酸雾（TiO_2）	0.06~0.08	红磷	0.03
悬浮焙烧炉	0.08	石膏	0.16~0.20
催化剂粉尘	0.08	二级高炉（80%生铁）	0.125

许多电除尘器效率的实际测量表明，对于粒径在亚微米区间的粒子，除尘效率有增大的趋势。例如，粒径为 $1\mu m$ 的粒子的捕集效率为 90%~95%，对粒径 $0.1\mu m$ 的粒子，捕集效率可能上升到 99% 或更高，这说明电除尘过程是去除微小粒子的有效方法。测量表明，在许多情况下最低捕集效率发生在 $0.1~0.5\mu m$ 的粒径区间。

4.2.2 袋式除尘器的性能及滤料

1. 袋式除尘器的性能

(1) 袋式除尘器的除尘效率

丹尼斯和克莱姆针对玻璃纤维滤袋和飞灰提出了袋式除尘器颗粒物出口浓度和穿透率的公式：

$$c_2 = [P_{ns} + (0.1 - P_{ns})e^{-aw}]c_1 + c_r \tag{4-8}$$

$$P_{ns} = 1.5 \times 10^7 \exp[12.7 \times (1 - e^{1.03v})] \tag{4-9}$$

$$a = 3.6 \times 10^{-3} v^{-4} + 0.094 \tag{4-10}$$

式中 c_2——颗粒物出口浓度（g/m³）；

P_{ns}——无量纲常数；

v——表面过滤速度（m/s）；

c_1——颗粒物入口浓度（g/m³）；

c_r——脱落浓度（常数），可取 0.5g/m³；

w——颗粒物负荷（g/m²）。

(2) 袋式除尘器的压力损失

袋式除尘器的压力损失与它的结构形式、滤料特性、过滤速率、粉尘浓度、清灰方式、气体黏度等因素有关，可表达成如下形式：

$$\Delta P = \Delta P_c + \Delta P_f \tag{4-11}$$

式中 ΔP——袋式除尘器的压力损失（Pa）；

ΔP_c——除尘器结构的压力损失（Pa）；

ΔP_f——过滤层的压力损失（Pa）。

过滤层的压力损失 ΔP_f 由通过清洁滤料的压力损失 ΔP_0 和通过灰层的压力损失 ΔP_p 组成。假设通过滤袋和颗粒层的气流为黏滞流，ΔP_0 和 ΔP_p 则均可以用达西方程表示。达西方程的一般形式为

$$\frac{\Delta P}{x} = \frac{v\mu_g}{K} \tag{4-12}$$

式中 K——颗粒层或滤料的渗透率；

μ_g——流体的动力黏度（10^{-1}Pa·s）；

x——颗粒层或滤料厚度。

根据达西方程，则

$$\Delta P_f = \Delta P_0 + \Delta P_p = \frac{x_0 \mu_g v}{K_0} + \frac{x_p \mu_g v}{K_p} \tag{4-13}$$

式中 x_p——颗粒层的厚度；

K_p——颗粒层的渗透率。

对于给定的滤料和操作条件，滤料的压力损失 ΔP_0 基本上是一个常数，为 100~130Pa。因此，通过袋式除尘器的压力损失主要由 ΔP_p 决定。对于给定的操作条件（气体黏度和过

滤速度），ΔP_p 主要由灰层渗透率 K 和厚度 x_p 决定。进而，x_p 又直接是操作时间 t 的函数。

在时间 t 内，沉积在滤袋上的飞灰质量 m 可以表示为

$$m = vAtc \tag{4-14}$$

式中 A——滤袋的总过滤面积；

  c——烟气中粉尘浓度。

$x = vct/\rho_\mathrm{c}$，其中 ρ_c 是灰层的密度。

因此，气流通过新沉积灰层的压力损失为

$$\Delta P_\mathrm{p} = \frac{x_\mathrm{p}\mu_\mathrm{g}v}{K_\mathrm{p}} = \frac{vct}{\rho_\mathrm{c}}\left(\frac{\mu_\mathrm{g}V}{K_\mathrm{p}}\right) = \frac{v^2 ct \mu_\mathrm{g}}{K_\mathrm{p}\rho_\mathrm{c}} \tag{4-15}$$

对于给定的含尘气体，μ_g、ρ_c 和 K_p 的值是常量，令飞灰的比阻力系数 $R_\mathrm{p} = \dfrac{\mu_\mathrm{g}}{K_\mathrm{p}\rho_\mathrm{c}}$，则式（4-14）变为

$$\Delta P_\mathrm{p} = R_\mathrm{p} v^2 ct \tag{4-16}$$

对于给定的烟气特征和颗粒层渗透率，ΔP_p 与颗粒物浓度 c 和过滤时间 t 呈线性关系，而与过滤速度的平方成正比。比阻力系数 R_p 主要由颗粒物特性决定，假如已知颗粒的粒径分布、堆积密度和真密度，可以利用丹尼斯和克莱姆提出的下述方程式估算：

$$R_\mathrm{p} = \frac{\mu S_0^2}{6\rho_\mathrm{p} C_\mathrm{c}} = \frac{3 + 2\beta^{5/3}}{3 - 4.5\beta^{1/3} + 4.5\beta^{5/3} - 3\beta^2} \tag{4-17}$$

式中 μ——气体黏度（$10^{-1}\mathrm{Pa\cdot s}$）；

  S_0——比表面参数（cm^{-1}），$S_0 = 6 \times \dfrac{10^{1.151\lg^2 \sigma_\mathrm{g}}}{MMD}$；

  MMD——颗粒的质量中位径（cm）；

  σ_g——颗粒直径的几何标准偏差；

  ρ_p——粒子的真密度（$\mathrm{g/cm}^3$）；

  C_c——坎宁汉修正系数；

  β——$\rho_\mathrm{c}/\rho_\mathrm{p}$。

表 4-5 中列出了一些工业性粉尘的比阻力系数。

表 4-5 一些工业性粉尘的比阻力系数

粉尘种类	除尘器纤维种类	清灰方式	过滤气速/（m/min）	粉尘比阻力系数/[N·min/(g·m)]
飞灰（煤）	玻璃、聚四氟乙烯	逆气流脉冲喷吹机械振动	0.58~1.8	1.17~2.51
飞灰（油）	玻璃	逆气流	1.98~2.35	0.79
水泥	玻璃、丙烯酸系聚酯	机械振动	0.46~0.64	2.00~11.69
铜	玻璃、丙烯酸系	机械振动逆气流	0.18~0.82	2.51~10.86
电炉	玻璃、丙烯酸系	逆气流机械振动	0.46~1.22	7.5~11.9

(续)

粉尘种类	除尘器纤维种类	清灰方式	过滤气速/(m/min)	粉尘比阻力系数/[N·min/(g·m)]
炭黑	玻璃、诺梅克斯、聚四氯乙烯、丙烯酸系	逆气流机械振动	0.34~0.49	3.67~9.35
白云石	聚酯	逆气流	1.00	11.2
飞灰（焚烧）	玻璃	逆气流	0.76	30.00
石膏	棉、丙烯酸系	机械振动	0.76	1.05~3.16
石灰窑	玻璃	逆气流	0.70	1.50
氧化铅	聚酯	逆气流机械振动	0.30	9.50
烧结尘	玻璃	逆气流	0.70	2.08

2. 影响袋式除尘器除尘效率的因素

影响袋式除尘器效率的因素包括滤料的结构、粉尘粒径、运行参数（主要是粉尘层厚度、过滤速度）及清灰方式等。

（1）滤料的结构

袋式除尘器采用的滤布有机织布、针刺毡和表面过滤材料等。不同结构滤布的滤尘过程不同，对滤尘效率的影响也不同。

滤布中的孔隙存在于经纬线及纤维之间，后者占全部孔隙的 30%~50%，其过滤过程如前所述。绒布是素布通过起绒机拉刮成具有绒毛的织物。开始滤尘时，尘粒首先被多孔的绒毛层捕获，经纬线主要起支撑作用。随后，很快在绒毛层上形成一层强度较高且较厚的多孔粉尘层。由于绒布的容尘量比素布大，所以滤尘效率比素布高。针刺毡滤料具有更细小、分布均匀且有一定纵深的孔隙结构，能使尘粒深入滤料内部，因而在未形成粉尘层的情况下，也能获得较好的滤尘效果。

近年来发展的表面过滤材料，是在滤布表面造成具有微小孔隙的薄层，其孔径小到足以使所有粉尘都被阻留在滤料表面，即靠滤布的作用捕集粉尘。在获得更高滤尘效率的同时，也使清灰变得容易，从而保持较低的压力损失。

（2）粉尘粒径

从袋式除尘器的分级效率曲线（图 4-16）可以看出，粒径为 0.2~0.4μm 的粉尘，在不同状况下的过滤效率皆最低。这是因为这一粒径范围的尘粒正处于惯性碰撞和拦截作用范围的下限、扩散作用范围的上限。

（3）粉尘层厚度

滤布表面粉尘层的厚度一般用粉尘负荷 m 表示，它代表每平方米滤布上沉积的粉尘

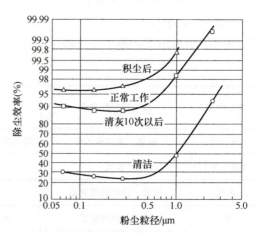

图 4-16 袋式除尘器的分级效率曲线

质量（kg/m²）。粉尘层厚度对不同结构滤料的影响是不同的，在使用机织布滤料的条件下，粉尘层厚度对滤尘效率的影响显著。对于针刺毡滤料，这一影响则较小，对表面过滤材料则几乎没有影响。

(4) 过滤速度

袋式除尘器的过滤速度定义为烟气实际体积流量与滤布面积之比，所以也称为气布比。若以 Q 表示通过滤料的气体流量（m³/h），以 A 表示滤料总面积（m²），则过滤速度：

$$v = \frac{Q}{60} \tag{4-18}$$

过滤速度 v 是代表袋式除尘器处理气体能力的重要技术经济指标。从经济上考虑，选用高的过滤速度，处理相应体积烟气所需要的滤布面积小，则除尘器体积、占地面积和一次投资等都会减小，但除尘器的压力损失却会加大。选取过滤速度时，还应当考虑要捕集粉尘的粒径及其分布。一般来说，除尘效率随过滤速度的增加而下降。此外，过滤速度的选取还与滤料种类和清灰方式有关。在下列条件下可选取较高的过滤速度：采用强力清灰方式，清灰周期较短，粉尘颗粒较大、黏性较小，入口含尘浓度较低，处理常温气体，采用针刺毡滤料或表面过滤材料。

(5) 清灰方式

袋式除尘器的清灰方式是影响其除尘效率的重要因素。滤料刚清灰后滤尘效率是最低的，随着粉尘层厚度的增加，滤尘效率迅速上升。当粉尘层厚度进一步增加时，效率保持在几乎恒定的高水平上。清灰方式不同，清灰时逸散粉尘量不同，清灰后残留粉尘量也不同。

3. 袋式除尘器的滤料及性能

滤料是组成袋式除尘器的核心部分，其性能对袋式除尘器的过滤效果有很大影响。选择滤料时必须考虑含尘气体的特征，如颗粒和气体性质（温度、湿度、粒径和含尘浓度等）。性能良好的滤料应容尘量大、吸湿性小、效率高、阻力低、使用寿命长，同时具备耐温、耐磨、耐蚀性好、机械强度高等优点。

袋式除尘器的滤料种类较多。滤料按材质可分为天然纤维、无机纤维和合成纤维等。棉毛等天然纤维价格较低，适用于净化没有腐蚀性、温度在 360K 以下的含尘气体。无机纤维滤料主要是指玻璃纤维滤料，具有过滤性能好、阻力低、化学稳定性好、价格便宜等优点。用硅酮树脂处理玻璃纤维滤料能提高其耐磨性、疏水性和柔软性，还可使其表面光滑易于清灰，可在 523K 下长期使用。玻璃纤维较脆，经不起揉折和摩擦，使用上有一定局限性。

滤料按结构可分为机织布、针刺毡和表面过滤材料等。机织布是将经纱和纬纱按一定的规则呈直角连续交错制成的织物，基本结构有平纹、斜纹和缎纹三种。针刺毡是在底布两面铺以纤维，或完全采用纤维以针刺法成型，再经后处理而制成的滤料。针刺毡的孔隙是在单根纤维之间形成的，因而在厚度方向上有多层孔隙，孔隙率可达 70%~80%，而且孔隙分布均匀。表面过滤材料是指粉尘几乎全部阻留在其表面而不能透入其内部的滤料，如美国戈尔公司生产的戈尔-特克斯（GORE-TEX）薄膜滤料，其表面有一层由聚四氟乙烯经膨化处理而形成的薄膜。

随着化学工业的发展，出现了许多新型滤料。尼龙织布的最高使用温度可达 353K，它的耐酸性不如毛织物，但耐磨性很好，适合过滤磨损性很强的粉尘，如黏土、水泥熟料、石灰石等。奥纶的耐酸性好，耐磨性差，最高使用温度在 400K 左右。涤纶的耐热、耐酸性能较好，耐磨性能仅次于尼龙，可长期在 410K 下使用。芳香族聚酰胺、聚四氟乙烯等耐高温滤料的出现，扩大了袋式除尘器的应用领域。此外，国外还出现了耐 720K 以上高温的金属纤维毡，但价格昂贵，不便大量采用。

各种常用滤料的性能见表 4-6。

表 4-6 各种常用滤料的性能

滤料名称	耐温性能/K		吸水率（%）	耐酸性	耐碱性	抗压强度/（kgf/cm²）	应用
	长期	最高					
棉织物	348~358	368	8	很差	稍好	1	低温粉尘
毛料	353~363	373	10~15	稍好	很差	0.4	冶炼炉
尼龙	348~358	368	4.0~4.5	稍好	好	2.5	低温破碎粉尘作业
奥纶	398~408	423	6	好	差	1.6	冶炼炉、化工厂
涤纶（聚酯纤维）	413	433	6.5	好	差	1.6	冶炼炉、电弧炉、化工厂
玻璃纤维	523		4.0	好	差	1	冶炼炉、电弧炉、炭黑厂
芳香族聚酰胺（诺梅克斯）	493	533	4.5~5.0	差	好	2.5	冶炼炉、电弧炉
聚四氟乙烯	493~523		0	很好	很好	2.5	化工厂

4.2.3 电除尘器的设计

电除尘器（视频）

1. 收集有关资料

选择设计电除尘器时所需原始资料除了与旋风除尘器各项相同外，还需要下列原始数据：①粉尘的比电阻及其随运行条件的变化情况；②电除尘器壳体承受的压力；③电除尘器的风荷载、雪荷载及地震荷载；④安装除尘器处的海拔；⑤车间、现场平面图。

2. 确定粉尘的有效驱进速度 w_e

确定 w_e 值是一项复杂且困难的工作，它既与除尘器结构形式有关，又与其运行条件有关。因为影响 w_e 值的因素很多，通常是依靠对现有装置的分析或经验得到。

3. 确定所要求的除尘效率 η 和集尘极面积

按烟气含尘浓度和允许出口排放浓度考虑，同时考虑技术、经济、环保三个方面的综合影响，确定电除尘器的除尘效率。

根据给定的气体流量、除尘效率和有效驱进速度 w_e，按德意希方程求得比集尘表面积 A/Q：

$$A/Q = \frac{1}{w_e}\ln\frac{1}{1-\eta} = \frac{1}{w_e}\ln\frac{1}{P} \tag{4-19}$$

4. 确定电除尘器长高比

电除尘器长高比定义为集尘极有效长度与高度之比，它直接影响振打清灰时二次扬尘的多少。当要求除尘效率大于99%时,除尘器的长高比至少为1.0~1.5。

5. 确定气流速度

通常由处理烟气量和电除尘器过气断面面积,计算烟气的平均流速。烟气的平均流速对振打方式和粉尘的重新进入量有重要影响。当平均流速高于某一临界速度时,作用在粒子上的空气动力学阻力会迅速增加,进而使粉尘的重新进入量也迅速增加。对于给定的集尘极类型,这个临界速度的大小取决于烟气流动特征、板的形状、供电方式、除尘器的大小和其他因素。当捕集电站飞灰时,临界速度可以取为1.5~2.0m/s。

6. 选择电除尘器型号

由集尘极面积、长高比可查阅相关资料进行电除尘器的选型。选定型号后应验算电场风速,若在0.7~1.3m/s,说明选型合理,若不在此范围,则还需重新计算选型。

【例4-1】 设计两台与20万kW火电机组配套的电除尘器。

解:板间距取400mm,线间距为500mm,驱进速度 ϖ 为7.5cm/s,烟气流量为650000m³/h。选取双室($m=2$)、四电场结构,阳极采用侧面单边底部振打,阴极采用侧面单边中部振打;进气烟箱采用下进气方式,并设置导流板和两层气流均布板。出气烟箱采用水平出气,并设置槽形板;灰斗采用四棱台形。

(1)电除尘器结构尺寸的计算

所需集尘极面积 A:

$$A = \frac{-Q\ln(1-\eta)}{\varpi} \cdot K$$

取 $K=1$,得

$$A = \frac{-650000 \times \ln(1-0.995)}{3600 \times 0.075} \times 1\text{m}^2 = 12755\text{m}^2$$

取电场风速=1.03m/s,初定电场断面面积 F':

$$F' = \frac{Q}{3600v} = \frac{650000}{3600 \times 1.03}\text{m}^2 = 175.3\text{m}^2$$

极板有效高度 h:

$$h = \sqrt{\frac{F'}{2}} = \sqrt{\frac{175.3}{2}}\text{m} = 9.36\text{m},取 h = 9.9\text{m}$$

通道数 Z:

$$Z = \frac{F'}{2bh} = \frac{175.3}{0.4 \times 9.9} = 44.3,取 Z = 44$$

电场有效宽度 $B_{有效}$:

$$B_{有效} = 2bZ = 0.4 \times 44 = 17.6\text{m}$$

电除尘器的实际断面面积 F:

$$F = hB_{有效} = 9.9 \times 17.6\text{m}^2 = 174.2\text{m}^2$$

电除尘器的电场长度:

单电场长度 $l = \dfrac{A}{2nZh} = \dfrac{12755}{2 \times 4 \times 44 \times 9.9}\text{m} = 3.66\text{m}$

将值按每块极板的名义宽度 0.5m 的倍数取整，取 $l=3.5$m。电除尘器的总有效长度 $L_{有效}$：

$$L_{有效} = nl = 4 \times 3.5\text{m} = 14\text{m}$$

取进口烟气流速 $V_0=10$m/s，则进气烟箱进口截面面积 F_0：

$$F_0 = \frac{Q}{3600 V_0} = \frac{650000/2}{3600 \times 10}\text{m}^2 = 9.03\text{m}^2$$

取 $F_0=9$m²，进气烟箱进口截面尺寸为 $2.5\text{m} \times 3.6\text{m}$ 的矩形。进气烟箱长取 4m。

出气烟箱采用水平出气方式，出气烟箱小端截面面积：

$$F_0' = 3.6 \times 2.5\text{m}^2 = 9\text{m}^2$$

取出气烟箱长为 3.2m，底板与水平夹角大于 60°。

采用四棱台状灰斗，沿气流方向设 4 个灰斗，与气流垂直方向设 4 个灰斗，即每个区 2 个灰斗，共 16 个灰斗。灰斗下口尺寸取 400mm×400mm，灰斗壁与水平夹角大于 60°，灰斗高度取 4300mm。

除尘器内壁宽度 B：

$$B = 2bZ + 4\Delta + e' \quad (取 \Delta = 100\text{mm}, e' = 400\text{mm})$$
$$= (400 \times 44 + 4 \times 100 + 400)\text{mm} = 18400\text{mm}$$

与气流垂直方向的柱间距 L_k（横跨两室）：

$$L_k = (B + e')/m = (18400 + 400)\text{mm}/2 = 9400\text{mm}$$

沿气流方向上的柱间距 L_d（依次通过四电场）：

$$L_d = l + 2l_e + C \quad (取 l_e = 700\text{mm}, C = 400\text{mm})$$
$$= (3500 + 2 \times 700 + 400)\text{mm} = 5300\text{mm}$$

电除尘器总体外形尺寸：

$$除尘器总长 = 进气烟箱长 + 柱距长 \times 电场数 + 出气烟箱长$$
$$= (4000 + 5300 \times 4 + 3200)\text{mm} = 28400\text{mm}$$

除尘器总宽 = 2×走台宽度 + 室数×柱间宽 = (2×1800 + 2×9400)mm = 22400mm

除尘器总高 = 极板有效高度 + 灰斗高度 + 顶部大梁高度 + 顶部遮栏高度 + 底部卸灰阀高度 = (9900 + 4300 + 1700 + 1200 + 600)mm = 17700mm

（2）供电设备选型

除尘器运行所需的最高工作电压 $u_2 = (20 \times 3.5)$kV = 70kV

取设备的额定输出电压 $u_2 = 72$kV

除尘器运行所需的最大电晕电流 $i_2 = (0.4 \times 12755/8)$mA = 638mA

取设备的额定输出电流 $i_2 = 0.8$A

共选取 GGAJ02D 型 0.8A/72kV 高压供电设备 8 台。

4.2.4 袋式除尘器的设计

1. 收集有关资料

需要收集的设计资料如下：

1) 含尘气体特性：成分、温度、湿度、腐蚀性、流量等。
2) 粉尘特性：浓度、成分、密度、粒径分布、黏度、含水率、爆炸性等。
3) 除尘要求：除尘效率、压力损失等。
4) 成本要求及其他资料：粉尘回收利用要求、设备价格、运行费用、电源、安装现场及有关资料。

2. 初步确定袋式除尘器的形式

初步确定袋式除尘器的形式主要包括除尘器类型、滤料及滤袋形状、过滤及清灰方式等的选择及确定。例如，对除尘效率要求高、厂房面积受限制、投资和设备均有条件的情况，可以采用脉冲喷吹袋式除尘器，否则采用机械振动清灰或逆气流清灰。

3. 选择合适的滤料

滤料是袋式除尘器的主要部件，其造价一般占设备投资的 10% ~ 15%。滤料的选择主要是依据含尘气体的特性，如气体温度超过 410K，但低于 530K 时，可选用玻璃纤维滤袋；对纤维状粉尘则应选用表面光滑的滤料，如平纹绸、尼龙等；对一般工业性粉尘，可采用涤纶布、棉绒布等。

4. 计算过滤面积

根据处理风量及过滤风速计算过滤面积。过滤风速 v_f 可根据含尘浓度、粉尘特性、滤料种类及清灰方式等从有关手册选取。一般情况下的过滤气速可以采用以下数据：简易清灰，$v_f = 0.20 \sim 0.75 \text{m/min}$；机械振动清灰，$v_f = 1.0 \sim 2.0 \text{m/min}$；逆气流反吹清灰，$v_f = 0.5 \sim 2.0 \text{m/min}$；脉冲喷吹清灰，$v_f = 2.0 \sim 4.0 \text{m/min}$。

总过滤面积可以根据烟气体积流量和过滤气速按下式求得：

$$A = \frac{Q}{60 v_f} \tag{4-20}$$

式中　Q——欲处理的烟气体积流量（m^3/h）。

如果选择定型产品，过滤面积确定后，根据风量和过滤面积可选定袋式除尘器的型号规格。

5. 确定滤袋尺寸

如果没有定型产品，则需要确定滤袋尺寸，包括滤袋直径 d 和滤袋长度 l，滤袋直径一般为 100 ~ 300mm，袋长多为 2 ~ 10m。脉冲喷吹式袋长较小，回转反吹风式滤袋可长一些。一般来说，直径小，滤袋短；直径大，滤袋长。确定滤袋尺寸后，计算每条滤袋的面积 a

$$a = \pi d l \tag{4-21}$$

6. 计算滤袋条数 n

$$n = A/a \tag{4-22}$$

当所需滤袋数较多时，可根据清灰方式及运行条件，按一定间隔将其分为若干组，以方便检修和换袋。每组内相邻两滤袋之间的净距一般取 50 ~ 70mm。组与组之间，以及滤袋与外壳之间的距离，应考虑到检修、换袋等操作的需要，如对简易清灰的袋式除尘器，一般取 600 ~ 800mm。

7. 其他设计

该部分内容包括壳体及附属装置设计（除尘器箱体、进气口和排气口形式、灰斗形状、支架结构、检修孔及操作平台等)、粉尘清灰机构设计与清灰制度确定、卸灰及输灰装置设计。

【例 4-2】 已知废气风量 Q 为 $6120 m^3/h$，含尘浓度为 $50 g/m^3$，气体温度为 $100℃$。若需要将粉尘浓度降低到 $150 mg/m^3$，试设计该设备的袋式除尘系统（忽略流体在系统中的温度变化）。

解：

(1) 预除尘器的选型

由于废气含尘浓度较大，考虑采用二级除尘器。第一级选用 CLG 多管旋风除尘器。考虑到管道漏风，假设其漏风率为 10%，则旋风除尘器的处理风量为

$$Q_1 = (6120 \times 1.1) m^3/h = 6732 m^3/h$$

选取 CLG-12×2.5X 型多管旋风除尘器；当它正常工作时，其工作和性能参数：除尘效率 $\eta = 80\% \sim 90\%$；阻力损失 ΔP 约为 670Pa。

(2) 袋式除尘器的选型设计

考虑从旋风除尘器到袋式除尘器的管道漏风率为 10%，则进入袋式除尘器的风量为

$$Q_2 = Q_1 \times 1.1 = (6732 \times 1.1) m^3/h = 7405 m^3/h$$

设旋风除尘器的收尘效率为 80%，则袋式除尘器的流体入口含尘浓度为

$$c_j = cQ(1-\eta)/Q_2 = [50 \times 6120 \times (1-0.8)/7405] g/m^3 = 8.26 g/m^3$$

考虑到废气温度及湿度可能较高，滤料选用"208"工业涤纶绒布；初步考虑采用回转反吹清灰，由于温度、湿度及滤料的影响，过滤风速选择 $1.2 m/min$，则滤袋总过滤面积为

$$A_f = Q_2/60 v_f = [7405/(60 \times 1.2)] m^2 = 102.8 m^2$$

初步确定采用 72ZC200 回转反吹扁袋除尘器。其基本工作及性能参数：公称过滤面积为 $110 m^2$；过滤风速为 $1.0 \sim 1.5 m/min$；处理风量 $6600 \sim 9900 m^3$；滤袋数量为 72 个；本体总高为 6030mm；筒体直径为 2530mm；入口含尘浓度 $\leq 15 g/m^3$；正常工作时其阻力损失 ΔP 为 $780 \sim 1270 Pa$，除尘效率 $\eta \geq 99\%$。

其工况排放浓度：

$$c = c_j(1-\eta) = 8.26 g/m^3 \times (1-0.99) = 0.0826 g/m^3 = 82.6 mg/m^3$$

折算为标准状态的排放浓度 c_n：

$$c_n = cT/T_n = [82.6 \times (273.15+100)/273.15] mg/m^3 = 112.8 mg/m^3$$

4.3 燃煤锅炉烟气石灰石/石灰法湿法脱硫

4.3.1 石灰石/石灰法湿法脱硫工艺流程

燃烧后烟气脱硫可按脱硫剂状态分为湿法、干法和半干法脱硫，也可按脱硫产物是否再生分为抛弃法和再生法。在现有的烟气脱硫技术中，石灰石/石灰法湿法脱硫方法脱硫效率高，技术最为成熟，运行最为可靠，应用也最为广泛。

石灰石/石灰法湿法脱硫是采用石灰石或者石灰浆液脱除烟气中的 SO_2，典型的石灰石/石灰法湿法脱硫工艺流程如图 4-17 所示。锅炉烟气经除尘、冷却后送入吸收塔，吸收塔内用配置好的石灰石或石灰浆液洗涤含 SO_2 的烟气，洗涤净化后的烟气经除雾和再热后排放。

吸收塔内排出的吸收液流入循环槽，加入新鲜的石灰石或者石灰浆液进行再生。

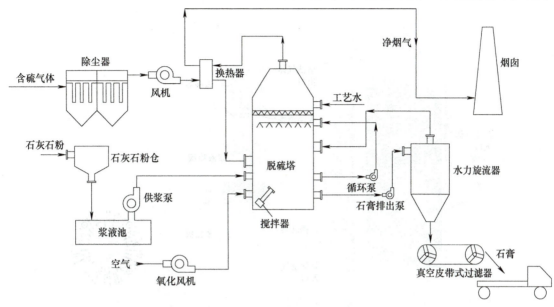

图 4-17　典型的石灰石/石灰法湿法脱硫工艺流程

4.3.2　石灰石/石灰法湿法脱硫工艺的主要设备

石灰石/石灰法湿法脱硫装置应由吸收剂制备系统、烟气吸收和氧化系统、烟气系统、脱硫副产物处置系统、脱硫废水处理系统、自控和在线监测系统等组成。下面以石灰石/石灰-石膏湿法为例说明其主要设备。

1. 吸收剂制备系统

对石灰石粉细度的一般要求：90%通过 325 目筛（44μm）或 250 目筛（63μm）。石灰石纯度须大于 90%。工艺对其活性也有一定要求，活性可根据 DL/T 943—2005《烟气湿法脱硫用石灰石粉反应速率的测定》试验测定。

石灰石制备系统
工艺流程介绍
（视频）

首先将石灰石粉由罐车运到料仓存储，然后通过给料机、输粉机将石灰石粉输入浆池，加水制备成固体质量分数为 10%~15% 的浆液。

2. 烟气吸收和氧化系统

（1）吸收塔

吸收塔是烟气脱硫系统的核心装置，要求有持液量大、气液相间的相对速度高、气液接触面积大、内部构件少、压力降小等特点。目前较常用的吸收塔主要有喷淋塔、填料塔、喷射鼓泡塔和道尔顿型塔四类，其中喷淋塔是湿法脱硫工艺的主流塔型。

吸收塔（彩图）

喷淋塔多采用逆流方式布置，烟气从喷淋区下部进入吸收塔，与均匀喷出的吸收浆液逆流接触（图 4-18）。烟气流速约为 3m/s，液气比与煤含硫量和脱硫率关系较大，一般在 8~25L/m³。它的优点是塔内部件少，故结垢可能性小，压力损失也小。逆流运行有利于烟气与吸收液充分接触，但阻力损失比顺流大。

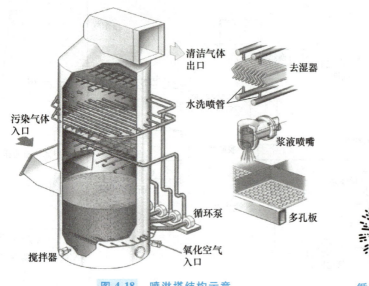

图 4-18　喷淋塔结构示意

循环泵（视频）

吸收区高度为 5~15m，如按塔内流速 3m/s 计算，接触反应时间为 2~5s。区内设 3~6 个喷淋层，每个喷淋层都装有多个雾化喷嘴，交叉布置，覆盖率达 200%~300%。喷嘴入口压力不能太高，在 5 万~20 万 Pa 之间。喷嘴出口流速约为 10m/s。雾滴直径为 1320~2950μm，大水滴在塔内的滞留时间为 1~10s，小水滴在一定条件下呈悬浮状态。喷嘴用碳化硅制造，耐磨性好，使用寿命在 10 年以上。

近年来开发的双回路吸收塔，将吸收塔用一个集液斗体分成两个回路：下段作为预冷却区，并进行一级脱硫，控制较低的 pH（4.0~5.0），有利于氧化和石灰石的溶解，防止结垢和提高吸收剂的利用率；上段为吸收区，其排水经集液斗引入塔外另设的加料槽，在此加入新鲜石灰石浆液，维持较高的 pH（6.0 左右），以获得较高的脱硫率。

（2）除雾器

净烟气出口设除雾器，通常为二级除雾器，装在塔的圆筒顶部或塔出口弯道后的平直烟道上，并设置冲洗水间歇冲洗除雾器。冷烟气中残余水分一般不能超过 100mg/m³，更不允许超过 200mg/m³，否则会沾污热交换器、烟道和风机等。

（3）氧化槽

氧化槽的功能是接受和储存脱硫剂，溶解石灰石，鼓风氧化 $CaSO_3$，结晶生成石膏。早期的湿式石灰石/石灰法几乎都是在脱硫塔外另设氧化塔，这种工艺易发生结垢和堵塞问题。目前多将氧化系统组合在塔底的浆池内，利用大容积浆池完成石膏的结晶过程，即就地强制氧化。循环的吸收剂在氧化槽内的设计停留时间一般为 4~8min，与石灰石反应性能有关。石灰石反应性越差，为使之完全溶解，要求它在池内滞留时间越长。氧化空气采用罗茨风机或离心风机鼓入，压力为 5 万~8.6 万 Pa，一般氧化 1mol SO_2 需要 1mol O_2。

3. 烟气系统

（1）脱硫风机

整个烟气脱硫系统的烟气阻力约为2940Pa，仅靠原有锅炉引风机（IDF）不足以克服这些阻力，需增设脱硫风机。脱硫风机有四种布置方案（图4-19）。四种布置方案比较见表4-7。

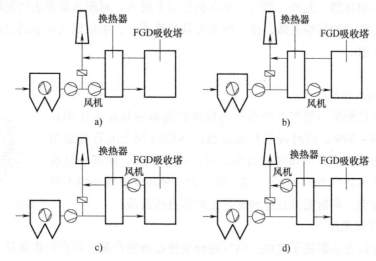

图 4-19　脱硫风机的布置方案

a）方案A　b）方案B　c）方案C　d）方案D

表 4-7　脱硫风机不同布置方案比较

布置方案	A	B	C	D
烟气温度/℃	100~150	70~110	45~55	70~100
磨损	少	少	无	无
腐蚀	无	有	有	少
沾污	少	少	有	无
漏风率（%）	3.0	0.3	0.3	3.0
能耗（%）	100	90	82	95

（2）烟气再热系统

经过洗涤的烟气温度已低于露点，是否需进行再热，取决于各国的环保要求。美国一般不采用烟气再加热系统，而对烟囱采取防腐措施。我国HJ 179—2018《石灰石/石灰-石膏湿法烟气脱硫工程通用技术规范》建议机组在安装脱硫装置时配置烟气换热器。在设计工况下，经烟气换热器后的烟气温度应不低于80℃。当采用回转式换热器时，其漏风率不大于1%。

在近年来发展的冷却塔排烟技术中，烟气不通过烟囱排放，而被送至自然通风冷却塔。在塔内，烟气从配水装置上方均匀排放，与冷却水不接触。由于烟气温度约为50℃，高于塔内湿空气温度，发生混合换热现象，混合的结果改变了塔内气体流动工况。塔内气体向上流动的原动力是湿空气（或湿空气与烟气的混合物）产生的热浮力，热浮力克服流动阻力而使气体流动。热浮力用下式表示

$$Z = h_e \Delta \rho g \tag{4-23}$$

式中　h_e——冷却塔有效高度；

　　　$\Delta \rho$——塔外空气密度与塔内气体密度之差。

一般情况下，进入冷却塔的烟气密度低于塔内气体的密度，对冷却塔的热浮力产生正面影响。而且，进入塔内的烟气占塔内气体的容积份额一般不超过 10%，占容积份额小，对塔内气体流速影响甚微。此外，烟气在配水装置以上进入，对配水装置区间段阻力不产生影响。因此，对总阻力的影响甚微，在工程上可以忽略不计，所以烟气能够通过双曲线自然通风冷却塔顺利排放。

4. 脱硫副产物处置系统

（1）石膏脱水系统

来自吸收塔底槽的石膏浆首先在一台旋流分离器中稠化，达到其固体含量为 40%～60%，同时按其粒度分级。然后将稠化的石膏浆用真空皮带式过滤器脱水到所需要的残留湿度，约为 10%。用离心机脱水可使石膏含水量降到 5%，但运行费用高。为了使氯含量减少到不影响石膏使用的程度，同时必须在过滤皮带上对其进行洗涤。

旋流分离器（彩图）

（2）石膏存储系统

湿石膏的存储方法取决于发电厂烟气脱硫系统石膏的产量、用户的需求量、运输手段及石膏中间储仓的大小。对于容量为 300～700m³ 的中间储仓，石膏在其中的存放时间不应超过 1 个月。

5. 脱硫废水处理系统

为了防止烟气中可溶部分（即氯气）浓度超过规定值和保证石膏的质量，必须从系统中排放一定量的废水。排放的废水或者是旋流分离器的溢流水，或者是真空皮带式过滤器第一段的过滤水，这部分水需通过废水处理装置。废水排放量与氯离子含量有关，一般氯离子质量浓度应控制在小于 2 万 mg/L 的范围内。

真空皮带式过滤器（视频）

4.3.3　烟气脱硫设计的工艺参数

影响石灰石/石灰法湿法脱硫的主要工艺参数包括浆液 pH、石灰石粒度、液气比、钙硫比、气体流速、浆液固体含量、烟气中 SO_2 的浓度及吸收塔结构等。表 4-8 中列出了石灰石/石灰法湿法脱硫的典型操作条件。

表 4-8　石灰石/石灰法湿法脱硫的典型操作条件

项目	石灰石	石灰
烟气中 SO_2 的浓度（ppm）	4000	4000
浆液固体含量（%）	10～15	10～15
浆液 pH	5.6	7.5
钙硫比	1.1～1.3	1.05～1.1
液气比/（L/m³）	>8.8	4.7
气体流速/（m/s）	3.0	3.0

4.3.4 石灰石/石灰法湿法脱硫工艺设计

1. 燃煤/烟气组分及烟气平衡计算

某 300MW 新建电厂，其设计用煤的硫含量为 0.79%，热值为 20600 kJ/kg，电厂设计热效率为 41.3%。试计算：

（1）假定燃烧 1kg 煤产生 8.5Nm³ 烟气，含水量为 7.2%，烟气密度为 1.35kg/Nm³。则该电厂实际烟气和干烟气的质量流量是多少？

（2）要求脱硫效率为 95% 时，干烟气中的 O_2 含量为 7% 时，SO_2 含量是多少？当基准含氧量为 6% 时，SO_2 排放浓度是多少？

解：

（1）煤的质量流量 $\dot{m}_{煤} = \dfrac{3600P_{机组}}{\eta H_u} = \dfrac{300MW \times 3600}{(0.413 \times 20600) kJ/kg} = 127 t/h$

湿烟气的体积流量 $\dot{V}_{湿烟气} = 127 t/h \times 8.5 Nm^3/kg = 1080000 Nm^3/h$

干烟气的体积流量 $\dot{V}_{干烟气} = 1080000 Nm^3/h \times (1-0.072) = 1002240 Nm^3/h$，取 $1002200 Nm^3/h$

水蒸气的体积流量 $\dot{V}_{水} = 1080000 Nm^3/h - 1002200 Nm^3/h = 77800 Nm^3/h$

水蒸气的密度 $\rho = \dfrac{pM_{水}}{RT} = \dfrac{101300 Pa \times 18 g/mol}{8.314 J/Kmol \times 273.15 K \times 1000} = 0.803 kg/Nm^3$

水蒸气的质量流量 $\dot{m}_{水} = 77800 Nm^3/h \times 0.803 kg/Nm^3 = 62473.4 kg/h$，取 $62500 kg/h$

干烟气的质量流量 $\dot{m}_{干} = 1002200 Nm^3/h \times 1.35 kg/Nm^3 = 1352970 kg/h$，取 $1353000 kg/h$

湿烟气的质量流量 $\dot{m}_{湿} = 1353000 kg/h + 62500 kg/h = 1415500 kg/h$

（2）SO_2 产量 $\dot{m}_{SO_2} = \dfrac{M_{SO_2}}{M_s} \times SO_2 占比 \times \dot{m}_{煤} = \dfrac{64 g/mol}{32 g/mol} \times 0.79\% \times 127 t/h = 2 t/h$

SO_2 去除量 $\dot{m}_{SO_2去除量} = \dot{m}_{SO_2} \times SO_2 去除率 = 2 t/h \times 95\% = 1.9 t/h$

干烟气中 SO_2 含量 $c_{SO_2} = \dfrac{\dot{m}_{SO_2}}{\dot{V}_{干烟气}} = \dfrac{2 t/h}{1002200 Nm^3/h} = 2000 mg/Nm^3$

当基准含氧量为 6% 时，SO_2 排放浓度：

$c_{SO_2,6\%O_2} = 2000 mg/Nm^3 \times \dfrac{21-6}{21-7} = 2142 mg/Nm^3$

2. 吸收塔热平衡过程及水平衡分析

假定电除尘器出口温度为 138℃，GGH 出口温度为 108℃。

$x_1 = \dfrac{\dot{m}_{水}}{\dot{m}_{烟气}} = \dfrac{62.5}{1352} kgH_2O/kg = 0.046 kgH_2O/kg$

干烟气中水含量计算：

在 h，x 烟气示意图上，108℃ 和 0.046kg/kg, dry 的交点的焓 $h = 233 kJ/kg$，沿等焓线到饱和线可得到饱和温度（图 4-20）。

$\vartheta_{饱和温度} = 48℃$，$x_2 = 0.071 kg/kg$ 干烟气

$\dot{m}_{水蒸气} = (x_{出水口} - x_{进水口}) \dot{m}_{干烟气} = (0.071 - 0.046) \times 1353000 kg/h = 33825 kg/h$，取 $33800 kg/h$

$$\dot{V}_{水饱和度} = \frac{\dot{m}_{水蒸气}}{\dot{\rho}_{水蒸气}} = \frac{33825\text{kg/h}}{0.803\text{kg/Nm}^3} = 42100\text{Nm}^3/\text{h}$$

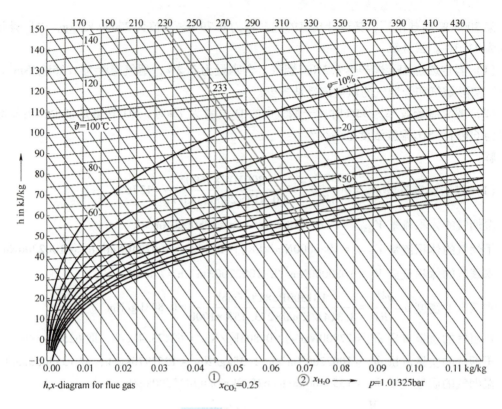

图 4-20 h，x 烟气示意图

$$\dot{V}_{净水蒸气} = \dot{V}_{水} + \dot{V}_{水饱和度} = 77800\text{Nm}^3/\text{h} + 42100\text{Nm}^3/\text{h} = 119900\text{Nm}^3/\text{h}$$

$$\dot{V}_{净烟气} = \dot{V}_{入口干烟气} + \dot{V}_{净水蒸气} = 1002200\text{Nm}^3/\text{h} + 119900\text{Nm}^3/\text{h} = 1122100\text{Nm}^3/\text{h}$$

3. 石灰石消耗和石膏产量计算

$$SO_2 + CaCO_3 + 2H_2O + 1/2O_2 \rightleftharpoons CaSO_4 \cdot 2H_2O + CO_2$$

摩尔质量：$SO_2 = 64\text{g/mol}$；$CaCO_3 = 100\text{g/mol}$；$O_2 = 32\text{g/mol}$；$CaSO_4 \cdot 2H_2O = 172\text{g/mol}$。

假定需要排放 2t/h SO_2 的烟气脱硫装置。

石灰石消耗量 $m_{石灰石}$：

$$m_{石灰石} = \frac{100\text{g/mol}}{64\text{g/mol}} \times 2\text{t/h} \times 0.95 = 2.96\text{t/h}$$

石膏产量 $m_{石膏}$：

$$m_{石膏} = \frac{172\text{g/mol}}{64\text{g/mol}} \times 2\text{t/h} \times 0.95 = 5.11\text{t/h}$$

假定石膏仓容量为 5d，石膏仓存储容积 V（石膏含固率为 90%）：

$$V = \frac{5.11\text{t/h} \times 24 \times 5}{90\% \times 1\text{t/m}^3} = 681\text{m}^3$$

4. 吸收塔的水平衡分析

假定 HCl 去除率为 98%，$c_{\text{HCl,天然气}} = 46\text{mg/Nm}^3$。

$$\dot{m}_{\text{Cl-}} = \text{HCl 去除率} \times c_{\text{HCl,天然气}} \times \dot{V}_{\text{干燥}} = 98\% \times 46\text{mg/Nm}^3 \times 1002200\text{Nm}^3/\text{h}$$
$$= 45\text{kg/h}$$

$$\dot{m}_{\text{洗涤水}} = \frac{\dot{m}_{\text{Cl-}} \cdot \rho_{\text{H}_2\text{O}}}{c_{\text{Cl-}}} = \frac{45\text{kg/h} \times 1\text{kg/L}}{15 \times 10^{-3}\text{kg/L}} = 3000\text{kg/h} = 3\text{t/h}$$

$$\dot{m}_{\text{水}} = \dot{m}_{\text{饱和水}} + \dot{m}_{\text{废水}} + \dot{m}_{\text{结晶水}} + \dot{m}_{\text{石膏水分}}$$
$$= 33.800\text{t/h} + 3\text{t/h} + \frac{5.11\text{t/h}}{0.9} \times 0.1 + \frac{5.11\text{t/h}}{172\text{g/mol}} \times 2 \times 18\text{g/mol} = 38.5\text{t/h}$$

$$\dot{V}_{\text{用水量}} = 38.5\text{m}^3/\text{h}$$

5. 石膏脱水系统计算

假定 $\rho_{\text{石膏}} = 2.3\text{kg/L}$，$\rho_{\text{H}_2\text{O}} = 1\text{kg/L}$。假定石膏浆液含 13% 固体，旋流器底流含 50% 固体，顶流含 3% 固体。

石膏浆液的密度 ρ_s：

$$\rho_s = \frac{\rho_{\text{H}_2\text{O}}}{1 - \frac{c_{\text{石膏}}}{100} \cdot \frac{\rho_{\text{石膏}} - \rho_{\text{H}_2\text{O}}}{\rho_{\text{石膏}}}} = \frac{1}{1 - \frac{13}{100} \times \frac{2.3-1}{2.3}}\text{kg/L} = 1.079\text{kg/L}$$

旋流器底流密度 $\rho_{s,\text{水力旋流器低流}}$：

$$\rho_{s,\text{水力旋流器低流}} = \frac{1}{1 - \frac{50}{100} \times \frac{2.3-1}{2.3}} = 1.394\text{kg/L}$$

旋流器顶流密度 $\rho_{s,\text{水力旋流器顶流}}$：

$$\rho_{s,\text{水力旋流器顶流}} = \frac{1}{1 - \frac{3}{100} \times \frac{2.3-1}{2.3}} = 1.017\text{kg/L}$$

石膏产量：

$$\dot{m}_{\text{带式过滤器}} = \frac{\dot{m}_{\text{石膏}}}{c_{\text{石膏,带式过滤器}}} = \frac{5.11\text{t/h}}{0.9} = 5.678\text{t/h}，\text{取} 5.67\text{t/h}$$

$$\dot{m}_{\text{水力旋流器底流}} = \frac{\dot{m}_{\text{石膏}}}{c_{\text{石膏,水力旋流器底流}}} = \frac{5.11\text{t/h}}{0.5} = 10.2\text{t/h}$$

$$\dot{V}_{\text{水力旋流器底流}} = \frac{\dot{m}_{\text{水力旋流器底流}}}{\rho_{\text{水力旋流器底流}}} = \frac{10.2\text{t/h}}{1.394\text{kg/L}} = 7.32\text{m}^3/\text{h}$$

假定 1t/h 石膏产量为 1m^2，真空带式过滤器脱水计算。

石膏产量 $\dot{m}_{\text{石膏}} = 5.11\text{t/h}$，脱水面积 $S_{\text{脱水}} = 5.1\text{m}^2$（无剩余），安装 2 个脱水面积为最大容量的 70% 的脱水机。

$$S = 0.7 \times 5.1\text{m}^2 = 3.57\text{m}^2，\text{取} 3.5\text{m}^2$$

所需真空泵 $\dot{V}_{\text{air}}$：

$$\dot{V}_{\text{air}} = 300\text{m/h} \times 3.5\text{m}^2 = 1050\text{m}^3/\text{h}$$

假定 $E_{\text{el}} = 40\text{W} \cdot \text{h/m}^3$，则真空泵电耗 P_{el}：

$$P_{\text{el}} = 1050\text{m}^3/\text{h} \times 40\text{W} \cdot \text{h/m}^3 = 42\text{kW}$$

6. 石灰石浆液供给及循环系统计算

吸收塔输送来的石膏浆液计算：

$$\dot{m}_{\text{悬浮,吸收塔}} = 10.2\text{kg/h} \times \frac{50\%-3\%}{13\%-3\%} = 47.94\text{kg/h}$$

$$\dot{m}_{\text{石膏}} = \dot{m}_{\text{悬浮,吸收塔}} c_{\text{石膏}} = 47.94\text{kg/h} \times 0.13 = 6.232\text{kg/h}$$

$$\dot{m}_{\text{水}} = \dot{m}_{\text{悬浮,吸收塔}} - \dot{m}_{\text{石膏}} = 47.94\text{kg/h} - 6.232\text{kg/h} = 41.708\text{kg/h}$$

$$\dot{V}_{\text{悬浮,吸收塔}} = \frac{\dot{m}_{\text{石膏}}}{\rho_{\text{石膏悬浮液}}} = \frac{47.94\text{kg/h}}{1.079\text{kg/m}^3} = 44.4\text{m}^3/\text{h}$$

假定水力旋流器底流成分：50%的固体是石膏；25%的固体是灰分；25%的固体是石灰石，石灰石消耗 $\dot{m}_{\text{石灰石}} = 2.97\text{t/h}$；石灰石浆液浓度 $c_{\text{石灰石}} = 30\%$；石灰石固体密度 $\rho_{\text{石灰石}} = 2.8\text{kg/L}$；石灰石浆液质量流量 $\dot{m}_s = \dfrac{\dot{m}_{\text{石灰石}}}{c_{\text{石灰石}}} = 9.9\text{t/h}$。

石灰石浆液密度 ρ_s：

$$\rho_s = \frac{\rho_{\text{水}}}{1 - \dfrac{c_{\text{石灰石}}}{100} \dfrac{\rho_{\text{石灰石}} - \rho_{\text{水}}}{\rho_{\text{石灰石}}}} = 1.24\text{kg/L}$$

石灰石浆液体积流量 $\dot{V}_s$：

$$\dot{V}_s = \frac{\dot{m}_s}{\rho_s} = \frac{9.9 \times 10^3 \text{kg/h}}{1.24\text{kg/L}} = 8\text{m}^3/\text{h}$$

假定浆液罐的停留时间 $\Delta t = 2\text{h}$，则浆液罐体积 $V_{\text{罐}}$：

$$V_{\text{罐}} = \dot{V}_s \Delta t = 8\text{m}^3/\text{h} \times 2\text{h} = 16\text{m}^3$$

$$D = (0.89V)^{\frac{1}{3}} = (0.89 \times 16)^{\frac{1}{3}} = 2.42\text{m}$$

$$H = 1.5D = 1.5 \times 2.42\text{m} = 3.63\text{m}$$

滤布冲洗水量 $\dot{m}_{\text{水,带式过滤器}} = 10.2\text{t/h} - 5.67\text{t/h} = 4.53\text{t/h}$。

石膏冲洗水量（假定从石膏质量流量中取50%）

$$\dot{m}_{\text{冲洗水}} = 0.5 \times 5.11\text{t/h} = 2.56\text{t/h}$$

滤液量 $\dot{m}_{\text{滤液}}$：

$$\dot{m}_{\text{滤液}} = \dot{m}_{\text{水,带式过滤器}} + \dot{m}_{\text{冲洗水}} = 7.1\text{t/h}$$

$$\dot{V}_{\text{滤液}} \approx 7.1\text{m}^3/\text{h}$$

假定滤液箱停留时间 $\Delta t = 1\text{h}$，则滤液箱容积：

$$V_{\text{箱}} = \dot{V}_{\text{滤液}} \Delta t = 7.1\text{m}^3/\text{h} \times 1\text{h} = 7.1\text{m}^3$$

$$D = (0.89V)^{\frac{1}{3}} = (0.89 \times 7.1\text{m}^3)^{\frac{1}{3}} = 1.85\text{m}$$

$$H = 1.5D = 1.5 \times 1.85\text{m} = 2.78\text{m}$$

7. 吸收塔计算

烟气流量 $\dot{V}_{湿} = 1080 \text{Nm}^3/\text{h}$；$SO_2$ 浓度 $c_{SO_2} = 2.040 \text{mg/m}^3$。假定液气比 $L/G = 12\text{L/Am}^3$，则吸收塔循环浆液流量及每泵的流量计算。

$$\dot{V}_{湿,实际} = \frac{273.15+48}{273.15} \dot{V}_{清洁气体,湿} = \frac{273.15+48}{273.15} \times 1122100 \text{Nm}^3/\text{h}$$

$$= 1319284 \text{Am}^3/\text{h} = 366 \text{Am}^3/\text{s}$$

$$L = \frac{12\dot{V}_{湿,实际}}{1000} = \frac{12 \times 1319284 \text{Am}^3/\text{h}}{1000} = 15831 \text{m}^3/\text{h}$$

喷淋层数（泵）$= 3$，则每台泵的容量 $V_{每台泵}$：

$$V_{每台泵} = \frac{L}{n_{喷雾}} = \frac{15831 \text{m}^3/\text{h}}{3} = 5277 \text{m}^3/\text{h}$$

假定吸收塔烟气流速 $w = 3.7 \text{m/s}$，则吸收塔直径 d：

$$d = \sqrt{\frac{4A}{\pi}} = \sqrt{\frac{4\dot{V}}{\pi w}} = \sqrt{\frac{4 \times 366}{\pi \times 3.7}} \text{m} = 11 \text{m}$$

假定循环浆液停留时间 $t = 4.3 \text{min}$，则吸收塔循环区体积 $V_{吸收池}$：

$$V_{吸收池} = \frac{15831 \text{m}^3/\text{h} \times 4.3 \text{min}}{60 \text{min/h}} = 1135 \text{m}^3$$

吸收塔循环浆液区高度 H：

$$H = \frac{浆液池容积}{浆液池池面积} = \frac{1135 \text{m}^3}{95 \text{m}^2} = 11.9 \text{m}$$

各区域高度见表 4-9。

表 4-9 各区域高度

区域	高度
浆液池高度	11.9m
距烟道口高度	1.5m
烟气管道高度	4.0m
到第一层喷淋层的高度（从烟道口）	2.5m
喷淋层	2×1.5m=3.0m
除雾器高度	1.3m
两级液滴分离器高度	2.5m
烟气出口管道高度	3.0m
合计	29.7m

因此，吸收器总高度 $H = 29.7 \text{m}$

4.4 燃煤锅炉烟气脱硝工艺

4.4.1 燃煤锅炉烟气选择性催化还原工艺

图 4-21 为 SCR 烟气脱硝工艺流程示意。SCR 系统一般由氨的储存系统、氨与空气混合系统、氨气喷入系统、反应器系统、省煤器旁路、SCR 旁路、检测控制系统等组成。首先,液氨被运送到液氨储罐储藏,无水液氨的储存压力取决于储罐的温度(例如 20℃ 时,压力为 1MPa)。然后液氨通过蒸发器被减压蒸发输送到氨蒸发罐,通过鼓风机向氨蒸发罐中鼓入与氨量成一定配比的空气,其作用一是稀释纯氨气,二是增加反应塔中的氧含量。稀释的氨气经注射喷嘴被注入烟道格栅中,与原烟气混合。在喷嘴数量较少的情况下,为了获得氨与烟气的充分均匀分布,要在反应塔前加装一个静态混合器,这样,从省煤器出来的烟气经与部分旁路高温烟气混合调温(烟气在反应塔中与高温催化剂的反应最佳温度为 370~440℃)后,进入反应塔。在催化剂的作用下,烟气中的 NO_x 与氨气发生化学反应转化。当反应塔发生故障时,烟气走反应塔前设置的 100% 烟气旁路,对锅炉正常运行没有影响。

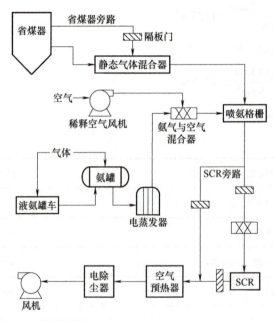

图 4-21 SCR 烟气脱硝工艺流程示意

1. SCR 系统高尘布置方式

SCR 反应器布置在省煤器与空气预热器之间,此时烟气温度在 30~40℃ 范围内,是大多数催化剂的最佳反应温度,但催化剂处于高尘烟气中,条件恶劣,寿命会受到影响。此工艺投资较低,应用最为广泛。但是在旧厂改造中,有时由于场地限制不能使用。其不足是催化剂容易堵塞,同时,由于副反应的发生会加剧空气预热器的堵塞和腐蚀。

2. SCR 系统低尘布置方式

SCR 反应器布置在省煤器后的高温电除尘器和空气预热器之间，该布置方式可防止烟气中的飞灰污染催化剂和磨损与堵塞反应器。该方式的缺点是电除尘器在 300~400℃ 的高温下无法正常进行。

3. SCR 系统尾部布置方式

SCR 反应器布置在除尘器和烟气脱硫系统之后，催化剂不受飞灰和 SO_3 等的污染，但由于烟气温度较低，仅为 50~60℃，一般需要气-气换热器或采用加设燃油或燃天然气的燃烧器将烟温提高到催化剂的活性温度，势必增加能源消耗和运行费用。

4.4.2 燃煤锅炉烟气选择性非催化还原工艺

图 4-22 为典型的 SCNR 工艺流程示意。SCNR 系统由还原贮槽、多层还原剂喷入装置和与之匹配的控制仪表等组成。SCNR 系统烟气脱硝过程是由下面几个基本过程完成：反应剂的接收和储存，吸收剂的稀释、计量与混匀，反应剂喷入的测量，反应剂的分配与喷入，反应剂与烟气的混合。

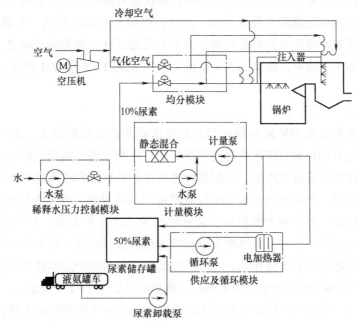

图 4-22 典型的 SCNR 工艺流程示意

1. 反应剂的接收和储存

采用氨作为吸收剂时，既可用液氨，也可用氨水。液氨在常温常压下呈气态，必须在压力容器中运输和储存，有较高的安全要求。由于大于 28% 的氨水的储运需获得许可，所以近年来在 SCNR 系统中采用 19% 的氨水。但在降低氨水浓度的同时，增加了所需的储存空间。液氨和氨水都必须经过一个蒸发器，以气态形式喷入炉膛。可见，氨水比液氨需要消耗更多的蒸发热量。

尿素一般采用50%的水溶液,可直接喷入炉膛。由于尿素的凝固点仅为17.8℃,因此,在较冷的季节应对尿素溶液进行加热和循环。尿素可采用固体颗粒运输,但在厂内必须设置溶解装置。与氨系统相比,尿素具有以下优点:尿素是一种无毒、低挥发的液体,在运输和储存方面比氨更加安全;此外,尿素溶液喷入炉膛后在烟气中扩散较远,可改善大型锅炉中吸收剂和烟气的混合效果。由于尿素的安全性和良好的扩散性能,采用尿素的SCNR系统多在大型锅炉上应用。

2. 吸收剂的稀释、计量与混匀

稀释水压力控制模块(DWP)的典型设计由两台全流量的多级不锈钢离心泵、一组双联过滤器、压力控制阀和压力/流量仪表等组成。供反应器稀释用的工艺水中溶解固形物要低,过滤后水中悬浮物应低于50mg/L。

3. 反应剂喷入的测量

喷射区测量(IZM)模块用来测量锅炉每个喷射区喷入的反应剂浓度和流量。尿素喷入锅炉前必须用来自EWP模块的过滤水,将50%的尿素溶液稀释到10%。每个IZM模块包括1台化学计量泵、1台水泵、1个管道静态混合器和1个现场控制盘、区段隔离阀和流量计、控制阀等。IZM模块通常设计成含有与中央控制模块和可编程逻辑控制器(PLC)等控制系统响应的化学反应剂的流量和区段压力阀。通过该控制系统IZM模块,可随出口NO_x浓度、锅炉负荷、燃料质量等变化来调整反应剂加入量和反应活性。根据锅炉容量、处理前后NO_x浓度和所要求的NO_x去除率,尿素SCNR系统一般可采用1~5组IZM模块,并联合安装在一个滑动底板上。

4. 反应剂的分配与喷入

混匀的尿素稀释液从IZM模块输送到装在临近锅炉的分配模块上。每个分配模块由流量计、平衡阀和与自动控制系统连接的调节器组成。控制系统能精确地控制流入每个喷射器的反应剂量和雾化空气或蒸汽流量。分配模块也包括为控制尿素喷入过程用的手动阀、压力表和不锈钢连接管等,供反应剂至多个喷射器的每个IZM模块只设1个分配模块。

对于大容量锅炉,要将多个喷射器安装在锅炉的几个不同部位,且能通过IZM模块进行独立操作或联合操作。应对反应剂喷入量和喷入部位进行控制,使SCNR系统对锅炉负荷变动和维持氨的逃逸量具有可操作性。喷射区数量和部位由锅炉的温度场和流场来确定。应用流场和化学反应的数值模拟来优化喷射部位。典型的设计是1~5个喷射区,每个区设4~12个喷射器。喷射器一般布置在锅炉过热器和再热器之间,对于老锅炉的改造,也可设在水冷壁区。

5. 反应剂与烟气的混合

喷射器有墙式和枪式两种类型。墙式喷射器在特定部位插入锅炉内墙,一般每个喷射部位设置1个喷嘴。墙式喷射器一般应用于短程喷射就能使反应剂与烟气达到均匀混合的小型锅炉和尿素SCNR系统。由于墙式喷射器不直接暴露于高温烟气中,其使用寿命要比枪式喷射器长。

枪式喷射器由一根细管和喷嘴组成,可将其从炉墙深入烟流中。枪式喷射器一般应用于烟气与反应剂难以混合的氨喷SCNR系统和大容量锅炉。在某些设计中,枪式喷射器可延伸在锅炉整个断面，枪式喷射器可按单个喷嘴或多个喷嘴设计。后者的设计较为复杂，因此要比单个喷嘴的枪式喷射器和墙式喷射器价格贵些。因喷射器承受高温和烟气的冲击，易遭受侵蚀、腐蚀和结构破坏，因此，喷射器一般用不锈钢制造，且设计成可更换的。除此以外，喷射器常用空气、蒸汽和水进行冷却。为使喷射器最少地暴露于高温烟气中，枪式喷射器和一些墙式喷射器也可设计为具可伸缩性。当由于锅炉启动、停运、季节性运行或一些其他原因，SCNR需停运时，可将喷射器退出运行。

反应剂用专门设计的喷嘴在有压下喷射，以获得最佳尺寸和分布的液滴。用喷射角和速度控制反应剂轨迹，尿素系统常通过双流体喷嘴，用气流，如空气或蒸汽，与反应剂一起喷射。喷射系统有高能和低能两种。低能喷射系统利用较少和较低压力的空气，而高能喷射系统需要大量的压缩空气或蒸汽。用于大容量锅炉的尿素系统一般均采用高能喷射系统。高能喷射系统因需装备较大容量的空压机、制造坚固的喷射系统和消耗较多的电能，其制造和运行费用均较昂贵。

用氨基作反应剂的喷射系统一般比尿素系统复杂和昂贵些，原因是这种系统喷射的是气相氨而不是液氨溶液。为此，氨基喷射系统常配备多个喷嘴的高能喷枪系统。在锅炉通道的宽度和高度内按网格形式布置喷嘴。

4.5 燃煤电厂烟气超低排放与减污减碳协同

4.5.1 燃煤电厂烟气超低排放的背景

改革开放以来，我国经济得到了快速发展。与此同时，能源消费总量也持续增加。与世界平均水平相比，我国煤炭消费量占比高于世界平均水平（2014年为30.02%）。许多发达国家在解决煤炭燃烧带来的污染问题时，选择了更换燃料的方法，如英国"煤改气"，法国限制煤炭使用并逐步关闭所有煤矿，这是简单有效的方法。但是我国严重缺少石油与天然气资源，如果我国大量实施"煤改气""煤改油"，将煤炭消费量占比降至20%，在进口量不变的情况下，我国石油、天然气资源很快就可开采完毕，显然是不安全的。事实上，2014年我国石油进口依存度已突破60%，超过了50%的警戒线，天然气进口依存度也高达32.7%。此外，受远洋自主运输能力不足、地缘政治形势等因素影响，我国难以形成稳定可靠的油气供应来源，大量依赖进口直接影响能源安全，从而影响经济安全。

尽管我国一直在调整能源结构，但能源资源禀赋的特点决定了我国在较长时间内必须以煤作为基础能源。美国95%以上的煤炭是用来发电的，而我国煤炭仅约50%用来发电。我国煤炭消费在东部强度更大，特别是京津冀鲁豫、长三角和珠三角地区。煤炭消费总量大，东部地区消费强度大，给我国东部地区带来了严重的大气污染问题。根据国家生态文明建设的战略要求，环境质量只能改善，不能恶化。考虑到我国的煤炭消费量还会增长，改善大气环境除了依赖监管等手段之外，还需实施超低排放，实现煤炭清洁利用。

2006年，我国首台国产百万千瓦超超临界燃煤机组——华能玉环电厂一号机组正式投入商业运行，标志着我国煤电三大主机水平进入世界前列。2015年，世界首台百万千瓦超超临界二次再热燃煤发电机组——国电泰州电厂二期工程项目3号机组正式投入运营，设计发电煤耗256.2g/(kW·h)，比当今世界最好水平低6g/(kW·h)，标志着中国煤电三大主机水平领先世界。

燃煤电厂的烟气处理系统是煤电机组的组成部分，如果烟气处理系统三大污染物（烟尘、二氧化硫、氮氧化物）环保指标达不到世界先进水平，就不能理直气壮地宣告中国煤电是世界一流。随着"一带一路"倡议的实施，我国煤电需要"走出去"，须全部指标实现世界一流。因此，超低排放格外重要。

4.5.2 燃煤电厂烟气超低排放总体工艺流程及技术

对于切向或墙式燃烧方式的煤粉锅炉和循环流化床锅炉，烟气超低排放的技术路线较为成熟，工程应用较多；而对于W火焰燃烧的煤粉锅炉，颗粒物、SO_2脱除的技术路线与切向或墙式燃烧方式的煤粉锅炉类似，其主要问题在于实现NO_x的超低排放存在一定困难：根据目前锅炉低氮燃烧技术水平情况，采用W火焰燃烧的煤粉锅炉，锅炉内初始NO_x浓度高，一般在700~900mg/m³，脱硝效率需至少达到93%~94.4%才能满足超低排放要求，过高的脱硝效率容易带来氨逃逸和下游空气预热器腐蚀堵塞的问题，目前的设计和运行经验少，技术尚不成熟，还需要进一步研究。

根据实际工程成熟设计经验及现有的技术情况，煤粉锅炉实现烟气超低排放的处理设备主要包括低氮燃烧系统、SCR脱硝装置、除尘器、湿法脱硫装置和湿式电除尘器（可选用）。除尘器包括干式电除尘器、电袋复合除尘器、袋式除尘器在内的无须使用液体清洗集尘的各类除尘器。湿式电除尘器是利用液体清洗集尘极的电除尘器，一般布置在脱硫后。湿法脱硫装置主要采用石灰石/石灰法湿法脱硫工艺和氨法脱硫工艺，海水法脱硫工艺在条件适宜的情况下也可用于实现烟气超低排放。个别特低硫煤项目采用烟气循环流化床法脱硫工艺，也实现了超低排放，但相应吸收剂用量增大，进一步增加了脱硫副产品的综合利用难度，严格的边界条件及副产品利用难度使其应用范围受到较大限制，目前的工程应用案例很少。

循环流化床锅炉实现烟气超低排放可供选择的处理设备主要包括炉内喷钙脱硫、低氮燃烧系统、SNCR脱硝或SCR脱硝装置、除尘器、烟气循环流化床脱硫或湿法脱硫装置和湿式电除尘器。对于炉后采用湿法脱硫的项目，循环流化床锅炉等同于煤粉炉，可以选用炉内脱硫。

总体工艺流程的拟订还应充分考虑烟气污染物协同治理因素，具体表现为综合考虑脱硝系统、除尘系统和脱硫系统之间的协同关系，在每个装置脱除主要目标污染物的同时能脱除其他污染物。

1. NO_x超低排放技术路线

长期以来，我国火电厂所采用的低NO_x排放技术措施主要是"低氮燃烧+选择性催化还原技术（SCR）"，极少数电厂采用了"低氮燃烧+选择性非催化还原技术（SNCR）"或"低氮燃烧+SNCR+SCR"。自GB 13223—2011《火电厂大气污染物排放标准》颁布实施以来，

绝大多数电厂 NO_x 排放均已低于 $100mg/m^3$。超低排放提出后，煤粉锅炉仍采用"低氮燃烧+选择性催化还原技术（SCR）"，通过采用炉内低氮燃烧系统+炉外多层高效催化剂的方式大幅降低 NO_x 的排放。炉内部分主要采取低氮燃烧器配合还原性气氛配风系统，降低 SCR 入口处 NO_x 的浓度，炉外部分则是进一步增加催化剂填装层数或是更换高效催化剂，系统脱硝效率可达到 80%~90%，最终实现 NO_x 达到 $50mg/m^3$。循环流化床锅炉由于其低温燃烧特性，炉内初始 NO_x 浓度较低，而尾部旋风分离器则为

低氮燃烧技术（视频）

喷氨提供了良好的烟气反应温度与混合条件，因此 SNCR 脱硝是首选脱硝工艺，具有投资省、运行费用低的优点。根据工程设计和实际运行情况，对于挥发分较低的无烟煤、贫煤，炉内初始 NO_x 浓度一般可控制在 $150mg/m^3$ 以下，此时采用 SNCR 脱硝即可实现 NO_x 的超低排放；但对于挥发分较高的烟煤、褐煤，炉内初始 NO_x 浓度控制指标一般小于 $200mg/m^3$，此时除了加装 SNCR 脱硝装置外，可在炉后增加一层 SCR 脱硝催化剂，以稳定可靠地实现 NO_x 的超低排放。

2. 颗粒物超低排放技术路线

烟尘超低排放实际上是指烟气中颗粒物的超低排放，排放烟气中不仅包括烟尘，还包括湿法脱硫过程中产生的次生颗粒物。针对燃煤锅炉出口所产生的烟尘进行脱除的除尘技术称为一次除尘技术，主流技术包括干式电除尘器、袋式或电袋复合除尘器，以及干式电除尘器辅以提效技术或提效工艺等。当炉后还设置石灰石/石灰法湿法脱硫装置等时，脱硫装置对一次除尘后的烟尘具有一定的协同脱除性能，但同时吸收塔出口会携带一部分浆液，浆液中含有部分固体石膏或气溶胶等次生颗粒物。烟气在湿法脱硫过程中对颗粒物的协同脱除或脱硫后对烟气中颗粒物的再次脱除，称为二次除尘技术。目前的二次除尘技术主要为湿法脱硫协同脱除和湿式电除尘。传统的石灰石/石灰法湿法脱硫对颗粒物具有一定的协同脱除性能，但当吸收塔入口烟尘浓度较低时，由于固体石膏或气溶胶等次生颗粒物的携带效应，有时造成吸收塔出口的颗粒物浓度会大于入口浓度，从而不能满足颗粒物超低排放的要求。在此情况下，脱硫后还需进一步增设湿式电除尘器。

湿式电除尘器应用最典型的国家是日本，从 20 世纪 90 年代至今排放浓度长期稳定在 $2~5mg/m^3$，同时能高效地除去烟气中的微细烟尘、石膏微液滴和气溶胶。初期投运的超低排放煤电机组，普遍在湿法脱硫系统后加装湿式电除尘器，如浙能嘉兴三期 2×1000MW 机组、神华国华舟山发电厂等，实现颗粒物排放浓度低于 $5mg/m^3$。

近年来，脱硫厂家对脱硫工艺进行了改进，采用托盘或旋汇耦合的复合塔脱硫技术，喷淋层采用高效雾化喷嘴，并采用高效的除雾器，在实现高效脱除烟气中 SO_2 的基础上，使得湿法脱硫装置具有高效的协同除尘效果，综合除尘效率可达到 70% 以上。

目前国内部分投运的燃煤电厂在未设置湿式电除尘器的情况下，通过湿法脱硫装置的高效协同除尘，直接实现颗粒物排放浓度低于 $10mg/m^3$，甚至低于 $5mg/m^3$，如大唐云冈热电厂、华能长兴电厂、神华国能鸳鸯湖电厂等。

因此，根据工程设计和运行经验，对于煤粉锅炉或炉后采用湿法脱硫工艺的循环流化床锅炉，颗粒物的超低排放常用技术路线包含以下两种：当湿法脱硫装置具备高效协同除尘性

能时，颗粒物的超低排放路线可采用除尘器（一次除尘）与湿法脱硫（二次除尘）相结合的工艺；当湿法脱硫装置协同除尘性能不能满足超低排放要求时，后端还需设置湿式电除尘器，形成除尘器（一次除尘）、石灰石-石灰法湿法脱硫（二次除尘）和湿式电除尘器（二次除尘）相结合的工艺。此外，以超净电袋复合除尘器作为一次除尘且不依赖其他二次除尘技术为代表的第三条技术路线成功投运，该技术路线直接在除尘器出口实现颗粒物浓度低于 $10mg/m^3$，甚至低于 $5mg/m^3$，不需湿法脱硫装置具备高效协同除尘性能或加装湿式电除尘器，但需湿法脱硫装置保证颗粒物（包括烟尘及脱硫过程中生成的次生物）排放不增加。一次除尘设备出口颗粒物浓度控制指标应根据具有除尘功能的各个设备的特性（除尘器、湿法脱硫装置、湿式电除尘器）及煤种的静电收尘特性来确定。当锅炉设备采用循环流化床锅炉，且炉后脱硫为烟气循环流化床脱硫工艺时，由于没有湿法脱硫过程中产生次生颗粒物的问题，此时宜采用布袋除尘器直接实现颗粒物排放浓度低于 $10mg/m^3$ 的目标。

3. SO_2 超低排放技术路线

对于煤粉炉，由于炉内没有进行脱硫，除非是特低硫煤燃料，烟气循环流化床脱硫工艺一般较难满足 SO_2 超低排放的要求，且运行案例极少，在煤粉炉后宜设置湿法脱硫装置。石灰石-石灰法湿法脱硫是应用最广泛的脱硫工艺，技术最为成熟，其应用市场占比已超过 90%，近年来，随着超低排放的实施，其市场占用率进一步提高。

目前，基于石灰石-石灰法湿法脱硫发展的 SO_2 超低排放技术主要分为空塔喷淋提效技术、复合塔脱硫技术（如旋汇耦合、托盘等）、pH 分区脱硫技术（单塔双循环、单塔双区、塔外浆液箱 pH 分区等）三大类。

氨法脱硫工艺用液氨和氨水作为吸收剂，其副产品硫酸铵为重要的化肥原料，在工艺过程中不产生废水，技术成熟，国外已有相当于 300MW 级锅炉烟气量的脱硫运行业绩，国内也已应用，且达到了超低排放要求。海水脱硫工艺以海水为脱硫吸收剂，除空气外不需其他添加剂，工艺简洁，运行可靠，维护方便。在数个滨海电厂实现了超低排放。对于循环流化床锅炉，仅靠炉内喷钙脱硫难以实现超低排放的要求，由于锅炉飞灰中含有大量未反应的 CaO，且 SO_2 浓度较低，因此可采用炉内喷钙脱硫与炉后烟气循环流化床法脱硫工艺相结合的脱硫工艺，既符合循环流化床锅炉的工艺特点，又不产生废水，且不需尾部烟道特殊防腐；也可采用炉内喷钙脱硫（可选用）与炉后湿法脱硫相结合的脱硫工艺。具体工艺方案的选择应根据吸收剂、水源、脱硫副产品综合利用等条件进行技术经济比较后确定。

4. 燃煤电厂烟气超低排放技术路线

烟气污染物治理系统一般包括三个子系统：除尘系统、脱硫系统和脱硝系统。由于 SO_2、NO_x 主要依靠脱硝系统和脱硫系统发挥治理效能，只需要对现有工艺方案采用不同的配置即可满足从常规标准至超低排放的要求。例如，SCR 脱硝技术采用不同的催化剂层数和催化剂高度，即可达到 80% 以上的脱硝效率，配合低氮燃烧技术可达到 NO_x 不高于 $50mg/m^3$ 的超低排放要求。同样，在传统的石灰石/石灰法湿法脱硫工艺的基础上改进而来的复合塔脱硫技术、pH 分区技术、传统空塔提效技术等，可达到 SO_2 不高于 $35mg/m^3$ 的超低排放要求。而除尘系统相对比较复杂，

燃煤电厂烟气
超低排放技术
路线（视频）

首先，除尘系统可选择的工艺设备类型较多，如传统的静电除尘器和近年来发展起来的布袋除尘器、电袋除尘器、电除尘器增效技术、湿式电除尘器等，不同类型的工艺设备所能适应的运行环境、能达到的最高除尘效率都不同。其次，不仅一次除尘系统可以实现除尘功能，湿法脱硫系统也具有一定的除尘能力。因此，合理地选择除尘技术方案，同时在具有除尘能力的各子系统之间进行最优搭配、耦合，才能够实现经济合理的除尘方案。因此，对于煤粉锅炉或炉后采用了湿法脱硫工艺的循环流化床锅炉，应以除尘器、湿法脱硫和湿式电除尘器等工艺设备对颗粒物脱除能力和适应性为拟订烟气超低排放典型技术路线的首要条件。如前所述，对于煤粉锅炉或炉后采用了湿法脱硫工艺的循环流化床锅炉，采取以湿法脱硫高效协同除尘为二次除尘、以湿式电除尘器为二次除尘、以超净电袋复合除尘器作为一次除尘且不依赖二次除尘的超低排放典型技术路线。而对于循环流化床锅炉，采用炉内脱硫和炉后烟气循环流化床脱硫工艺相结合的典型技术路线。上述四条技术路线为目前国内应用较多的四条烟气超低排放典型技术路线，具有一定的代表性。由于各种除尘技术之间还存在不同的组合方式，从而形成多种颗粒物超低技术路线，实际选择时需结合工程具体情况和污染物治理设施之间的协同作用对各种一次除尘和二次除尘技术进行组合，可选择的烟气超低排放技术路线组合见表4-10。

表4-10 可选择的烟气超低排放技术路线组合

锅炉类型	技术路线组合	干式电除尘	低低温提效工艺	干式电除尘提效技术	袋式除尘	电袋复合除尘	湿法脱硫协同除尘	湿式电除尘
煤粉炉/ 循环流化床锅炉 （炉后湿法脱硫）	①	✓					✓	
	②	✓					✓	✓
	③		✓				✓	
	④	✓	✓				✓	✓
	⑤				✓		✓	
	⑥					✓		
	⑦			✓			✓	
	⑧			✓		✓	✓	✓

4.5.3 燃煤电厂减污减碳协同增效

1. 燃煤电厂减污减碳的背景

煤电是我国大气污染物和二氧化碳排放的最主要来源之一。燃煤电厂耗煤量大，排放的烟气是大气污染物和CO_2连续集中排放源，其所排放的CO_2量占我国总排放量的50%左右。由于其大气污染物和CO_2排放量大，排放相对集中，对其研究易于实现大气污染物和CO_2的协同控制，因此对燃煤电厂锅炉烟气中大气污染物和CO_2排放的协同控制研究被广泛重视。

对于燃煤电厂烟气中的CO_2减排一般可以概括为直接和间接两种方法。所谓直接法，即通过捕获CO_2并封存，从而直接从源头控制CO_2排放，代表有CO_2捕集分离技术。所谓间接法，即通过工艺创新来提高新的发电机组效率，进一步减少发电中能耗，以减少 CO_2 的排放，包括超临界机组的研究、循环流化床技术研究等。

2. 燃煤电厂减污减碳协同增效技术

（1）CO_2 减排间接法技术

1）超临界技术。超临界的核心是通过提高锅炉内的蒸汽压力来提高热效率，这就意味着与原发电机组相比，采样超临界机组供应相同的发电量所需要的煤量越少，相应的 CO_2 排放量也越少，结合低氮燃烧技术，可减少 65%的氮氧化合物及其他有害物质的形成，从而在节能减排上优势明显。超临界技术在发达国家上得以广泛研究与应用，国内发展超临界机组的起步容量为 600MW，我国大型超临界机组的研制发展迅速，在建的超临界机组已达百台，而且已经开始引入国外先进超超临界技术来生产容量为 1000MW 的机组，随着新型材料的研究深入以及超临界机组成功运行取得重要运行和调试经验，我国超临界机组的技术水平已迈上一个新的台阶。

2）循环流化床技术。自 1985 年第一台循环流化床锅炉（95.8MW）在德国某电厂投入运营以来，循环流化床锅炉燃烧技术已是国际上公认的商业化程度最好的洁净煤技术。随着发电机组的增大，循环流化床锅炉大型化便不可避免。截至目前，大容量亚临界循环床锅炉技术已经成熟，300MW 的循环床自然循环锅炉已投入运行。我国的循环床燃煤技术起步虽晚，但发展较快，在电力企业中已经大量投入使用循环流化床锅炉，其在全国火力总装机容量的比例不断上升。目前超临界循环流化床燃烧技术成为新一代循环流化床技术的研究方向，它既有超临界蒸汽循环的高效率，也有循环流化床的低成本污染物控制，随着电力需求的日益扩大及环保问题的日趋凸显，超临界循环流化床在电力行业具有广阔的应用前景。

3）整体煤气化联合循环发电技术。整体煤气化联合循环（IGCC）属于洁净煤技术的一个方向，它在提高发电厂热效率及解决环保问题方面有着优异的表现。具体可以细化为两个部分：第一部分将燃料即煤进行气化与净化，净化后的燃气与蒸汽联合循环发电。煤气化与净化的核心设备包括气化炉、空分装置、煤气净化设备等。第二部分就是燃气轮机发电系统、余热锅炉、蒸汽轮机发电系统进行联合循环发电。气化炉的研究主要是通过优化一些参数（如碳转化率，冷、热煤气转化率等）来节省煤耗，空分装置主要用来提高气化炉的单炉产气率。要使 IGCC 能够产生清洁能源，解决发电企业的重污染问题，必须通过煤气净化设备使气化炉中的粗煤气脱去杂质。

4）热电联产技术。热电联产是同时向用户提供电能和热能的一种生产方式。发展热电联产要比热电分产节能。大型火力发电厂的理论热效率是 41%，实际运行只有 36%～39%，而热电联产项目的热效率要求大于 45%，实际运行时达 60%左右，工业锅炉的平均运行热效率仅 50%左右，而热电联产的锅炉运行热效率一般为 90%。可以看出，热电联产热效率远高于热电分产热效率，且可以大量节约燃料，这就有效减少了 CO_2 的排放，缓解了空气污染问题，实现了环保功能。

（2）CO_2 捕集分离技术

在全球变暖的背景下，减少 CO_2 排放量是世界各国的共识，CO_2 捕集技术（CCS）已成为世界范围的研究热点。CCS 技术包括燃烧前 CCS 技术、燃烧中 CCS 技术、燃烧后 CCS 技术。其中，燃烧前 CCS 技术是 IGCC+CSS 技术，试用于新建电厂及燃气蒸汽联合循环电厂改造，被国际公认为最清洁高效的燃煤技术，人们对其进行了广泛的研究。燃烧中 CCS 技术为 O_2/CO_2 富氧燃烧技术，用 O_2 和部分循环烟气代替传统空气进行燃烧，被认为是目前最简单可靠的锅炉机组综合污染物控制技术，在 CO_2 减排上具有独特优势，特别适合于现有的常规锅炉改造及新建火力发电机组锅炉。世界上首台采用 O_2/CO_2 富氧燃烧技术的示范电厂于 2008 年投入运行。燃烧后 CCS 技术为在燃烧后的烟气中分离 CO_2，其中化学分离法技术比较成熟，是现有主要的燃烧后捕捉与分离 CO_2 的方法。

思 考 题

1. 试从除尘原理、适用范围、除尘效率、设备费用、运行费用等方面比较主要的除尘器。
2. 燃煤烟气的脱硫方法主要有哪两种？这两种方法的工作原理及主要单元是什么？
3. 阐述燃煤烟气净化装置脱硫塔的基本结构，如何提高燃煤烟气净化装置中脱硫塔的脱硫效率。
4. 燃煤烟气脱硝有两种典型的工艺，其工艺原理分别是什么？
5. 请阐述燃煤锅炉烟气净化的清洁技术路线，并分析该技术如何演化为超低排放技术路线。超低排放技术路线中各个构筑物的主要功能是什么？并给出经过超低排放技术处理后，烟气中的主要污染物浓度。

第 5 章 矿山固体废物处理与处置

5.1 矿山固体废物的处理及资源化途径

矿山固体废物是工业固废的一种,其污染控制经历了从简单处理到全面管理的发展过程。在早期,世界各国都注重末端治理,提出了资源化、减量化和无害化的"三化"原则。在经历了许多教训之后,人们越来越意识到对其进行源头控制的重要性,并出现了固体废物"从摇篮到坟墓"的管理控制体系(图 5-1)。目前,在世界范围内取得共识的基本对策是避免产生(Clean)、综合利用(Cycle)、妥善处理(Control)的"3C 原则"。

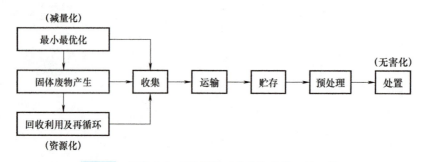

图 5-1　固体废物"从摇篮到坟墓"的管理控制体系

5.1.1 处理技术

矿山固体废物的处理是指通过物理、化学和生物手段,将废物中对人体或环境有害的物质分解为无害成分,或转化为毒性较小的组分,适合于运输、贮存、资源化利用和最终处置的一种过程,如废物解毒、对有害成分进行分离和浓缩、对废物进行固化/稳定化处理以减少有害成分的浸出毒性等。常规处理技术主要包括以下几项:

1)化学处理方法有焚烧、溶剂浸出、化学中和、氧化还原。
2)物理处理包括重选、磁选、浮选、拣选、摩擦和弹跳分选等各种相分离及固化技术,其中固化工艺用以处理其他过程产生的残渣物,如飞灰及不适用于焚烧处理或无机处理的废物,特别适用于处理重金属废渣、工业粉尘、有机污泥及多氯联苯等污染物。

3) 生物处理如提炼铜、铀等金属的细菌冶金法，该法还可用于生物修复被污染的矿山土壤。

矿山废物的处置是指通过填埋或其他改变废物的物理、化学特性的方法，达到减少已产生的固体废物数量，缩小固体废物体积，减少或者消除其危险成分的活动，并将其置于与环境相对隔绝的场所，避免其中的有害物质危害人体健康或污染环境的过程。

当前处理和处置矿山固体废物的技术和方法各有优缺点，适用范围也不尽相同，因此根据矿山固体废物的具体特点，选用适宜的处理技术与方法是十分必要的。

5.1.2 资源化途径

1. 回收有价金属

我国共生、伴生矿产多，矿物嵌布粒度细，铁矿、有色金属矿、非金属矿的采选回收率分别为 60%~67%、30%~40%、25%~40%，尾矿中往往含有铜、铅、锌、铁、钨、锡等，以及钪、镓、钼等稀有元素及金、银等贵金属。尽管这些金属的含量甚微，但由于废物产量大，从总体上看这些有价金属的数量相当可观。

(1) 铁矿尾矿

铁矿选矿主要采用高梯度磁选机，从弱磁选、重选和浮选尾矿中回收细粒赤铁矿。除从尾矿中回收铁精矿外，还可回收其他有用成分。例如，用浮选法从磁铁矿中回收铜；从含铁石英岩中回收金；从尾矿中回收钒、钛、钴、钪等多种有色金属和稀有金属。

(2) 有色金属矿尾矿

有色金属矿尾矿经过进一步富集、选别，可以回收金属精矿。例如，对部分硫化矿尾矿进行浮选回收银试验，可获得含铋银精矿，采用三氯化铁盐酸溶液浸出，最终获得海绵铋和富银渣。

(3) 金矿尾矿

黄金价值高，但在地壳中含量很低，所以从金矿尾矿中回收金就显得更为重要。尾矿经过再富集，可进一步回收金及其他金属。

(4) 冶金渣

冶金渣是在有色冶金过程中，伴随某种金属产品同时产生的废渣，种类繁多，性质各异，一般可直接或经适当处理后返回流程，以提高金属的循环利用率；当其中一种或几种有价金属含量富集到一定程度时，可采取不同的工艺流程予以提取。

钨冶炼系统采用碱压煮工艺生产仲钨酸铵及蓝钨时产出的钨渣可用火法-湿法联合流程处理，还原熔炼得到含铁、锰、钨、铌、钽等元素的多元铁合金（简称钨铁合金）和含铀、钍、钪等元素的熔炼渣。钨铁合金用于铸铁件，熔炼渣采用湿法处理，分别回收氧化钪、重铀酸铵和硝酸钍等产品。钨湿法冶炼工艺中采用镁盐法除去钨酸钠溶液中的磷、砷等杂质时会产出磷砷渣，将此渣经过酸溶、萃取、反萃、沉砷等综合利用工艺，可回收钨的氧化物及硫酸镁。最后产出砷铁渣约为原磷砷渣的 10%，且渣型稳定，不溶于强碱、弱酸，容易处理。

2. 生产建材

(1) 尾矿制砖

尾矿砖种类多，废物消耗大，既可生产免烧砖、墙体砌块、蒸养砖等建筑用砖，也可生产铺路砖、饰面砖等。

（2）生产水泥和混凝土

矿业废物不仅可以代替部分水泥原料，并且能起到矿化作用，从而有效提高熟料产量、质量，并降低煤耗。此外，尾矿还可作为配料来配制混凝土，使混凝土具有较高的强度和较好的耐久性。根据不同的粒级要求，尾矿颗粒不必加工，即可作为混凝土的粗细骨料直接使用。

（3）生产玻璃

利用尾矿砂生产玻璃的主要研究应用：利用高钙镁型铁尾矿生产饰面玻璃，由于这种尾矿 CaO、MgO 和 FeO 含量较高，玻化时容易铸石化，适当添加砂岩等辅助原料和采用合适的熔制工艺，可使之玻化成为高级饰面玻璃，铁尾矿用量可达 70%~80%，生产出的玻璃理化性能好，其主要性能优于天然大理石；作为生产微晶玻璃的材料，微晶玻璃也是一种高级装饰材料，其制作成本较高，试验表明，在微晶玻璃的配方中引入尾矿可大大改善产品的性能。

（4）用作其他建筑材料

废石、尾矿还可以生产其他建筑材料，如陶瓷、石英砂等。

3. 用作农肥

有些尾矿因其成分适宜，可用作土壤改良剂或微量元素肥料，以有效改善土壤的团粒结构，提高土壤的孔隙度、透气性、透水性，促进农作物增产。如铁尾矿含有少量的磁铁矿，经磁化后，再掺加适量的 N、P、K 等，即得磁化复合肥；镁尾矿中因含有 CaO、MgO 和 SiO_2，可用作土壤改良剂对酸性土壤进行中和处理；锰尾矿除含锰外，通常还含有 P_2O_5、Cl^-、SO_4^{2-}、MgO 和 CaO 等，可将其作为一种复合肥使用；钼尾矿施于缺钼的土壤，既有利于农业增产，又可降低食道癌的发病率。

4. 采空区回填、覆土造田

用来源广泛的尾砂、废石、尾矿代替砂石进行地下采空区回填，耗资少、操作简单，可防止地面沉降塌陷与开裂，减少地质灾害的发生。

5. 综合利用

若有色冶炼渣中有价金属含量很低，目前的技术水平提取极不经济时，可以用作其他行业的原料，使之资源化，如铜渣、铅渣、锌渣、锡渣、镍渣等。

（1）铜渣

铜熔炼鼓风炉渣或反射炉渣水淬后，成为黑色致密的颗粒。可用于水泥，代替铁粉配置水泥生料。用铜渣生产渣棉，细而柔软，熔点低，可节省能源，质优价廉。冶炼铜水淬渣硬度较高，可用作钢铁表面除锈剂，供造船厂做除锈喷砂。用铜渣生产耐磨制品，有致密细结晶结构，耐蚀性能良好，其成分和性能均与玄武岩铸石相近。冶炼铜渣也可用于转窑生产硅酸盐水泥熟料，以替代含铁加料（铁矿石、萤石等）。铜渣也可以直接用作混凝土填料。从化学成分上看，铜熔渣基本符合混凝土填料的标准要求，并且具有耐碱性能。

（2）铅渣、锌渣与锡渣

铅锌工业和锡工业产生的废渣，与铜熔渣一样，一般作为原料的调配掺加组分和填料，分别用于水泥工业和混凝土生产。锡渣和锌渣可作为混合原料组分，用于生产硅酸盐水泥熟料，对水泥的抗压、体积守恒、凝固和吃水等方面的质量指标没有影响。铅渣可代替铁粒作烧水泥的原料，能降低熟料的熔融温度，使熟料易烧、煤耗降低、强度提高等，铅渣用量占配料的5%左右。

（3）镍渣

镍渣可用作铸石、碎石、制砖、制水泥混合材料等建筑材料。国外研究用磨细镍渣与水玻璃混合，制造高强度、防水、抗硫酸盐的胶凝材料，它既可以在常温下硬化，也可以在压蒸下硬化，还可以用来配制耐火混凝土等。

（4）其他冶炼渣

锡矿山锑冶炼鼓风炉渣用于生产水泥；炼锑反射炉渣用于生产蒸汽养护砖；砷钙渣经处理后可用于玻璃工业，代替三氧化二砷作澄清脱色剂，生产出质量合格的玻璃。金矿的浮选尾矿可生产硅酸盐砖、铺设路基等。

5.2 煤矸石处理与处置及综合利用

5.2.1 煤矸石的组成

1. 煤矸石的化学组成

煤矸石是煤炭开采、洗选和加工过程中排放的废物，为多种矿岩的混合体，约占煤炭产量的15%。

煤矸石的化学组成是评价矸石特性、决定利用途径、指导生产的重要指标。煤矸石的化学成分主要有SiO_2、Al_2O_3等（表5-1），SiO_2的含量一般为40%~65%，在极少数情况下达80%以上。Al_2O_3含量为16%~36%，但在高岭土和铝质岩为主的矸石中可达40%以上。矸石中CaO含量一般都很低，只有少数矿的矸石可作为石灰石利用。Fe_2O_3含量绝大部分小于10%。煤矸石往往含有多种微量稀有稀土元素，如镓、铟、锗、钒、钴、镍、铜等。

$$CaCO_3 \xrightleftharpoons{\triangle} CaO + CO_2 \uparrow$$

$$4FeS_2 + 11O_2 \xrightleftharpoons{\triangle} 2Fe_2O_3 + 8SO_2$$

$$2SiO_2 \cdot Al_2O_3 \cdot 2H_2O \xrightleftharpoons{\triangle} 2SiO_2 + Al_2O_3 + 2H_2O$$

表 5-1 煤矸石的化学成分

成分	SiO_2	Al_2O_3	Fe_2O_3	CaO	MgO	TiO_2	K_2O+Na_2O	P_2O_5	V_2O_5	SO_3	燃烧失量
含量（%）	40~65	16~36	2.28~14.6	0.42~2.32	0.44~2.41	0.9~4	1.45~3.9	0.078~0.24	0.008~0.01	0.1~2	10~30

由表5-1可见，煤矸石中无机组分在80%以上，可燃组分仅为10%左右，金属组分含量偏低，一般不具备回收价值。化学成分的种类和含量随矿岩成分不同而变化，化学成分和矸石类型的关系见表5-2。

表 5-2 化学成分和矸石类型的关系

主要化学成分	矸石类型	主要化学成分	矸石类型
SiO_2 含量 40%~70%	—	Al_2O_3 含量>40%	铝质岩矸石
Al_2O_3 含量 15%~30%	黏土岩矸石	CaO 含量>30%	钙质岩矸石
SiO_2 含量>70%	砂岩矸石		

2. 煤矸石的矿物组成

煤矸石与煤系地层共生，是多种矿岩组成的混合物，属于沉积岩。煤矸石的岩石种类主要有黏土岩类、砂岩类、碳酸盐类、铝质岩类。

1）黏土岩类中主要矿物组分为黏土矿物，其次为石英、长石、云母和黄铁矿、碳酸盐等自生矿物，此外还含有丰富的植物化石、有机质、炭质等。黏土岩类在煤矸石中占有相当大的比例。

2）砂岩类矿物多为石英、长石、云母、植物化石和菱铁矿结核等，并含有碳酸岩的黏土矿物或者其他化学沉积物。采煤掘进巷道选出的煤矸石大多以砂岩为主。

3）碳酸盐类矿物的组成为方解石、白云石、菱铁矿，并混有较多的黏土矿物、陆源碎屑矿物、有机物、黄铁矿等。

4）铝质岩类均含有高铝矿物：三水铝石、一水软铝石、一水硬铝石，此外还常常含有石英、玉髓、褐铁矿、白云母、方解石等矿物。

3. 煤矸石的元素组成

煤矸石的主要成分是无机矿物质，有机物含量较少，元素组成以硅和铝为主，其次是钙、镁、钾、钠、硫、磷等，还有微量的铁、钒、镍等稀有金属。我国矸石中的硫含量大部分比较低，一般硫含量小于1%，也有不少矸石的硫含量达到8%以上，最高为18.93%，多数以黄铁矿形式存在，是宝贵的资源。

5.2.2 煤矸石的性质

1. 发热量

煤矸石中含有少量可燃有机物，在燃烧时能释放一定的热量，一般为 3300~6300kJ/kg。发热量大小和碳含量、挥发分和灰分产率多少有关。

煤矸石的发热量和煤的测定方法基本相同，可采用热量计测定。

2. 活性

固体活性通常近似地看作促进化学或物理化学反应的能力。黏土类煤矸石主要由黏土矿物组成，加热到一定温度时，原来的结晶分解破坏，变为无定形的非晶质，使煤矸石具有活性。

3. 可塑性

煤矸石的可塑性是指煤矸石粉和适当比例的水混合均匀，制成泥团，当泥团受到高于某个数值剪应力的作用后，泥团可以塑造成任何几何形状，当除去应力后，泥团保持其形状，称为可塑性。它是制陶瓷器和砖瓦的重要指标。煤矸石的可塑性大小主要和矿物成分、颗粒表面所带离子、含水量及细度等因素有关。测定可塑性的方法较多,我国常用塑性指数 I_p 表示。

4. 熔融性

煤矸石在某种气氛下加热,随着温度升高,产生软化、熔化现象,称为熔融性。它是煤矸石热加工的重要性能。煤矸石加热熔融的过程也是煤矸石中矿物晶格变化、相互作用和形成新相的过程。煤矸石熔融的难易程度主要取决于煤矸石矿物成分及其含量多少。一般 Al_2O_3 和 SiO_2 是提高熔点的主要成分,而 CaO、MgO、Fe_2O_3 是降低熔点的成分。熔融性测定方法可参照煤灰熔点测定法进行,也可以根据化学成分含量进行计算。

5. 膨胀和收缩性

煤矸石的膨胀和收缩性一般是指煤矸石在一定条件下燃烧时,产生体积膨胀和收缩的现象。造成膨胀的主要原因是,煤矸石在熔融状态下分解析出的气体不能及时从熔融体内排出而形成。如果气体能及时排出,则将产生体积收缩。煤矸石中的发气物主要是菱铁矿、碳酸盐矿物及有机物。轻质陶粒的生产就是利用煤矸石的热膨胀特性进行的。

6. 煤矸石的灰分

煤矸石的灰分含量一般为 50%~90%。其中剥离岩石和掘进煤矸石的灰分含量较高,一般在85%以上,可用作充填、铺路材料;采煤矸石和选煤矸石的灰分含量多为 60%~80%,可用于发电、供热、建材和生产煤矸石肥料等。

7. 煤矸石的硫分

煤矸石的硫含量大部分都比较低,一般低于 2%,但在一些高硫煤矿区,煤矸石的硫含量多在 2.5% 以上。硫在煤矸石中大部分为黄铁矿硫,其赋存状态多以大小不同的黄铁矿晶体或结核状集合体出现。

8. 放射性

根据有关资料,部分矿区煤矸石天然放射性核素 ^{238}U、^{232}Th、^{226}Rd、^{40}K 的含量低于或接近于部分省区土壤中的核素含量。因此,煤矸石一般不属于放射性废物,除个别矿点的煤矸石有放射性异常外,一般煤矸石用于生产建材及其制品,或用于生产农业肥料等,不会造成放射性污染。

煤矸石中多数矿物的晶格质点常以离子键或共价键结合,具有一定的化学反应能力,即活性。自燃后的矸石(过火矸)提高了活性,是较好的活性材料,可用作水泥掺合料,提取氯化铝、聚氯化铝和轻质陶粒等。

当煤矸石受热到一定程度便产生软化、熔化现象,其中矿物结晶也发生变化,形成新相,这是利用煤矸石或过火矸石生产多种建材的依据。

5.2.3 煤矸石的利用方法及技术要求

按照煤矸石的岩石特征分类,煤矸石可以分成高岭石泥岩(高岭石含量>60%)、伊利石泥岩(伊利石含量>50%)、砂质泥岩、砂岩及石灰岩。高岭石泥岩、伊利石泥岩用来生产多孔烧结料、煤矸石砖、建筑陶瓷、含铝精矿、硅铝合金、道路建筑材料;砂质泥岩、砂岩用来生产建筑工程用的碎石、混凝土密实骨料;石灰岩用来生产胶凝材料、建筑工程用的碎石、改良土壤用的石灰。

煤矸石中的铝硅比（Al_2O_3/SiO_2）也是确定一般煤矸石利用途径的因素。铝硅比大于 0.5 的煤矸石，铝含量高，硅含量较低，其矿物成分以高岭石为主，有少量伊利石、石英，质点粒径小，可塑性好，有膨胀现象，可作为制造高级陶瓷、煅烧高岭土及分子筛的原料。

煤矸石中的碳含量是选择其工业利用方向的依据。根据碳含量的多少，煤矸石可分为四类：一类（<4%）、二类（4%~6%）、三类（6%~20%）、四类（>20%）。四类煤矸石发热量较高（6270~12550kJ/kg），一般宜用作燃料，三类煤矸石（2090~6270kJ/kg）可用作生产水泥、砖等建材制品，一类、二类煤矸石（2090kJ/kg 以下）可作为水泥的混合材、混凝土骨料和其他建材制品的原料，也可用于复垦采煤塌陷区和回填矿井采空区。

在煤矸石的化学成分中，全硫含量一是决定了矸石中的硫是否具有回收价值，二是决定了煤矸石的工业利用范围。按硫含量的多少也可将煤矸石分为四类：一类（<0.5%）、二类（0.5%~3%）、三类（3%~6%）、四类（>6%）。全硫含量达 6% 的煤矸石即可回收其中的硫精矿，对于用煤矸石作燃料的要根据环保要求，采取相应的除尘、脱硫措施，减少烟尘和二氧化硫的污染。

1. 煤矸石发电

用来发电的煤矸石碳含量较高（发热量大于 4180kJ/kg），发热量大于 6270kJ/kg 的煤矸石可不经洗选就近用作流化床锅炉的燃料。用煤矸石发电时，其常用燃料热值应在 12550kJ/kg 以下，可采用循环流化床锅炉，产生的热量既可以发电，也可以用作采暖供热。这部分煤矸石以选煤厂排出的洗矸为主。

煤矸石还能够和煤泥混烧发电，此时要求煤矸石发热量为 4500~12550kJ/kg，煤泥发热量为 8360~16720kJ/kg，煤泥的水分为 25%~70%。

2. 煤矸石生产建筑材料及制品

（1）煤矸石制烧结砖的技术要求

煤矸石制烧结砖的技术要求（对煤矸石原料的化学组成要求）：SiO_2 为 55%~70%，Al_2O_3 为 15%~25%，Fe_2O_3 为 2%~8%，$CaO \leqslant 2\%$，$MgO \leqslant 3\%$，$SO_2 \leqslant 1\%$；热值为 2090~4180kJ/kg。

（2）煤矸石制烧结空心砖的技术要求

煤矸石制烧结空心砖的技术要求（对煤矸石原料的化学组成要求）：SiO_2 为 55%~70%，Al_2O_3 为 15%~25%，Fe_2O_3 为 2%~8%，$CaO \leqslant 2\%$，$MgO \leqslant 3\%$，$SO_2 \leqslant 1\%$；热值为 2090~4180kJ/kg。

（3）煤矸石生产煤矸石免烧砖的技术要求

传统的烧结砖工艺会对环境造成二次污染，且对煤矸石有较强选择性。采用煤矸石做原料生产免烧砖，原料选用重点是烧砖困难或不能烧砖的含铁、硫、钙、镁等较高的煤矸石。煤矸石制免烧砖既可避免传统制砖工艺造成的二次污染，又能显著提高煤矸石原料的适应性，是煤矸石制砖的重要方向。生产煤矸石免烧砖时煤矸石质量应满足 GB/T 2847—2022《用于水泥中的火山灰质混合材料》和 GB 6566—2010《建筑材料放射性核素限量》的要求。煤矸石的化学成分中应具有活性 SiO_2、Al_2O_3，有利于提高砖坯强度。通常采用自燃煤矸石或烧煤矸石，其烧失量小于15%。

(4) 煤矸石生产煤矸石劈离砖的技术要求

劈离砖是挤出成型后数块合一、焙烧后劈离成单片的一种墙面及地面装饰材料，广泛应用于中、高档建筑的内外墙装饰。生产煤矸石劈离砖时，煤矸石中Al_2O_3含量应在20%左右，黏土矿物占40%以上。煤矸石中方解石、白云石含量控制在4%左右，其他有害矿物应小于1%。如果超此范围，对石灰石含量较高的煤矸石，必须要求其粒度控制在0.5mm以下，使坯体中的$CaCO_3$成为细微的微粒均匀分布，这样它对砖的质量还不致有较大的危害。

(5) 煤矸石生产煤矸石瓷质砖的技术要求

瓷质砖在陶瓷市场上也常被称为玻化砖，是一类高档建筑用陶瓷。它具有抗折强度高、热稳定性好、吸水率低、质地坚硬、耐酸碱、抗冻、易清洁等优点，在商场、宾馆、医院、学校、住宅客厅等场所的墙、地、柱面装饰得到应用。生产煤矸石瓷质砖，要求采用黏土质煤矸石，且其中的Fe、S、C含量均不太高。

(6) 煤矸石代黏土烧制硅酸盐水泥熟料的技术要求

以煤矸石作为原燃料生产水泥，主要是根据煤矸石和黏土的化学成分相近，可代替黏土提供部分硅铝质原料，再加上煤矸石能释放一定的热量，可节省部分的燃料。因此，在烧制硅酸盐水泥熟料时，掺入一定比例的煤矸石，部分或全部代替黏土配制生料。煤矸石主要选用洗矸，岩石类型以泥质岩石为主，砂岩含量尽量少。通常，硅酸盐水泥熟料的硅含量为1.7~2.7，铝含量为0.9~1.7，石灰饱和系数为0.82~0.94。目前采用煤矸石生产硅酸盐水泥时，并没有标准对煤矸石的成分做出规定，因为生产时可以视各厂的原料和设备等具体条件进行配料。

根据煤矸石生产水泥的特点，可按成分中对配料影响较大的Al_2O_3的多少，将煤矸石分为低铝（20%±5%）、中铝（30%±5%）和高铝（40%±5%）三类。使用煤矸石生产硫铝酸盐水泥，一般要求煤矸石中Al_2O_3的含量高于28%，但是当铝含量过低时，也可以加入适量的矾土进行调整。使用煤矸石生产氟铝酸盐水泥，一般要求采用中、高铝煤矸石，但是当铝含量过低时，也可以加入适量的矾土进行调整。

(7) 以煤矸石作混合材磨制各种水泥的技术要求

我国大多数过火矸及经中温活性区煅烧后的煤矸石均属于优质火山灰活性混合材，可掺入5%~50%作混合材，以生产不同种类的水泥制品。用作水泥混合材的煤矸石要求是碳质泥岩和泥岩、砂岩、石灰岩（CaO含量>70%），通常选用过火或煅烧过的煤矸石。煅烧煤矸石或自然煤矸石应符合GB/T 2847—2022《用于水泥中的火山灰质混合材料》的要求，烧失量不应该大于10%，SO_3不大于3.5%，放射性符合GB 6566—2010《建筑材料放射性核素限量》的规定。

(8) 煅烧煤矸石轻集料的技术要求

我国积存的煤矸石中有40%左右适合于烧制轻集料（称为煅烧煤矸石轻集料），由碳质泥岩或泥岩类煤矸石经破碎、粉磨、成球、烧胀、筛分而成。在烧制轻集料时，煤矸石中SiO_2含量在55%~65%，Al_2O_3含量在13%~23%为佳。对于易熔组分，$CaO+MgO$的含量宜在1%~8%；Na_2O+K_2O宜在2.5%~5%；Fe_2O_3和C是煤矸石中的主要膨胀剂，前者含量宜在 4%~9%，后者含量宜在 2% 左右。碳含量过高时，可采用洗选的方法脱碳，或采用配入不含或少含碳的矸石降低碳含量，也可采用在颗粒膨胀前进行脱碳，烧掉多余的碳。

（9）自燃煤矸石轻集料的技术要求

我国积存的煤矸石有 10% 左右的过火煤矸石经破碎筛分即可制得轻集料，该轻集料称为自燃煤矸石轻集料。过火的煤矸石经筛分得到轻集料。自燃煤矸石轻集料的生产可按 GB/T 17431.1—2010《轻集料及其试验方法 第 1 部分：轻集料》标准的技术要求进行。自燃煤矸石轻集料的放射性要符合 GB 6566—2010《建筑材料放射性核素限量》标准的规定。一般由碳含量不高的碳质泥岩类、泥质盐类煤矸石制备。

（10）煤矸石轻集料混凝土小型空心砌块的技术要求

以煤矸石轻集料（粗料 25%~30%，细料 40%~45%）为骨料，水泥（8%~16%）为胶结料，加水（10%~15%），并可加入少量外加剂，搅拌均匀后，经振动成型、自然养护后即可制成煤矸石轻集料混凝土小型空心砌块。此时要求采用自燃煤矸石或者煅烧煤矸石，且符合 GB/T 17431.1—2010《轻集料及其试验方法 第 1 部分：轻集料》的要求。这种砌块的放射性应符合 GB 6566—2010《建筑材料放射性核素限量》标准的规定。但是目前还没有标准对这种用途的煤矸石的放射性做出规定。

（11）煤矸石加气混凝土的技术要求

煤矸石加气混凝土主要是以过火煤矸石等为硅铝质材料、水泥和石灰等钙质材料及石膏为原料，按一定配比后，加水研磨搅拌成糊状物，再加入铝粉发泡剂，然后注入坯模，待坯体硬化后切割加工成型，再用饱和蒸汽蒸养而成。其产品主要有砌块和板材两种，对过火煤矸石的化学成分含量要求：$SiO_2 \geq 50\%$，$Al_2O_3 \geq 20\%$，$Fe_2O_3 \leq 15\%$，$SO_3 \leq 2\%$，烧失率小于 10%。

（12）煤矸石制备陶粒的技术要求

煤矸石陶粒属于轻骨料，具有轻质、高强、保温性能好、抗震、防火等特点，广泛用于建筑材料。根据煤矸石的烧胀性有两种制备方法：一种是利用烧胀性好的煤矸石破碎后直接烧成；另一种是将煤矸石粉碎后烧成。直接烧胀时，煤矸石化学成分含量要求为 $SiO_2 \leq 60\%$，Al_2O_3 为 14%~20%，$CaO+MgO \leq 7\%$，Fe_2O_3+FeO 为 6%~10%。在煤矸石陶粒中，FeO 可以把相当于其自身质量 4%~23% 的碳氧化掉，过量的碳对膨胀不利，反而会阻碍颗粒膨胀，一般 $C/Fe_2O_3 = 2$ 适宜。非直接烧胀时，对煤矸石没有特殊要求。

（13）煤矸石合成陶瓷的技术要求

煤矸石合成陶瓷包括煤矸石合成堇青石、β-SiC、赛龙、莫来石和 Si_3N_4 等。合成堇青石时，煤矸石采用高岭土含量高的。合成 β-SiC 的煤矸石最好选用硅质煤矸石，且铁和碱金属等杂质含量要低。合成赛龙的煤矸石应以高岭石为主要矿物质。一般利用高岭石质煤矸石制备莫来石，利用高岭石质、硅质煤矸石合成 Si_3N_4。

（14）煤矸石在化学工业上的应用

在化学工业中，煤矸石可以制备分子筛和作为填充材料。制备分子筛时，一般要求矿物组成上是以高岭石矿物为主，Al_2O_3 含量高些为佳，其碱（Na_2O+K_2O）含量不宜大于 5%。

在塑料、橡胶等有机高分子材料制品中，可以将煤矸石作为填充剂。

3. 煤矸石复垦及回填矿井采空区

利用煤矸石作为复垦采煤塌陷区的充填材料，既可使采煤破坏的土地得到恢复，又可减少煤矸石占地，减少煤矸石对环境的污染。一般用于复垦的煤矸石以砂岩、石灰岩为主，采用推土机回填、压实，根据不同的用途进行处理，如作为耕种则进行表面覆土，作为建筑用地则要采取分层碾压。

煤矸石充填复垦均要求煤矸石中的有毒有害元素不能超标，目前关注较多的是重金属含量必须符合我国土壤的环境分级标准。

（1）复垦种植的技术要求

对停用多年并已逐渐风化的煤矸石，进行复垦后，可针对具体情况进行绿化种植。先以草和灌木植物为主，再种乔木树种，一般选择抗旱、耐盐碱、耐瘠薄的树种。对表层已风化成土的煤矸石复垦后，不需覆土，可直接进行植树造林或开垦为农田。但在种植农作物前必须查明煤矸石中的有害元素含量。因此煤矸石复垦必须使煤矸石中的有害元素含量满足种植标准。

（2）煤矸石作工程填筑材料的技术要求

煤矸石作工程填筑材料主要是指充填沟谷、采煤塌陷区等低洼区的建筑工程用地，或用于填筑铁路、公路路基等，或用于回填煤矿采空区及废弃矿井。

煤矸石工程填筑是以获得高的充填密实度，使煤矸石地基有较高的承载力，并有足够的稳定性。要求煤矸石是砂岩、石灰岩或未经风化的新矸石。

煤矸石用于矿井回填，通常采用水力和风力充填两种方法。水力充填（也称水沙充填）是利用煤矸石进行矿井回填的常用方法。如果煤矸石的岩石组成以砂岩和石灰岩为主，在进行回填时，需加入适量的黏土、粉煤灰或水泥等胶结材料，以增加充填料的黏结性和惰性；当煤矸石的岩石组成以泥岩和碳质泥岩为主时，则需加入适量的砂子，以增加充填料的骨架结构和惰性。

4. 回收有益矿产及制取化工产品

（1）从煤矸石中回收硫铁矿的技术要求

对于硫含量大于6%的煤矸石（尤其是洗矸），如果其中的硫以黄铁矿的形式存在，且呈结核状或团块状，则可采用洗选的方法回收其中的硫精矿。

（2）制取铝盐的技术要求

利用煤矸石中含有的大量煤系高岭岩，可制取氯化铝、聚合氯化铝、氢氧化铝及硫酸铝。对煤矸石原料的一般要求：高岭石含量在80%以上，SiO_2 在 $30\%\sim50\%$，Al_2O_3 在25%以上，铝硅比大于0.68，Al_2O_3 浸出率大于75%，Fe_2O_3 小于1.5%，CaO 及 MgO 的含量均小于0.5%。

5. 煤矸石生产农肥及改良土壤

（1）煤矸石制微生物肥料的技术要求

以煤矸石和廉价的磷矿粉为原料基质，外加添加剂等，可制成煤矸石微生物肥料，这种肥料可作为主施肥应用于种植业。作为微生物肥料载体的煤矸石，其各成分含量要求：灰分

≤85%，水分<2%，全汞≤3mg/kg，全砷≤30mg/kg，全铅≤100mg/kg，全镉≤3mg/kg，全铬≤150mg/kg；煤矸石中的有机质含量越高越好，磷矿粉的全磷含量应大于25%。

(2) 煤矸石制备有机复合肥料的技术要求

有机质含量在20%以上、pH在6左右（微酸性）的碳质泥岩或粉砂岩，经粉碎并磨细后，按一定比例与过磷酸钙混合，同时加入适量添加剂，搅拌均匀并加入适量水，经充分反应活化并堆沤后，即成为一种新型的实用肥料。

(3) 利用煤矸石改良土壤的技术要求

利用煤矸石的酸碱性及其中含有的多种微量元素和营养成分，可将其用于改良土壤，调节土壤的酸碱度和疏松度，并可增加土壤的肥效。在未制定污染控制标准前，应参照相应标准执行。

6. 其他利用途径

(1) 生产铸造型砂的技术要求

高岭石含量在40%以上的泥质岩石类煤矸石可作为生产铸造型砂的原料。泥岩类煤矸石主要从泥岩含量相对较多的洗煤矸石、煤巷矸石和手选矸石中采用人工手拣的方法获得。

(2) 冶炼硅铝铁合金的技术要求

对于Fe_2O_3含量较高的煤矸石，可采用直流矿热炉冶炼硅铝铁合金。所用煤矸石的化学成分含量要求：SiO_2在20%~35%，Al_2O_3在35%~55%，Fe_2O_3在15%~30%。入炉粒度在20~60mm。

(3) 煤矸石作路基材料的技术要求

国外对煤矸石作路基材料始于第二次世界大战，我国从20世纪80年代开始在道路路基中应用煤矸石，但是由于各矿区煤矸石的物理化学特性变化较大，煤矸石成分较复杂，其中某些成分遇水软化、风化等，因此，在现行铁路、公路设计中均无矸石作为路基填料的内容。总体来说，煤矸石与普通路用材料大致相同，在作公路路基材料时，烧失量不宜大于12%。

5.3 粉煤灰处置与综合利用

5.3.1 粉煤灰的组成

粉煤灰是粉煤经高温燃烧后的一种似火山灰物质。它是燃煤发电厂将煤磨细成100μm以下的煤粉用预热空气喷入炉膛呈悬浮状态燃烧，产生的混杂有大量不燃物的高温烟气，经集尘装置捕集得到的一种微粉状固体废物。粉煤灰被收集后由密封管道输送排出。排出方法一般有干排和湿排两种。干排是将收集到的粉煤灰用螺旋泵或仓式泵等密闭的运输设备直接输入灰仓。湿排是通过管道和灰浆泵，利用高压水力把收集到的粉煤灰输送到储灰场或江、河、湖、海。目前，我国新建的热电厂大多采用流化床工艺，所产生的粉煤灰均为干排灰。

粉煤灰的化学组成与黏土相似，其主要成分为 SiO_2、Al_2O_3、Fe_2O_3、CaO 和未燃炭，少量 K、P、S、Mg 等的化合物和 As、Cu、Zn 等微量元素。根据粉煤灰中 CaO 的含量可将其分为高钙灰和低钙灰。一般 CaO 含量在 20% 以上者为高钙灰，其质量优于低钙灰。我国燃煤电厂大多燃用烟煤，粉煤灰中 CaO 含量偏低，属于低钙灰，但 Al_2O_3 含量一般比较高，烧失量也较高。此外，我国有少数电厂为脱硫而喷烧石灰石、白云石，其灰中 CaO 的含量都在 30% 以上。我国一般低钙粉煤灰的主要成分见表 5-3。

表 5-3　我国一般低钙粉煤灰的主要成分

成分	SiO_2	Al_2O_3	Fe_2O_3	CaO	MgO	SO_3	Na_2O 及 K_2O	烧失量
含量（%）	40~60	17~35	2~15	1~10	0.5~2	0.1~2	0.5~4	1~26

粉煤灰的矿物组成十分复杂，主要有非晶相和结晶相两大类。非晶相包括玻璃体和未燃尽的炭粒，占 50%~80%。结晶相主要有莫来石、石英、云母、长石、磁铁矿、赤铁矿和少量石灰、方镁石、金红石、硫酸盐矿物、硅酸钙类矿物等。这些结晶相微晶往往被玻璃相包裹或附着在粉煤灰颗粒的表面。

5.3.2　粉煤灰的性质

粉煤灰的物理化学性质取决于煤的品种、煤粉的细度、燃烧方式和温度、粉煤灰的收集和排灰方法。

1. 物理性质

粉煤灰通常为灰白色粉状物，碳含量越高，颜色越深，呈灰黑色。粉煤灰大多呈玻璃状，具多孔结构，有较大的内表面积。粉煤灰的密度与化学成分密切相关，低钙灰密度一般为 $1800 \sim 2800 kg/m^3$，高钙灰密度可达 $2500 \sim 2800 kg/m^3$；其松散干容积密度为 $600 \sim 1000 kg/m^3$，压实容积密度为 $1300 \sim 1600 kg/m^3$；空隙率一般为 60%~75%；细度一般为 $45 \mu m$，方孔筛筛余 10%~20%，比表面积为 $2000 \sim 4000 cm^2/g$。

2. 活性

粉煤灰的活性是指粉煤灰在与石灰、水混合后所显示的凝结硬化性能。粉煤灰含有较多的活性 SiO_2 和 Al_2O_3，它们分别与 $Ca(OH)_2$ 在常温下起化学反应，生成稳定的水化硅酸钙和水化铝酸钙。因此，粉煤灰和其他火山灰质材料一样，当与石灰、水泥熟料等碱性物质混合加水拌和成浆体后，能凝结、硬化并具有一定强度。粉煤灰的活性不仅决定于它的化学组成，而且与它的物相组成和显微结构特点密切相关。高温熔融并经过骤冷的粉煤灰，含大量表面光滑的玻璃微珠，具有较高的化学内能，是粉煤灰具有活性的主要矿物相。玻璃体中含有的活性 SiO_2 和 Al_2O_3 越多，活性越高。当粉煤灰中石英和莫来石（$3Al_2O_3 \cdot 2SiO_2$）等结晶矿物和未燃尽炭粒的含量多时，粉煤灰的活性下降。

另外，粉煤灰的颗粒形状和大小对其活性也有较大的影响。一般 $5 \sim 45 \mu m$ 的细颗粒越多，活性越高；$80 \mu m$ 以上的颗粒越多，活性越低。粉煤灰的颗粒形状大体上可以分为球状颗粒、不规则多孔颗粒和不规则颗粒三大类。球状颗粒为硅铝质玻璃体，表面较光滑，有空心的（如漂珠或空心沉珠），其比密度为 0.4~0.8，堆积密度为 $250 \sim 350 kg/m^3$，绝热和绝缘性能良好，其中，空心沉珠的比密度约为2，强度很高；也有实心的，如富钙微珠、富铁微珠等，细小的密实球形玻璃珠（特别是富钙微珠）含量越高，粉煤灰的活性也越高。不规则多孔颗粒主要是多孔炭粒和硅铝多孔玻璃体，其含量越高，粉煤灰的活性越低；若未燃尽炭粒较多，则粉煤灰水泥的强度会降低。不规则颗粒主要是结晶矿物及其碎片和玻璃体碎屑。

粉煤灰的活性通常用砂浆强度试验法进行测定，它是将粉煤灰、石灰或水泥熟料按一定的配比混掺，磨细到一定的细度，配成砂浆，浇注成一定形状和尺寸的试件，测定试件强度与同龄期纯水泥砂浆试件强度的比值，即为粉煤灰的活性值。粉煤灰的活性可以通过物理或化学方法激活，常用机械磨细法、碱性激发法和硫酸盐激发法，近年来也有用酸激发法。粉煤灰经机械磨细，比表面积增加，表面的化学键断裂，增加了与 $Ca(OH)_2$ 接触的概率和反应速度。碱性激发法主要用石灰或硅酸盐水泥等碱性物质作激发剂，在一定温度下，$Ca(OH)_2$ 对粉煤灰颗粒有侵蚀破坏作用，甚至使活性 SiO_2 和活性 Al_2O_3 溶出，加速了与 $Ca(OH)_2$ 反应的能力和速度，从而起到激活作用。

5.3.3 粉煤灰的处理与利用

1. 粉煤灰在建筑材料上的应用

(1) 粉煤灰制砖

1) 粉煤灰烧结砖。粉煤灰烧结砖烧是以粉煤灰和黏土为主要原料，辅以其他工业废渣，经配料、搅拌、混合、成型、干燥及焙烧等工序而成的一种新型墙体材料。粉煤灰掺量为30%~70%，其生产工艺与主要设备与普通黏土砖基本相同。与普通黏土砖相比，烧结的粉煤灰砖具有保护环境、节约能耗、减轻建筑负荷、降低劳动强度等优点。

2) 粉煤灰蒸压砖。粉煤灰蒸压砖是以粉煤灰、石灰为主要原料，掺入适量石膏和骨料，将坯料压制成型，高压或常压蒸汽养护而成。粉煤灰蒸压砖的规格尺寸与烧结普通砖相同，产品根据抗压强度和抗折强度分为20、15、10、7.5四个强度等级。

粉煤灰蒸压砖可用于工业与民用建筑的墙体和基础，但用于基础或用于易受冻融和干湿交替作用的建筑部位必须使用一等砖与优质砖，不得用于长期受热（200℃）、受急冷急热和由酸性介质侵蚀的建筑部位。

(2) 粉煤灰生产砌块

砌块是一种比砖尺寸大的墙体材料，具有实用性强、制作及使用方便等特点。

粉煤灰砌块是以粉煤灰、石灰、石膏、骨料等为原料，在配料中除炉渣为主，占55%左右外，粉煤灰用量也可达30%。经加水搅拌，振动成型，蒸汽养护而成的密实块体，有880mm×380mm×240mm 和 880mm×430mm×240mm 两种。

此工艺对粉煤灰质量的要求是其烧失量低于15%，适用于工业及民用建筑，且比黏土砖的保温性能好，自重轻，能满足一般建筑物承重墙的耐火极限要求。

(3) 粉煤灰制泡沫玻璃

泡沫玻璃是一种新型建筑材料，以粉煤灰（70%）、硅质黏土（30%）为主要原料，加入发泡剂、改性剂、促进剂、稳泡剂之后经过细碎粉磨，形成配合料，再经过低温预热、高温熔融、发泡、稳泡、退火等工序而制成的一种无机非金属特种玻璃材料,其内部充满了无数微小均匀的连通或封闭气孔,是一种性能良好的保温隔热和吸声材料,具有耐燃、防水、保温隔热、吸声隔声等优良性能,可广泛用于建筑、化工、食品和国防等部门的隔热保温、吸声和装饰等工程中。

(4) 粉煤灰制陶粒

粉煤灰陶粒是以粉煤灰为主要原料,加入一定量的黏结剂和水,经加工成球,高温焙烧而成的一种轻质料。

粉煤灰陶粒可分为烧结型和烧胀型两种。烧结型比烧胀型颗粒表观密度大,强度高,两种陶粒应用也有所不同。目前国内外多采用烧结机生产烧结型粉煤灰陶粒。

(5) 粉煤灰在混凝土方面的应用

粉煤灰掺入混凝土中可以改善混凝土的性能,其产生的效果称为粉煤灰效应,即颗粒形态效应、火山灰活性效应和微集料效应。

粉煤灰三个基本效应产生以下三种势能:

1) 颗粒形态效应使粉煤灰产生减水热能。粉煤灰颗粒呈球形,粒径细小,表面比较光滑,对混凝土和易性产生"流变效应"和"泵效应"。

2) 火山灰活性效应使粉煤灰产生活化势能。粉煤灰中的主要成分为 SiO_2、Al_2O_3 和 Fe_2O_3,其自身产生的水化作用甚微(高钙灰除外),但若受到水泥水化产物石膏的激发作用,粉煤灰会逐渐发生二次水化,成为胶凝材料的一部分,使混凝土胶结并产生力学强度,对混凝土强度产生"助强效应"和"高强效应"。

3) 微集料效应使粉煤灰产生致密势能。粉煤灰的水化反应很慢,其在混凝土中相当长时间内以微粒形态存在,在混凝土中可起微集料填充作用,同时受激发作用而在表面生成胶凝物质,物质填充和水化反应产物充填共存,比惰性集料单纯的机械填充效果更好,使混凝土更加致密,对混凝土耐久性产生"免疫效应"和"防护效应"。

(6) 粉煤灰用作水泥的混合材料

用粉煤灰生产水泥主要是用作水泥的混合掺料。由于粉煤灰掺量不同,掺配成的水泥具有不同的名称和性能。用粉煤灰配制水泥,抗裂性好。由于粉煤灰比表面积小,且呈玻璃质球状,因而水泥需求量少,砂浆或混凝土的流动性好,易于浇灌,干缩性也小,抗硫酸盐侵蚀性好,水化热低,是大体积混凝土和地下工程的理想水泥品种。

(7) 粉煤灰制砂浆

砂浆是由凝胶材料(水泥、石灰、石膏等)、轻骨料(砂、炉渣等)和水(有时还掺入某些外掺材料)按一定比例配制而成的,是建筑工程中,尤其是民用建筑中使用最广、用量最大的一种建筑材料。

粉煤灰砂浆是由建筑水泥砂浆、水泥石灰砂浆和石灰砂浆,分别加入一定量粉煤灰,取代部分水泥配制而成的。因此,粉煤灰泥浆根据组成材料分为粉煤灰水泥砂浆、粉煤灰水泥石灰混合砂浆和粉煤灰石灰砂浆等。粉煤灰水泥砂浆主要用于内外墙面、窗口、檐口、水墨石地面底层和墙体勾缝等装修工程及各种墙体砌筑工程;粉煤灰水泥石灰混合砂浆主要用于地面以上墙体的助砌和抹灰(粉刷)工程;粉煤灰石灰砂浆主要用于地面以上内墙的抹灰工程，也可用特制的粉煤灰砂浆填充"建筑间隙"或作保温、隔热垫层。

2. 粉煤灰在道路工程中的应用

（1）粉煤灰在公路面层中的应用

路面分为沥青混凝土路面、水泥混凝土路面和其他过渡式或低级路面。

1）粉煤灰在沥青混凝土路面中的应用。沥青混凝土是用适当比例和级配的矿料（如碎石、砾石、石屑和矿粉等）与沥青在一定湿度下搅拌合成的混合料。

目前，因矿粉无专门生产厂家，故在道路施工中只能用水泥代替矿粉使用。用粉煤灰代替矿粉制备沥青混凝土，已取得了良好的效果。矿粉在沥青混凝土中的作用：一是密实矿质骨架的填充料；二是与沥青一起成为胶结物质。

2）粉煤灰在水泥混凝土路面中的应用。水泥混凝土路面比沥青混凝土路面的初期投资略高，但使用养护费用较低，使用寿命要长2~3倍。

在水泥混凝土的混合料中掺入一定数量的粉煤灰，可以减少水泥用量，改善混合料的和易性，降低工程造价，工程也能达到规定的要求。例如，震动碾压干硬性水泥混凝土路面是一种新工艺，为了增加混合料的和易性，在混合料中掺用了15%~40%的粉煤灰（其中，SiO_2和Al_2O_3的含量大于88.91%，烧失量为2.48%）。试验表明，掺入粉煤灰的干硬型混凝土，当抗压强度达到30MPa时，其抗折强度一般也能达到4.5MPa，符合设计规范要求标准。而普通混凝土的28d强度达到30MPa时，其抗折强度一般达到4.5MPa。事实说明，掺入粉煤灰还可以提高干硬性混凝土的抗渗性和密实性。

（2）粉煤灰在路面基层和底基层的应用

目前，在我国新建公路路面基层和底基层中，有相当一部分采用了石灰粉煤灰稳定土（简称二灰土）和石灰粉煤灰稳定碎石（简称二灰碎石）。通常，应用二灰土作为路面底基层；用二灰粗粒料，包括二灰碎石、二灰砂砾和二灰矿渣等作为路面基层。

石灰粉煤灰稳定土用于底基层，是在土壤中按一定比例掺入少量石灰和粉煤灰，搅拌均匀，在最佳含水量下摊铺碾压成一种整体性较好的道路底基层。石灰、粉煤灰加上骨料（碎石或砾石）可以作为公路路面基层，可以减少路面开裂，与其他结构（如水泥碎石）相比，具有后期强度高、水稳定性和抗冻性好、易施工等优点，是一种优良的筑路材料。而对于二灰稳定粒料，则要求有足够的抗压强度和抗冲刷能力，还要求有较好的收缩性能和抗冻能力。

（3）利用粉煤灰填筑公路路堤

粉煤灰代替工程用土用于公路路堤的修筑，得到越来越多的重视。特别是那些修建的软弱地基上的公路，当用粉煤灰作为填料时，显示出特别的优点。粉煤灰是一种轻质材料，约比黏土轻45%，在同样允许掺加量下，粉煤灰比黏土更能延长道路的使用寿命。

一般来说，粉煤灰孔隙发达，在含水量较大时稳定性变差，其吸水性约比土大1倍，经压实的粉煤灰吸水后强度有所下降，加之粉煤灰的黏结力差，相对密度小，抗冲刷能力弱。针对这些特点，用粉煤灰填筑路堤时需采取封闭措施，即周围用符合规范要求的材料将粉煤灰包裹起来，以隔断毛细水的影响。常用的封闭材料由黏土、煤沥青、二灰混合料等构成。因封闭层位于路堤边缘，施工时应采取措施，确保压实度不小于90%，并做好养护工作。

并且在冰冻地区，粉煤灰路堤封闭层的设计要考虑冰冻深度，封闭最小厚度不得小于冻深。因为一旦结冰，粉煤灰体积膨胀相当严重，边坡包土厚度应大于冰冻厚度，以防止粉煤灰结冰膨胀，对路基造成危害。

（4）粉煤灰用于结构回填

粉煤灰用作结构回填，已成功地实现了由桥台引导搭板至桥面的平滑过渡，减少并根除了在两者的结合部位由于不均匀沉降所出现的"颠簸"迹象。

粉煤灰可用作桥台、挡墙及其他类型的结构的回填材料，是由于其自重轻、侧压力较低、剪切强度好，以及在某些情况下还具有自硬性，因此能减少回填的实际沉降。

在筑路施工中用粉煤灰填筑坑塘洼地，与填筑路堤和结构回填一样，不需要另外取土，因而也是一种投资少、用灰量大的公路利用途径。

3. 粉煤灰作注浆材料和填充材料

（1）用于矿井防火注浆

在煤炭的开采过程中，有的煤层在空气接触中逐渐氧化发热导致发火，所以必须采取防火及灭火措施，以及防火注浆。常用的注浆材料是黏土，据测算，平均每采100t煤，注浆要用2m^{3}黏土，才能满足要求。1995年全国年产煤12.8亿t，按上述注浆比例，则每年所需注浆用的黏土达到2560m^3，相当于毁掉近3万亩（1亩≈666.7m^2）耕地，煤矿企业也要支付数亿元买土费用。如果将全部注浆改用粉煤灰代替黏土，其效益不言而喻。

（2）作充填材料

粉煤灰在工程中作为填筑材料使用，是大用量、直接利用的一种重要途径。主要填充用途有粉煤灰综合回填、矿井回填、小坝和码头等的填筑等。而煤矿井下采煤，要经常使用粉煤灰充填材料进行巷旁充填、巷道支架壁后充填、冒落空穴充填、封闭采空区、加固围岩等。用粉煤灰注浆充填采空区不仅可达到防火效果，还能较大幅度地减少地表移动值。粉煤灰充填采空区后不仅对围岩和煤柱起到了加强的作用，增强了煤柱的强度，有利于巷道维护，也有利于厚煤层分层开采，提高煤炭的回收率。

在一般情况下，充填作业是简短的，而粉煤灰的产生是连续的，为了弥补粉煤灰供给和充填之间在时间上和数量上的不平衡，需要修建一定容量的缓冲仓。粉煤灰浆的地面输送采用砂泵、管道。从地面的充填设施向井下充填工作面输送粉煤灰砂浆，常采用重力自流输送。粉煤灰浆在工作面的脱水有溢流和过滤两种。溢流是指澄清水，过滤一般在充填工作面架设脱水天井，外面包上孔眼金属丝网。

唐山开滦煤矿集团利用唐山发电厂的粉煤灰对京山铁路地下采煤区进行灰浆灌注回填，有效地减缓了铁路路基下沉，这一工程每年可消耗粉煤灰30万~40万t，不仅巩固了京山铁路唐山段的路基，还节省了大量粉煤灰的堆放费用，社会效益和经济效益都十分可观。

（3）用于隧道工程的压浆材料

隧道压浆材料过去都是用水泥砂浆或水泥净浆，为了满足施工和易性的要求，水泥砂浆中水泥用量比较高。而以石灰、磨细粉煤灰作为凝胶材料，以原状粉煤灰为填充材料，并掺入适量的陶土，使浆液具有触变性，可以节约水泥，便于泵送，降低成本74%~77%。同时，可以根据掘进速度，掺入一定量的液态水玻璃来调节凝结时间。这一类的压浆材料完全改变了过去使用水泥为凝胶材料的情况。石灰粉煤灰浆可以完全替代水泥砂浆。

（4）用作速凝注浆材料

煤矿矿井建设和灌注桩桩井开挖施工中，常遇到大量渗水，为了战胜水害，速凝注浆法是最有效的方法。速凝注浆后在井筒周围形成隔水帷幕，将井筒涌水降到最低限度，从而快速安全完成施工。速凝注浆法还大量用于加固堤坝和建筑物的地基。

目前的无机注浆材料大都属水泥系，平均每米矿井水井筒水泥注入量为 8~14t，最多达 30t，注浆成本高。而以粉煤灰为主要组分的低成本、凝结块、微膨胀的注浆材料是很有利用前途的注浆材料。

4. 粉煤灰在农业上的应用

粉煤灰颗粒是由 60%~80%微细玻璃体状颗粒和 30%蜂窝状颗粒组成的，机械组成相当于砂质土，同时含有少量对农作物生长有利的 K、Ca、Fe、P 和 B 等元素。这些特性决定了它在农业方面具有很大潜力。

（1）粉煤灰的直接施用

粉煤灰直接施用于农田有两个作用，即增产作用和改良土壤作用。

粉煤灰对农作物有明显的增产效果，在一定的施灰量范围内增产效果随施灰量的增加而增加。粉煤灰对农作物的增产效果与土壤的性质有关，砂质土增产不明显，黏性土壤，特别是新开垦荒地增产效果最佳。粉煤灰对蔬菜的增产效果最佳，对粮食作物增产也比较好，对其他经济作物的增产作用不稳定。

改良土壤的作用具体如下：

1）改变土壤机械组成作用。黏性土壤施加粉煤灰可以使砂砾增加，黏粒减少，使土壤变疏松。粉煤灰对盐碱地还有抑盐压碱的作用。

2）提高土壤温度。粉煤灰含有碳成分，呈现黑色，吸热性能好。一般可提高温度 1~2℃，对早春低温壮苗早发有着明显的促进作用。

3）保持土壤水分。施用粉煤灰的土壤，由于黏粒减少，砂砾增多促进了它的蓄水保墒作用。

4）降低土壤容重。施用粉煤灰后，土壤孔隙率可增加 6%~22%，大大改善土壤的透水、透气性能，对促进土壤中的水、热、气的交换和土壤脱盐都有好处。

（2）生产粉煤灰肥料

粉煤灰中含有大量农作物所需的营养元素，如硅、钙、镁、钾等，还含有丰富的微量元素，如铜、锌、硼等，可做一般肥料用，也可生产各种复合肥和高效肥料，如生产粉煤灰磁化肥、粉煤灰钙镁磷肥、硅钾肥或硅钙钾肥等，增产效果好，价格便宜。

粉煤灰施入土壤，可以防止小麦锈病及果树黄叶病等，增加农作物对病虫害的抵抗力。蔬菜试验表明，粉煤灰用量 0~12%范围内，随施用量增加，植物组织中铁、锌浓度下降，钾、锰浓度增加，铜、镍浓度保持不变，不产生植株毒害症状，粉煤灰中富含的硼是油料作物的良好肥源，粉煤灰同腐殖酸结合施用，可以提高土壤中有效硅的含量。研究表明，利用粉煤灰为载体，加上有效养分，磁化后便于土壤形成易为作物吸收的营养单元，不仅能改良土壤，而且能增强作物的光合作用和呼吸功能，提高作物抗旱和抗灾性。现已利用粉煤灰开发出粉煤灰磷肥、硅复合肥等。

（3）粉煤灰作为土壤改良剂

粉煤灰和黄褐土的化学成分及营养成分基本相同，只是氮含量远低于黄褐土。这为粉煤灰直接用于造地还田提供了理论依据。粉煤灰中的硅酸盐矿物质和炭粒具有多孔结构，是土壤本身的硅酸盐矿物质所不具备的。

将粉煤灰施入土壤，有利于降低土壤容重，增加孔隙，提高地温，保持土壤水分，缩小土壤膨胀率，改善土壤的孔隙度和溶液在土壤内的扩散情况，有利于植物根部加速对营养物质的吸收和分泌物的排出，促进植物生长。

同时，酸性粉煤灰可用于改良碱性土壤，这是因为粉煤灰所含的三氧化物水解会形成不溶的氢氧化物和可以离解的酸，这些酸有利于改良碱性土壤，降低土壤 pH；反之，碱性粉煤灰可用于改良酸性土壤，因为粉煤灰中含有的氧化钙与粉煤灰吸附的水发生反应时即会产生氢氧化钙，这有利于改良酸性土壤，提高土壤 pH。此外，粉煤灰还可以提高土壤中植物可利用的营养元素的含量。

5. 回收工业原料

（1）回收煤炭

我国热电厂粉煤灰碳含量一般为 5%~7%，其中碳含量大于 10% 的电厂占 30%，这不仅严重影响了漂珠的回收质量，不利于作建筑材料，也浪费了宝贵的煤炭资源。据统计，仅湖南省各热电厂每年从粉煤灰中流失的煤炭就达到 20 万 t 以上。煤炭的回收方法主要有以下两种：

1）浮选法回收湿排粉煤灰中的煤炭，选用柴油作捕收剂，松油为起泡剂，回收率达 85%~94%，尾灰碳含量小于 5%。浮选回收的精煤灰具有一定的吸附性，可直接作吸附剂，也可用于制作粒状活性炭。

2）干灰静电分选煤炭，由于炭与灰的介电性能不同，干灰在高压电场的作用下发生分离。静电分选，炭回收率一般在 85%~90%，尾灰碳含量在 5.5% 左右。回收煤炭后的灰渣利于作建筑材料。

（2）回收金属物质

粉煤灰中含有 Fe_2O_3、Al_2O_3 和大量稀有金属，在一定条件下，这些金属物质均可回收。粉煤灰中 Fe_2O_3 含量一般为 4%~20%，最高达 43%，当 Fe_2O_3 含量大于 5% 时，即可回收。Fe_2O_3 经高温焚烧后，部分被还原成 Fe_3O_4 和铁粒，可通过磁选回收。当粉煤灰中 Fe_2O_3 含量大于 10% 时，磁选一年可回收 15 万 t 铁精粉，其经济价值远优于开矿，社会效益和环境效益则不可估量。粉煤灰中 Al_2O_3 含量一般为 7%~35%。目前，铝回收还处于研究阶段，一般在粉煤灰中 Al_2O_3 含量大于 25% 时可用高温熔融渣法、热酸淋洗法、直接溶解法等方法回收。另外，粉煤灰中还含有大量稀有金属和变价元素，如钼、锗、钒、铀、铊、钛、锌等。美国、日本、加拿大等国进行了大量开发，并实现了工业化提取钼、锗、钒、铀。我国也做了许多工作，如用稀硫酸浸取硼，其浸出率在 72% 左右，浸出液螯合物富集后再萃取分离，得到纯硼产品；粉煤灰在一定条件下加热分离镓和锗，回收 80% 左右的镓，再用稀硫酸浸提、锌粉置换，以及酸溶、水解和还原，最后制得金属锗。

(3) 分选及回收空心微珠

粉煤灰是一种含碳、铁的磁性微珠、玻璃态微珠（漂珠、悬珠和沉珠）及其他物质组成的混合物，对其分离并加以利用，就可以使有害的无机物经转化达到综合利用的目的。对粉煤灰进行分选，可以获得铁、漂珠、沉珠、微珠和尾灰等。

粉煤灰中铁的存在形式是 Fe_3O_4，具有强磁性，可用于磁性产品的生产上，如磁带、磁性材料的制造；粉煤灰中分选出的炭是高活性的，能和很多有机物进行反应，可制成炭黑、活性炭或吸附剂。

漂珠具有良好的比电阻和导热性，承受能力强，可作为有机材料填料，改善有机材料制作过程中的流动性、均匀性，提高黏结能力和硬度，用作塑料和树脂的套料、造纸、涂料、粉末冶金材料、刹车材料和黏结剂等。微珠和沉珠还可以通过电镀使其成为有金属光泽的小圆球，可用于装饰。

尾灰具有的表面积比原灰的高 8~10 倍，活性高，它与塑料基体的黏结强度比原灰大得多，是很好的填充料。

(4) 粉煤灰生产硅铝铁合金

硅铝铁合金作为复合脱氧剂，广泛用于炼钢厂。硅铝铁合金的密度比纯铝大，容易进入钢液，内部烧损少，其铝的使用率在炼钢过程中比使用纯铝作脱氧剂提高一倍以上。

电热法是硅铝铁合金的生产方法之一，它主要利用含硅、铝的原矿，在矿热炉中用焦炭、烟煤为还原剂直接冶炼制得硅铝铁合金。目前所用主要原料为铝土矿、高岭土、硅石、钢屑等，它们分别为合金中硅、铝、铁三种元素的来源，其生产受我国矿石资源的分布、储量、矿石特性等的影响。而电厂废弃物粉煤灰中主要化学成分二氧化硅和氧化铝的含量占 75% 以上，某些地区硅铝含量高的粉煤灰，二者含量高达 90%，完全可以代替铝土矿、硅石作为冶炼硅铝系合金的原料。

6. 作环保材料

(1) 环保材料开发

利用粉煤灰可制造分子筛、絮凝剂和吸附剂等环保材料。利用粉煤灰生产分子筛，与常规生产相比，生产 1t 分子筛可节约 0.72t $Al(OH)_3$、1.8t 水玻璃和 0.8t 烧碱，且生产工艺中省去了稀释、沉降、浓缩、过滤等流程，生产的分子筛产品质量优于化工合成产品。粉煤灰中 Al_2O_3 含量高，主要以富铝玻璃体形式存在。先用粉煤灰与铝土矿、电石泥等经高温焙烧，提高 Al_2O_3、Fe_2O_3 的活性，再用盐酸浸提，一次可制成液态铝铁复合水处理混凝剂，它的水解产物比单纯聚合铝、聚合铁的水解产物价位高，因而具有强大的凝聚功能和净水效果，是良好的絮凝剂。浮选回收的精煤具有活化性能，可用于制作活性炭或直接作吸附剂，直接用于印染、造纸、电镀等工业废水和有害废气的净化、脱色、吸附重金属离子，以及航空航天火箭燃烧剂的污水处理。

(2) 用于废水处理

粉煤灰可用于处理含氟废水、电镀废水、含重金属离子和含油废水。粉煤灰中含有 Al_2O_3、CaO 等活性成分，它们能与氟生成配合物或生成对氟有絮凝作用的胶体离子，具有较好的除氟能力，它对电解铝、磷肥、硫酸、冶金、化工和原子能等生产中排放的含氟废水处理具有一定的去除效果。粉煤灰中含炭粒和硅胶等具有无机离子交换特性和吸附脱色作用。粉煤灰处理电镀废水，对铬等重金属离子的去除率一般在 90%以上，若用 $FeSO_4$-粉煤灰复合处理剂处理含铬废水，铬离子的去除率在 99%以上。此外，粉煤灰还可以用于处理含汞废水，吸附了汞的饱和粉煤灰经焙烧将汞转化为金属汞回收，回收率高，其吸附性能优于粉末活性炭。电厂、化工厂、石化企业废水成分复杂，甚至会出现轻焦油、重焦油和原油混合乳化的情况，用一般的处理方法效果不佳，而用粉煤灰处理，重焦油被吸附后与粉煤灰一起沉入水底，轻焦油被吸附后形成乳渣，乳化油被吸附、破乳，便于从水中除去，达到较好的效果。

5.4 煤矿区工业固废 CO_2 矿化制备绿色建材

CO_2 浓度急剧上升成为一个很严峻的问题，降低大气 CO_2 浓度成为当务之急。目前的方案中，海洋封存、地质封存，虽封存潜力巨大，但带来的负面影响也不容小觑。CO_2 矿化利用实质是模拟自然界岩石化学风化，作为一种新兴的减排方案，既能固定大气中的 CO_2，生成具有工业附加值的碳酸盐产品，又能实现环境友好。矿区固废活性较高、成本低，堆存场地接近 CO_2 排放源，在用于固碳过程中可以节省运输及研磨等预处理工艺，且矿化 CO_2 产物还可作为高附加值产品进行利用，固碳方式安全稳定。因此，矿区固废用于矿化 CO_2 及其碳酸化产物利用技术将作为解决矿区固废处置与潜在碳减排途径的优势技术之一。此外，我国矿山开采过程中形成了大量的采空区，地下空间资源已超过 156 亿 m^3，目前，这些空间仍旧没有得到高效利用，如果能用来处理矿区固废并封存 CO_2，既能实现固废就地处置和碳减排目标，降低矿山固废堆存引起的生态环境污染，又能够避免地表沉陷、矿震、采空区漏风等灾害，是极具潜力的矿山绿色低碳化发展方向。

5.4.1 CO_2 矿化利用

矿化作用是在土壤微生物作用下，土壤中有机态化合物转化为无机态化合物过程的总称。矿化作用在自然界的碳、氮、磷和硫等元素的生物循环中十分重要。

约 40 亿年前，地球的海洋刚刚形成，大气中 CO_2 含量超过 20%。同时，裸露在地球表面的硅酸盐岩石在火山风的作用下大量风化，风化的硅酸钙与大气中的 CO_2 接触，在水的帮助下发生反应，生成了碳酸钙并随雨水流进了海洋，形成了海底的沉积岩层，这个过程被称为 CO_2 矿物化。CO_2 中的碳元素和碳酸盐化合物中的碳元素均处于最高价态，根据其标准吉布斯自由能，碳元素的最终稳定形态应为碳酸盐。

CO_2 矿化利用是一种将 CO_2 永久地转化为稳定的碳酸盐或其他碳酸盐矿物的过程。这种技术被广泛研究和应用，旨在减少 CO_2 排放并促进碳循环利用。以下是一些 CO_2 矿化利用的应用领域和方式：

1) 建筑材料生产：将 CO_2 转化为碳酸盐，用于生产建筑材料，如混凝土、砖块等。这样的建筑材料不仅具有传统材料的性能，还能够减少对水泥等高碳排放材料的需求。

2) 碳捕获和封存：将 CO_2 捕获后转化为稳定的碳酸盐，并封存在地下或海底，实现长期的碳排放减少（图 5-2）。

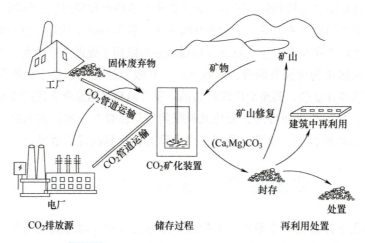

图 5-2 　CO_2 矿化封存示意（Metz 等，2005）

3）化学品生产：利用 CO_2 矿化技术生产有机化学品或其他化学产品，为碳中和经济做出贡献。

4）能源存储：将 CO_2 转化为碳酸盐形式存储，作为一种能源存储和转换的手段，有助于平衡能源系统中的碳排放。

5）土壤改良：将 CO_2 转化为碳酸盐添加到土壤中，改良土壤质地，提高其肥力和碳储存能力。

CO_2 矿化利用技术在环保、碳减排和资源循环利用方面具有巨大潜力，可以帮助实现碳中和目标，推动可持续发展。然而，需要进一步研究和实践来提高技术的效率和规模，以应对气候变化和环境挑战。

5.4.2　煤矿区工业固废 CO_2 矿化技术

根据矿化反应过程可将 CO_2 矿化反应分为直接矿化法和间接矿化法。直接矿化法是利用矿化原料与 CO_2 进一步碳酸化反应，得到碳酸盐产物；间接矿化法是指首先用某种媒介将矿化原料转化为中间产物，然后与 CO_2 发生反应，最终生成固体碳酸盐。直接矿化法分为直接干法和直接湿法。直接干法工艺简单，使用矿化原料加入反应器中与 CO_2 气体直接接触反应，然而常温常压下反应速率缓慢。通过对硅酸盐矿化活性的研究，只有经过 650℃ 高温活化后，才能与 CO_2 发生直接反应。升高反应体系温度会促进反应的进行，但是不利于反应的平衡（图 5-3）。直接湿法是先将 CO_2 溶于水形成碳酸，再与矿化原料反应，该法与直接干法相比，明显提高了反应速率。间接矿化法中，选取一种合适的物质作为反应媒介，旨在提高碳酸化的反应活性，从而提高反应速率与转化率（图 5-4）。目前可供间接矿化法反应选取的媒介多为常见的酸溶液、碱溶液及铵盐溶液。

工业固废的 CO_2 矿化技术是一种将工业废弃物中的 CO_2 转化为稳定的碳酸盐或其他碳酸盐矿物的过程。在煤矿区，这项技术可以有助于减少排放到大气中的 CO_2 量，从而减缓全球变暖和气候变化。

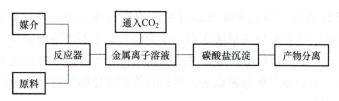

图 5-3　直接干法矿化反应流程示意

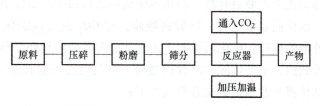

图 5-4　间接矿化法矿化反应流程示意

煤矿区的工业固废通常包括煤矿开采和加工过程中产生的废弃物，这些废弃物中可能含有大量的 CO_2。通过 CO_2 矿化技术，这些 CO_2 可以转化为稳定的碳酸盐，并最终封存在地下或用于其他用途，从而实现 CO_2 的减排和资源化利用。CO_2 矿化技术的具体实现方式包括利用碱性废弃物或矿渣与 CO_2 反应生成碳酸盐，利用催化剂促进 CO_2 和水的反应生成碳酸盐等方法。这些技术不仅有助于减少 CO_2 排放，还可以降低固体废弃物的危害性，实现资源循环利用。

总体来说，通过在煤矿区采用工业固废 CO_2 矿化技术，可以促进矿区的可持续发展，减少环境污染，提高资源利用效率，为应对气候变化和环境保护做出贡献。

5.4.3　煤矿区工业固废 CO_2 矿化制备绿色建材应用实例

1. 杭来湾煤矿 CO_2 矿化固废充填材料研制

杭来湾煤矿位于陕北榆神矿区一期规划区的西南部，矿井主采煤层上部赋存有第四系萨拉乌苏组含水层，大规模高强度的开采导致覆岩变形破断及导水裂隙高度发育，造成了浅表含水层水位在较大范围内急剧下降。针对杭来湾煤矿存在的这一问题，研究人员首先探索研制了 CO_2 矿化煤基固废充填材料（CMWB），然后将其充入采空区，控制杭来湾煤矿导水裂隙发育，避免导通七里镇砂岩含水层，实现对含水层的保护。CMWB 的研制采用粉煤灰和水泥作为主要原料，辅以碱性激发剂，通过鼓泡法通入 CO_2 以促进反应，制备 CMWB。对 CMWB 进行了流变特性、承载特性、强化机理、细观结构和水化产物等多方面的测试分析，筛选出强度和流变特性较优的充填材料，并进行工程应用设计。CO_2 矿化充填材料是一种通过将 CO_2 与碱性材料反应而制成的充填材料，可用于充填煤矿井道中的采空区或废弃矿井。这种充填材料不仅可以承担顶板压力，起到支护作用，提高采煤效率，还可以将 CO_2 固定在充填材料中，降低碳排放量，从而达到减排的目的。

2. CO_2 与煤基固废矿化利用

近年来，低碳绿色建材的概念被提出并不断完善，旨在运用"固废资源化利用""CO_2

资源化利用""低碳水泥"等技术降低建材生产周期的碳足迹,以达到负碳效应。其中,CO_2矿化养护技术可以将CO_2快速碳酸化固定于粉煤灰、电石渣等固废和水泥材料中,并形成新型建筑材料,CO_2矿化过程中对建材内部微观结构进行调整,并强化了力学、防渗、抗冻融等性能,从而达到温室气体与粉煤灰、煤矸石等固废协同处置和资源化利用的目的。

(1) 矿化氧化混凝土

近十年,高强度轻质混凝土发展十分迅速,一般以石英砂、粉煤灰、煤矸石、矿渣、水泥、石灰、纤维等添加剂为主要原材料。利用水化成型后体系中的碱性组分,如未水化的硅酸二钙、硅酸三钙,水化的氢氧化钙,硅酸钙凝胶,与CO_2进行碳酸化反应,取代蒸压养护,实现产品力学性能的提升。矿化后混凝土内部孔隙和界面结构处会形成碳酸盐产物,并通过界面过渡区消除效应、填充效应和产物层效应,降低混凝土的孔隙率,使结构致密化,混凝土的强度和耐久性得到改善,矿化方程式如下:

$$CaO \cdot SiO_2 + CO_2 + nH_2O = CaCO_3 + SiO \cdot nH_2O$$

$$\beta\text{-}2CaO \cdot SiO_2 + 2CO_2 + nH_2O = 2CaCO_3 + SiO_2 \cdot nH_2O$$

$$Ca(OH)_2 + CO_3^{2-} + 2H^+ = CaCO_3 + 2H_2O$$

$$3CaO \cdot 2SiO_2 \cdot 3H_2O + 3CO_3^{2-} + 6H^+ = 3CaCO_3 \cdot 2SiO_2 \cdot 3H_2O + 3H_2O$$

(2) 粉煤灰和煤矸石矿化养护制砖

国家发展改革委、国土资源部等部门发布的《关于印发进一步做好禁止使用实心粘土砖工作的意见的通知》明令规定禁用黏土空心砖等黏土制品,这为煤基固废砖的应用和发展提供了机遇。此外为防止城市内涝,具有优良的透水性能和透气性能、良好的吸声降噪性能的透水砖发展前景也十分广阔。传统粉煤灰制砖以粉煤灰、煤矸石为基材,掺混石灰、水泥、石膏后,再经坯料制备、压制成型,最后通过高压或常压蒸汽养护。

但蒸汽养护存在着能耗高和成本高等缺点,研究人员通过对固废进行碳酸化养护处理,开发出免烧砖技术。宋佳奕等以钢渣、粉煤灰、电石渣、炉渣、水泥为原料,研究出轻质实心混凝土砖技术,保证水泥比例不低于10%的前提下,钢渣、粉煤灰、炉底渣的含量可达60%~70%,经过预养护、矿化养护和水化养护后,制得混凝土实心砖产品满足MU15的标准。席向峰开发了一种以粉煤灰掺混生石灰、石膏、发泡剂、稳定剂为原料的制砖工艺,以醇胺类溶液吸收CO_2,与粒径为20~100μm原粉进行预混合,在均化和养护过程中持续通入CO_2,保证体积分数≥10%,养护压力≥0.1MPa,保证质量的同时养护时间远小于蒸汽养护。一些研究人员开发了无水泥的高钙和低钙粉煤灰砖产品,并进行了对比,发现高钙粉煤灰更容易生成致密的胶凝材料,在75℃下进行矿化反应7d后,胶结固体强度达到了35MPa,低钙粉煤灰固碳率和产品强度较差,这是由于碱金属含量低、矿化强度不高导致的,还发现产品砖的抗压强度和固碳量之间符合线性关系。

思 考 题

1. 煤矸石是煤矿区常见的固体废弃物,请简述煤矸石的组成、性质及其资源化路径。
2. 粉煤灰是燃煤电厂常见的固体废弃物,请简述粉煤灰性质及其资源化路径。
3. 请思考煤矿区工业固废CO_2矿化的原理及主要技术路线。

第6章 矿山噪声污染控制

6.1 矿山噪声概述

6.1.1 矿山噪声源的分类

1. 按噪声产生的地点分类

按噪声产生的地点不同,矿山噪声源可分为矿山地面噪声源和井下噪声源,矿山地面噪声源又可分为选场噪声源、露天采场噪声源和机修厂噪声源等。矿山地面噪声源产生的噪声是矿山噪声的重要来源(表6-1)。选矿厂和露天采场主要生产设备的噪声级绝大部分超过国家标准和行业标准所规定的噪声控制标准。此外,地面上的主力扇风机、空压机、振动筛等产生的噪声,大多超过100dB(A),而且声级高、来源多。

表6-1 矿山地面主要生产设备噪声

场所	设备类型	主要生产设备	噪声级/dB(A)
选矿厂	破碎设备	破碎机(粗碎)	65~85
		破碎机(中碎)	91~95
		MQG250×3600 球磨机	96~100
		3600×4000 球磨机	101~105
	筛分设备	18×36 振动筛	96~100
		单层振动筛	101~105
	其他设备	摇床	65~85
		胶带运输机	91~95
露天采场	钻孔设备	国产 53-200 潜孔钻	65~85
		国产 BC-1 型穿孔机(门窗开)	91~95
		国产改装潜孔钻(门窗开)	96~100
	铲运设备	国产 C-3 电铲(门窗开)	91~95
		苏制 3KT-44M3 电铲(门窗开)	96~100
		上海 32t 汽车(门窗开)	86~90
		美制 120t 汽车(门窗开)	91~95

井下噪声主要是在凿岩、爆破、通风、运输、提升、排水等生产过程中产生的。井下噪声最大、作用时间最长的是凿岩设备和通风设备产生的噪声,其次是爆破、运输、二次破碎等产生的噪声。井下噪声源声级大多在 95~110dB(A),个别的噪声级超过 110dB(A)。井下噪声源是矿山噪声强度最大的噪声源,而且从噪声的频谱特性来看,多呈中、高频噪声(表 6-2)。

表 6-2　井下几种主要设备产生的噪声

设备名称	规格	噪声级/dB(A)	频谱特性
凿岩台车	C22-500	116	高频
气腿凿岩机	YT-25	113	高频
轴流式风扇	28kW,30kW	112	高中频
	11kW	100	高中频
	4kW,5.5kW	95	高中频
气动装岩机	ZYQ-14	105	高中频

2. 按噪声产生的原因分类

按噪声产生的原因不同,矿山噪声源可分为设备噪声源和非设备噪声源。设备噪声源主要有扇风机、空气压缩机、凿岩设备、装卸设备、运输设备和破碎设备。非设备噪声源主要有爆破、压气管线中压气的排放和泄漏、片帮、冒顶和放顶,以及矿石倾卸到矿仓、溜井、溜槽中的滚动和撞击噪声等。

3. 按噪声源的发生机理分类

按噪声源的发生机理不同,矿山噪声源可分为机械噪声、空气动力噪声、电磁噪声。

1)机械噪声是由于机械设备运转时,部件间的摩擦力、撞击力或非平衡力,使机械部件和壳体产生振动而辐射噪声,如破碎机、球磨机、振动筛分机等产生的噪声。机械噪声声源常分布在粗破碎、中破碎、细破碎、烧结车间和选矿主厂房中。凡具有这种噪声的车间有 80%以上声压级超过 100dB(A),如圆锥破碎机噪声达 104dB(A),四辊破碎机噪声达 105dB(A)、球磨机噪声达 98~101dB(A),噪声呈宽带性质,峰值一般在 500~1000Hz 之间。

2)空气动力噪声是一种由于气体流动过程中的相互作用,或气流和固体介质之间的相互作用而产生的噪声,常见的空气动力噪声有通风机、鼓风机、空气压缩机、喷射器等扰动气体而形成的噪声,存在的范围比机械噪声小,但其危害程度并不亚于机械噪声。抽风机室的抽风机噪声级普遍超过 100dB(A),最高 103dB(A),噪声呈宽带性质、峰值在 500~2000Hz。

3)电磁噪声是由于磁场脉动、磁场伸缩引起的电气部件振动而发出的声音,如电动机定转子的吸力、电流和磁场的相互作用及磁场伸缩引起的铁心振动,主要由电动机引起噪声值明显比前两种要小,多数与上两种噪声共生。其影响往往被更高的噪声掩盖,就本身的噪声来讲也大多数超标。

6.1.2　矿山噪声的特点

大型矿山开采时,使用了许多大型、高效和大功率设备,带来的噪声污染越来越严重,目前解决矿山机械设备噪声已经成为环境保护和劳动保护的一项紧迫任务。图 6-1 是现场测定矿山机械设备的噪声级范围。

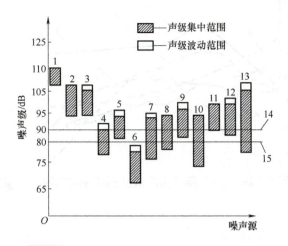

图 6-1 现场测定矿山机械设备的噪声级范围

1—井下凿岩机械 2—井下通风机 3—井下铲运机械 4—地面空压机 5—地面主扇
6—地面卷扬机 7—水泵 8—露天矿牙轮钻机 9—露天矿 4m³ 电铲 10—地面 20t 自卸式汽车
11—选矿厂破碎机 12—选矿厂球磨机 13—选矿厂筛分机 14—行业标准线 15—国家标准线

矿山噪声具有以下特点：

（1）矿山企业机械设备多，噪声源多，稳态声源多

根据实测和调查，矿山噪声大多数声源为稳态噪声，如凿岩机械、通风设备、压气设备、提升设备、选矿机械等。爆破和露天矿的穿孔机械产生脉冲噪声，并伴随振动。爆破还会产生冲击波。矿山运输噪声属于交通噪声，为非稳态声源。

（2）声源量大且分散，超标严重

对于矿山噪声，不管是地下开采还是露天开采，或是选矿工艺，到处都有噪声源。大于 100dB（A）的约占 52%，有的岗位噪声高达 110~120dB（A），如各种类型的风动凿岩机、大型球磨机等。

（3）噪声频带宽，噪声源波动范围大

实测资料表明（图 6-2）：宽频带噪声在矿山噪声中较普遍，噪声能量大多集中在 63~2000Hz 的频段内。球磨机和风洞凿岩机噪声能量集中在 125~4000Hz，噪声级都很高。凿岩机械噪声一般为 110~120dB（A），通风机械噪声为 95~105dB（A），装运机械噪声为 90~100dB（A），压气设备噪声为 85~90dB（A），提升设备噪声为 50~80dB（A），选矿机械噪声为 85~110dB（A）。

（4）交通运输噪声多

井巷掘进和地下采矿，要用矿车、地下电机车等运送岩石和矿石，露天采矿的运输工具为卡车、机车，这些都是移动性噪声源。

（5）地下噪声比地面噪声大，地下和地面噪声自然衰减不一样

由于井下巷道狭窄，声波在巷道中多次反射，周围岩壁越硬，反射声越大。同一种声源

在井下巷道中噪声级比地面大 4~8dB（A）。

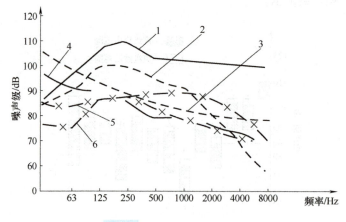

图 6-2　矿山机械噪声频谱

1—YSP45 型凿岩机　2—36×40 球磨机　3—N85 分贝标准曲线　4—C-3 型电铲
5—L8-6037 空压机　6—20000-65×4 离心式水泵

（6）矿山噪声源往往和粉尘发生源相伴生

矿山噪声源主要产生于露天采场和井下工作面的爆破，大型机械设备、运输及设备选矿厂粉碎工艺（图 6-3）。矿山噪声源与粉尘的发生源基本一致。

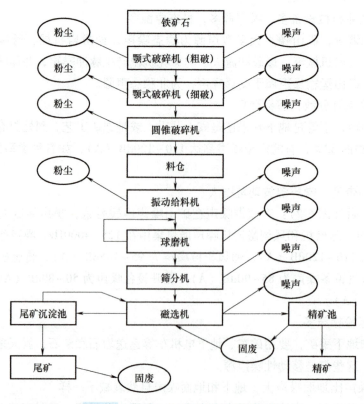

图 6-3　选矿工艺流程及产污环节示意

6.1.3 矿山噪声的危害

国外医学界的研究认为，采矿业环境中工作的人员50%～80%都不同程度地受到听觉损害，损害程度不仅与噪声的强度、频率有关，还与每个人的心理、生理状态及社会生活等多方面因素有关。根据国际标准化组织（ISO）的统计，工作40年后噪声性耳聋发病率见表6-3。

表6-3 工作40年后噪声性耳聋发病率

噪声级/dB（A）	国际统计（ISO）	美国统计
80	0	0
85	10%	8%
90	21%	18%
95	29%	28%
100	41%	40%

噪声除了造成职业性耳聋外，矿山噪声还能造成其他危害。矿山噪声危害一览见表6-4。

表6-4 矿山噪声危害一览

影响方面	内容
影响正常生活	使人们没有一个安静的工作和休息环境，烦躁不安，妨碍睡眠，干扰谈话等
对矿工听觉的损伤	矿工长期在噪声90dB（A）以上的环境中工作，将导致听阈偏移，当500Hz、1000Hz、2000Hz三个频率的听阈平均偏移25dB时，称为噪声性耳聋
引起矿工多种疾病	噪声作用于矿工的中枢神经系统，使矿工生理过程失调，引起神经衰弱症；噪声可引起血管痉挛或血管紧张度降低、血管改变、心律不齐等；噪声使矿工的消化机能衰退、胃功能紊乱、消化不良、食欲不振、体质减弱
影响矿工安全生产和降低矿山劳动生产率	矿工在嘈杂环境里工作，心情烦躁，容易疲乏、反应迟钝、注意力不集中，影响工作进度和质量，也容易引起工伤事故；由于噪声的掩蔽效应，使矿工听不到事故的前兆和各种警戒信号，更容易发生事故

6.2 噪声控制的基本原理、程序和方法

6.2.1 噪声控制的基本原理

噪声的传播包括三个环节：声源、传播途径和接收者。噪声只有当声源、传播途径和接收者同时存在时才构成噪声污染，所以噪声控制必须把这三个环节作为一个系统来考虑。噪声控制措施包括声源控制、传播途径控制和接收者保护三个方面。

1. 声源控制

从声调方面抑制噪声是噪声控制中最根本和最有效的手段。通过对声源性质和发声机理

分析，采取降低激发力、减小系统各环节对激发力的响应，以及改变操作程序或改造工艺过程等措施降低声源噪声。矿山的主要设备噪声源有扇风机、空气压缩机、凿岩设备、装卸设备、运输设备和破碎设备等。通过进风口元件结构合理设计、动叶叶尖与机壳间隙的减少、动叶上附加导叶及合理的动叶与静叶间的轴向间距可减少煤矿局部通风机噪声源。

2. 传播途径控制

在声传播途径中的控制，即在传播途径上阻断或屏蔽声波的传播，或使声波能量充分随距离衰减。在总体设计时，应充分利用噪声传播随距离的衰减特性及有利的地形、地物（如山坡、深沟等）对噪声声源进行合理布局。将高噪声的车间、设备等与低噪声的车间、办公楼、生活区分开，将强噪声源设置在距厂区较偏远地区；利用声源的指向性，使噪声指向空旷无人区或者对安静要求不高的区域，也可以采用植树、绿化草坪等手段减少噪声的干扰。如果上述措施仍达不到降噪的目的，还可以在噪声传播途径中采取局部的声学技术措施，如消声器、隔声、吸声、隔振、阻尼减振等进一步减弱噪声。

3. 接收者保护

声源和传播途径上控制噪声难以达到标准时，或者工作过程中不可避免有噪声时，往往需要对接收者采取保护措施。矿工可佩戴耳塞、耳罩、消声头盔等。对于精密仪器设备，可将其安置在隔声间内或隔振台上。

6.2.2 噪声控制的基本程序

噪声控制的基本程序应从声源特性调查入手，通过传播途径调查和分析、降噪量确定等一系列步骤选定最佳方案，最后对噪声控制工程进行评价（图6-4）。

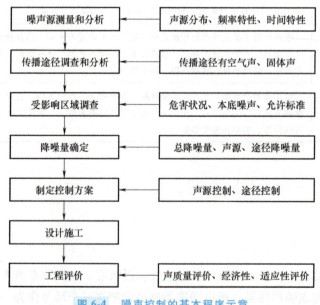

图6-4 噪声控制的基本程序示意

矿山企业的一般工矿车间和矿井硐室内表面多是一些坚硬而密实的材料，如混凝土天花板、光滑的墙面和水泥地面，这些壁面很容易发生声波的反射。当室内声源辐射声波时，受声点除了接收声源发出的直达声波外,还接收经房间内壁表面多次反射形成的混响声。直达声和混响声叠加,加强了室内噪声的强度。如果在房间的内壁面饰以吸声材料或安装吸声结构,或在房间内悬挂一些空间吸声体,吸收掉一部分混响声,则室内的噪声就会降低。这种利用吸声降低噪声的方法称为吸声降噪。

6.2.3 噪声控制的基本方法

1. 吸声

吸声是一种最基本的减弱声传播的技术措施。吸声材料按其吸声机理可分成多孔性吸声材料及共振吸声结构材料两大类。吸声处理一般可使室内噪声降低约35dB(A),使混响声很严重的车间降噪6~10dB(A)。

矿山设备噪声控制中,吸声材料和吸声结构主要用于消声器、隔声罩和管道内壁的衬垫以增加噪声的衰减量,以及用作室内壁的饰面层和吸声吊顶,以降低室内的噪声(混响声)。

(1) 吸声系数与吸声量

吸声材料或吸声结构吸声能力的大小通常用吸声系数 a 表示。当声波入射到吸声材料或结构表面上时,部分声能被反射,部分声能被吸收,还有一部分声能透过继续向前传播。被吸收声能和透射声能与入射声能之比称为吸声系数,即

$$a = \frac{E_a}{E_i} = \frac{E_i - E_r}{E_i} = 1 - r \tag{6-1}$$

式中　E_i——入射总声能(J);
　　　E_a——被材料或结构吸收的声能(J);
　　　E_r——被材料或结构反射的声能(J);
　　　r——反射系数。

一般材料或结构的吸声系数为0~1, a 值越大,表示吸声性能越好。通常,$a \geq 0.2$ 的材料方可称为吸声材料。吸声系数与材料或结构的物理性质、声波入射的角度及声波频率有关。吸声系数是频率的函数,同一种材料对于不同的频率具有不同的吸声系数。材料的平均吸声系数 a 为中心频率125Hz、250Hz、500Hz、1000Hz、2000Hz、4000Hz 六个倍频程吸声系数的平均值。

吸声量规定为吸声系数与吸声面积的乘积,即

$$A = aS \tag{6-2}$$

式中　A——吸声量(m^2);
　　　a——某频率声波的吸声系数;
　　　S——吸声面积(m^2)。

如果组成厂房各壁面的材料不同,则壁面在某频率下的总吸声量 A 为

$$A = \sum_{i=1}^{n} A_i = \sum_{i=1}^{n} a_i S_i \tag{6-3}$$

式中　A_i——第 i 种材料组成的壁面的吸声量(m^2);

a_i——第 i 种材料在某一频率下的吸声系数；

S_i——第 i 种材料组成的壁面的面积（m^2）。

（2）吸声降噪量

室内某位置声压级的大小不仅与声源辐射的直达声大小有关，还取决于混响声的大小。具体来说，随声源辐射性能和声源位置、房间容积、形状以及内表面吸声情况的不同，室内各点声压级相异。室内某点声压级可用下式计算：

$$L_p = L_w + 10\lg\left(\frac{Q}{4\pi r^2} + \frac{4}{R}\right) \tag{6-4}$$

式中　L_p——室内某点的声压级（dB）；

L_w——声源的声功率级（dB）；

r——室内某点距声源的距离（m）；

Q——声源的指向性因数，量纲为1，与声源的指向特性及声源放置的位置有关，如图6-5所示；

R——房间常数，它与房间的声学特性有关，$R = Sa/(1-a)$，S 为房间的总面积，a 为平均吸声系数。

$$\bar{a} = \frac{\sum_{i=1}^{n} S_i a_i}{\sum_{i=1}^{n} S_i} \tag{6-5}$$

其中，$\frac{Q}{4\pi r^2}$ 表示直达声场的作用；$\frac{4}{R}$ 代表混响声场的作用。由式（6-4）可知，改变房间常数 R 可改变室内某点的声压级，设 R_1、R_2 分别为室内设置吸声装置前后的房间常数，距离声源中心 r 处相应的声压级 L_{p1}、L_{p2} 分别为

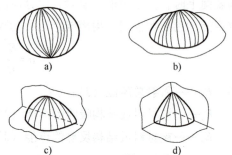

图6-5　声源的指向特性及声源放置的位置

$$L_{p_1} = L_w + 10\lg\left(\frac{Q}{4\pi r^2} + \frac{4}{R_1}\right) \tag{6-6}$$

$$L_{p_2} = L_w + 10\lg\left(\frac{Q}{4\pi r^2} + \frac{4}{R_2}\right) \tag{6-7}$$

吸声前后的声压级之差为吸声降噪量，即

$$\Delta L_p = L_{p_1} - L_{p_2} = 10\lg\left(\frac{\frac{Q}{4\pi r^2} + \frac{4}{R_1}}{\frac{Q}{4\pi r^2} + \frac{4}{R_2}}\right) \tag{6-8}$$

当受声点离声源很近时，$Q/4\pi r^2$ 远大于 $4/R$ 时，ΔL_p 的值很小，也就是说，在靠近噪声源的地方，声压级的贡献以直达声为主，吸声装置只能降低混响声的声压级，所以吸声处理在声源近场降噪效果不明显。

对于离声源较远的受声点，如果 $Q/4\pi r^2$ 远小于 $4/R$，且吸声处理前后的面积不变，则式（6-8）可简化为

$$\Delta L_\mathrm{p} = 10\lg \frac{R_2}{R_1} = 10\lg \frac{(1-\overline{a}_1)}{(1-\overline{a}_2)}\frac{\overline{a}_2}{\overline{a}_1} \tag{6-9}$$

式（6-9）适用于远离声源处的吸声降噪量的估算。对于一般矿山企业厂房，则式（6-8）可进一步简化为

$$\Delta L_\mathrm{p} = 10\lg \frac{\overline{a}_2}{\overline{a}_1} \tag{6-10}$$

一般的室内降噪处理可用式（6-10）计算。由于该式是通过理论推导并经一定简化得出的计算方法，因此计算结果与实际有一定差距，但在设计室内吸声结构或定量估算其效果时，仍有很大的实用价值。由于求取平均吸声系数麻烦，而且现场条件复杂，都难以准确计算，常利用吸声系数和混响时间的关系计算室内降噪量。

在室内稳态扩散声场中，声源停止发声后，在声场中还存在着来自于各个界面迟到的反射声形成的声音残留现象。这种残留声称为混响声，这种现象持续的长短可以用混响时间表征。混响时间的定义：在混响过程中，把声能密度衰减到原来的百万分之一，即衰减60dB需要的时间用 T_{60} 表示。当 $a<0.2$ 且不考虑室内空气对声波的吸收时，可用赛宾公式计算混响时间，即

$$T_{60} = \frac{0.161V}{A} = \frac{0.161V}{S\overline{a}} \tag{6-11}$$

式中　V——房间容积（m^3）；

A——室内总吸声量，$A = S\overline{a}$。结合式（6-10）和式（6-11），考虑吸声处理前后内体积和内壁面积不变，可得出吸声降噪量的公式：

$$\Delta L_\mathrm{p} = 10\lg \frac{T_1}{T_2} \tag{6-12}$$

式中　T_1、T_2——吸声处理前后的混响时间。

由表6-5看出，如果室内平均吸声系数增加1倍，则混响声级降低3dB；如果室内平均吸声系数增加10倍，则混响声级降低10dB。这说明只有在原来房间的平均吸声系数不大时，采用吸声处理才有明显的效果。

表 6-5　室内吸声状况与相应降噪量

$\overline{a}_2/\overline{a}_1$ 或 T_1/T_2	1	2	3	4	5	6	8	10	20	40
$\Delta L_\mathrm{p}/\mathrm{dB}$	0	3	5	6	7	8	9	10	13	16

（3）吸声材料与吸声结构

多孔吸声材料是目前应用最广泛的吸声材料，主要以玻璃棉、矿渣棉、泡沫塑料、石棉绒、软质纤维板及微孔吸声砖等为主。多孔吸声材料内部具有无数细微孔隙，孔隙间彼此贯通，且通过表面与外界相通。当声波入射到多孔材料表面时，一部分在材料表面上反射，另一部分则透入材料内部继续向前传播。在传播过程中，引起孔隙中空气的运动，与形成孔壁

的固体筋络发生摩擦,由于空气的黏滞性与热传导效应,将声能转换为热能而耗散掉。声波在刚性壁面反射后,经过材料回到其表面时,一部分声波回到空气中,另一部分又回到材料内部,声波因在材料内反复传播而不断耗散。多孔吸声材料一般对中高频声波具有良好的吸声性能,增加多孔吸声材料的厚度或密度,或者在多孔吸声材料后留空气层可提高多孔吸声材料对中低频声波的吸收性能。吸声结构是由于共振作用,在系统共振频率附近对入射声能具有较大的吸收作用的结构。常见的有薄板共振吸声结构、穿孔板共振吸声结构和微穿孔板吸声结构等。

1) 薄板共振吸声结构。把薄的塑料板、金属板或胶合板等的周边固定在框架上,并将框架与刚性板壁紧密结合,薄板与板后的空气层就形成了薄板共振吸声结构。薄板共振吸声结构实际上是由薄板和后面空气层组成的振动系统。薄板相当于质量块,板后的空气层相当于弹簧,当声波入射到薄板上,薄板受激发生振动,由于摩擦作用将机械能转化为热能耗散掉。当入射声波的频率接近于振动系统的固有频率时,将发生共振,吸收的声能达到最大值。

薄板共振吸声结构的固有频率可按式 (6-13) 计算:

$$f_0 = \frac{1}{2\pi}\sqrt{\frac{\rho_0 c^2}{M_0 L} + \frac{k}{M_0}} \tag{6-13}$$

式中 f_0——系统的固有频率 (Hz);
ρ_0——空气密度;
c——空气中声速 (m/s);
M_0——薄板的面密度 (kg/m²);
L——空气层厚度 (m);
k——结构的刚度因素 [kg/(m²·s²)]。

薄板共振吸声结构的共振频率主要取决于板的面密度和背后空气层的厚度,增大 M_0 和 L 均可使 f_0 下降。实际中薄板厚度常取 3~6mm,空气层厚度一般取 3~10cm,共振频率在 80~300Hz,故常用于低频率吸声。

2) 穿孔板共振吸声结构。在钢板、铝板或胶合板、塑料板等板材上,以一定的孔径和穿孔率打上孔,背后留有一定厚度的空气层,就成为穿孔板共振吸声结构,如图 6-6 所示。这种吸声结构实际上可以看作由单腔共振吸声结构并联。当入射声波的频率和系统的共振频率一致时,就激起孔颈处空气的共振。穿孔板孔颈处空气往复振动,速度、幅值达最大值,摩擦与阻尼也达最大。此时,使声能转变为热能最多,即消耗声能最多。穿孔板共振吸声结构主要用于吸收低中频噪声的峰值。穿孔板共振吸声结构的共振频率为

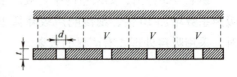

图 6-6 穿孔板共振吸声结构
t—孔径深度 (m)　V—空腔体积 (m³)
d—孔径 (m)

$$f_0 = \frac{c}{2\pi}\sqrt{\frac{P}{L(t+\delta)}} \tag{6-14}$$

式中 f_0——系统的固有频率（Hz）；
  c——空气中声速（m/s）；
  L——空气层厚度（m）；
  t——板厚（m）；
  δ——孔口末端修正量（m）；
  P——穿孔率，即穿孔面积与总面积之比。

工程上一般取板厚 2~5mm、孔径 2~4mm、穿孔率 1%~10%、空腔深 10~25cm。由于穿孔板结构的吸声频带较窄，可在穿孔板背后填充一些多孔的材料或敷上声阻较大的纺织物等材料，或采用不同穿孔率、不同腔深的多层穿孔板吸声结构的组合形式加宽吸声频带。

3）微穿孔板吸声结构。微穿孔板可用铝板、钢板、不锈钢板、塑料板等制作。它是在板厚小于 1mm 的金属板上钻孔径小于 1mm 的微孔，穿孔率为 1%~5%，后部留有一定厚度（5~20cm）的空气层。由于微孔中空气的黏滞阻力，可以耗散入射的声能，其吸声系数和吸声带宽远好于穿孔板共振吸声结构。常用的是单层或多层微穿孔板共振结构形式。微穿孔板由于不怕水和潮气、不发霉、耐高温、耐腐蚀、清洁无污染、能承受高速气流的冲击，因而在吸声降噪方面有广泛运用。

2. 消声

消声是利用消声器来减弱空气动力性噪声传播的措施。消声器主要用于矿山通风设备。消声器是一种既能允许气流顺利通过，又能有效地阻止或减弱声能向外传播的装置。消声器只能用来降低空气动力设备的进、排气口的噪声或沿管道传播的噪声，而不能降低空气动力设备本身所发出的噪声。消声器的种类和结构形式很多，根据其消声原理和结构的不同大致可分为六类：阻性消声器、抗性消声器、阻抗复合式消声器、微穿孔板消声器、扩散式消声器和有源消声器。一个合适的消声器可以使气流声降低 20~40dB（A），响度相应降低 75%~93%。

一个好的消声器要满足以下三个条件：

1）具备良好的消声性能。在使用现场工况条件下，在所要求的频率范围内，有足够大的消声量。

2）具有良好的空气动力性能。要求消声器对气流阻力要小，阻力损失和功能损失要在允许的范围内，不影响空气动力设备的正常运行。

3）具有良好的机械结构性能。消声器的材料要坚固耐用，适用于高温、高湿、腐蚀性等特殊环境。同时消声器要体积小、重量轻、结构简单，并便于加工、安装和维护。

阻性消声器是一种吸收型消声器，它是把吸声材料固定在气流通过的通道内，利用声波在多孔材料中传播时受到摩擦阻力和黏滞阻力，将声能转化为热能，从而达到消声的目的。阻性消声器的结构如图 6-7 所示。阻性消声器常用于大型离心式通风机和轴流式通风机扩散器内壁中。阻性消声器的优点是能在较宽的中高频范围内消声，特别是对刺耳的高频噪声有突出的消声作用。其缺点是在高温水蒸气以及对吸声材料有侵蚀作用的气体中，使用寿命较短，而且对低频噪声消声效果差。设计消声器时，根据消声量选择其结构形式和吸声材料，同时考虑高频失效和气流再生噪声对消声效果的影响。

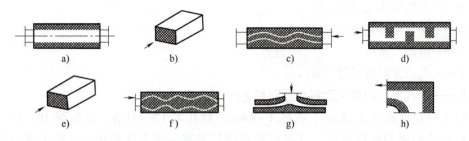

图 6-7　阻性消声器的结构

a) 直管式　b) 片式　c) 折板式　d) 迷宫式　e) 蜂窝式　f) 声流式　g) 盘式　h) 弯头式

抗性消声器依靠管道截面的突变或旁接共振腔等在声传播过程中引起阻抗的改变而产生声能的反射、干涉，从而降低由消声器向外辐射的声能，达到消声目的。常用的抗性消声器有扩张室式、共振腔式、插入管式、干涉式、穿孔板式等。这类消声器适用于低中频的窄带噪声的控制。图 6-8 是单节扩散式消声器，它由管和室组成，是扩散式消声器最简单的形式；图 6-9 是单腔共振消声器，是由管道壁上的开孔与外侧密闭空腔相通而构成的，是共振消声器的基本形式。

图 6-8　单节扩散式消声器　　　　图 6-9　单腔共振消声器

矿山噪声具有频率高、频带宽以及频谱较复杂的特点。实测资料表明，矿山主要机械设备噪声的频率为 31.5~8000Hz；噪声能量集中在 63~2000Hz，包括中高频噪声在内，表现出了宽频带噪声的特点。所以通常将阻性和抗性两种结构消声器组合起来使用，以控制高强度的宽频带噪声。常用的形式有阻抗-扩散复合式消声器、阻抗-共振复合式消声器和阻抗-扩散-共振腔复合式消声器等。图 6-10 是常见的几种阻抗复合式消声器，可以认为是阻性与抗性在同一频带内的消声量相叠加。

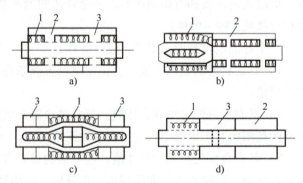

图 6-10　常见的几种阻抗复合式消声器

a)、b) 阻抗-扩散复合式消声器　c) 阻抗-共振复合式消声器
d) 阻抗-扩散-共振腔复合式消声器
1—阻尼　2—扩张室　3—共振腔

3. 隔声

隔声是噪声控制最常用的技术之一。声波在空气中传播时，使声能在传播途径中受到阻挡而不能直接通过的措施，称为隔声。具有隔声能力的屏蔽物称作隔声构件或隔声结构。常用的隔声结构有隔声墙、隔声罩、

隔声间和声屏障等。

(1) 透射系数与隔声量

隔声构件的透射系数 τ 是指声波入射时，透射声功率 P_t 与入射声功率 P_i 的比值，即

$$\tau = P_t/P_i \tag{6-15}$$

τ 值越小，表示隔声性能越好；通常所指的 τ 是无规入射时各入射角度透射系数的平均值。隔声量又称传声损失，是指墙一面的入射声功率级与另一面的透射声功率级之差，用 TL 表示。隔声量等于透射系数的倒数取以 10 为底的对数，即

$$TL = 10\lg\frac{1}{\tau} \tag{6-16}$$

$$TL = 10\lg\frac{I_i}{I_t} = 2\lg\frac{p_i}{p_t} \tag{6-17}$$

式中 p_i、p_t——入射声压、透射声压；

I_i、I_t——入射声强、透射声强。

隔声量是频率的函数，同一隔声结构，不同的频率具有不同的隔声量。故工程中常用 125～4000Hz 六个倍频程的中心频率的隔声量的算术平均值来表示某一构件的隔声性能，称为平均隔声量。为更准确地表示某一隔声构件的隔声性能，可选用 ISO 推荐的隔声指数作为评价标准。

(2) 质量定律

隔声技术中，常把板状或墙状的隔声构件称为隔板或隔墙，简称墙。当声波入射到隔墙表面时，会引起隔墙的整体振动而辐射声波。单层隔声墙的单位面积质量越大，隔声量越大；声波频率越高，隔声量越大。质量定律是在以下假设基础上推出的：声波垂直入射单层均质密实墙；墙无限大；墙的两边均为通常状况下的空气。质量控制范围内，垂直入射条件下，墙的隔声量 TL 为

$$TL = 20\lg m + 20\lg f - 42.5 \tag{6-18}$$

式中 f——声波频率（Hz）；

m——隔声材料单位面积的质量（kg/m²）。

在无规入射时，可按下式进行计算：

$$TL = 20\lg m + 20\lg f - 47.5 \tag{6-19}$$

若采用平均隔声量表示隔墙的隔声性能时，在 100～3200Hz 范围内，可采用下面的经验公式进行计算：

$$\overline{TL} = 13.5\lg m + 14 \tag{6-20}$$

$$\overline{TL} = 16\lg m + 8 \tag{6-21}$$

由质量定律可知，增加墙的厚度，从而增加单位面积的质量，即可以增加隔声量，但是仅依靠增加墙的厚度来提高隔声量是不经济的，如果把单层墙一分为二，做成双层墙，中间留有空层，则墙的总质量没有变，但隔声量却比单层墙提高了。工程应用中，双层墙平均隔声量的估算经验公式为

$$\overline{TL} = 16\lg(m_1 + m_2) + 8 + \Delta R \quad m_1 + m_2 > 200\text{kg/m}^2 \tag{6-22}$$

$$\mathrm{TL} = 13.5\lg(\overline{m_1+m_2}) + 14 + \Delta R \quad m_1+m_2 \leq 200\mathrm{kg/m^2} \tag{6-23}$$

式中　ΔR——空气层的附加隔声量。

（3）隔声结构

可制作隔声罩将机器密封或局部密封起来，由于隔声罩结构不同，可使噪声级降低 10~40dB。隔声间又称隔声室，是由隔声构件组成的具有良好隔声性能的房间，插入隔声室可使噪声级降低 20~50dB，可在吵闹的车间内建立隔声间操作室，保护工人不受噪声干扰。隔声屏障可使噪声级降低 5~12dB。

4. 隔振及阻尼减振

物体的振动除了向周围空间辐射在空气中传播的声（空气声）外，还能以弹性波的形式在基础、地板和墙壁中传播，并在传播过程中向外辐射噪声，这种通过固体传播的声波称为固体声。振动控制的常用措施：一是控制振动源振动，即消振；二是在振动传播路径上采取隔振措施，或在受控对象上附加阻尼材料或阻尼元件，通过减弱振动传递或加大能量消耗减小受控对象对振源激励的响应。可以采用大型基础、在机械振动基础周围开设防振沟等方法实现隔振，还可以在振动设备下安装隔振器，如隔振弹簧、橡胶垫等，使设备与基础之间的刚性连接变成弹性接触。

常用噪声措施的降噪原理与应用范围见表 6-6。

表 6-6　常用噪声措施的降噪原理与应用范围

措施种类	降噪原理	应用范围	降噪效果/dB（A）
吸声	利用吸声材料或结构，降低厂房、室内反射声，如悬挂吸声体等	车间内噪声设备多且分散	4~10
隔声	利用隔声结构，将噪声源和接受点隔开，常用的有隔声罩、隔声间和隔声屏	车间工人多，噪声设备少，用隔声罩；反之，用隔声间；当使用两者均不行时，用隔声屏	10~40
消声器	利用阻性、抗性、小孔喷注和多孔扩散等原理消减气流噪声	气动设备的空气动力性噪声，各类放空排气噪声	15~40
隔振	把具有振动的设备，原与地板刚性接触改为弹性接触，隔绝固体声传播，如隔振基础、隔振器	设备振动厉害，固体传播远，干扰居民	5~25
减振（阻尼）	利用内摩擦、耗能大的阻尼材料，涂抹在振动构件表面，减少振动	机械设备外壳、管道振动噪声严重	5~15

6.3　矿山机械设备噪声控制

6.3.1　风机噪声控制

矿井通风是保障矿井安全的主要技术手段之一。在矿井生产过程中，必须向矿井连续输送新鲜空气，供给人员呼吸，稀释和排除有害气体和浮尘，改善井下气候条件及救灾时控制风流的作业。以机械或自然风力为动力,使地面空气进入井下,并在井巷中做定向和定量流动,最后将污浊空气排出矿井的全过程就称为矿井通风。

矿井通风的主要动力是通风机。按构造和工作原理通风机可分为离心式通风机、轴流式通风机、罗茨鼓风机和叶片式风机等。按服务范围通风机可分为矿井主要通风机(主扇)、矿井辅助通风机(辅扇)和矿井局部通风机(局扇)。矿井主要通风机服务于全矿井或矿井的一翼,是矿井的主要通风设备;矿井辅助通风机服务于矿井中的某一分支(如某采区或某工作面),帮助主要通风机克服分支的阻力,保证分支所需的风量,是矿井的辅助通风设备;矿井局部通风机是服务于掘进工作面或局部通风地点,是矿井掘进通风的主要设备。

1. 风机噪声源分析

主要通风机在运转过程中产生强烈的噪声。按噪声产生的机理,主要通风机噪声包括空气动力性噪声、机械噪声和电磁噪声;按噪声产生的部位,主要通风机噪声包括进气噪声、排气噪声、机壳噪声、电动机噪声和风机振动通过基础辐射的固体声。在这些噪声中,一般以进、排气口的空气动力性噪声最强,具有噪声频带宽、噪声声级高、传播远等特点。对风机的实测分析表明,风机的空气动力性噪声比其他部分的噪声高出 10~20dB(A),因此对风机采取噪声控制首先应考虑空气动力性噪声。

(1)空气动力性噪声

风机的空气动力性噪声主要是气体流动过程中产生的噪声,它主要是由于气体非稳定流动(即气流的扰动)气体与气体及气体与物体相互作用产生的噪声。从噪声产生的机理来看,它主要由两种成分组成,即旋转噪声和涡流噪声。如果风机出口直接排入大气,还有排气噪声。

1)旋转噪声。旋转噪声是由于工作轮旋转时,轮上的叶片打击周围的气体介质,引起周围气体的压力脉动而形成的。脉动的频率就是每秒钟打击空气质点的次数。因此,它与叶片数和转速有关。旋转噪声的强度大致与圆周速度的 5~6 次方成比例。当圆周速度增大 1 倍时,声压级将增加 10~15dB。旋转噪声的频率可由下式确定:

$$f_n = \frac{nZ}{60} i \tag{6-24}$$

式中　n——风机工作轮的转速(r/min);

　　　Z——叶片数;

　　　i——谐波序号,取 $i=1,2,3,\cdots$,$i=1$ 为基频,从旋转噪声的强度来看,其基频最强,其次是二次谐波、三次谐波等,总体趋势是逐渐减弱的。

2)涡流噪声。涡流噪声又称紊流噪声。通风机叶片转动时,其周围的气流将产生涡流,这种涡流由于黏滞力的作用,又会分裂成一系列小涡流。涡流的移动和分裂使气流发生扰动,在气流中形成压缩和稀疏过程,由此产生噪声。涡流噪声的频率可由下式计算:

$$f_i = Sr \frac{v}{D} i \tag{6-25}$$

式中　f_i——涡流噪声的峰值频率(Hz);

　　　Sr——斯特劳哈尔数,在 0.14~0.20 之间,一般可取 0.185;

v——气流与叶片的相对速度（m/s）；

D——叶片在气体进口方向的宽度（m）；

i——谐波序号，$i=1, 2, 3, \cdots$。

涡流噪声的频率主要取决叶片与气流的相对速度，叶轮旋转时，叶片各处的圆周速度随着与转轴的距离而变化，因而气流的相对速度也是连续变化的。因此，通风机旋转所产生的涡流噪声是宽频带的连续谱。风机的空气动力性噪声是旋转噪声和涡流噪声相互混杂的结果。其频谱往往是一个宽频带的连续频谱，在其上有几个较突出的峰值，一般超出连续部分 5~15dB。

（2）机械噪声

机械噪声包括通风机轴承噪声、胶带传动引起的噪声、转子不平衡引起的振动噪声、机壳及管道的振动噪声。当叶片刚性不足，由于气流作用使叶片振动也会产生噪声。一般来说，如果轴承精度高，轴的动平衡好，传动件加工良好，通风机和管道结构刚度有保证，安装和装配正确，则机械噪声与气流噪声相比是次要的。如果在通风机进、排气口都安装消声器，则机械噪声就显得很重要。

（3）电磁噪声

电磁噪声属于机械性噪声，它是由电动机驱动、运转而形成的。在电动机中，电磁噪声是由交变磁场对定子和转子作用产生周期性的交变力引起振动而产生的。

2. 风机噪声频谱特性分类

对风机产生噪声的机理分析和大量的现场实测表明，风机噪声频谱可适当地分类。

如常见的离心风机，当其叶片数为 10~12 片、转速为 250~1450r/min 时，基频落在倍频程中心频率 63~125Hz 的范围内，主要频率范围为 125~2000Hz；当转速为 1450~2900r/min 时，基频落在 250~500Hz，重要频带为 250~4000Hz。离心风机的峰值一般在 500Hz 以上，重要频带范围在 125~4000Hz 或 250~8000Hz，呈宽频带噪声。这样按倍频程最大声压级的分布特性，可将风机噪声分为五类：特低频、低频、中频、高频、宽频。风机噪声频谱分类见表6-7。常见的风机出气口噪声级及倍频程声压级见表6-8。

表 6-7 风机噪声频谱分类

噪声频谱分类	定义方法	举例
特低频	倍频程声压级最大值发生在 125Hz 以下，并高于相邻频带声压级 5dB 以上	LG 10m^3/min 和 LG 200m^3/min Y-4-65-12 No5
低频	倍频程声压级最大值发生在 250Hz 以下，并高于相邻频带声压级 5dB 以上	9-27 型 No10、12、14 8-18 型 No10、14、16 4-72 型 No35（$n=1450$r/min）
中频	倍频程声压级最大值发生在 500Hz，并高于相邻频带声压级 5dB 以上	9-27 型 No5、6 8-18 型 No5、6、8（$n=2900$r/min）
高频	倍频程声压级最大值发生在 1000Hz 以上，并高于相邻频带声压级 5dB 以上	D250、D400
宽频	在 250~4000Hz 频带内，均有较高的声压级	D700、D1100、D1000、LG 30m^3/min

表 6-8　常见的风机出气口噪声级及倍频程声压级

风机型号	风量 Q/($m^3 \cdot min$)	各倍频程声压级/dB							噪声级/dB	
		63Hz	125Hz	250Hz	500Hz	1000Hz	2000Hz	4000Hz	8000Hz	A	C
D36 容积鼓风机	80	112	116	102	118	116	112	103	94	120	123
罗茨 LGB41×37-40/3500	40	126	112	114	115	118	108	104	94	118	126
8-18-101No8	171	110	118	118	124	116	114	106	98	122	122
4-62-101No7	167	77	83	80	85	91	84	78	71	93	96
8-18-101No6	63	90	93	95	98	113	100	93	83	111	115
9-27-12No8	52	103	100	108	108	103	100	95	92	109	115

3. 通风机噪声控制方法

如前述，风机噪声最强的是空气动力性噪声，其次是机械噪声和电磁噪声等。控制扇风机噪声的根本性措施：改进风机的结构参数，提高风机的加工精度，从研制低噪声、高效率的新型风机入手，从声源上控制噪声。下面主要阐述风机噪声在传播途径上的控制，即被动控制。根据风机噪声的大小、现场条件、噪声控制的要求，可选择不同的噪声控制措施。通常国内通风机噪声综合治理可以通过以下几个途径：采用隔声方法降低通风机机体和电动机噪声；采用饰面吸声或悬吊吸声体的方法降低机房噪声；通风机机组装设在地下建筑物内，以使机械噪声和电动机噪声与外界环境隔离；采用扩散塔消声结构降低通风机气流噪声。

（1）在通风机出气口管道上安装消声器

控制风机的空气动力性噪声最有效的措施是在风机进出气口安装消声器，根据风机噪声频谱特性与区域环境的允许噪声频率特性的差值，决定选择或设计消声器的消声频率特性，即噪声频带的衰减量。根据环境噪声功能区域，选用相应的国家噪声控制标准。风机噪声的有关数据可由厂家提供，若资料不全，也可进行估算，最好进行实际测量以便获得精确可靠的数据，通道风速一般取 $0\sim20m/s$；消声器宜安装在风机进、出口，即离噪声源较近，以防风机噪声激发管路振动；当需要装几个消声器时，消声器宜分段安装。另外，还要考虑消声器的特殊环境要求。

图 6-11 为赤马山矿东、西风井排风口消声装置。该装置采用排行式结构，消声器长为 56m，片间距为 $0.25\sim0.36m$，通道风速为 $5.56\sim12.65m/s$，阻塞比为 $0.3\sim0.4$，吸声砖厚度为 190mm。吸声砖采用矿渣膨胀珍珠岩吸声砖或水泥硅石混合料吸声砖，它具有耐燃、耐潮、耐蚀性好、无二次污染和较好的吸声性能。经测定，东风井的噪声由 113dB（A）降至 80dB（A）；西风井的噪声由 103.5dB（A）降至 78dB（A），阻力损失为 $20\sim50Pa$。

（2）通风机机组加装隔声罩

隔声罩风机噪声不但沿管道气流传播，而且能透过机壳和管道向外辐射噪声，同时，机组的机械噪声和电磁噪声也向外传播，污染周围环境。当环境降噪要求较高时，可采取综合措施控制噪声，其中最有效的措施是设计安装机组隔声罩。机组大多采用密闭式隔声罩，这种隔声罩隔声效果好，但同时存在的机组散热问题，它已成为隔声罩设计的关键。目前，一般都采用隔声罩内通风冷却的方法，冷却方式有自然通风冷却法（图 6-12）和强制通风冷却法等。

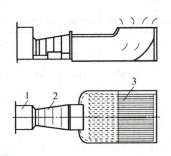

图 6-11 赤马山矿东、西风井排风口消声装置
1—风机房 2—风机机壳 3—吸声砖

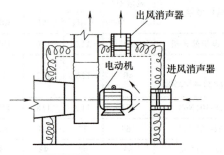

图 6-12 自然通风冷却法

自然通风冷却法常适用于机组发热量不大、工作气温不高的场合。该方法是在隔声罩下部开进风口、上部开出风口，并在进出风口都设计安装消声器。当隔声罩外部的冷空气经消声的进风口进入罩内后，被机组的热量加热为热空气，气体的热压促使热空气从罩顶部出风口排出，此时，冷空气从进风口不断地补充，从而使机组降温冷却，达到散热的目的。

电动机和风机转速很高的机组在单位时间内散发热量较多，工作媒质气温很高，就必须对其采用强制通风的方法控制机组的温升。针对不同的场合，可分别采用附加通风冷却法（图 6-13）、罩内负压吸风冷却和罩内循环空气冷却法。附加通风冷却法是最常用的，它特别适用于输送高温工作媒质的系统。该方法的主要特点是在原有机组隔声罩内附加了一套通风冷却系统，该系统由进风消声器、进风风机及出风消声器组成。进口

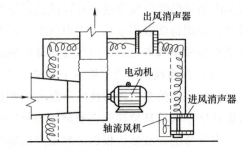

图 6-13 附加通风冷却法

安装的风机常为轴流风机（风量大），为增加罩内空气量并呈紊流状态，增加散热量，风机必须装在进风口侧。

6.3.2 气动凿岩机噪声控制

在矿山井下开采作业中，凿岩机是主要的噪声源。目前我国地下金属矿山凿岩作业主要还是用气动凿岩机，少数有条件的矿山采用液压凿岩机。气动凿岩机也称风动凿岩机，是用压气驱动，以冲击为主，间歇回转（内回转式凿岩机）或连续回转（独立回转式凿岩机，也称外回转式凿岩机）的一种小直径的凿岩设备。尽管气动凿岩机类型很多，但其结构组成基本相同。它们都包括冲击配气机构、回转（转钎）机构、排粉系统、润滑系统、推进机构和操作机构等。

1. 气动凿岩机噪声源分析

气动凿岩机噪声源有废气排出的空气动力性噪声、活塞对钎杆冲击噪声、凿岩机外壳和零件振动的机械噪声、钎杆和被凿岩石振动的反射噪声。气动凿岩机总噪声频谱较宽，

属于具有低频、中频和高频成分的广谱声。同时,测得它的声功率级为123dB(A)。在对凿岩机噪声源的分析中可知,凿岩机的噪声源主要是排气动力性噪声和钎杆的振动噪声。在1500Hz频率以下,排气动力性噪声是主要的噪声源,而在1500Hz频率以上,钎杆的振动噪声则成为主要噪声源。因此,气动凿岩机噪声控制要对排气噪声和钎杆噪声采取措施。

2. 气动凿岩机噪声控制方法

(1) 降低排气噪声方法

气动凿岩机噪声的主要声源是排气噪声。废气经排气口以高速气流冲击和剪切周围静止的大气,引起剧烈的气体扰动,在废气和大气混合区排气速度降低引起无规则的旋涡,旋涡以同样无规则的方式运动、消散,出现许多频带不规则的噪声;活塞往复一次,压气从气缸排出两次,产生周期性脉动噪声;排气本身就是凿岩机内部机械噪声的传播介质。上述过程产生的噪声概括称为空气动力性噪声。排气的流速越大,排气管直径越细,则产生的噪声峰值频率越高,越刺耳。在凿岩机排气口安装消声器,是控制排气噪声的有效方法。

图 6-14 为凿岩机排气口消声器。该消声器是用隔板分为不同小室的圆柱体。引射器压入隔板中,废压缩气体从凿岩机沿着软管,经过连接管进入消声器的接受小室,被引射器吸入,并经过扩散器进入大室。从扩散器出口到消声器的排气口,需经几道带有分布不对称且有很多小孔的隔板,这些隔板不断改变气流的方向。通过降低小室的压力来补偿消声器气流的阻力。在消声器端部或其他位置,粘贴 50mm 厚的吸声材料,消除中高频噪声,即起到阻性消声器的作用。该消声器的最大消声量达 30dB,能取得良好的消声效果。

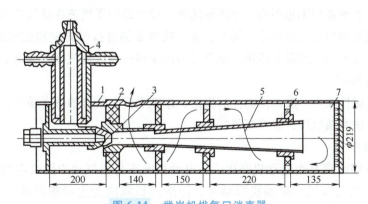

图 6-14 凿岩机排气口消声器

1—圆柱体 2—隔板 3—引射器 4—连接管 5—扩散器 6—带孔隔板 7—吸声材料

(2) 降低钎杆冲击噪声方法

钎杆噪声主要是活塞撞针撞击作用产生的。通过理论分析和试验研究可知,欲降低钎杆噪声,可从以下几方面考虑:一是增加活塞撞针与钎杆撞击持续时间,当撞击时间增加 1 倍时,声功率级约减小 12dB;二是减小活塞撞针直径,同时增加撞针长度,也可提高持续时间;三是增大钎杆直径,例如,当钎杆直径增大 0.5 倍时,高频噪声可以减小 8dB;四是钎杆减振可有效地降低噪声,当钎杆材料的阻尼系数增加 1~2 倍,钎杆的声功率级噪声减小 3~5dB。

6.3.3 空压机噪声控制

1. 空压机噪声源分析

空压机是矿山主要机电设备，也是矿山主要噪声源，其噪声级高达 100dB 以上。空压机按其工作原理可分为容积式空压机和叶片式空压机两类。容积式空压机又分往复式（也称活塞式）空压机和回转式空压机，一般使用最为广泛的是往复式空压机。空压机是个综合噪声源，空压机噪声是由进、出口辐射的空气动力性噪声、机械运动部件产生的机械性噪声和驱动机（电动机或柴油机）噪声组成的。从空压机组噪声频谱可看出，声压级由低频到高频逐渐降低，呈现为低频强、频带宽、总声级高的特点。由于矿井空压机房多建在副井口附近，噪声掩蔽运输和提升信号，容易造成井口地面的运输工伤事故。

（1）进气与排气噪声

空压机的进气噪声是由于气流在进气管内的压力脉动而形成的。进气噪声的基频与进气管里的气体脉动频率相同，它们与空压机的转速有关。进气噪声的基频可用下式计算：

$$f_i = \frac{nZ}{60}i \tag{6-26}$$

式中 Z——压缩机气缸数目，单缸 $Z=1$，双缸 $Z=2$；

n——压缩机转速（r/min）；

i——谐波序号，$i=1, 2, 3, \cdots$。

空压机的转速较低，往复式压缩机转速为 480~900r/min。因此，进气噪声频谱呈典型的低频特性，它的谐波频率也不高。空压机的排气噪声是由于气流在排气管内产生压力脉动所致。由于排气管端与贮气罐相连，因此，排气噪声是通过排气管壁和贮气罐向外辐射的。排气噪声较进气噪声弱，所以空压机的空气动力性噪声一般以进气噪声为主。

（2）机械性噪声

空压机的机械性噪声一般包括构件的撞击、摩擦噪声，活塞的振动噪声，阀门的冲击噪声等，这些噪声带有随机性，呈宽频带特性。

（3）电磁噪声

空压机的电磁噪声是由电动机产生的。电动机噪声与空气动力性噪声和机械性噪声相比是较弱的。但当空压机由柴油机驱动时，则柴油机就成为主要噪声源，柴油机噪声呈低、中频特性。试验表明，同一种空压机，若将电动机驱动改为柴油机驱动，其噪声要高 10dB（A）以上。

综上所述，空压机的噪声主要是进气与排气空气动力性噪声，其次为机械性噪声和电磁噪声。

2. 空压机噪声控制方法

（1）进气口安装消声器

进气口辐射的空气动力性噪声是整个空压机组中最强的噪声，控制噪声应安装进气消声器。对一些进气口在空压机机房里的场合，可先将进气口由车间引出厂房外，再加消声器。

这样，消声器的效果会更好。由于进气噪声呈低频特性，所以一般加装阻抗复合式消声器。图 6-15 为两截不同长度的扩张室与一节微穿孔板组成的复合式消声器，用于进气口消声。它的消声原理：当气流通过消声器的插入管进入扩张室，由于体积膨胀，起到缓冲器的作用，使气体脉动压力降低、强度减弱，达到降噪的目的；微穿孔板的使用可加宽消声频带，以提高其消声效果。

（2）空压机装隔声罩

在环境噪声标准要求较高的场合，不仅要对空压机进气口噪声加以控制，还必须对机壳即机械构建辐射的噪声采取措施，才能满足降噪要求，为此对整个机组加装隔声罩（图 6-16）。为获得良好的隔声效果，隔声罩的设计要保证其密闭性。为了便于检修和拆装，隔声罩常设计成可拆式，留检修阀门及观察窗。

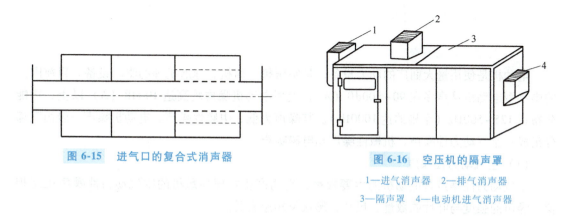

图 6-15　进气口的复合式消声器

图 6-16　空压机的隔声罩
1—进气消声器　2—排气消声器
3—隔声罩　4—电动机进气消声器

（3）空压机管道的防振降噪

空压机的排气至贮气罐的管道，由于受排气的压力脉动作用而产生振动并辐射出噪声。它不仅会造成管道和支架的疲劳破坏，还会影响周围操作人员的身心健康。对管道可采用下列方法防振降噪。

1）避开共振管长。当空压机的激发频率与管道内气柱系统的固有频率相吻合时，会引起共振，此时的管道长度称为共振管长。空压机的管道一端与空压机的气缸相连，另一端与储气罐相通。由于储气罐的容积远远大于管道的容积，所以可将管道看成一端封闭，其声学管内的气柱固有频率由下式计算：

$$f_g = \frac{c}{4L}i \tag{6-27}$$

式中　　c——声速（m/s）；

　　　　L——管道长（m）；

　　　　i——1, 3, 5, …。

一般共振区域位于（0.8~1.2）f_g 之间。设计输气管道长度时，应尽量避开与共振频率相关的长度。

2）排气管道中加装节流孔板。在排气管道中加装节流孔板。节流相当于阻尼元件，对气流脉动起到减弱作用，从而降低管道的振动和噪声辐射。

(4) 贮气罐的噪声控制

空压机不断地将压缩气体输送到贮气罐内，罐内的压缩空气在气流脉动的作用下产生激发振动，从而伴随强烈的噪声，同时激励壳体振动辐射噪声。对于这种噪声，除采取隔声方法外，也可以在贮气罐内悬挂吸声体，利用吸声体的吸声作用，阻碍罐内驻波形成，从而达到吸声降噪的目的。

(5) 空压机站噪声综合治理

一般矿山企业内空压机站均有数台空压机运转，对每台空压机安装消声器，虽能取得一定的降噪效果，但整个厂房噪声水平并不能取得根本改善，可采取如下措施：根据空压机站运行人员的工作性质要求，建造隔声间作为值班人员的停留场所，隔声间噪声可降低到65dB（A）以下，也可在空压机站的顶棚或墙壁上悬挂吸声体，噪声可降低 4~10dB（A）。

6.3.4 电动机噪声控制

1. 电动机噪声源分析

电动机是使用量大面广的动力设备，是空压机、风机、球磨机等的驱动设备。目前国产的中小型电动机噪声多在 90~100dB（A），大型电动机噪声均高达 100dB（A）以上，声能分布在 125~500Hz（个别的达 1000Hz）。其噪声为低、中频性噪声。电动机噪声一般由三部分组成：空气动力性噪声、机械性噪声和电磁噪声。

(1) 空气动力性噪声

空气动力性噪声是电动机的主要噪声，它的产生机理与风机的空气动力性噪声机理相似，噪声的强度与叶片的数量、尺寸、形状及转速有关。

(2) 机械性噪声

机械性噪声包括电动机转子不平衡引起的低频声、轴承摩擦和装配误差引起的高频噪声、结构共振产生的噪声等。它对电动机噪声的影响仅次于空气动力性噪声。

(3) 电磁噪声

电磁噪声是由于电动机空隙中磁场脉动、定子与转子之间交变电磁引力、磁致伸缩引起电动机结构振动而产生的倍频声。电磁噪声的大小与电动机的功率及极数有关。对于一般功率不大的小型电动机，电磁噪声并不突出。但对于大型电动机，功率很大，电磁噪声在电动机噪声中占有一定比例。

综上所述，在电动机的噪声中，空气动力性噪声最强，机械性噪声次之，电磁噪声最弱。

2. 噪声控制

(1) 合理设计电动机结构

合理设计电动机结构、提高加工精度、改变风扇结构，直接从声源上降低噪声是非常有效可行的途径。例如，一台 55kW 电动机，原风扇叶片为直叶片，现改为后弯式叶片，叶片由多片改为 4 片，并使风扇的直径由 350mm 缩短为 325mm，为保证风量，适当增加叶片的宽度。试验表明，通过对风扇直径和叶片形状进行改进，噪声可由 97dB（A）降至 88.5dB（A）。

（2）加装消声器

对于风扇位于尾部的电动机，大多在电动机尾部和机壳上加装阻性消声筒，并在消声筒内放置吸声锥，吸声锥做成可调式，根据实际需要，对流通的断面进行调节（图6-17）。把电动机半围起来，在降低空气动力性噪声的同时，也阻挡机壳的辐射噪声，常使噪声降低十几分贝。对于某些功率较大的电动机，通风冷却系统是从电动机尾部和联轴节两端进入，从机体两侧向外排气，这种进、出气方式的噪声控制，可在进、出气处加装适当形式的消声器。为避开电动机主轴及电缆线等障碍物，消声器可设计成拼装结构，便于拆卸，可随时检查、维修。为保证电动机冷却散热的需要，各消声器的通流面积均设计成原来的 1.2 倍。图 6-18 为 JK2 型 800kW 电动机加装消声器示意。从加装消声器前后的实测数据可知，在距机组1m处，噪声由100dB（A）降至85dB（A），测量电动机的温升及动平衡均在允许范围之内。

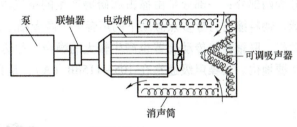

图 6-17　电动机消声器

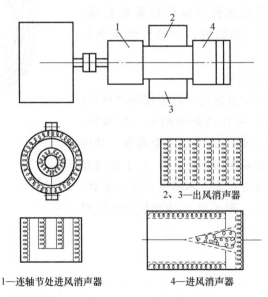

1—连轴节处进风消声器　2、3—出风消声器　4—进风消声器

图 6-18　JK2 型 800kW 电动机加装消声器示意

（3）加装隔声罩

对于大、中型电动机，在降噪量要求很大的情况下，可采用全封闭隔声罩，即将整个电动机都罩起来，在隔声罩上开进、出气口，并安装进、出气口消声器，这种控制方法十分有

效。电动机隔声罩的外壳用钢板制成，内衬吸声材料，并加护面结构。不过，在设计电动机隔声罩时，要特别注意电动机的温升问题。为了满足电动机的散热要求，大、中型电动机隔声罩内壁与电动机外缘的间距一般在 70~100mm，这样有利于气流流动，并保持一定流速，不易产生涡流噪声，同时进、出气口的消声器的通流面积要比实际需要的通流面积大 20%。一般罩内气流通畅，有足够的储气量，进、出气口面积足够大，电动机加装隔声罩一般不会影响电动机的温升。

6.3.5 球磨机噪声控制

1. 球磨机噪声产生机理

球磨机主要由筒体、主轴承、传动装置、电动机等组成。球磨机的噪声主要由筒体内的钢球、物料与衬板之间的相互撞击和研磨产生的噪声，该噪声由筒体表面向外辐射，属于柱状声源。筒体噪声又分为两部分：一部分是由撞击和研磨产生的空气声经筒体透射到周围；另一部分是筒体在钢球、物料撞击衬板多点激励下的声辐射。两者相比，后者更为强烈。除筒体产生噪声外，电动机、联轴器、传动装置也产生较大的噪声，约达 90dB（A），但它与筒体噪声相比，属于次要地位。其噪声级通常在 105~115dB（A），是目前选矿厂最主要的噪声污染源之一。

2. 球磨机噪声控制

（1）改变内衬板材料

一般球磨机衬板材料采用锰钢，钢球落在其上产生较大撞击声。如采用橡胶衬板代替锰钢衬板，可以大幅降低噪声。经试验研究，一般可使球磨机降噪 15~20dB（A）。

（2）阻尼包扎、减振隔声

即在球磨机筒外壁上紧紧包扎一层阻尼隔声材料，降低筒体振动的声辐射。先在筒外壁粘贴一层橡胶，再加一层玻璃棉或工业毛毡，最外层用金属皮，并用卡子加紧筒体。一般可获得 5~10dB（A）以上的降噪量。不足的是，其施工难度较大，不利于检查、维修，增加附加载荷，耗费电能。图 6-19 为球磨机包扎阻尼隔振套示意。

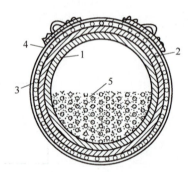

图 6-19 球磨机包扎阻尼隔振套示意

1— 筒体　2—橡胶　3—玻璃棉
4—金属皮或木质套　5—钢球和磨料

思 考 题

1. 请简述矿山噪声的来源、特点及其危害。
2. 矿山噪声的主要控制方法有哪些？其基本原理是什么？
3. 请思考矿山主要机械的噪声有哪些，如何对其进行控制？

第7章 矿山生态修复与废弃矿山治理

7.1 矿山生态修复概述

7.1.1 矿山生态修复的概念及内涵

1. 生态修复相关概念

生态修复可追溯到 19 世纪 30 年代,而它作为生态学的一个分支被系统研究,是 1980 年 Cairns 主编的《受损生态系统的恢复过程》一书出版后才开始的。在生态修复的研究和实践中,涉及的相关概念有生态恢复、生态修复、生态重建、土地复垦等。这些概念虽然在含义上有所区别,但是都具有"恢复和发展"的内涵,即已受到干扰或者损害的系统恢复后使其可持续发展,再次为人们所利用。以下介绍有关概念。

(1) 生态

生态是生物圈(动物、植物和微生物等)及其周围环境系统的总称。生态系统是一个复杂的系统,由大量的物种或要素构成,它们直接或间接地连接在一起,形成一个复杂的生态网络。"复杂"是指生态系统结构和功能的多样性、自组织性及有序性。

(2) 恢复、重建与修复

恢复通常是指在群落和生态系统层次上,对生态系统结构原貌或其原有生态功能再现;重建是指在已经不可能或不需要再现生态系统原始结构的情况下,重新构建的一个不完全等同于过去的,甚至是全新的生态系统;修复一般是指在现有生态系统的基础上,通过对外部环境胁迫减压等措施,修复部分受损的生态系统结构及其功能。

(3) 生态恢复

生态恢复是指停止人为干扰,解除生态系统所承受的超负荷压力,依靠生态本身的自动适应、自组织和自调控能力,按生态系统自身规律演替,通过其休养生息的漫长过程,使生态系统向适应与所处的自然环境状态演化,恢复原有生态的功能和演变规律,完全可以依靠大自然本身的推进过程。可见,生态恢复强调的是生态环境的自我恢复。

(4) 生态重建

生态重建是对被破坏的生态系统进行调查、规划、设计、建设的生态工程,即按照既定的标准，通过人工治理措施，重建一个健康、友好、适宜、协调、可利用的生态系统。可见，生态重建强调的是人工干预。

（5）生态修复

生态修复是根据生态环境系统破坏方式与程度，在环境承载力容许的前提下，选择适宜的生态自我恢复或生态重建工程，科学、经济、快速地对被破坏生态系统进行恢复与重建的过程。生态修复的提出，旨在强调协调人与自然的关系，生态修复要以自然演化、自然修复为主，并与人工修复相结合，充分尊重自然规律，发挥自然恢复潜力，如封山育林、固沙育草、补水保湿等。通过人工干预，加速自然演替过程，遏制生态系统的进一步退化，加速恢复地表植被覆盖、微生物群落的形成，恢复健康、安全的生态系统。

关于生态修复，国际上已有相应的科学理论支撑体系，对生态系统退化机理及其修复途径已有所研究，并被日本、美国及欧洲等国家和地区所应用，取得了良好的效果。

从我国现阶段的情况来看，生态修复在不同的场合被表达为土地复垦、生态恢复与重建。从本质和内涵上看，生态恢复、生态重建、生态修复等概念具有相同的或者相似的目标。生态恢复强调的是生态环境的自我恢复，生态重建侧重于在人工干预下进行生态系统的修复与重建，生态修复强调自然恢复和人工修复的结合。国内外学者从不同的角度对这些概念有不同的理解和认识，尚无统一的看法。目前，学术上沿用比较多的概念是"生态恢复""生态重建"和"生态修复"，"生态恢复"的称谓主要应用在欧美国家，在我国也有应用；而"生态修复"一词主要应用在日本和我国。

2. 矿山生态修复的概念

矿业活动过程中采出了大量矿石和岩石，必然会破坏采矿场地范围的生态环境，尤其是使土地失去了原有的功能，无法发挥原有的作用，同时会出现一定范围的采空区、塌陷区、废石场和尾矿库，再加上废水、废气和固体废物等污染物的排放，这些均会对采矿场范围外的环境造成污染，给生态带来破坏。因此，从生态环境保护的角度出发，必须做到在生产期间尽可能消除各种污染的危害，修复被破坏的生态；在矿业活动结束后，对被污染的环境和破坏的生态环境进行全面的治理和修复。随着我国环境保护和生态文明建设事业的蓬勃发展，仅仅对矿山环境污染治理是远远不够的，还需要大力开展矿山生态修复。

矿山生态修复一般是指对矿业活动受损生态系统的修复，这个生态系统有露天采矿场、排土场（废石场）、尾矿场（包括采煤产生的矸石山）、塌陷区等，破坏的生态环境为土地、土壤、林草、地表水与地下水、矿区大气、动物栖息地、微生物群落等。

矿山生态修复不仅包括对闭坑矿山废弃地的生态环境进行修复，还包括对正在开采矿山中不再受矿业活动影响区块的生态环境的修复，如闭坑的矿段（采区）、结束开采的露采边坡段、闭库的尾矿库、堆场等，即所谓的"边开采、边修复"。通过矿山生态修复，将因矿山开采活动而受损的生态系统恢复到接近于采矿前的自然生态环境，或重建成符合人们某种特定用途的生态环境，或恢复成与周围环境（景观）相协调的其他生态环境。矿山生态修复实践表明，位于降雨量充沛、气候温暖的南方小型井采和露采矿山，可以选择生态自然修复（部分小型露采场5~10年即可自然复绿）。此外，大型矿山尤其是北方干旱地区的矿山，生态修复过程中的人工干预是一个必然的选择。

要根据矿山修复后生态环境标准要求,采取岩土工程、农田水利工程等技术措施,重塑矿山损毁区地形,并通过物理、化学、生物的方法来恢复或重建废弃地的生态系统。矿山生态修复是一项系统工程,不仅涉及矿山的地质地貌、水文、植被、土壤等要素,还需要岩土力学、环境学、生态学、生物学、土壤学、植物生理学、园艺学等多个学科的共同参与研究,充分体现了多学科交叉综合的特点。从理论来说,矿山生态修复也是生态学理论的实践和检验者。因此,矿山生态修复是在矿山生态系统的退化、自然恢复的过程与机理等理论研究的基础上,建立起相应的技术体系,用以指导和恢复因采矿活动所引起的退化生态系统,最终服务于矿山的生态环境保护、土地资源利用和生物多样性的保护等理论与实践活动。从空间角度来说,矿山生态系统涉及岩石圈、生物圈、水圈、大气圈,因而矿山生态修复也需要从土壤、地下水、地表水、动植物、微生物等方面,综合采用物理、化学、生物等修复方法,注重解决地形重塑、土壤重构、污染防治、植被恢复等问题,从而使矿山生态环境得到修复。从时间角度来说,生态修复需要一定的时间才能使受损的生态系统逐步恢复。

在自然条件下,矿山废弃地生态环境经过自然演替恢复生境大约需要100年以上。尤其是金属矿开采后的废弃地(如尾矿库),其表面形成极端的生态环境,自然条件下植物几乎无法生存。因此,通过人工干预恢复矿山废弃地的生态环境显得尤为必要。人工干预修复可以按照人们的意愿快速修复,但一般修复成本高。人工修复与自然修复应相辅相成、因地制宜,宜自然修复则自然修复,宜人工修复则人工修复,有主有次、主次结合。同时,自然修复是一种最高境界,即让人工修复来实现生态系统的自我维持能力才是最终目的。

7.1.2 矿山土地复垦与生态重建工程技术要则

针对矿区破坏土地的治理,环境科学与工程的研究人员有时称其为"生态修复",也有时称其为"土地复垦"。土地复垦,顾名思义,往往理解为土地的恢复耕种,我国1989年生效实施的《土地复垦规定》,将土地复垦定义为对各种破坏土地恢复到可供利用状态的活动。矿山土地复垦侧重于矿山土地的保护和恢复利用,由于土地生态系统是区域生态系统中的一个子系统,因此土地复垦就自然而然地成为生态恢复和重建的核心内容。

矿山土地复垦与生态重建工程包括生态系统的两大内容:一是生境建设,二是群落建设,如图7-1所示。

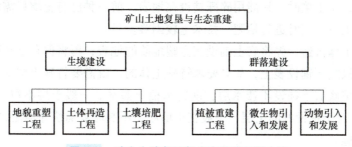

图 7-1 矿山土地复垦与生态重建工程内容

1)生境建设包括地貌重塑工程、土体再造工程和土壤培肥工程,其核心是"造地",即为生物群落建造一个良好的生境,此部分相当于矿山土地复垦工程中的工程复垦。

2）群落建设包括植被重建工程、微生物引入和发展、动物引入和发展，其核心是植被，即在建好的生境上建立人工植被，形成人工群落，此部分相当于矿山土地复垦工程中的生物复垦（生态恢复）。

1. 地貌重塑工程技术要则

（1）挖损地貌重塑工程技术要点

挖损地貌就是将地面或地层在垂直方向上连续挖去具有一定水平投影面积和一定深度的部分岩石和土体，使地面变成凹形或坑状的再塑地貌类型。挖损地貌一般没有其他物料填充使凹地貌变平，故一般只能根据下凹地貌的坡度及下凹情况，整理成台阶式的土地，以便利用。挖损前如保留表土的，待土地整理铺设土壤后将表土盖在地面，一般要求20cm以上以便耕种。无表土的只能铺设碎砾加速风化。挖损地貌如坑内积水，可改为水域养鱼或种水生植物。根据需要也可加以整理，如挖低填高、加深水域、整理水体等，也可人工引水作为水域。

（2）塌陷地貌重塑工程技术要点

塌陷地貌是因采矿取走了埋藏于地层内部的矿体和部分围岩，使地面下凹而形成的再塑地貌。与挖损地貌不同的是，塌陷地貌的地表物质组成不变，只是地面下沉呈坑状、凹型盆地，同时在四周出现裂隙，如塌陷漏斗、塌陷盆地等。塌陷地貌与挖损地貌同属凹型地貌，塌陷地貌的重塑工程技术要点同挖损地貌的重塑工程技术要点。

（3）堆垫地貌重塑工程技术要点

堆垫地貌是指由于挖损而产生的各类有用的或废弃的固体物质，人为有意或随意堆存在地面形成的标高高于地面的地貌类型。矿山的堆垫地貌主要是尾矿库和排土场，属于专门设计的堆垫地貌有一定的规则，已按要求堆垫，故不必重塑，堆垫地貌的地表铺设为土壤，土壤厚度在20cm以上的，一般土壤稍加熟化就可种植，如果不是土壤，就要铺设易风化的碎砾，促使其在较短期间风化、熟化。一般最好铺设泥岩和页岩的混合物料，可使风化后的土质合适。

2. 土体再造工程技术要则

土体再造是在重塑地貌的地表再造一层人工的土体，以便种植。土体是涉及种植的基本要素之一，所以土体再造工程是土地复垦、生态重建中的一项基础工程。有土壤时，可以将土壤铺设在地表；无土壤时，只能用碎砾铺设在地表。前一种已有土壤只需培肥，后一种先需将碎砾风化成土粒，同时进行培肥，技术上较困难。

对于有土型土体再造，先将底土铺设在重塑地貌的地表，再将保存下来的表土铺设在底土上。无表土的只能不铺设表土，如果要求特殊土体的，就需要特殊土层铺设。如要求形成水稻土，就需在犁底层下铺设不透水层，以免水稻土漏水。一般土层不得少于20cm，最好土层厚于50cm。对于铺设好的土层，一般在土壤肥力不高时就需快速培肥，培肥采取灌溉、施肥、耕作等措施。

对于无土型土体再造，需用其他物质代替土壤，一般用易风化的碎砾铺设，常用的为泥岩、页岩等的碎砾。无土型的土体要求快速风化。一般泥岩、页岩暴露在大气中，通过物理风化和化学风化易崩成碎砾，但不易较快地风化成砂粒、黏粒。此时最好能种植植物，使其生物风化。故土体再造常应与土壤培肥和植物重建相结合，即使在半干旱区也可较快地促进生物风化。在湿润区要注意碎砾风化后的土壤颗粒是否过细、过粗。在湿润区最好用泥岩、砂岩混合的碎砾作为土体，以免纯泥岩碎砾风化后土壤过黏，在下层形成黏盘。纯页岩、砂岩碎砾风化土质过粗，故两者混合土质最为合适。风化过程和培肥过程实际是同时进行的，因无土型的土体形成主要靠生物风化，故种植植物时就需培肥。所以，两个过程必须相互配合。

3. 土壤培肥工程技术要则

土壤培肥是指通过各种农艺措施，使土壤的耕性不断改善、肥力不断提高的过程。具体来说，工矿区的土壤培肥就是通过人为措施加速岩石风化和生土熟化的过程，从而使土壤的颗粒、物理、化学、生物等性状逐渐趋于正常化。

土壤的固相颗粒粒径是衡量土壤熟化程度以及决定土壤物理、化学和生物性状最重要的一个性状，粒径不同，决定着工矿区土壤培肥首先要解决的问题不同。

一般来说，粒径在 1mm 以下的称为土质，如黄土状物质，它的土壤培肥不存在人工加速风化的问题，而主要是通过施有机肥、化肥及生物培肥等措施来提高肥力状况，这种类别多发生在黄土区的露天矿；粒径在 1mm 以上的称为石砾，如来自井工矿的煤矸石、有色金属矿的废石及采石场的废弃物等。此类废弃物有的物理、化学性质稳定，很难风化，缺乏或根本不能提供植物生长所需的养分，主要是通过土壤基质的改良，或者可以通过施用各种化肥或有机肥的措施加以解决。

地表有土型废弃物的土壤培肥关键主要是通过施有机肥、无机肥和种植绿肥植物等措施，迅速建立土壤有机库和氮库。其中，有土肥一般粒级适宜、不含有毒物质，同时不会对植物、人畜及环境质量产生不良影响。

4. 植被重建工程技术要则

植被重建是指在挖损、塌陷、堆垫地貌上，通过人为措施恢复原来的植物群落，或重新建立新的植物群落，主要包括植物的筛选与引种、植物的栽植与管理等方面的技术。

（1）植物的筛选与引种

植被恢复与重建工程大体可通过两种途径实现：其一，改地适树适草，即主要通过人为改善立地条件，使其基本适应植物的生物学特性。此法廉价、有效，常普遍采用，只要措施得当，可速见成效。其二，选树选草适地或改树改草适地，即根据待复垦场地的立地条件选择或引进对各种限制因子较少的先锋植物首先定居，随着先锋植物的生长、繁殖、生境逐渐得以改善，同时其他植物种会逐渐侵入，如生长不受限制，最终将演替成顶极群落。这两种途径并非互不相容。事实上，工矿区植被恢复与重建工程经常必须将二者结合起来加以应用。

植物种选择要调查工矿区未被破坏的自然环境中生长的植物，以及受破坏的自然环境中，例如当地堆放多年的废石渣堆上的天然植物是植物选择的重要依据。一般这些天然生长的乡土植物易适应场所的环境，并保持正常的生长发育，维持生态系统的稳定。因此，选择树种应首选用乡土植物，同时进行适生植物种的筛选试验（包括种源、品种试验），或引进外地种（种源或品种）并进行栽培驯化。选定的植物一般应具备以下特性：

1）具有较强的适应能力。对干旱、潮湿、瘠薄、盐碱、酸害、毒害、病虫害等不良立地因子有较强的忍耐能力；对粉尘污染、烧灼、冻害、风害等不良大气因子也有一定的抵抗能力。

2）有固氮能力。根系具有固氮根瘤，可以缓解养分的不足。

3）根系发达，有较高的生长速度；根蘖性强，根系发达，能网络固持土壤，地上部分生长迅速，枝叶繁茂，能尽早、尽快、尽可能长时间地覆盖地面，可阻止风蚀和水蚀；同时，落叶丰富，易于分解，以便形成松软的枯枝落叶层，提高土壤的保水保肥能力，如有一定的经济价值更好。

4）播种栽培较容易，成活率高。种源丰富，育苗方法简易，若采用播种方式，则要求种子发芽力强、繁殖量大、苗期抗逆性强、易成活。

我国地域分异明显，南北方可供选择的植物种很多，这些植物种间的综合配置、种内种间关系，这些方面的内容可参考专门的文献和专著。

（2）植物的栽植与管理

根据立地条件不同，常见种植种类有农业种植和林草业种植。农业种植包括农作物、蔬菜、果树等。林草业种植包括草本（如牧草、杂草和花卉等）和木本（如乔木、灌木、藤本等）。

农业种植一般要求地面平整（坡度最大不超过15°）、土层较厚（最少50cm）、土质较好（土壤质地适中，N、P、K等元素基本满足）、集约经营和长期管理。工矿区新造地，只有在立地条件通过复垦措施（大多是林草）改善的情况下，才能进行农业复垦，此时对其农作物、果树的播种栽植和管理技术大体和一般土壤一致。工矿区新造地在复垦阶段大多以林草为主，对它的工程技术要求比林草业上绿化更为复杂。

重建生态系统类型与植被工程方式有关，见表7-1。因为植物群落的恢复并长久保持良好状态，必须造成一个稳定的、适合于植物生长的基础，否则植物难以生长或者即使一时得以生存，但数年后地基崩溃，草木枯损，植物群落也必然衰败。

表 7-1 重建生态系统类型与植被工程方式的关系

重建生态系统类型	生产性生态系统	防护性生态系统	园艺性生态系统
最终方向	以农田为主	以林草为主	以林草、花卉为主
适用区域	平地、防风林带、经济林	坡地、粉尘污染区、湿地处理区、公路、铁路四周附近	生活区、工业广场、公园复垦、建筑复垦、公路、铁路两侧
功能	培肥土壤、治理侵蚀，获得经济效益	涵养水源、保护土地、保健修养、保护动物、净化大气、净化土壤	保持风景，保健修养
特点	绿肥植物或经济林	森林植物	造园植物
	种子繁殖或育苗繁殖	种子繁殖或育苗繁殖	苗木或大树移栽
		调整植物的竞争	抑制植物间的竞争

(续)

特点	调整植物间的竞争	植物侵入迁出不限制	植物侵入迁出有限制
	禁止植物侵入	短期成林	迅速使树木、花卉丛生
	完成绿化工作可靠，且费用少	完成绿化工作可靠，且费用少	完成绿化工作可靠，但费用较大
	保护管理完全是人工的，但较粗	保持管理是人工的自然变化	保护管理植物精细彻底

植被栽植工程设计包括混交方式、造林方式、整地方式和整地规格、造林密度或播种量、苗木规格等。植被保护及管理包括草的田间管理、收割利用、种子采收、合理放牧利用等，以及幼林管护和成林管理。有关这方面的内容可参考 GB/T 16453.1～16453.6—2008《水土保持综合治理　技术规范》、造林作业设计规程等。

7.1.3　矿区新生态环境的再造模式

矿区生态修复不是简单的复绿，而是根据进行生态修复地区本身的植被地形地貌特点，进行适当的植被景观规划，既可以复绿，也可以适当利用其生态价值，把矿山资源利用起来，进行新生态环境的再造，具有资源、环境双重效益。一直以来，我国在矿山生态修复方面积累了大量经验，我国矿区新生态环境的再造取得快速发展，形成了以下五种典型的模式。

1. 湿地生态涵养模式

湿地生态涵养模式是将塌陷较深的土地转换为沟渠和河流，将面积较大的沉陷地转换为湖泊并种植适合本地土质和气候的湿地植物。通过湿地植物的净化作用，将经过污水处理厂处理的工业废水、生活废水进一步深度处理，化"矿区尾水"为生态环境使用的景观水、河湖水，既节约了矿区水污染治理费用，又改善了采煤影响区的人居环境质量。

2. 新型农业综合发展模式

矿区新生态环境再造可采用新型农业综合发展模式。和普通的农业复垦不同，新型农业综合发展包括高效农业、生态农业、农产品深加工、农产品生态旅游等更深层的含义。高效农业是运用现代育种技术、现代管理技术，改变传统的农业生产模式，引进高产新品种或者高产种养模式，在单位土地上进行立体式农业生产，使土地达到最大集约化利用；生态农业是依据"食物链"原理，实现农业—渔业—禽类养殖—牲畜养殖综合经营、最大化减少生态污染、保护生态环境的模式；农产品深加工是指培育贸工农一体化、产销一条龙的新型经济组织形式，促进农业产业化的发展；农业生态旅游是指依靠农业资源为基础开展，以周边城市居民为目标客源，集田园风景观光、特色农业游览、参与式娱乐休闲、农产品及农业相关产品购物为一体，满足游客回归自然等多种旅游需求，乡土气息浓厚，参与性比较强的新兴的旅游模式。

3. 生态工业园区模式

在稳定的浅层采煤沉陷区，可以发展矿业相关产业，形成新的生态工业园区模式。模式具体：利用煤矸石等采煤废弃物充填塌陷的土地，完成场地的"三通一平"，即通水、通电、通路，做好场地平整。在循环经济和工业生态学理论指导下，建成以煤炭开采为依托，以采煤废弃物综合利用为基础的综合工业园区。一方面，项目的开发可以节约土地资源，充分利用了采煤塌陷区；另一方面，又创造了生态效益，解决了煤矸石、粉煤灰、矿井废水、瓦斯等废弃物的处理和环境污染问题，并实现了可观的经济效益。在遭受生态破坏后风能或光照条件好的矿区，采用必要的回填充填、地表平整、挖深垫浅、疏排法等地表整形技术后，发展风力发电、光伏发电产业。

4. 生态休闲旅游模式

在稳定塌陷水域，可改造水域景观、兴建水上项目，发展休闲旅游业。此模式需要在详细调查采煤塌陷区风景旅游资源之后进行，并配合科学的旅游产品、旅游客源分析和规划，充分挖掘采煤塌陷区的人文景观要素，重点是有历史价值的工业遗产，充分利用采煤塌陷区的自然景观要素。在塌陷区水域选择可游览地段，设立车行、步行、自行车等交通线路，结合煤矿主题，营造新的采煤塌陷区景观。

5. 城乡建设发展模式

在对浅层已稳定塌陷地修复后，结合城乡发展和小城镇建设的需要，以城市总体规划和村镇规划为指导，采用工程修复，如地下采空区充填、注浆、分层夯实、平整等措施对塌陷区地面进行地形改造，然后与土地的开发利用相结合，将矿区废弃地开发成商业、住房、工业园区等建设用地，给土地赋予不同功能，包括城镇住房、行政办公、商业、公共基础设施等。但要注意修复土地的地基承载力和地基稳定性，建设中还需充分利用塌陷水域的滨水景观，提升区域的土地价值。

7.2 露天采矿场生态修复

7.2.1 露天采矿场生态修复的方法

露天采矿场地表自然景观与生态环境遭到了彻底的破坏，自然恢复过程相对缓慢，因此必须进行生态恢复和重建，可采取的措施包括地貌重塑、土壤重构、植被重建等措施。

目前我国露天矿采空区生态重建主要有以下三种模式：

1）对于较平缓或非积水的露天采空区，可以采用农林利用为主的生态重建模式，即将采空区充填，平整覆土用于农林利用。根据采空区充填物质的不同，又将其分为剥离物充填、泥浆运输充填和人造土层充填三种重建类型。

2）对于常年积水的挖损大坑，以及开采倾斜和急倾斜矿床形成的矿坑，可以采用蓄水利用生态重建模式，作为蓄水体加以利用，如渔业、水源、污水处理池等。

3）对于季节性积水或某些不积水的挖损坑，可采用综合利用生态重建模式，通过挖深垫浅，一部分开挖成水体，发展水产养殖，用作水源等，另一部分发展种植业。

露天采矿场地貌重塑前应采取削坡卸荷、坡体锚固、坡面喷混凝土、回填压脚、垫脚堆坡、坡脚拦挡、边坡塑造、疏导排水等工程措施消除矿坑不稳定边坡隐患。然后结合露天采矿场削坡卸荷、回填压脚、边坡加固等消除地质安全隐患工程，遵循仿自然地貌构建要求进行地貌重塑工作，形成采矿场景观自然、预防水土流失和煤层自燃的微地貌形态。

露天采矿场土壤重构应充分利用开采剥离收集存放的土源覆盖。当露天采矿场生态修复规划用作林地或草地时，可将岩土混合物覆盖于表层，只需在植树的坑内填入土壤或其他含肥物料；当露天采矿场生态修复规划用作农地时，可将岩土混合物填充采坑底部，上覆厚度大于40cm的表土。采矿场覆盖表土后应对覆土层进行平整，当使用机械平整时，应尽量采用对地压力小的机械设备，并在整平完成后对表层进行深翻；当露天采矿场作为矿山的废渣、废石排放场地使用时，应对坑底与边帮采取防渗漏措施，避免淋滤废水污染地下水。

露天采矿场植被重建应统筹考虑露天采矿场规模、地质稳定性、当地气候等条件，在消除地质灾害隐患的基础上，通过采矿场地形整理和表层覆土后引种林草植被，或进行地形整理后自然形成水体景观；边坡进行梯级修整后，植被绿化，采矿平台和运输道路覆土后恢复植被。靠近城市的露天采矿场应积极开展矿坑城市湿地功能建设，开发为人工湖、公园、水域观赏区等，既有景观效果，也与区域自然环境协调，促进矿区湿地景观、湿地水维系、湿地水质修复、植被景观构建。采场生态修复应选择根系发达、固土、固氮效果好及生长快、周期长、枝繁叶茂的植物，选择不同外观和功能的植被，营造色彩丰富、造型优美和层次饱满的林木景观。

7.2.2 露天采矿场采空区充填

根据充填物质的不同，可将其分为剥离物充填、泥浆运输充填和人造土层充填三种重建类型。

1. 剥离物充填

剥离物充填即内排土，就是将剥离物充填在采空区，造出可为农林利用的土地。充填方法是在开采前将矿层表面所覆盖的土层和岩石剥离分别存放，采掘结束后先将剥离物填入采空区并平整，再在其上覆盖表土，并进行农林种植。

矿层的覆盖层一般既有土壤又有岩石，表层土壤是经过长时间自然过程（耕作土壤还有人为作用过程）形成的，对植物的生长起着关键的作用，因此表土应尽量保存好。在剥离时，将表土与底土和岩石分层剥离。表土的采集厚度视具体条件而定，对自然土壤可采集到灰化层（心土层），农业土壤可采集到犁底层。采集宜在温暖、干燥的季节进行，有利于保存土壤肥力。

剥离物充填时，岩石底土在下，表土在上，分层进行。剥离岩土回填采空区的堆放方式根据采空区条件及与生产结合的可能性确定，可以采用与矿床底板相近的坡度堆放，也可修筑成梯田。

土壤中的空气和水分是影响土壤肥力的主要因素，因此在铺盖表土层时应尽量减少机械车辆的运输次数。可先远后近，车辆尽量在一条道上行驶，以使土壤结构的破坏程度减到最小。另外,切忌雨期剥离、铺盖表土,以便保持土壤结构,避免土壤板结。

2. 泥浆运输充填

泥浆是由黏土细粒矿岩加水制成的,泥浆运输充填就是将尾矿泥通过管道送至采空区,尾矿泥沉淀干涸后,平整后铺上一层表土(厚度<0.5m)便可为农林用地。用尾矿泥充填采空区,要求尾矿无有害物质。

泥浆充填前,先将采空区划成若干小块,在地块四周堆砌土堤,堤高1.2m以上,由管道运来的泥浆分阶段潜入地块内,先灌入0.5m厚的泥浆。根据气候情况,每阶段间隔2~8个月,以便下部地区的积水排干后,沉积的泥浆蒸发成黄土,然后再次灌浆。灌浆的疏干时间和周期取决于其中黏粒与细粒矿岩的比例,黏土与细粒的比例越高,则疏干越难。疏干后平整,铺上一层表土(厚度<0.5m),便成为可为农林利用的土地。

利用泥浆运输充填采空区,对运输距离较远的采空区充填非常适用,所造土地空隙好,有利于植物生长;同时用此方法造地既经济又快捷,大范围造地用这种方法更适用。

3. 人造土层充填

有的矿区几乎没有土壤,这时可将岩石破碎后覆盖一层"造林沙砾层",也可在人造土层中掺入垃圾、污泥、尾矿等。"造林沙砾层"中的粒级比例可视当地条件(如岩石的硬度、掺入量)而定。此外,人造土还可以由泥煤、锯末、粉碎麦秆、树叶、粪肥等组成。人造土层应分层配制,按上轻下重的原则,大岩石在下,黏土、污泥等在上。

杂料、杂土(包括垃圾)采用城镇生活垃圾时,为了防止污染,保证原地的土壤和水质的安全、卫生,用于造土的垃圾应符合城镇垃圾农用控制标准。

7.2.3 露天采矿场地形修复

地形修复是露天采矿场工程治理的基本形式,其目的是促使边坡稳定,并能够同周边地形景观相协调,同时为生态恢复工程提供植生基础。地形修复的主要手段有刷方减载、回填压脚和注浆加固等。

1)刷方减载一般包括边坡后缘减载,表层滑体或变形体的清除、削坡降低坡度及设置马道等。刷方减载对于边坡稳定系数的提高值可以作为设计依据。当开挖高度大时,直沿边坡倾向设置多级马道,沿马道应设横向排水沟。进行边坡开挖设计时,应确定纵向排水沟位置,并且与治理区总体排水系统衔接。当刷方减载后形成的边坡高度大于8m时,开挖必须采用分段开挖,边开挖边护坡。护坡之后才允许开挖至下一个工作平台,严禁一次开挖到底。根据岩土体实际情况,分段工作高度宜为3~8m。当边坡高度大于8m时,宜采用喷锚网、钢筋混凝土格构等护坡。如果高边坡设有马道,坡顶开口线与马道之间、马道与坡脚之间也可采用格构护坡。当边坡高度小于8m时,可以一次开挖到底,采用浆砌块石挡墙等护坡。土质边坡一般应削坡至45°以下。当边坡高度超过10m时,须设马道放坡,马道宽为2.0~3.0m。当岩质边坡高度超过20m时,须设马道放坡,马道宽为1.5~3.0m。为了减少超挖及对边坡的扰动,机械开挖必须预留0.5~1.0m保护层,人工开挖至设计位置。

2）回填压脚采用土石等材料堆填边坡前缘，以增加边坡抗滑能力，提高其稳定性。当边坡剪出口位于地表水位之下，且地形较为平坦时，回填压脚将具有提高边坡稳定性、保护库岸、增加土地和处理弃渣等综合功效。经过专门设计的回填体对于边坡稳定系数的提高值可作为工程设计的依据，未经专门设计的回填体对于安全系数的提高值不得作为设计依据，但可作为安全储备加以考虑。回填压脚填料宜采用碎石土，碎石土碎石粒径小于8cm，碎石土中碎石含量为30%~80%。碎石土最优含水量需做现场碾压试验，含水量与最优含水量误差小于3%。碎石土应分层碾压，每30~40cm为一层，无法碾压时必须夯实，距表层0~80cm填料的压实度≥93%，距表层80cm以下填料的压实度>90%。

3）注浆加固可作为边坡加固和滑带改良的一种技术。通过对滑带压力注浆，从而提高其抗剪强度及滑体稳定性。滑带改良后，边坡的安全系数评价应采用抗剪断标准。注浆通过钻孔进行，钻孔深度取决于堆积体的厚度及所要求的地基承载力，一般以提高地基承载力为目的的灌浆深度可小于15m，以提高滑带抗剪强度为目的的灌浆应穿过滑带至少3m。钻孔应呈梅花状分布，孔间距为注浆半径的2/3。注浆半径应通过现场试验确定，半径范围为1.0~3.0m。造孔采用机械回转或潜孔锤钻进，严禁采用泥浆护壁，土体宜干钻，岩体可采用清水或空气钻进。钻孔设计孔径为91~130mm，宜用130mm开孔。若岩土体空隙大时，可改用水泥砂浆，砂为天然砂或人工砂，要求有机物含量不大于3%，SO_3含量宜小于1%。

7.2.4 露天采矿场边坡复绿

目前，国内露天采矿场边坡生态恢复主要是天然植被的自然恢复，也有个别矿山进行了人工植被的建设。

在露天采矿场边坡上进行人工植被建设，需要进行边坡处理。边坡处理就是将较陡的边坡变成缓坡或改成阶梯状。这有利于人工和机械操作，有利于截留种子，促进植被恢复。水平地和15°以下缓坡地可采用物料充填、底板耕松、挖高垫低等方法；15°以上陡坡地可采用挖穴填土、砌筑植生盆（槽）填土、喷混、阶梯整形覆土、安放植物袋、石壁挂笼填土等方法。

植被建设应该根据露采矿山的地形特点，在不同部位建立与自然协调的植物种群和群落，形成立体的、多彩的绿化景观。但一般情况下，露采形成的高陡岩质边坡复绿应首先以建立草本型或草灌型植物群落为宜。植物群落的类型、主要特征及适用场所见表7-2。

表 7-2 植物群落的类型、主要特征及适用场所

类型	主要特征	适用场所
森林型	以乔木、亚乔木为主要组成树种而建造的植物群落，树高一般在3m以上	周围为森林、山地、丘陵、城镇等场合
草灌型	以灌木、草本类为主要植物树种而建造的植物群落，其中灌木高度一般在3m以下	在陡坡、易侵蚀坡面及周边为农田、山地等

（续）

类型	主要特征	适用场所
草本型	以多种乡土草或外来草为主要物种而建造的植物群落	除可用于一般坡地外，还适用于急陡边坡、岩石边坡等
观赏型	以草本类、花草类、低矮灌木以及攀缘植物为主要物种而建造的植物群落	适用于在城市、旅游景点等人口聚集区的边坡营造特殊植物群落

绿化植物种选择必要考虑能耐受地形陡峻、表面结构脆弱等恶劣条件，并与准备建立的植被生长基础——基质层相适宜；绿化植物种不仅要具有防止水土流失（抗侵蚀）、加固边坡的作用，还要具有在特定的生长环境中容易且长期持续生长，有利于生态系统的恢复和景观的美化及维持自然生态环境的功能。植物种类选择应遵循以下原则：

1）适应当地的气候条件。
2）适应当地的土壤条件（水分、pH、土壤性质等）。
3）抗逆性强（包括抗旱、热、寒、贫瘠、病虫等）。
4）越年生或多年生。
5）种子易得且成本合理，适应粗放管理，能产生适量种子。
6）选择的植物种类地上部分较矮，根系发达，生长迅速，能在短期内覆盖坡面。

国内矿山绿化常用的草本类护坡植物有黑麦草、高羊茅、结缕草、狗牙根、弯叶画眉草、白车轴草（白三叶）、小冠花、紫花苜蓿；常用的复绿灌木类植物有迎春、紫穗槐、紫叶小檗、小叶女贞、连翘、大叶黄杨、夹竹桃、黄花刺槐等；适宜在边坡上生长的灌木植物还有马棘、胡枝子、伞房决明、锦鸡儿；适宜在边坡上生长的藤本植物还有地锦（爬山虎）、长春油麻藤、络石、薜荔；适宜在边坡上生长的景观野花植物有金鸡菊、秋英（波斯菊）、蛇目菊、花菱草、诸葛菜（二月兰）、紫茉莉、蓝香芥等。

复绿方法应综合考虑施工技术、设备性能、施工经验和施工条件类同的矿山复绿工程经验。复绿方法的确定应坚持因地制宜、经济合理的原则，在满足矿山边坡稳定和总体治理目标的前提下，选择成本较低的最佳方法。复绿方法应根据恢复区与植被形成密切相关的地质及环境条件、地形特征、边坡类型和坡向、土壤性质等条件，确定形成植被生长基础的方案。复绿工艺应依据恢复区确定的恢复目标，植物群落类型和选定的植物种类等确定。复绿方法的适用条件见表7-3，复绿方法特征见表7-4。

表7-3 复绿方法的适用条件

方法	应用地点	适用条件				最佳施工季节
		边坡状况				
		类型	坡率	坡高	稳定性	
铺草皮法	缓坡	土质及强风化边坡	<1:1	<10m	稳定	春、秋
植生带法	陡坡、马道、坡道凹陷处	土质边坡或人工回填	1:2~1:1.5	<10m	稳定	春、秋

(续)

方法	应用地点	适用条件				最佳施工季节
		边坡状况				
		类型	坡率	坡高	稳定性	
三维植被网法	坡面	土质及强风化边坡或人工回填	1∶1.5~1∶1	<10m	稳定	春、秋
香根草篱法	缓坡	土质边坡	1∶1.5~1∶1	<10m	稳定	春、秋
挖沟植草法	陡坡、马道、坡面凹陷处	软岩质边坡	1∶2.5~1∶1	<10m	稳定	春、秋
土工格室植草法	缓坡	岩质边坡	<1∶1	<10m	稳定	春、秋
浆砌片石骨架植草法	坡面	土质及强风化边坡	1∶1.5~1∶1	<10m	稳定	春、秋
藤蔓植物法	陡坡	各类边坡	>1∶0.3	<10m	稳定	春、秋
喷混植生法	陡坡	各类边坡	>1∶0.3	<10m	稳定	春、秋
客土喷播法	陡坡	各类边坡	<1∶0.3	<100m	稳定	春、秋
液压喷播法	坡面	土质边坡或人工回填	1∶2~1∶1.5	<100m	稳定	春、秋
栽植木本植物法	堤坎、坡脚	土质平台、缓坡	—	<100m	不确定	春、秋
厚层基材法	陡坡	各类边坡	>1∶0.3	<100m	稳定	春、秋

表 7-4　复绿方法特征

复绿方法	施工技术要点	优缺点
铺草皮法	异地培育草坪，按一定大小规格铺植于需复绿的坡面	1. 成坪时间短 2. 护坡功能见效快 3. 施工季节限制少 4. 在陡峭岩面难以施工 5. 物种单一，不利群落演替，根系浅 6. 前期管理难度大
植生带法	采用专用设备将草种、肥料、保水剂等定植在纤维材料上，形成一定规格的夹层带状产品，施工时覆于需复绿的坡面	1. 精确定量、性能稳定 2. 出苗齐，成坪快 3. 纤维等材料大多可自然降解，腐烂后转化为基质层或肥料 4. 不需机器，施工操作简便，也可与液压喷播、客土喷播、厚层基材配合使用 5. 成本有高有低 6. 陡峭岩面不适宜单独施用
三维植被网法	采用特制的固土网垫置于坡面，覆土形成人造土壤层，喷播草（树）种，形成植被	1. 固土性能优良 2. 稳定边坡 3. 保湿 4. 施工质量控制及苗期管理难度大

（续）

复绿方法	施工技术要点	优缺点
香根草篱法	在坡面上按一定间距大致沿等高线密植香根草带	1. 抗逆性强，适应性广 2. 生长迅速，根系发达，固土力强 3. 不需机器，种植简单、经济合理 4. 不会污染环境 5. 适于土质坡面，硬质岩面上难以种植 6. 冬季枯黄，需剪短，以防火灾
挖沟植草法	在坡面上按一定的行距开挖楔形沟，回填改良客土，并设三维植被网，进行喷播绿化	1. 适用范围广 2. 具有三维网优点 3. 具有液压喷播的优点 4. 挖沟麻烦
土工格室植草法	在展开并固定在坡面上的土工格室内填充改良客土，然后在格室上挂或不挂网，进行喷播绿化	1. 植生基础较稳定 2. 生存环境好 3. 坡面排水性好 4. 工艺复杂，成本高
浆砌片石骨架植草法	采用浆砌片石在坡面形成具有截水作用的框架，综合其他方法进行绿化	1. 具备一定的深层稳定性 2. 保水性能好 3. 施工期较长，不利于机械化，成本较高
藤蔓植物法	栽植攀缘性和垂吊性植物，以遮蔽硬质岩陡坡、挡土墙等圬工砌体进行绿化	1. 简单、成本低 2. 适用坡率大 3. 时间长，攀高高度和速度有限
喷混植生法	将含草种、有机质、混凝土等基材喷附在岩石坡面上进行绿化	1. 稳定性好 2. 适用范围大，可用于接近垂直的高陡硬岩坡面绿化 3. 对植物根际环境可能有一定的不良作用
客土喷播法	利用流体力学原理在金属或塑料网上喷播客土、木纤维、草种、保水剂、黏合剂、肥料与水的混合物进行绿化	1. 能产生比液压喷播更厚的基质层 2. 适用于坡角50°以下的岩质、土质边坡绿化 3. 施工效率高，绿化效果好
液压喷播法	将草种、木纤维、保水剂、黏合剂、肥料、染色剂等与水的混合物通过专用喷播机喷射（喷洒）到预定区域的快速绿化法	1. 机械化程度高 2. 施工效率高、成本低 3. 成坪快、覆盖度大 4. 基质层薄，须在有"土"的坡面上应用，不适宜单独在岩质边坡上应用
栽植木本植物法	栽植灌木、乔木等，并与其他方法结合，促进多样性群落的形成	1. 具备遮挡作用，能较快增加绿量 2. 施工简单 3. 适用于边坡中局部平缓且基质层厚的区域 4. 栽植苗的根系不如播种苗（实生苗）发达 5. 抗风能力差
厚层基材法	利用空气动力学原理在金属或塑料网上喷播由客土、泥炭土、木纤维、保水剂、黏合剂、肥料等混合物组成的厚层基质材料进行绿化的机械施工法	1. 能在接近垂直的高陡硬岩坡面上应用创造厚的基质层 2. 植物根际生长环境可能优于喷混植生法 3. 施工效率低于客土喷播法 4. 施工成本大于客土喷播法

7.3 排土场生态修复

7.3.1 排土场生态修复的方法

排土场是指露天采矿剥离物集中堆放的场所。在露天采场以内的称为内排土场，在露天采场以外的称为外排土场。

排土场（废石场）的生态重建以农林利用为主，可采取的措施包括地貌重塑、土壤重构、植被重建等。根据露天矿排土场条件的不同，又可将重建分为三类：第一类为含基岩和硬岩石较多的废石场的生态重建。此类排土场位于土源缺乏区，由于含有较多的基岩和硬岩不利于植被生存，重建时利用废弃物如岩屑、尾矿、炉渣、粉煤灰、淤泥垃圾等作充填物料，种植抗逆性强的树种。第二类为地表土较少及岩石易风化的生态重建。此类排土场位于丘陵地带，含表土较少，又难以采集到覆盖的土壤，但其岩石易分化，因此在重建时，稍做平整就可直接种植抗逆性强、速生的林草。第三类为表土丰富的矿区排土场的生态重建。此类排土场地表土源丰富，重建时直接取土覆盖，进行农林种植。

排土场生态恢复的时间根据排土堆置工艺不同，分为两种情况：在排土堆置的同时进行生态重建，如开采缓倾斜薄矿脉的矿山，或一些实行内排土的矿山；而大多数金属矿山的排土场为多台阶状，短时间不能结束排土作业，待结束一个台阶或一个单独排土场后，便可以进行生态重建。

排土场地貌重塑应形成仿自然地貌的地形，或形成平台与边坡相间的地形，边坡整体稳定系数应在 1.3 以上，最终形成的排土场整体边坡宜控制在 25°以下。排土场平台应修成 2°~3°的反坡，平台上排土后不应碾压，人工轻度推平堆顶尖使覆土层呈起伏状态，对于不可避免的局部压实地表，应用大功率犁进行深耕，对于作为永久性林业用地的地块，可保持堆状的地表形态。排土场边坡位置的排水沟应设置急流槽，急流槽宜采用干砌石结构或采用铁丝石笼进行处理以减少坡面冲刷，坡脚可修建蓄水沟，坡脚堆放较大石块保护蓄水沟。

排土场土壤重构应根据修复后的土地利用方向，结合地表整形情况、覆土来源、土壤特性等因素，采取合理的工程措施构建有效土层，严禁石块、矸石、碎石、含有较多砾石和料姜石的土石材料等覆盖在表层。修复后耕作层土壤紧实度不利于生物生存时，应采用深耕等措施改善土壤环境条件。也可采用单独剥离的表层熟化土壤进行覆盖，耕地覆盖厚度应大于 40cm。排土场平台修复为耕地时，应使田块的四周高、中心低，以利于保水。

排土场植被重建的植被品种应选择当地先锋植物，并加强相应管护措施。坡面应覆土种植，在遇到岩石、砂等边坡时，应使用客土种植。边坡植被配置模式应利于控制边坡的土壤侵蚀、坡面泥流等风险的发生。平台植被配置模式应以环境美化、防止粉尘污染、防风固沙、保护性耕作等功能为主。

7.3.2 排土场的稳定

排土场生态恢复前应按照大型松散堆积体非均匀性沉降的技术要求，采取削坡、清理、压实、疏导、拦挡、固化等工程措施进行治理，消除边坡安全隐患，保证排土场稳定。

为了保证排土场的稳定，应建立完善的排水系统，在排土场的边坡建立生物防护体系，对排土场边坡进行必要的水土保持措施。

排土场边坡的稳定化处理包括放坡、拉槽阶段，设石挡和回水沟、表面覆盖（种植或化学处理）。排土场边坡的稳定措施见表7-5。

表7-5 排土场边坡的稳定措施

边坡状态	边坡倾角	必要的防护措施
平缓	4°～5°	营造水土保持林、灌木，种草
缓坡	6°～10°	建造防水的石挡、回水沟，种草皮（多年生草）、绿化
斜坡	11°～20°	绿化、拉阶段，设石挡、回水沟
陡坡	21°～40°	拉槽阶段，设石挡、雨水道、整平，草地成片铺装，化学加固，格网式整平种草

其他的常规工程技术，如鱼鳞坑、水平阶、反坡梯田等，在较陡坡面施工较为困难，而且往往存在隐患。目前，推广土石混排坡面，加大表层土量，覆土后立即种植。对于一些高陡的边坡需要减缓坡度使高陡边坡形成多台阶缓边坡，以利于耕作。根据立地条件，从坡顶到坡角分别配置牧草带、草灌乔混交带、密灌木带生物防护体系（图7-2），防止坡面沟蚀、泻溜、坡面泥石流等。

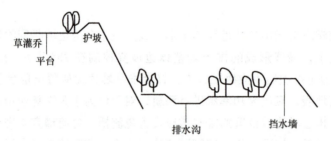

图7-2 排土场边坡生物防护体系

在排土场边坡得到稳定、水土流失得到控制、排土场安全得到保障后，就可以在排土场平台及边坡上进行植物种植。

7.3.3 排土场土壤改良

由于排土场中岩石多、土壤较少，不适宜直接种植，一般首先需要改良土壤，建立腐殖质含量较多的肥沃土壤层。目前排土场表面土壤改良的方法主要有直接覆盖土壤法和生物土壤改良法。

1. 直接覆盖土壤法

直接覆盖土壤法是指在排土场结束作业后，即铺盖土壤，因地制宜就近运输覆土造田，有条件的矿山最好将剥离的表土进行分运、分堆，以便作后期覆土用。覆土的厚度以矿山条件及底层岩土性质和可利用程度而定，一般覆盖土层厚度为0.1～0.6m，既可以植树种草，也可以用于农业耕种。有了垦殖层（肥沃层）之后就不难选择合适的植物品种。但是在重建初期不宜深耕，以免把贫瘠的岩石翻上来。在排土场平台生态重建中，还可采用其他的覆盖物质，如草木灰、泥炭、可利用的污水和洗选场的废料等。

有些矿山受环境条件、经济和生产管理条件的限制，难以实现排土场全面覆土，但可以充分依靠生长的植物逐渐形成腐殖层。如在重建初期实行坑栽，在岩石中挖坑培土施肥，种植后第一年加强田间管理（水肥），使植物成活生根。

2. 生物土壤改良法

生物土壤改良法是指在排土场平台上不覆盖土层，采用直接种植绿肥植物，利用微生物活化剂、施有机肥，以及用化学法中和酸碱性的土壤，以达到改良土壤的作用。如广泛分布于矿区的第四纪砂质黏土和黄土中氮、磷缺乏，但具有团粒结构，含有大量的钾，具有良好的溶水性、透水性，无须施肥便可种植绿肥植物。绿肥作物根系发达，主根入土深度达 2~3m，根部具有根瘤菌，根系腐烂后还对土壤有胶结和团聚作用，有助于改善土壤的结构和肥力。此外，绿肥植物耐酸碱、抗逆性好，生命力强，能在贫瘠的土层上达到高产。目前矿区采用主要的绿肥作物有草木樨、紫花苜蓿、三叶草等。种植多年生的草本植物可以加速腐殖质层的形成，如在砂岩排土场种植草本植物，4~5 年后便可形成 5~10cm 的腐殖质层。

微生物法是利用菌肥或微生物活化剂改善土壤和作物的生长营养条件，它能迅速熟化土壤、固定空气中的氮素、促进作物对养分的吸收、分泌激素刺激作物的根系发育、抑制有害微生物的活动等。利用生物治理、改良土壤的方法还有生物活性剂、微生物和蚯蚓等形成肥沃土壤层。

此外，采用合理的轮作、倒茬和耕作改土，加快土壤的熟化和增加土壤的肥力。例如，采用豆科作物与粮棉作物轮作，绿肥作物与农作物轮作，施有机肥等。据有关资料显示，采用豆科植物与禾本科植物轮作，有较好的改良效果。

7.3.4 排土场植被恢复

1. 植物品种的筛选

植物品种的筛选应遵循以下原则：

1）生长快、产量高、适应性强、抗逆性好、耐瘠薄。
2）优先选择固氮品种。
3）尽量选用当地品种或先锋品种。
4）选择品种时不仅要考虑其经济价值的高低，更主要的是要考虑其培肥土壤、稳定土壤、控制侵蚀、减少污染的作用。

2. 种植方法

排土场植物的种植一般采用穴植和播种的方法。穴植法又分为带土球栽植、客土造林、春整春种、秋整春种等几种栽植方法。带土球栽植即实生苗带着原来的生植土种植；客土造林即每穴中都换成适于植物生存的土壤后种植树种；春整春种即春季造林时整地与植苗同时进行，造林时间宜早不宜迟；秋整春种是指秋季提前整地，第二年春季造林。

此外，边坡植物的种植方法还有水力播种、铺设草皮等。水力播种即在水力播种机的贮箱内装满草籽，加肥料合水混合搅拌后撒在边坡上。水力播种的草籽质量低，容易遭受水蚀、风蚀，使尚未扎根的草籽被搬运到边坡的下部。为了克服播种质量差，且容易受风、水侵蚀的影响，可在混合料中拌入锯末。水力播种适用于坡度较陡、不利于人工操作的边坡。水力播种施工简单，容易机械化操作。铺设草皮即在边坡上覆盖类似地毯一样的草皮。

目前，排土场植物的配置有草、草-灌、草-灌-乔等模式。含基岩和坚硬岩石较多的排土场需要覆盖垦殖土后才适宜于种植农作物和林草。在缺乏土源时，可以利用矿区内的废弃物（如岩屑、尾矿、炉渣、粉煤灰、污泥、垃圾等）作充填物料，种植抗逆性强的先锋树种。含有地表土及风化岩石排土场经过平整后可以直接进行植物种植。我国金属矿山多位于山地丘陵地带，含表土较少，又难以采集到覆盖土壤，但可以充分利用岩石中的肥效，平整后直接种植抗逆性强的、速生的林草种类，并在种植初期加强管理，一般可达到理想的效果。表土覆盖较厚的矿区排土场可直接取土覆盖排土场，用于农林种植。表土覆盖的厚度视重建目标而定，用于农业时，一般覆土厚度在 0.5m 以上；用于林业时，覆土厚度在 0.3m 以上；用于牧业时，覆土厚度在 0.2m 以上。对于平台，可以种植林草，也可以在加强培肥的前提下种植农作物；对于边坡，可以进行林草护坡。

7.4 塌陷区生态修复

7.4.1 塌陷区生态修复的方法

进行地下开采时，矿产资源被大量采出后，岩体原有的平衡状况受到破坏，上覆岩层将依次发生冒落、断裂、弯曲等移动变形，最终波及地表，在采空区的上方造成大面积的塌陷，形成一个比开采面积大得多的下沉盆地。该下沉盆地内的土地将发生一系列变化，造成土地生产力的下降或完全丧失。

塌陷对土地破坏的类型主要有水渍化、盐渍化、裂缝和地表倾斜。地表塌陷造成潜水位相对上升，当上升到作物根系所及的深度时，便产生水渍化。塌陷区地下水中的盐分通过潜水的蒸发补充到土壤中，使土壤盐渍化。在下沉盆地的外围，地表被拉伸变形，产生裂缝。裂缝造成耕地漏肥、漏水，农作物减产，这种情况在丘陵山区表现更为严重。地面倾斜是地表下沉后形成的破坏类型。地表塌陷使下沉盆地内、外边缘处的原来的水平耕地变为坡地，增加了水土流失面积，给作物的生长带来不利影响。这种情况在丘陵山区和平原地区都存在，但在丘陵山区更为严重。

根据塌陷区的性质分为非积水塌陷干旱地、塌陷沼泽地、季节性积水塌陷地、常年浅积水塌陷地和常年深积水塌陷地。根据塌陷区的稳定程度分为稳定塌陷地和不稳定塌陷地。非积水塌陷干旱地的特点是一般不积水，地形起伏大，耕作极其不便，造成大面积的作物减产。塌陷沼泽地主要分布于地势平坦、排水不畅的平原地区，土壤出现潜育化、沼泽化和次生盐碱化现象，此类塌陷地既不宜发展农业生产，也不宜进行水产养殖，往往造成农作物减产，开发难度大。季节性积水塌陷地的特点是在塌陷区内，由于局部地块塌陷，使地面较周围地表低，在雨水较多的季节积水形成水塘，而在少雨或无雨的季节形成板结地，对农业生产极为不利，一般农田减产达 40% 以上。常年浅积水塌陷地较季节性积水塌陷地的下沉深度大，一般在 0.5~3m，积水深度为 0.5~2.5m，极易造成作物绝产，导致土地生产结构突变，若不进行挖深补浅，则很难进行耕种养殖。常年深积水塌陷地的下沉深度最大，一般均在 3m 以上，最深达 15m，主要分布在大中型矿的采空区，其特点是地表下沉至地下水位以下，形成不规则的地下水域，有的与河道相通，形成塌陷人工湖或小水库。此类塌陷地水质较好，水量充足，是发展渔业的理想场地。

塌陷区生态重建的目标有农业、建筑、水域（鱼塘、公园、水库）等。不同的塌陷类型采用不同的重建模式，根据塌陷区对生态环境破坏的结构类型，塌陷区的生态重建可以归纳为以下六种模式，目前重建利用的方向趋向于综合利用。

1) 非积水稳定塌陷地农业综合开发模式：将煤矸石、粉煤灰或其他物质（河、湖淤泥）充填于塌陷区内，整平覆土，用于农业、林业种植。此外，也可不充填，直接将塌陷地边坡修整为梯田或坡地重建为保水、保土，农果相间的陆地农田生态系统。

2) 非积水稳定塌陷地建筑开发与建筑用地重建模式：非积水稳定塌陷干旱地除适于农林综合开发外，还可用于发展建筑业，填造建筑用地。

3) 季节性积水稳定塌陷地农、林、渔综合开发生态重建模式：采用挖深垫浅的方法，将塌陷下沉较大的土地挖深，用来养鱼、栽藕或蓄水灌溉，用挖出的泥土垫高下沉较小的土地，使其形成水田或旱地，种植农作物。

4) 常年浅积水稳定塌陷地渔、林、农生态重建模式：此类塌陷地重建方向以养鱼为主，兼顾发展农林业，重建的工程措施为挖深垫浅。

5) 常年深积水稳定塌陷地水产养殖与综合开发重建模式：此类塌陷地除发展渔业外，大面积的深水沉陷地还可以建立水上公园、污水处理场、水库等。

6) 不稳定塌陷地因势利导综合开发生态重建模式：此类塌陷地的重建采用因势利导自然利用模式。对不稳定的塌陷干旱地，有针对性地整地还耕，修建简易型水利设施和排灌工程，灵活机动利用，避免土地长期闲置。对季节性积水不稳定塌陷地，因其水位常变，以发展浅水种植为主，也可因势利导开挖鱼塘养鱼，四周垫地，种优质牧草作鱼禽饲料。常年积水不稳定塌陷地以人放天养的形式进行养鱼，但不宜建造水上或水下设施。

7.4.2 塌陷区填平整地

采用推土机等设备整平塌陷区，并从外部运输土石、煤矸石、粉煤灰等可允许利用的填平物质进行填平复垦，具体有以下几种方式：

1) 平地和修建梯田复垦。对于积水沉陷区、潜水位较低的边坡地带，可采取平整土地、改造成梯田的方法复垦利用。梯田的水平宽度和梯坎高度，应根据地面坡度陡缓、土层薄厚、工程量大小、作物种类、耕种机械化程度综合考虑确定。田间坡度的大小和坡向应根据原始坡度的大小、灌溉条件、复垦土地用途来决定。

2) 输排法复垦。开挖排水渠道，将沉陷区浅积水引入河流、湖泊、坑塘、水库等，作为蓄水用，使沉陷水淹地重新得到耕种。

3) 深挖垫浅复垦。运用人工或机械方法，将局部积水或季节性积水沉陷区域挖深，使之适合养鱼、蓄水灌溉等，用挖出的泥土充填开采沉陷较小的地区，使其成为可种植的耕地。

4）积水区综合利用。对地面大面积积水和积水深度很大的沉陷区，科学地综合利用，发展网箱养鱼、围栏养鱼、蓄洪作灌溉水源、建造水上公园等。

5）固体微生物复垦。煤矸石添加适量微生物活化剂，经过一个植物生长期（约6个月）就可建立起稳固的植物生长层，形成熟化的土壤。

通常，对较小较浅的采坑进行充填在经济上是可行的，通过充填使得塌陷区与周围的景观特征一致。塌陷区充填后为了有利于植被恢复，通常在上层用表土充填。使用表土的优势：表土通常含有"种子库"，有以前生长的所有植物种包括先锋植物和顶级植物种；通过提供有相同起源地的种子，表层土壤的利用也可以帮助保护遗传多样性；表土含有大量的微生物，许多依赖的是表土上原来生存的植物；在质地、持水能力和不含对植物有毒或生长抑制剂方面，是很好的生长介质。表土的利用特别有益于恢复自然植被群落。在恢复项目中，通常，通过播种和植苗建植的植物种不超过10个。然而，表土可能含有50个或更多的植物种，能够造成快速的植物多样性建植，而不必要等待未采矿区域植物种的缓慢扩散。

7.4.3 塌陷区土壤改良

根据不同立地条件，针对采矿塌陷区的土壤及覆盖土壤中存在的问题，采用施肥、中和、微生物、绿肥等方法进行土壤改良，实现土壤孔性结构合理、肥力达到恢复植被对土地条件的要求。

改善土壤特性的措施：加石灰提高pH，改善黏土质的团粒结构；加石膏肥料或硫，降低土壤pH；添加有机质，如肥料、污泥、堆肥或绿肥，改善土壤特性和持水能力；施肥，包括添加植物生长所需的重要营养物质和营养元素。用于农业和生产性林业的土地，由于对地面生长的植物进行重复收获，消耗了土壤中的营养物质和一些植物需要的重要元素，就需要不断对土壤进行施肥。对于自然植被群落，营养的循环是通过植物死亡和分解过程自然循环，随后营养物质进入土壤，用于植物再生长。

7.4.4 塌陷区植被恢复

塌陷区充填后，通常采用覆盖措施，并施入足够的肥料来促进植被的恢复。地表覆盖可以吸收雨滴，减少地表径流；遮阴地表并降低地面温度；有助于土壤保持水分；分解后可以为植物提供营养物质；对有些土壤生物可以提供食物和住所，有时适宜脊椎动物的生存，分解的有机质可以融入表土层。

1. 植被建植

在塌陷区充填后恢复植被的前期，通常通过播种覆盖植物（土壤改良植物），目标是减少雨水的侵蚀以保护土壤，保持土壤水分（短期土壤侵蚀控制）；保护土壤不受热胁迫，降低腐殖质的分解速度；通过水分和光照的限制减少杂草生长；提高土壤有机质含量和改善土壤结构；增加土壤肥力。

通常，覆盖植物的种植是用撒播或液压喷播方式。在种子比较短缺时，可以采用沿等高线行播。在这种情况下,播种第一年就可以形成浓密的带状植被,随后几年,就可以沿着植被带向周围蔓延扩展。

当恢复土地计划用于农业土地时,通常种植禾谷类和豆类草作为覆盖植物。当用于建植自然植被,通常是种植当地的先锋植物种,特别是具有攀缘和扩展能力的、占生长地面积小的植物种。然而,有时很难发现易获得充足种子的植物种,或者对其发芽习性和要求懂得很少时,需要引入外来植物种。

覆盖植物的种子应该容易获得;种子应该能够快速发芽;植物种能够在当地气候条件下和土壤环境中长期生存;植物种植后在最初的生长季节,应该能够完全覆盖地面;引入的植物种在今后不会成为潜在的"杂草";建植的植物最好不需要进行补充灌溉。

优先选择先锋植物种,因为它们能够抑制其他植物种通过演替的侵入。许多植物种是一年生的,每年会持续繁殖,直到有多年生的植物种定植生长。最好播种豆科植物,因为能够固氮。

如果塌陷区恢复规划的目标是恢复自然植被,则适宜栽种的大多数植物种应该是邻近区域的本地种。这些植物的种子可以通过人工收集,直接进行播种或在苗圃进行育苗。对于种子不容易收集的或者种子有休眠期不易萌发的植物,可以采挖自然条件下的幼苗,通过盆栽培养后移栽到恢复区。在恢复区需要建植自然植被时,引入外来植物种通常是比较矛盾的事。这是因为许多引入的外来植物种造成了大范围严重的生态危害。外来植物种在其自然栖息地的种群受自然机理控制,而离开其自然栖息地后,许多种的繁殖受到当地植物种的竞争。然而,在适宜引入植物种快速繁殖的情况下,本地自然植物群落不容易形成。在这种情况下,可考虑使用外来植物种。外来植物种的引入需要充分考虑其特性和要求,以及在引入区域的长期生存能力。豆科植物通常用于矿山开采塌陷区的恢复,可以作为很好的覆盖植物,有些可以作绿篱。由于豆科植物有固氮特性,大多数植被群落中如果包含豆科植物都可获得好处。草本植物也用于许多恢复植被群落的建植。大多数草本植物都有良好的固土能力,其种子也为许多昆虫、鸟类和小哺乳动物提供了食物。如果当地有比较好的草种,就应该优先选择。然而,有时使用当地草种很难快速覆盖地表,这时就可以考虑选择使用外来适宜的草种。

2. 植被演替

植被演替是指不同的植物群落在不同时期出现在相同区域的自然过程。每个时期植物群落受到火灾、采伐或滑坡等的影响而消失。演替过程开始于先锋植物群落,随后出现几种不同的群落,最后形成顶级植物群落。在塌陷区恢复过程中,早期通过移栽顶级植物群落树种的幼苗来"缩短"演替过程通常是不成功的,因为在没有到达最后的演替阶段,不能够满足顶级植物种对自然环境的特殊要求而限制了其定植生存。例如,在热带湿润区有些顶级植物群落种在最初定植生长的几年内需要浓密的树荫。演替是一个漫长缓慢的过程,需要几十年甚至几个世纪完成其循环。相应地,在恢复期的几年内不可能使得自然植被到达顶级状态。因此,在塌陷区植被恢复管理过程中,需要根据监测数据选择可以接受的恢复标准。

3. 恢复塌陷区的生物多样性

恢复的通常目标是产生与采矿前相似的生物多样性。然而,由于存在许多限制,这只能是长期目标。在热带森林，森林群落处于或接近顶级状态，有相对低的植物多样性。采伐后形成的次生林通常有较高的生物多样性。混交林群落有最大的多样性，有不同的土壤类型和森林外貌，有不同的演替阶段。在评估恢复的成效时，植物种的多样性在最初几年不是特别重要，较为重要的是每年植物种和动物种增加的数量。有些昆虫甚至可以在新建植的植被区定居，特别是在邻近区有自然植被的情况下。然而，恢复区达到未干扰自然区域的动物群落状况需要许多年。而且，建植的重要性与是否增加生物多样性无关。

4. 塌陷恢复区植被的管理和维护

为了在恢复的早期阶段使地面覆盖达到可接受的水平，补充种植和各种维护处理是必要的。在植物种植后的萌发和建植期是恢复最脆弱的阶段。在这个时期，大雨能够侵蚀种子区的土壤和种子，因此人们不得不选择重新种植。对于冠层树种（包括一些顶级植物种），通常要进行补充种植，它们在最初建植的几年需要遮阴。通常，需要对塌陷区恢复情况进行监测，以发现恢复区的裸露斑块，并进行后续处理。在植被建植时期，其他类型的维护包括杂草控制、建立围栏防止牲畜和野生动物的危害。对用于农业或园林作物栽培的土地，由于重复种植和收获都需要进行维护，维护成为正常的行为而不受恢复土地建植系统的影响。然而，在自然植被建植的区域，重要的是自我维持，因为植被在最初建植几年后就不需要维护了。

7.5 矸石山生态修复

7.5.1 矸石山生态修复的方法

矸石山是煤炭采矿和选矿中产生的废石堆积而成的，是尾矿的一种。煤矸石露天长期堆放不仅资源浪费，而且造成了严重的环境问题。因此，解决煤矸石污染问题的关键还是要重视对煤矸石的综合利用，逐步减少或杜绝煤矸石的无序堆置。但是在不能完全杜绝煤矸石露天堆置时，就必须重视对其环境进行治理，主要是要防止自燃、对矸石山进行生态修复、防止环境污染以及引发地质灾害。

对矸石山进行造林绿化、恢复植被，建立起稳定的人工植物群落，是矸石山治理的根本途径，也是煤矿区生态重建的前提与核心。绿化后的矸石山是矿区重要的立体景观要素，与矿区的其他景观相结合，形成独特的风景景观，能够满足城镇居民日益增长的休憩、休闲的需求，也有利于改善矿物的生态环境，是解决矸石山环境问题的主要措施。

矸石山生态重建以人工绿化为主。目前主要的植被恢复技术如下：

1) 矸石山整地和侵蚀控制技术。为了解决矸石山机械组成较粗、保水性差的问题，采用穴状整地和梯田整地，在整地的时间安排上采用秋整春种的方式。

2) 酸性矸石山改良技术。为了中和矸石自燃后产生的酸性和强酸性，一般采用 CaO 或 $CaCO_3$，将其破碎后均匀撒入矸石场，用量依矸石的 pH、中和材料的纯度及矸石层的深度确定。

3) 覆土技术。为了解决矸石山养分贫乏、地表高温的问题，根据矸石山表面的风化程度，分别采用不覆土直接种植、覆薄土（厚度为 5~10cm）、覆厚土（厚度为 50cm）的方法。

4）矸石山种植技术。在种植方式上，针对不同的植物种，采用不同的种植方式。对落叶乔、灌木采用少量配土栽植；对常绿树种采用带土球移植；对花草等草本植物采用蘸泥浆和拌土撒播。此外，有些落叶乔、灌木（如火炬树、刺槐等），在种植前采用短截、截干等措施。

7.5.2 矸石山自燃的防治

关于矸石山自燃的原因，主要有硫铁矿氧化学说和煤氧复合自燃学说。硫铁矿氧化学说是目前解释煤矸石自燃的主要理论。它认为，煤矸石中的硫铁矿在低温下发生氧化，产生热量并不断聚积，使煤矸石内温度聚集，引起煤矸石中的煤和可燃有机物燃烧起来，从而导致矸石山自燃。而煤氧复合自燃学说则认为煤矸石中通常夹带着10%~25%的炭质可燃物，在常温下，煤矸石中的煤（尤其是镜煤和丝炭）会发生缓慢的氧化反应，同时放出热量，当热量聚积到一定温度时，便可引起可燃物自燃，从而导致矸石山自燃。

矸石山发生自燃须具备的条件：煤矸石具有自燃倾向性，有连续的氧气供给，以及有热量积聚的环境。以上条件应维持足够时间以达到自燃点。煤矸石中的可燃物主要是硫铁矿和煤，而氧气及热量积聚的环境与其堆积结构有关。矸石山在自然堆放（平地或顺坡堆放）过程中，均会发生粒度偏析，在矸石山内产生"烟囱效应"。氧化产生的热量，一部分由"烟囱效应"随空气带出，另一部分则积聚在矸石山中。当某一局部温度达到自燃点时便引起自燃，且逐步向四周蔓延。矸石山的灭火方法有直接挖出法、注浆法、灌水法、表面密封和压实法、低温惰性气体法。

1）直接挖出法较为简单，但只适用于初燃的矸石山。一般利用机器或高压水枪，挖出着火矸石和热矸石，用水冷却或让其自然冷却，回填或重新堆积。

2）注浆法是国内最常用的方法，可表面浇洒，也可挖沟灌注和钻孔注浆。其中，钻孔注浆对大面积或深部燃烧治理和防止复燃效果较为理想。该方法是在矸石山布置一定数量的钻孔，将黄土等注浆材料配成一定浓度的浆液注入火区和自热区。考虑浆液受重力作用的影响，其扩散以垂直方向为主，难以控制其流动方向。

3）灌水法中，水在高温下形成蒸汽，吸收大量汽化热，其吸热降温效果非常好，是一种优良的灭火剂。但是，选择这种方法必须非常慎重。一方面，注水后矸石山的空隙率增加，干燥后矸石的反应活性也会增加，很难防止其复燃。另一方面，对深部高温炽热火区或含有硫铁矿的火区，水与炽热的炭相遇，产生大量的水煤气，增加了爆燃概率；水的加入会使硫铁矿的氧化反应更加剧烈、更复杂，产生的热量和气体来不及释放，产生积聚而引发爆炸。

4）表面密封和压实法是在矸石山表面铺土、压实，隔绝空气进路，使矸石山内部空气消耗殆尽后火焰熄灭。表面密封和压实法可以降低燃烧强度和污染物排放速率，主要用于控制矸石山火势和污染强度，需要及时维护。国内采用分层堆放矸石、分层压实的方法预防矸石山自燃取得了较好的效果，但其灭火效果不太理想。

5）低温惰性气体法是向火区注入液氮和固体二氧化碳混合物，可快速降低火区温度，而且在相变过程中体积可增加500倍，从注入点快速扩散至全区，把低密度热烟气排至地表，同时隔绝空气，达到降温灭火的目的。

7.5.3 矸石山生态修复的主要技术措施

1. 整地

矸石山一般呈圆锥形，为了满足矸石山植被恢复的栽植工程和水土保持的要求，需要对矸石山进行整形整地。整形整地的要求是形成能够满足工程施工，适合给水排水和植被生长，并便于后期管理的地形。矸石山整形包括修建环山道路、平整山顶、重塑地貌景观、建排水系统。矸石山的整地方式主要有全面整地和局部整地，局部整地有利于蓄水保墒且经济省工。矸石山的整地深度最低限值因植被不同而异：草本植物为 15cm，低矮灌木为 30cm，高大灌木为 45cm，低矮乔木为 60cm，高大乔木为 90cm。同时，整地季节要按照至少提前一个雨季的原则进行，这样有利于植树带的蓄水保墒和增加土壤养分含量。

矸石山的整形整地多采用推平整地、减缓坡度、覆盖土壤及添加营养物质等措施，可较大规模改良矸石山的立地质量。若限于经济实力、土地资源状况和技术水平，难以达到这样的改造程度，只能以较小的整形工程规模、局部的整形措施和较少的经济投入达到尽量改善立地环境的目的。矸石山整形整地的主要目的和作用在于减缓坡度、改善空隙状况，提高土壤的持水和供水能力，改善局部土壤的养分和水分状况，稳定地表结构，减少水土流失，从而便于植被恢复施工，提高造林质量，增加栽植区土层的厚度，提高栽植成活率。

2. 土壤改良

矸石山基质改良的目的是解决土壤的熟化和培肥问题，提高土壤肥力，为植物生长创造条件。矸石山风化较弱，水分营养缺乏，因此直接在矸石山上进行植物栽植很难成活，即使成活也难以养护管理，因此矸石山的植被恢复工程必须进行基质改良。

矸石山的基质改良技术主要包括物理、化学和生物等改良措施。例如，对于过酸的矸石山用碳酸氢盐和生石灰等中和矸石山的酸性，减缓或者消除矸石山的酸性危害。对矸石山施用氨、磷和钾等肥料，也可以快速改变矸石山的养分状况。生物改良是利用对极端生境条件具有适应性的固氮植物、绿肥作物、固氮微生物、菌根、真菌等来改善矸石山表层土壤理化性质的方法。通过基质改良最终使得矸石山能够满足植物生长的需要。

若酸性矸石山未经处理就种植，那么矸石淋溶后的酸性物质会通过毛细作用上升到土层，造成土壤酸化，从而严重影响植物生长和土壤微生物的生成。当植物根系穿过覆土层遇到酸性的矸石时，根系的生长发育将受到影响。一般采用的改良方法是把破碎后的 CaO 或 $CaCO_3$（用量依矸石的 pH 和中和材料的纯度及矸石层的深度确定）均匀地撒入矸石山后，再翻耕 10~15cm。

3. 覆土

根据矸石山表面风化程度的不同，在种植之前，应采取适当的覆土措施，按覆土的厚度不同，可分为不覆土直接种植、薄覆土和厚覆土。对风化程度好的矸石山，一般采用不覆土直接种植，仅需适当整地即可；对于风化程度稍好，表现为矸石山表面酸度过大、含盐量高、表层温度过高时，需要覆土 3~5cm 后才能进行种植，薄覆土栽植植被的根系能够深入矸石深层吸收水分和养分，有利于植物的成活和发育；对于没有风化或风化程度极低的矸石山,即矸石山表面全为不易风化的白矸,大块的岩石不能保肥、保水,必须覆土 50cm 以上后再进行种植,厚覆土虽然可以让植被在短期内迅速生长发育,但由于需要的土方量增加,且运输距离较远,从而提高了复垦投资,所以难以推广。

4. 施肥

进行矸石山复垦种植时,要使植被快速形成,必须施用化肥,但由于矸石山吸附保存养分能力低,故氮肥一次施用量不宜过大,应增加施用有机肥料。

5. 造林树种选择

选择适宜的复垦植物种,是矿山复垦成功的关键。所选植物种应具有耐干旱、耐高温灼热、耐贫瘠、耐盐、抗污染、速生、根系发达及改土作用强的特点,并尽可能选择乡土植物种。豆科植物由于其特殊的固氮作用,能较快地适应和改良严酷的立地条件,被认为是矸石山复垦的先锋植物种,如刺槐、合欢、锦鸡儿、胡枝子、紫花苜蓿、草木樨、斜茎黄芪(沙打旺)、小冠花等被广泛应用。其他植物种如杨树、白榆、火炬树、楝树、臭椿、油松、杜松、云杉、侧柏、沙棘等,也被用于矸石山复垦。

6. 矸石山植物栽培

植物种类的选择是矸石山绿化的关键,应根据矸石山植被恢复与生态重建的目标要求,从实际的立地条件出发,借鉴以往的成功经验,科学并因地制宜地选择树种。树种的选择应坚持适地适植物原则,使植物的生物学特性与矸石山的立地条件相适应,旨在充分发挥植物的生长与生态潜力,达到该立地条件在当前技术经济条件下可能达到的生态、社会和经济效应。这是矸石山植被恢复应遵循的最基本原则。

矸石山的植物栽培,必须在立地环境分析的基础上,首先选择适宜的树种——先锋树种种植在矸石山上;然后在先锋植物扎根以后,随着矸石山生态环境的变化,适时地引进植被演替不同阶段的适宜乡土植物种类,并合理搭配,以便加速植被演替和植被恢复与生态重建进程。可见,需要在不同的阶段适时地补充适应不同时期的植物种,使得不同的树种在不同的时期获得较好的生长环境,健康生长,形成自然的矸石山植被生态系统。此外,应坚持乔、灌、草相结合的原则,最终形成良好的植被生态系统。

7.6 废弃矿山环境与生态修复工程

废弃矿山是煤炭资源枯竭或开采经济技术不合理、安全生产无保证、环保不达标、去产能政策、正常闭矿等原因而废弃或关闭的矿山,范围包括矿区地面及地下采动影响区域。矿山资源类型和开采方式的不同、原始地形地貌的差异,所造成矿山废弃地的类型和立地条件特征也不同。本书主要论述废弃矿山对水环境、土壤环境和生态环境的影响及其相应的修复治理技术。

7.6.1 废弃矿山面临的主要生态环境问题

矿山关停后形成的废弃矿山区域原有植被破坏严重,大面积土地资源被荒废,矿井涌水无法得到妥善处理,部分区域还存在废石堆积和岩石裸露等情况,这对当地的水体、土壤、植被等环境要素产生了消极影响。废弃矿山的生态环境问题主要有以下几点。

1. 地形地貌景观破坏

矿山的开采及排土受开采条件限制，或是不规范、无序的开采方式都有可能对地形地貌景观造成无法恢复的破坏，如山体裸露、地表植被破坏、废弃采矿建筑凌乱等，严重影响了山体原有自然景观的完整性和生态功能，增加了景观的破碎化程度，同时降低了生态连通性和生物多样性。

2. 土地资源损毁

土地资源的破坏表现形式在于土壤层的破坏、侵蚀、污染及退化。矿山开采过程中弃渣杂乱堆放、采坑及矿山建筑都会造成土地资源的破坏，造成水土流失，山坡或矿坑大片基岩出露，矿山因缺少管理多年荒废，土地出现贫瘠化，局部甚至具有石漠化的趋势。

3. 植被破坏

多数矿山的开采方式为露天开采，形成了大小不等的开采面，造成基岩裸露，矿区内树林和植被遭到严重破坏，植被无法生长，甚至长时间无法自然复绿。即使是巷道开采的矿山，弃渣、尾矿乱堆乱排也会破坏附近植被资源，造成生态廊道割裂。

4. 水体污染及资源流失

废弃矿山一般缺少管理，矿企在关闭矿区或停产后没有采取相应的矿井涌水处理措施，矿井涌水流入地表水体，甚至进入地下水，而矿井涌水的成分复杂，类型多样，造成难以处理的水体污染问题。部分采矿活动位于地下水位以上，影响了地下含水层的稳定，增大了含水层的导水渗透能力。也有部分矿区受地下水影响，会选择将水体排空，这又造成了水资源的流失，导致水位下降、工农业供水困难，甚至改变地表植被生态系统。

5. 地质灾害

矿山在采矿过程中会使地形地貌发生巨大变化，由于岩石节理裂隙十分发育，在降雨影响下，雨水沿裂隙面大量入渗，既增大了岩体容重，又降低了裂隙面的力学参数，加大了崩塌发生的概率。而民间偷采、盗采时爆破作业扰动危岩体，留下崩塌、落石、滑坡的隐患。对于露天开采的矿山，边坡处会改变原有的天然平衡状态，此处岩性多破碎、强度较低，稳定性较差；对于地下开采的矿山，地下会形成采空区，导致上覆岩层下沉，易引发地面塌陷；部分矿山废土、废石、残渣等堆放不当，也常发生滑动、变形，遇强降雨天气易引发泥石流。

7.6.2 废弃矿山生态环境问题带来的危害

废弃矿山对于生态环境的危害主要表现在水、土壤、植被、地质等方面。开采年份较早的矿区，在进行矿山建设、开采、选矿等作业时，不够重视矿区及周边生态环境的保护，给原有生态环境带来破坏。

露天采矿对原有地形地貌的破坏会造成大量土地被占用、废弃，而地下开采又会造成地面沉降、塌陷的问题。矿区土地的损毁、破坏的影响还会向周边地区扩散。对废弃矿山来而言，如果缺少相应的生态治理措施，矿区原先存在的问题经过长期的发展，会产生一系列生态环境方面的问题。我国因矿山开采引发的地质灾害时有发生，地面塌陷、裂缝、地面沉降、滑坡、崩塌、泥石流及尾矿坝溃坝等都是废弃矿山常见的地质灾害。废弃矿山若不进行有效的治理，不仅严重影响周围环境，而且极易造成人民群众生命安全受到威胁或财产受损，影响周边居民的正常生活，造成难以预估的经济损失。

除此之外，采空区上部塌陷和采矿建矿过程中强制性抽排地下水、地表水，很容易造成水条件破坏和水条件失衡，导致地下水水位下降、地表塌陷。而废弃矿山涌水带有复杂且难处理的污染物，如果未进行有效处理，则会危及水资源环境，严重的会造成无法复原的污染，从而影响大气、土壤、动植物，危害人体健康。

7.6.3 废弃矿山涌水治理技术

1. 矿井涌水的来源

矿井涌水受自然环境和开采活动影响，主要来源于大气降水、地表水、采空区水、含水层水和断层水。

（1）大气降水

大气降水是矿井涌水的主要来源，取决于矿山所处地理位置的气候条件。大气降水中的一部分会自然蒸发和进入地表径流，剩余部分则会沿岩石的孔隙和裂隙进入地下，或直接进入矿井。

（2）地表水

地表水分布在矿井附近的河流、湖泊、水库等地表水体，可直接或间接地通过岩石的孔隙、裂隙等流入矿井。

（3）采空区水

采空区水是生产活动形成的采空区和废弃巷道在停止排水后持续累积的地下水。采空区由于空间较大，会形成大量积水，若在揭露采空区时未做好控制措施，短时间内涌出的积水容易造成严重的事故。

（4）含水层水

含水层能够储存一定量的地下水且不使其流失，根据岩层的性质具有透水或隔水的能力，外部来水会优先补充含水层，再进入矿井。含水层中地下水储量主要分为静储量、动储量等。静储量是指充满未被破坏的含水层的地下水量，在初期影响矿井水的产生。动储量是指侧向补给量，即大气降水、地表水等对含水层的补充量，它具有长期影响。

（5）断层水

断层水是断层破碎带处的积水，断层破碎带可与不同含水层以及地表水沟通，在断层交叉处最容易发生透水事故。

2. 矿井涌水问题及危害

（1）污染生态环境

矿井涌水外排会引发地表水体污染及地下水污染。矿井停产关闭后的涌水无法得到处理而排入地表，进入矿区周边的水体中，涌水中含有大量被氧化的铁离子等带有明显颜色的金属沉降物，如红褐色氢氧化铁，导致河沟河道中的水体及底泥呈现红、黄色，造成水生动植物的减少与死亡。涌水若经下游河道通过碳酸盐岩等区段，容易通过地表渗入岩溶地下水含水层，造成岩溶水水质的持续恶化，从而污染地下水及饮用水源地，部分涌水中甚至带有锰、汞、镉、铬、铅等有毒重金属，引起更严重的污染问题。

由于土壤表面带有亲水基团，涌水排入地表后更容易被土壤吸附，水中的重金属、硫酸根等会破坏土壤结构及酸碱平衡，影响土壤肥力、养分有效性、微生物活动，产生有害物质，进而影响植物的生长发育，若计划恢复为耕地，则还会影响作物产量，甚至因污染程度严重而失去作为耕地的基本条件。

（2）影响居民生产生活

矿井涌水一旦接触到周边居民的生活环境，污染水源及土壤，则会直接或间接地影响居民的生产生活，危害人体健康。

涌水中含有的铁元素能在白色织物、用水器皿或卫生器具上留下黄斑，还容易使铁细菌繁殖，堵塞管道。饮用水中铁含量过多会引起食欲不振、呕吐、腹泻、胃肠道紊乱、大便失常等症状。

含量过高的锰进入人体轻则引起口腔黏膜糜烂、恶心、呕吐、胃部疼痛，重则发生胃肠道黏膜坏死，引起腹痛、便血，甚至休克或死亡。

部分涌水中会存在对人体危害性更大的有毒重金属。金属汞会危害中枢神经系统，使脑部受损，轻者引起运动失调、听力困难等症状，重者会导致心力衰竭而死亡。金属镉能够在肾脏、骨骼、肝脏等器官中长期积累，镉中毒可引起包括疲劳、头痛、恶心、呕吐、腹痛、骨痛、关节痛等症状，严重时会导致肾功能损害、骨质疏松、贫血，影响生殖系统，增加癌症风险。

3. 涌水治理技术方法

（1）主动式处理技术

涌水主动式处理主要以物理化学法为主，是指通过投加其他化学品的方式以提高水体pH，中和酸度并沉淀金属元素，或是通过吸附浓缩来减少水中的离子浓度。

1）中和法。酸性矿井水主要来源于煤矿，是在开采过程中硫铁矿与空气、水接触，在微生物的作用下反应产生的矿井水。中和法是向酸性废水中加入一定量的碱性物质，提高废水的pH，同时使其中的金属离子生成沉淀，与废水进行分离。常用的碱性化学试剂有$Ca(OH)_2$、CaO、$NaOH$、Na_2CO_3、NH_3等。中和法将碱性物质作为原料成本低廉，处理效率高且效果显著，在经济效益、操作难易度及施工设备的角度上都具有一定的优势。然而中和法除具有在处理过程中需要持续地投加药剂、产生废渣、造成二次污染、腐蚀设备管道等缺点之外，不同的碱性药剂同样具有各自的缺陷，如使用CaO产生的污泥状沉淀容易造成堵塞，在熟化过程中会产生热量，不适合长期储存，而Na_2CO_3在铁浓度>10mg/L时需要混合使用，颗粒在料斗系统中可能会吸收水汽。

2）吸附法。吸附法是利用具有多孔性质的固体吸附剂将矿井涌水中的重金属吸附于材料表面的处理方法，吸附材料以沸石、活性炭、膨润土等为主，可在脱附处理后重复利用，采用此方法能够同时吸附多种重金属离子，但成熟的吸附剂价格较高，且需要考虑吸附饱和后吸附剂的处理处置问题。近年来，不少研究致力于寻求新型经济耐用的吸附材料，以及通过改性的方法提高吸附剂的活性。

3) 膜分离法。纳滤、反渗透、电渗析等膜分离技术可有效去除涌水中的重金属。反渗透法的应用较为常见，通过反渗透膜在外界压力下能够使溶剂在高浓度一侧透过膜向低浓度溶液中扩散的功能，纯化矿井涌水，将清水与金属离子分离，使金属离子在反渗透浓缩液中浓缩。膜分离法具有设备占地小、适用范围广、能耗低等优势，但膜在运行使用过程中容易产生膜污染和结垢的问题，分离后，为了避免二次污染，需要对浓缩液进行后续处理，费用高昂。

4) 离子交换法。离子交换法是利用固体离子交换剂与溶液中相应离子的离子互换反应分离出废水中污染物，一般在装填有离子交换剂的交换柱中进行。离子交换剂分为无机和有机两大类，无机离子交换剂有天然沸石、合成沸石、磺化煤等，有机离子交换剂通常是指人工合成的离子交换树脂，按可交换离子的种类，离子交换树脂可分为阳离子交换树脂和阴离子交换树脂。离子交换法处理废水的投资费用较高，但处理量大，出水水质好，易于回收废水中的有用物质。

(2) 被动式处理技术

被动式处理技术依靠自然环境中的生物、地球化学和物理过程来改善水质。被动式处理技术相较于主动式处理技术更适用于废弃矿山，它的使用方法和运行效果受矿山当地气候、矿井涌水组成和运营成本影响。主要的被动式处理技术可以分为生物系统处理技术和地球化学系统处理技术。

1) 生物系统处理技术。生物系统处理技术包括好氧人工湿地、厌氧人工湿地、垂直流人工湿地、生物反应器、锰去除床等。

人工湿地由一定长宽比及底面坡降的洼地构成，在洼地内填充如土壤、砾石碎石、砂等填料构成填料床，并选用耐酸性能好、成活率高、抗水性强、生长周期长的水生植物，构成独立的人工生态处理系统。人工湿地广泛应用于矿井水的低成本处理，综合利用湿地中的水体、植被、土壤，以物理、化学和生物方法协同去除污染物。湿地中去除机制较为复杂，各种反应之间相互作用，其中物理作用有沉淀过滤，化学作用有阳离子交换附着沉淀、金属氧化水解、碱性金属沉淀、金属硫化，生物作用有利用植被沉积、微生物还原以固定等。填料是湿地的基质与载体，污水中的不溶性污染物经填料过滤、截留，可溶性化合物通过吸附、离子交换、氧化还原反应等作用转化成不溶状态，从水体中沉淀出来。这些沉淀物在湿地生态系统中经光合作用、呼吸作用、发酵、硝化、反硝化等生物反应过程，以及在水体植物和微生物好氧、兼氧及厌氧状态下通过开环、断键，分解成简单小分子，实现对污染物的降解、吸收和去除。由于主要利用自身的生态自净功能去除污染物，人工湿地的基建运行费用较低，维护简单方便，抗冲击负荷的能力强，可以根据不同的需求因地制宜进行设计，适用范围广。然而湿地自身的劣势也不容忽视，如占地面积大，作为开放的空间容易受到病虫害的影响，同时生物和水力的复杂性加大了对其处理机制、技术动力学和影响因素的认识，由于设计运行参数不正确，设计不当，水不能满足设计要求，或者不能满足标准排放，有些人工湿地反而成为污染源。

生物反应器又称为硫酸盐还原生物反应器，此技术通常在反应器中将石灰石与有机物完全混合，与垂直流人工湿地相似，区别在于生物反应器以有机物为主要反应物。生物反应器使用微生物还原硫酸盐作为主要的处理方式,在实际应用中多数基于硫酸盐还原菌,形成有机底物注入或渗透反应墙的修复技术。

2)地球化学系统处理技术。地球化学系统处理技术主要包括缺氧石灰石排水沟、开放石灰石通道、钢渣淋滤床、导流井、石灰石浸出层、低 pH 铁氧化通道等。

缺氧石灰石排水沟即充满石灰石的沟槽,矿井涌水通过流经沟槽,在低溶解氧和高二氧化碳分压条件下,石灰石与酸性水接触,提高 pH。排水沟产生碱的成本与混合湿地相比更低,适用的 pH 范围较宽,但是缺氧石灰石排水沟有一定的局限性,并非所有废水都适合用此技术进行预处理。限制使用缺氧石灰石排水沟的主要化学因素是 Fe^{3+} 或 Al,含有 Fe^{3+} 或 Al 的酸性水与石灰石接触时会溶解,导致石灰石表面产生沉淀,堵塞石灰石间的空隙,降低系统性能,缩短了有效寿命。

开放石灰石通道是一个填满石灰石的露天沟渠,一般在陡峭山区用大尺寸石灰石建造而成。处理涌水的物理原理与缺氧石灰石排水沟类似,矿井涌水流入沟中与溶解的石灰石产生的碱发生反应,直接中和氧化金属离子。作为一种最简单的被动处理方法,运行时只需每半年或间隔更长的时间把碎石灰石直接加入通道中,但当流量过大时金属会在石灰石表面发生沉积或堵塞石灰石通道,影响系统净化效率。因此这项技术适合处理金属浓度较低的矿井涌水,或是可以通过延长通道长度或水力停留时间来进行补偿,此外,暴雨冲刷或者物理机械作用可以提升一定的效率。在实际应用中通常将开放石灰石通道和其他被动系统结合起来使用,从而达到最佳的处理能力。

石灰石过滤床是由直径 2~10cm 的粗石灰石填充的小盆地,用于处理碱和金属离子含量较少的酸性矿井涌水或预处理低 pH 矿井涌水,一般建设于上涌处或地下矿井的排放处。若条件允许,可将自冲系统集成到过滤床系统中,以更好地控制停留时间,同时提供更有效的絮凝去除作用。钢渣淋滤床则是将金属矿渣磨成细砂作为填料,用于处理不含 Fe、Mn 或 Al 的涌水。钢渣的碱度在 45%~78% $CaCO_3$ 当量范围内,产生碱的潜力较大。这两种技术所采用的材料普通,价格低廉,同时可以提高碱度,适用于金属离子浓度较低的水体,但随着时间的推移,系统内的碱度会逐渐降低。

导流井又称转换井,最初是在挪威和瑞典为处理降雨引起的水流酸度而开发的,在美国东部最早用于矿井涌水处理。典型的导流井由一个垂直的金属或混凝土的圆柱体罐体组成,井内填满砂石大小的石灰石,一般直径为 1.5~1.8m,深为 2~2.5m。矿井涌水通过管道引入导流井口,然后在井中流过石灰石表面,酸性水搅动石灰石颗粒,使其溶解产生碱度。井中的石灰石必须经常补充,通常每周或每月补充一次。

7.6.4 废弃矿山生态修复技术

废弃矿山生态修复是指通过物理修复、化学修复、生物修复等多种方法,修复和改善原开采地区的生态环境、土地资源和社会功能,以减少矿业活动对环境的影响。

1. 物理修复

物理修复是通过改变地表形态、土地利用方式、重建地质景观等方式,恢复矿山区域的自然形态和地貌,减轻环境影响。物理修复技术由于其具有操作简单、处理效果明显的优点在废弃矿山修复中应用广泛,它的局限性在于耗费资源较多、工程量较大。

1)填平法通过填充矿渣、煤矸石等废弃物来改变地表形态和地貌,提高土地利用效率。

2)土壤覆盖法是在地表上覆盖一层肥沃的土壤,利用其改善植被生长条件和土地生态功能。

3)贴岩法在大风、干旱、缺土等困难立地的矿山治理区域铺设矸(块)石或岩石,重建地质景观和生态环境,利于区域扬尘控制以及地被物种入驻自然修复。

4)地形削减法通过削减矿山区域的地形高度,减轻矿区对环境的影响,同时增加土地利用面积。

5)隔离法是指利用水泥和石板等防渗材料把污染物与自然环境分开,将污染物隔绝起来,阻止污染物进一步扩散的技术。

6)电动力学法是将电极插入受污染土壤中,利用电渗析和电泳等原理使污染物迁移的方法,此方法尤其适用于多种重金属同时污染的土壤环境中。

2. 化学修复

化学修复是通过添加化学物质,改变土壤中重金属形态或降低重金属的迁移性,改善土壤结构和提高土壤质量,使其恢复原有生态功能的修复方法。化学修复法见效快,受自然环境因素影响小,但无法将重金属从土壤环境中转移,因此存在二次污染的风险。化学修复法主要包括土壤改良、污染物吸附和中和等。

营养元素添加法是在矿山治理区域内添加有机肥料(腐殖质)或土壤改良与调理材料,改善土壤质量和提高植物生长量。中和法利用酸碱反应原理,将酸性土壤中的酸性物质进行中和,减少对环境的危害。吸附法则是利用化学物质吸附污染物,减少其对环境的危害,如添加黏土、石灰、人工合成材料等吸附性物质。

土壤改良法中改良材料是关键,根据修复目标选择材料,一般选用方向为有机物质或矿物材料。废弃矿山土壤通常缺乏有机质,添加腐烂的植物残体、堆肥等有机物质可以显著提升土壤有机质含量,改善土壤结构和保水能力。有机物质富含养分,提供氮、磷、钾等必要养分,能够促进植物生长,为微生物提供能量和营养,促进土壤微生物的繁殖和活性,有利于养分的循环和分解。同时有机物质的分解能够产生胶体,有助于改善土壤颗粒结构,提升土壤通透性和保水能力,调节土壤酸碱度。而利用矿物材料是由于废弃矿山土壤常呈酸性,通过添加石灰以中和土壤的酸性,改善土壤环境,促进植物生长。一些矿物粉末具有吸附能力,可以减少土壤中有害物质的生物有效性,降低重金属的毒性。如添加黏土、矿渣等矿物材料,能够改变土壤质地,提升土壤的保水能力和通透性。

3. 生物修复

生物修复是利用植物、微生物等生物体,改善矿山区域的生态环境和土壤质量的修复方法。生物修复可以提高矿山区域的生态系统稳定性和土壤肥力,促进植被恢复和生物多样性的增加。

(1)植物修复

植物修复是指利用具有抗逆性、快速生长和适应性强的植物,修复受损的生态系统,而植物的根系可以渗透并固结土壤颗粒,减少土壤侵蚀,提高土壤的抗侵蚀能力。植物修复的主要目标是恢复植被，增强土壤稳定性，防止土壤沙化与水土流失，使生态系统能够进行自我调节。

沙生植物、旱生植物等抗逆植物具有较强的逆境适应性，多以本土化为主，利于矿山环境的生长和繁殖。绿肥种植是利用高产、耐旱的绿肥作物进行种植，增加土壤有机质含量，改善土壤质量。灌木种植是利用灌木在根系发育较为发达，具有良好的土壤保持能力的优势，也是很好的动物栖息地和食物来源。此外，还可在矿山区域进行森林建设，增加植被覆盖率，改善土壤质量和水文条件。

（2）微生物修复

微生物修复是利用微生物对有害物质进行降解、转化和吸附，以达到修复矿山环境的目的。微生物修复技术因可用于废弃矿山的原位修复而具有广阔的应用前景和发展潜力，但矿山地理与自然环境多数较为恶劣，微生物在生长发育过程中能否适应当地环境是关键问题。

微生物修复技术可以提高土壤肥力，通过土著菌的提取、分析、培养和添加，改善土壤结构和有机质含量；也可直接喷施作用于表面，建立苔藓地被等；或是通过菌种的选育和培养，处理有机物或重金属等目标污染物。

4. 联合修复

废弃矿山环境的实际情况往往复杂多样，单一的修复技术通常无法达到处理目标与最佳处理效果，多种修复技术的组合更符合当前的治理需求，大多数实际工程会根据具体情况设计形成具有针对性的治理模式。生态修复技术常见的组合方式有物理-化学联合修复技术、化学强化植物修复技术和微生物强化植物修复技术等多种复合修复方式。

7.6.5　废弃矿山治水增汇工程实例

通过广元市关闭煤矿井涌水治理模式，对相关涌水治理技术进行分析，以期为废弃矿山涌水治理与减排增汇的相关研究和工程设计提供借鉴。

1. 项目背景与存在问题

广元市矿井关闭时间为1995—2013年，废弃矿山及小煤窑的规模大多小于6万t，由于时间跨度较大，且关闭前未进行过地质勘察工作，矿山的相关资料较少。经过地面调查、地质剖面测量、地面物探、地形测量、水样采集、井下调查等水文地质调查等工作，总结得出广元市关闭矿井涌水的状况及问题。

广元市关停矿企492家，其中52家矿企管理生产作业的128个矿井存在涌水污染的情况，在旺苍县、苍溪县、利州区、朝天区、剑阁县等多个区县都存在污染问题，且多数矿井关停时仅采取简单措施，对矿井口进行了简易封堵。

受自然环境和社会经济发展影响，广元市地区丰水期的水量是枯水期的5倍以上，个别矿井涌水的总铁值超标1000倍，水质、水量波动大。部分时段的涌水带有较强的酸性和腐蚀性，这对治理提出了更高的要求。同时，当地交通、电力等基础设施不够完备，井下的勘察与施工条件较差，相关矿山矿井的资料缺失严重，加大了精准治理的难度。

此外，广元市当地矿井开采欠缺相应的管理治理规范和标准，矿企关闭矿井时没有制订环保措施，各部门的职能边界不够明确。对于广元市地区的废弃矿井涌水治理而言，国内外尚无经济且可行性高的治理技术和方案先例。经过初步估计，区域内 128 口矿井的末端治理设施总投资约达 20 亿元，年运行费用约为 2 亿元，使用传统治理方法投资过大。

2. 治理模式简述

（1）内外疏排减量

将井内、井外的疏排方式分别设计，井内疏排的技术原理为注浆截流，实现雨污分流、清污分流，适用于矿井内岩溶裂隙发达或有溶洞、暗河的情况。井外疏排的原理为疏通井口、改道收集，适用于矿井井口破损且周边存在农田、居民等环境敏感点的情况。

朝天区关口煤矿 4 号井口涌水量最大为 $2160m^3/d$，采用井内疏排的模式，在井口末端治理前，先对井内岩溶裂隙发育通道进行注浆截流，阻断降雨进入煤层产生水岩作用，实现源头减量。

旺苍县老双汇煤矿在充分查清涌水补给通道的情况下，对井内原有溶洞先行实施注浆截流，减少涌水量，降低后续治理的工程量。

旺苍县狮子岭煤矿原 2 个井口已经塌陷，所以采用井外疏排，涌水在基本农田四周散排，通过统一改道建设 380m 防渗曝气渠，涌水全部收集至后续末端治理设施，减少了对环境敏感点的影响。

（2）矿井封堵截污

该技术主要通过井口密闭封堵方式将老空水密闭于采空区内，促使老空水水位上升，将老空水全部或部分永久封闭在采空区内，减少地下水与采空区的接触范围，同时能减少大气降水对地下水的入渗补给。最理想的状态是采空区内全部灌满水，地下水无法进入采空区，恢复到煤层开采前地下水径流条件，则不会形成污染矿井水。封堵截污主要适用于矿企已废弃或关停且周边无在产矿，施工条件较好，周边无环境敏感目标，水文地质补给、径流、排泄条件明确、工程地质条件良好的矿井。

修复工程对旺苍县 6 家矿企 18 个井口的注浆封堵治理，减少日均涌水 8000 余吨。通过一年观测，13 个封堵井口及其周边未见异常渗水，1 个封堵井口受汛期地质灾害影响需重新治理，剩余 4 个井口发生了异位少量渗水情况，渗水量仅占原涌水量的 30%左右，经收集疏排未对区域环境造成显著影响。

（3）末端治理减污

末端治理主要适用于在产矿，而对不具备封堵治理的废弃矿井，必须在具备建设污水设施的条件下，才能建设末端污水设施进行治理，以防止水污染的扩散。常用的末端治理方法有混凝沉降法、化学氧化法、锰砂过滤法、人工湿地、微生物菌剂等。

旺苍县振华矿业日均涌水量为 40t，投资 315 万元，采取"收集过滤吸附+多级跌水曝气+物理滤床"处理工艺建设污水滤床一套。pH 由 2.6 提升至 6 以上，铁浓度由超标 308 倍降低至超标 2 倍以内。

旺苍县狮子岭煤矿投资 800 万元建设日处理污水 300t 的污水站，原理为"化学中和反应+絮凝沉淀"，pH 由 1.6 提升至 7 左右，铁浓度由超标 296 倍降至达标。

剑阁县新五房沟煤矿和弘发煤矿涉及 7 口矿井，特征是涌水量大，井口距离河道近、距离饮用水源地近、距离居民近。末端治理采用"多级跌水曝气+无动力滤床"成套创新工艺，利用天然地势高差，经水力跌曝，富氧矿井涌水在熟化的砾石、石灰石和锰砂的吸附催化氧化作用下过滤去除总铁，出水清澈。7 口矿井划定管控风险管控区域，实施综合管控。

（4）区域管控风险

区域管控以风险防控、降低污染物浓度、缩减影响范围为治理目标，充分利用河道的地形和水力条件布设工程措施，且不会造成河道淤塞。具体措施如实施人畜饮水迁建、调整种植结构、加强水质监测，就近储备应急物资等。该方法适用于对经地勘察调查及风险评估不具备"堵、治"条件，以及环境风险小且风险可控的矿井涌水，通过采取风险管控措施可以保障民众生产生活及恢复生态环境。

朝天区关口煤矿 3 号废弃井口每日涌水 4.2 万 m^3，涌水量大，总铁超标倍数低。对其实施三段分区管控后，将原影响河道距离由 4km 缩小至 150m 范围内。第一段自井口起建设疏排渠道、跌水坎、曝气池、沉淀池，大幅降低污染物浓度。第二段在第一段末端至下游河流汇入口之间的 450m 山体溪沟区域，利用其周边无敏感点、落差为 75m 的特点，设置 9 道曝气跌水坎及沉淀段，实现自然曝气和沉淀，再次降低污染物浓度。通过区域管控治理，总铁削减量达 79.45kg/d，总锰削减量达 3.03kg/d。

思 考 题

1. 请简述矿山土地复垦与生态重建工程的技术要则。
2. 矿区生态修复的对象主要包括哪几类？以及矿区生态修复的步骤包括哪些？
3. 废弃矿山面临的主要生态环境问题有哪些？其主要环境污染治理与生态修复技术有哪些？

第 8 章
煤矿碳中和及煤矿区碳汇技术体系

8.1 概述

2015 年 12 月,巴黎气候变化大会上通过的《巴黎协定》提出,把全球平均气温较工业化前水平升高控制在 2℃ 之内,并努力把升温控制在 1.5℃ 之内,并在 21 世纪下半叶实现温室气体零排放,首次明确了全球实现碳中和的总体目标,为世界绿色低碳转型发展指明了方向。

8.1.1 碳达峰和碳中和

1. 碳达峰和碳中和的概念

(1) 碳达峰

碳达峰是指 CO_2 排放量达到历史最高值,即峰值,然后经历平台期进入持续下降的过程,是 CO_2 排放量由增转降的历史拐点。

(2) 碳中和

狭义的碳中和是指 CO_2 的中和,即某个地区在规定时期内人为活动直接和间接排放的 CO_2,通过利用新能源减少碳排放、碳捕集利用与封存、植树造林等人为的碳移除和碳汇补偿手段,与自身产生的 CO_2 相互抵消,实现 CO_2 排放与吸收的平衡(图 8-1)。广义的碳中和还包含净零排放和气候中性等。

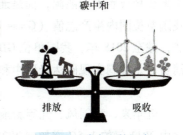

图 8-1 碳中和的概念

2. 碳达峰和碳中和的目标

2020 年 9 月 22 日,国家主席习近平在第七十五届联合国大会一般性辩论上发表重要讲话:"中国将提高国家自主贡献力度,采取更加有力的政策和措施,二氧化碳排放力争于 2030 年前达到峰值,努力争取 2060 年前实现碳中和。"实现碳达峰、碳中和,是着力解决资源环境约束突出问题、实现中华民族永续发展的必然选择,是构建人类命运共同体的庄严承诺。

到 2030 年,经济社会发展全面绿色转型取得显著成效,重点耗能行业能源利用效率达到国际先进水平。单位国内生产总值能耗大幅下降；单位国内生产总值 CO_2 排放比 2005 年下降 65% 以上；非化石能源消费比重达到 25% 左右，风电、太阳能发电总装机容量达到 12 亿 kW 以上；森林覆盖率达到 25% 左右，森林蓄积量达到 190 亿 m^2，CO_2 排放量达到峰值并实现稳中有降。

到 2060 年，绿色低碳循环发展的经济体系和清洁低碳安全高效的能源体系全面建立，能源利用效率达到国际先进水平，非化石能源消费比重达到 80% 以上，碳中和目标顺利实现，生态文明建设取得丰硕成果，开创人与自然和谐共生新境界。

碳达峰的核心目标是在可持续发展框架下降低碳排放，尽量减少温室气体的排放量。碳达峰实际上意味着在一定时间范围内，碳排放总量逐渐增长并达到最高点后开始下降，并在未来的一段时间内保持较低水平。

碳中和更进一步意味着将温室气体的净排放量降低到零或接近零。实现碳中和的关键是通过更多采用可再生能源（如太阳能、风能）、能效提升、碳捕捉与储存技术、碳抵消等措施，以及改善大气质量、森林保护和植树造林等自然保护措施，减少人类活动产生的温室气体排放量。

8.1.2　碳中和目标下我国能源发展方向

能源领域是我国实现碳达峰碳中和的核心所在，但不意味着要完全不使用煤炭和化石能源。借鉴欧美等发达国家和地区碳达峰前后的能源消费、碳排放强度等基本特征和变化规律，结合我国能源资源禀赋和经济社会所处发展阶段，碳中和目标下我国能源发展主要有以下五大发展方向。

1. 大力发展节能技术，提高能源利用效率

节能可直接减少能源消费，是最显著、最直接的碳减排。节能提效是实现碳中和目标的优先发展路径，以节能提效促少用，通过少用减少碳排放。特别需要强调的是，节能不是简单地少用或者不用能源，而是通过全面提高能源利用效率来减少能源消费总量及能源浪费。我国单位国内生产总值（Gross Domestic Product，GDP）能耗自 1988 年以来呈现快速下降趋势，截至 2018 年，我国单位 GDP 能耗为 0.56t 标准煤/万元。提高能源利用效率，减少能源消费，是我国实现碳达峰碳中和最重要的途径。

2. 大力发展新能源技术，优化电力结构

近年来，我国风、光等新能源发电技术快速发展，装机容量快速提升，风、光发电量占比由 2011 年的 1.5% 增加到 2020 年的 9.4%，推动非化石能源电力在我国电力结构中的占比显著上升，由 2011 年的 18.3% 增加到 2020 年的 31.5%，但依然没有改变我国以火电（煤电）为主的电力结构，如图 8-2 所示。

通过与欧美发达国家现代化进程和碳达峰前后电力结构对比可知，我国电力结构还需要持续优化，然而我国天然气增产有限，难以像美国那样将天然气作为发电的第一大能源。碳中和目标下，我国应大力发展风能、太阳能、地热能等可再生能源发电，逐步提高非化石能源发电占比，持续优化电力结构，重点发展"风电/光电+储能"技术，提高新能源发电稳定性与可持续性。

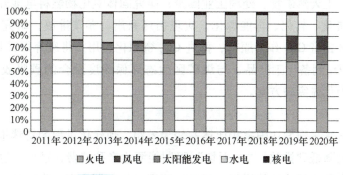

图 8-2　2011—2020 年我国电力结构

3. 大力发展"清洁煤电+CCUS",推进煤炭低碳利用

燃煤发电占我国煤炭消费的一半左右,是最主要的利用方式,并且燃煤发电主要利用煤炭的热值,碳元素几乎全部转变为 CO_2,是煤炭利用碳排放最集中的领域。我国建成了全球最大的清洁煤电体系,**86%** 的燃煤发电机组实现了常规污染物超低排放,制约煤电发展的不再是常规污染物排放问题,而主要是碳排放问题。虽然新能源电力发展速度较快,但是基数小,在发电量中占比还比较低,同时由于新能源电力的不稳定性,需要燃煤发电作为基底支撑电力调峰。我国的清洁煤电将长期存在,并发挥重要作用。碳达峰碳中和并不是不产生 CO_2,而是产生的 CO_2 被利用或封存了,碳捕集与封存(Carbon Capture and Storage,CCS)以及碳捕集、利用与封存(Carbon Capture, Utilization, and Storage,CCUS)被认为是实现碳达峰碳中和的关键技术,世界各国对此高度重视,纷纷加大研发力度,在 CO_2 驱油技术等方面取得了积极进展。虽然,当前该类技术成本还比较高,封存 1t CO_2 需要数百元,但是随着技术的进步,成本有望逐步降低到可以接受的水平。大力发展"清洁煤电+CCUS",是从以煤为主的能源资源禀赋等国情出发,推进煤炭清洁高效利用等国家需求的重要内容,也是推动我国能源绿色低碳转型的发展方向。

4. 大力发展少碳、用碳、零碳能源原理创新,加快颠覆性技术研发

传统化石能源的利用方式具有高碳排放的固有特性,依靠现有技术延续式创新,很难实现零碳排放,亟须推进少碳、用碳、零碳能源原理创新,加快颠覆性技术研发:研究和应用煤基燃料电池发电新技术等低碳燃烧、低碳转化技术,推进利用过程少碳;研发和应用 CO_2 制甲醇等碳转化技术,推进碳资源化利用;研发和应用低成本碳捕集及井下封存技术,为不能资源化利用的 CO_2 提供最后的处置保障。

加快 CCS/CCUS 技术攻关,不断提升 CO_2 大规模低能耗捕集、资源化利用与可靠封存技术水平,突破大容量富氧燃烧、燃烧后 CO_2 捕集、CO_2 驱油/气/水、CO_2 封存、监测预警等关键技术;同时利用现代煤化工高浓度、高压 CO_2 排放的特征,推进驱油、化工等 CO_2 捕集、利用与封存商业化示范,探寻低成本碳处理途径;以百万吨级示范工程为抓手,推进 CC/CCUS 技术商业应用;探索 CO_2 埋存与油田提高采收率(Enhanced Oil Recovery,EOR)工程一体化实施路径,形成完整的 CO_2 捕集、利用和封存产业链。

重点探索 CO_2 矿化利用的 CCUS 减排技术路线,将 CO_2 作为资源加以利用,进行 CO_2

矿化输出能源、加工天然矿物、处理工业固废；研究固体氧化物燃料电池开发利用技术，在电池组内对 CO_2 催化、转化、再能源化，实现循环利用、零碳排放；研究 CO_2 催化转化制甲醇等碳转化技术，将 CO_2 作为原料，推进 CO_2 资源化利用；将废弃煤矿地下空间碳封存、CO_2 矿化发电、CO_2 制备化工产品、与煤矿区生态环保深度融合的碳吸收等新型用碳、固碳、吸碳技术作为优先突破方向。

5. 转变能源"双控"政策要求，以政策倒逼技术进步

我国的现代化水平同发达国家相比还有较大差距，现代化进程的持续推进仍需要较大的能源消费支撑。为降低碳排放，"一刀切"限制能源生产和消费，过早、过紧控制能源消费总量和强度，将会影响经济持续增长，影响我国现代化如期实现。为实现减排不减生产力的目标，应将控制能源消费总量和强度的政策，转变为控制能源消费碳排放和提高能源利用效率的新"双控"政策，引导和倒逼碳减排技术进步，促进碳中和技术自立自强。

20世纪90年代，我国由于燃煤粗放等原因导致了严重的酸雨污染问题。一些地区燃用高硫煤，燃煤设备未采取脱硫措施，致使 SO_2 排放量不断增加，由城市局地污染向区域性污染发展，出现了大面积的酸雨污染。1995年，我国煤炭消费量12.8亿t，SO_2 排放量2370万t，酸雨污染面积高超300万 km^2，我国西南、华南地区形成了继欧洲和北美之后的世界第三大酸雨区。

针对酸雨污染问题，国家连续出台了一系列政策措施推动 SO_2 减排。1995年8月，国务院批准将已经产生、可能产生酸雨的地区或者其他 SO_2 污染严重的地区划定为酸雨控制区和 SO_2 污染严重的地区；1996年8月，国务院发布《关于环境保护若干问题的决定》，提出实施包括 SO_2 在内的污染物排放总量控制；此后逐步严格排放标准、收缩排放总量控制限值，以政策倒逼燃煤污染物控制技术进步，既破解了我国酸雨问题，同时倒逼我国的除尘脱硫技术发展到世界领先水平。

从减排措施和减排力度方面，可将我国 SO_2 减排划分为以下三个阶段：

第一阶段（1995—2000年）。限期淘汰列入国家和地方淘汰名录的技术落后小煤电、小锅炉等；推动条件合适的小火电机组改造为热电联产、综合利用机组，实施先停后改，并按项目审批程序报批环境影响评价等有关文件，落实污染物总量控制指标。同时，电力管理部门、物价部门等管理部门加强监管力度，采取下达解网通知，取消其上网电价等强制措施。通过小煤电、小锅炉淘汰改造，该阶段我国煤炭消费量虽然增长6.0%，但 SO_2 排放量下降超过10%。

第二阶段（2001—2010年）。实施已有燃煤电厂规定期限建设烟气脱硫设施、新建燃煤电厂同步配套烟气脱硫设施等措施，加快燃煤电厂脱硫设施建设与配套，同时实施连续在线监测，要求所有电厂必须安装烟气连续在线监测仪器，监测燃煤机组 SO_2 等污染物排放。通过实施这些措施，该阶段我国煤炭消费量增长157.2%，但 SO_2 排放量仅增长9.5%，并实现 SO_2 排放达峰（2006年为2588.8万t）后稳步下降。

第三阶段（2011—2020年）。对燃煤电厂 SO_2 排放控制越发严格，出台了《火电厂大气污染物排放标准》《煤电节能减排升级与改造行动计划（2014—2020年）》《全面实施燃煤电厂超低排放和节能改造工作方案》等多项政策，要求所有具备改造条件的燃煤电厂力争

实现超低排放，要求在基准含氧量6%条件下，SO_2排放浓度不高于$35mg/m^3$。通过持续研发并应用燃煤SO_2超低排放技术，86%的燃煤电厂实现了包括SO_2在内的常规污染物超低排放。该阶段我国煤炭消费量增长15.8%，而SO_2排放量下降了近80%。

我国SO_2减排历程充分说明了减排不是简单地减少煤炭使用，而要以政策倒逼技术进步，以先进技术推进减排。我国SO_2减排实践为实现碳减排进而如期实现"双碳"目标提供了成功经验。

2021年12月10日，中央经济工作会议明确"要科学考核，新增可再生能源和原料用能不纳入能源消费总量控制，创造条件尽早实现能耗'双控'向碳排放总量和强度'双控'转变"。一些省份已将新增可再生能源和原料用能不纳入能源消费总量，以政策倒逼碳中和技术进步的发展环境逐步形成。

8.1.3 碳中和目标实施的技术体系

实施碳中和目标需要建立一个全面的技术体系，涵盖能源、资源、信息、交通运输、工业、建筑、农业等各个领域。其中能源、资源、信息是三大重要减碳领域，耦合地质存碳和生态固碳，支撑国家、地区实现碳中和；工业、交通运输、建筑及农业领域是我国国民经济重要支柱产业，也是温室气体主要的直接排放源。根据国家统计局《中国统计年鉴：2020》数据及IPCC活动水平部门分类标准，我国工业领域能源消耗总量最大，达253006万t标准煤，其次分别是交通运输、建筑及农业领域。结合重点产业的生产及排放特点，提出碳减排、碳零排和碳负排三大技术路径协同发力，支撑我国产业实现碳中和。

1. 能源

能源领域是要求减碳幅度最大的一个领域，碳中和要求全球能源供应-消费体系由以化石能源为基础的系统全面转换为零碳系统，需大幅提升非化石能源比例。能源领域减碳主要通过发展风能、太阳能等可再生能源，改变产业用能结构等方式，包括零碳电力、储能、氢能、节能提效等技术来实现。我国能源结构需从以煤炭发电为主向以清洁零碳电力为主的发展。例如，大力发展氢能炼钢、氢能客车等清洁技术，实现关键行业的碳减排。但实现氢能高速发展亟须技术创新，降低开发及使用成本，提升安全可靠性。

2. 资源

资源领域可从化石能源资源减量化、二次资源规模化、多种资源综合化出发，实现从地下化石资源向地表二次资源转型。资源循环能够有效减少初次生产过程中的碳排放量，并在达到同样经济目标的情况下，将化石能源需求降到最低。资源领域减碳主要通过零碳原料/燃料替代、工业流程再造、回收与循环利用、碳捕集转化等技术实现，包括生物质燃料，替代部分化石能源。以CO_2作为碳资源制备燃料技术是化石能源产业低碳绿色发展的重要选择，应积极开展大规模CO_2制备燃料全链条集成工程示范，跨越经济性障碍。以资源循环为核心，通过工业流程再造推动减污降碳协同增效，实现从传统碳-氢化石原料体系向碳-氢-氧可再生原料体系的跨越发展。

3. 信息

信息领域是带动未来科技创新的重要引擎和推动经济社会数字化转型的关键支撑。信息领域可利用互联网+、大数据、人工智能等前沿技术耦合先进节能、用能技术减碳,同时可通过信息通信技术优化或重塑各领域行业技术环节,从源头减少能源、资源领域消耗带来的碳排放。信息通信领域减碳主要通过效率提升、运行节能/用能结构优化、供需平衡、能源互联、产业系统协同等技术来实现。信息通信技术可与资源、能源系统耦合,建立"智慧能源体系"与"智慧资源体系",全面提升各领域经济环境效益以实现低碳发展。

4. 交通运输

交通运输领域在全球范围内贡献了约25%的温室气体(以CO_2为主),其中72%来自公路运输。交通运输领域一方面可通过对发动机优化、动力系统电气化、低阻力技术研发和轻量化等途径进行能效提升;另一方面开发替代燃料技术和绿色能源替代技术,如采用生物燃料、甲醇汽油、液化天然气和氨等清洁燃料替代传统染料;推广电动汽车、混合动力汽车和公共交通工具,减少传统燃油车的使用。建设发展电动车充电基础设施,促进电动交通的普及。

5. 工业

工业领域能耗高、CO_2排放量大、减排难度大。其中,钢铁、化工、石化、水泥、有色金属冶炼行业是当前CO_2排放的主要来源。除CO_2以外,CH_4、N_2O、氢氟碳化物(HFCs)、全氟化碳(PFCs)和六氟化硫(SF_6)等非CO_2温室气体,部分行业产生量也较大。聚焦工业流程再造、燃料替代和碳捕集利用等手段,在过程上通过重点工艺系统碳减排、电弧炉短流程炼钢、绿色还原炼铁及副产能源重整等技术手段,源头上通过氢冶金、生物炭冶金及电解还原等技术手段,末端通过碳捕集、碳循环利用及钢-化联产等技术手段实现碳减排、碳零排、碳负排;化工行业主要通过全产业链碳减排技术、零碳原料/能源替代技术和CO_2制备化学品负排技术实现碳中和;石化行业主要通过油气的源头绿色开采、过程低碳利用、流程再造和减污降碳协同技术来实现碳中和;水泥行业的碳中和则聚焦于过程能效提升碳减排技术、染料/原料替代碳零排技术和负碳水泥基胶凝材料技术三个方面;有色金属冶炼行业的碳减排主要包括电解铝行业碳减排技术、铅冶炼节能碳减排技术、铜冶炼降耗减排技术及锌冶炼节能技术。

6. 建筑

随着全球城镇化发展,建筑领域的能源、资源消耗量整体呈现持续上升趋势,相应的碳排放量也持续攀升。建筑领域的碳排放包括隐含碳排放和运行碳排放。其中,隐含碳排放来自建材生产、建造与拆除过程中,而运行碳排放可分为直接碳排放和间接碳排放。直接碳排放来自建筑物内部化石燃料燃烧过程,如炊事、生活热水、壁挂炉等的燃气使用和散煤使用;间接碳排放来自外界输入建筑的电力、热力。建筑领域的碳中和主要通过工业化建造、建筑围护结构、建筑热环境营造及建筑光环境营造等技术实现碳减排,如通过优化墙体、屋面及门窗等建筑围护结构性能,可以减少20%~50%的建筑能耗;利用太阳能建筑一体化技术、风能与建筑表皮结合技术、热泵式空调技术、生物质锅炉技术和相变蓄冷/蓄热技术实现碳零排;结合生态建筑技术、天然建筑材料技术以及建筑集成碳捕集技术实现碳负排。

7. 农业

联合国政府间气候变化专门委员会(IPCC)第6次评估报告指出,农业生产对全球温室气体总排放的贡献率约为 22%。与能源、工业领域不同，农业对 CO_2 的吸收与排放达成一种自然平衡，因此在农业领域 CO_2 排放不作为温室气体统计，其温室气体排放主要体现为 CH_4 和 N_2O 等非 CO_2 温室气体。农业农村实现碳中和的途径主要包括三方面：降低农业排放强度，提高农田固碳能力，推进资源循环与可再生能源替代。如在种植方面，通过改良水稻品种、优化水稻水分养分管理、优化施肥方式、提高农业生产效率等技术提升农田生产系统固碳减排能力；通过保护性耕作、有机肥施用、复合种养、节水灌溉和秸秆还田等手段减少农田生产系统的碳排放，增加农田生产系统的碳汇，以及提高农田生产系统的碳循环利用；合理利用农业有机废弃物，如粪便和秸秆替代部分化石燃料，不仅可以减少资源的浪费，实现生态循环农业，还可以在一定程度上解决能源短缺的问题。

8.2 煤炭碳中和策略和科技创新路径

8.2.1 煤炭碳中和蓝图与发展策略

1. 煤炭碳中和蓝图

综合碳中和目标及国家能源安全等要求，立足我国国情实际，坚持系统观念，统筹煤炭低碳发展和能源保供，准确把握减碳与发展、减碳与安全的关系，正确处理短期和中长期的关系，科学制定并实施能源安全兜底、绿色低碳开发、清洁高效利用、煤与新能源多能互补策略，实施"矿区风光火储用一体化发展""矿山光伏+第一产业协同发展""矿区新能源与煤炭清洁利用耦合发展""矿区地上地下能源开发利用立体化发展""矿区 CCUS 与碳中和+光氢储互补发展""矿区地上地下立体式碳汇规模化发展"六大发展路径，推进煤炭企业建成"煤炭+CCUS"与风、光、电多能互补的清洁能源生产基地，煤矿区成为井下-地上资源一体化开发、立体化利用、零碳排放的碳中和示范区，煤炭行业实现煤炭少碳开发、零碳利用、固碳负碳技术突破，支撑能源高质量发展和经济社会发展全面绿色转型。

1) 煤炭企业成为"煤炭+CCUS"与风、光、电多能互补的清洁能源生产基地：按需灵活产出煤炭、电力、氢能及碳材料等，并实现井下巷道储能，平抑可再生能源波动，"煤炭+CCUS"与可再生能源互补，稳定供应多元化清洁能源。

2) 煤矿区成为井下-地上资源一体化开发、立体化利用、零碳排放的碳中和示范区：地下空间碳固化、碳封存，就地处置煤炭利用产生的 CO_2；地面可再生能源利用，零碳排放；矿区植被形成碳汇，负碳排放。

3) 煤炭行业成为煤炭少碳、零碳、固碳和负碳技术突破的发源地：突破煤矿智能化低碳绿色开采、井下无人开采、流态化开采关键技术，形成煤炭开发利用少碳技术路径、煤炭+多能互补的零碳负碳技术体系。

2. 煤炭碳中和发展策略

满足碳达峰碳中和不同阶段高质量供应煤炭的需求，全面支撑新能源为主体的新型电力系统建设，推动构建以清洁低碳能源为主体的能源供应体系，全面实施能源安全兜底、绿色低碳开发、清洁高效利用、煤与新能源多能互补四大策略，如图 8-3 所示。

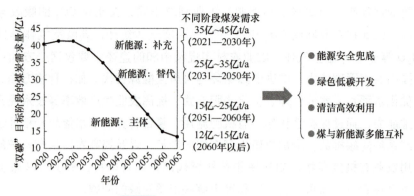

图 8-3　煤炭碳中和发展策略示意

(1) 能源安全兜底

相当长时间内，煤炭仍然是我国自主可控、具有自然优势的能源资源，是确保能源安全稳定供应和国际能源市场话语权的根基，承担保障国家能源安全的重大责任。此外，全面支撑新能源为主体的新型电力系统建设，保障新能源受气候影响不稳定，以及极端条件、特殊环境、突发事件下的煤炭需求，进一步要求强化煤炭兜住能源安全保障底线。要统筹全国煤炭供应保障与区域基本供应能力、短期保障供给与远期有序退出的关系，提高煤炭长期安全稳定供应能力。

一是加大晋陕蒙新地区煤炭资源及东北、华东、中南等矿区深部煤炭资源勘察力度，提高资源勘探精度，为建设大型智能化煤矿提供基础。二是提高煤炭科学产能，实现由规模扩大的数量型增长向质量提升的效益型发展转变。三是建立煤炭产能柔性供给体系，建设一批应急保供煤矿。当水能、风能、太阳能等能源处于正常发电运行阶段，煤矿收缩产能、控制产量；当不能正常发电或能力不足时，煤矿释放产能、提高产量，发挥煤炭兜底保障作用。四是根据区域能源消费形势，准确把握煤矿关闭退出节奏，提高区域煤炭基本供应保障能力。

(2) 绿色低碳开发

煤炭开发过程消耗的煤、油、气、电力、热力等产生的碳排放占煤炭开发利用碳排放总量的 10% 左右。2020 年，我国煤炭开发过程生产用能碳排放量为 2.57 亿 tCO_2。多个煤炭企业生产实践表明，先进产能煤矿和煤矿智能化改造对生产用能碳减排效果明显。例如，山西某煤炭企业先进产能煤矿的煤炭开发环节碳排放因子为 $0.025tCO_2/t$ 左右，低于非先进产能的 $0.1tCO_2/t$；神东煤炭集团上湾煤矿建设的国内首个智能化选煤厂示范工程，生产效率提高 5%，年电力消耗减少 8% 以上，年减排 $3000tCO_2$；山东能源集团转龙湾煤矿智能化改造后，每年可节能 1.48 万 t 标准煤，减少碳排放 4 万 tCO_2。在新能源替代方面，神东集团在各矿井建设太阳能浴水系统，以太阳能为主，空气源热泵和电锅炉为辅，保证浴水供应，年节能 8000t 标准煤；研发投用蓄电池无轨防爆胶轮车，逐步替代柴油车，柴油年消耗量由 1.8 万 t 下降至 1.2 万 t。

2020 年，煤炭开发过程中煤矿瓦斯排放（碳排放）量占总排放量的 56.7%。近年来，随着煤矿瓦斯抽采利用率提高，吨煤瓦斯排放量下降明显，未来煤矿瓦斯抽采利用是煤炭开发过程碳减排的核心内容。

我国煤炭开发过程碳减排潜力较大，亟须系统谋划，采取有效的措施。一是推广应用煤炭开发节能提效技术，实施余热、余压、节水、节材等综合利用节能项目，通过改善煤炭开发利用工艺、技术和系统性管理，提高煤炭开发过程的能源利用效率，减少能源用量。二是加快推进煤炭开发过程瓦斯排放控制与利用，研究煤矿煤层气（煤矿瓦斯）抽采全覆盖模式和关键技术，完善煤与煤层气共采关键技术体系，推广应用煤矿瓦斯抽采利用先进适用技术和装备，提高抽采和利用率。三是建设一批智能化煤矿和大型露天煤矿，提高先进产能，同时继续淘汰落后产能，形成以大型智能化煤矿为主体的煤炭生产结构。四是加快煤炭开发颠覆性技术创新，探索井下原位热解、流态化开采模式。

（3）清洁高效利用

2020年，煤炭在能源消费总量中的占比为56.8%，煤电占总发电量的60%以上；煤炭利用碳排放占我国能源领域碳排放的70%左右，占我国总碳排放量的60%左右。煤炭清洁高效利用是实现碳达峰碳中和目标的关键领域。

研究开发和推广应用先进技术装备，促进煤炭全产业链清洁高效利用，有效降低煤炭消费碳排放强度。一是全面实施燃煤电厂节能及超低排放升级改造，建设超临界高效循环流化床机组和高参数百万千瓦超超临界机组，打造大容量、高参数、成本优、效益好的煤电一体化升级版，提高燃煤发电效率，减少煤炭用量。二是加大力度淘汰高煤耗的落后供热锅炉，推广应用高效煤粉工业锅炉，提高燃煤效率，最大限度降低煤耗；持续推动煤焦化、冶金、水泥、化工行业节能技术创新，最大限度降低用煤单耗。三是提高煤炭作为化工原料的综合利用效能，促进煤化工产业向高端化、多元化、低碳化发展，积极发展煤基特种燃料、煤基生物可降解材料等。四是加快低阶煤分质分级利用，充分发挥低阶煤化学活性强的特性，获取油气资源，提高煤炭清洁高效利用附加值。

（4）煤与新能源多能互补

煤电通过超低排放改造、灵活性改造及合理规划，短中期可以在风、光等可再生能源规模比较小的情况下满足电力需求增长的需要；中长期大体量、高效率的燃煤发电机组可以在风电、光伏大规模接入后，成为电力系统备份、调峰和系统安全的保障，以有效应对极端气候和紧急状况。

立足煤矿区自身特点和所在区位发展新能源的优势，基于煤炭与可再生能源的天然互补性，以煤电为核心，推进煤炭与可再生能源深度融合，构建多能互补的清洁能源系统，将煤矿区建设成为地面-井下一体化的风、光、电、热、气多元协同的清洁能源基地和零碳示范矿区。一是突破煤炭与可再生能源深度耦合发电、制氢、化工转化技术，充分利用煤炭的稳定性，为可再生能源平抑波动提供基底，规避可再生能源开发利用的不稳定性。二是利用可再生能源发电、制氢等，为燃煤发电、煤化工提供碳减排途径。三是在发展坑口清洁低碳煤电基础上，利用采煤沉陷区、排土场等条件协同开发光伏、风电、光热等可再生能源，打造"风光火储一体化""源网荷储一体化"开发模式，建设清洁能源示范基地。四是发展低成本的CCS/CCUS技术，研发和应用CO_2制甲醇等碳转化技术，以可再生能源电力支撑CO_2利用、固化、封存，为CO_2提供最终利用途径。

8.2.2 煤炭碳中和科技创新路径

通过科技创新推进煤炭开发过程节能提效，提高煤矿瓦斯抽采利用率，探索低碳型煤炭开发颠覆性工艺技术，推动煤与新能源耦合发展，布局煤矿区 CO_2 捕集、利用与固化、封存技术，是煤炭实现碳中和的必然要求。

科技创新能够显著降低技术成本。以我国光伏发电为例，科技创新推动光伏组件更新换代速度不断加快，带动光伏发电成本快速下降。2007—2020 年，光伏发电度电成本累计下降 90%以上。当前煤电+CCUS、CO_2 封存等技术成本高，通过持续的技术攻关与创新，未来技术成本有望大幅下降，实现经济可行。

1. 煤炭保障能源供给安全的技术路径

（1）提高煤炭科学产能资源勘察精度

运用"空天地一体"的多种勘察技术，协同配合，相互验证，综合分析，推广应用遥感技术、快速精准钻探技术、高精度地球物理勘探技术、地质大数据技术等，研发透明地质保障技术与装备，提高煤炭科学产能所需的资源勘察精度。

（2）提高煤炭科学产能

充分运用物联网、大数据、区块链等新一代信息技术，推进煤矿智能化建设，研发智能化开拓规划与工作面设计、智能化巷道快速掘进成套技术、智能化综采工作面成套技术、智能化主/辅运输系统技术等，解决煤矿智能化技术"瓶颈"问题。研发采空区精准、高效充填治理技术、煤与伴生资源协同开发技术、矿井下"采、选、充"一体化开发技术等，防止或尽可能减轻采煤对地质环境和生态环境的不良影响，实现煤炭开采与生态环境保护的协调发展，以智能化开采技术创新和绿色开采技术创新支撑煤炭产能建设成为科学产能。

2. 煤炭开发利用少碳技术路径

（1）研发推广煤炭开发节能提效技术

推广基于节能降碳的煤炭开采优化设计技术，在确保安全的条件下，严格按生产规模优化配置装备和能力，减少"大马拉小车"的能力浪费和能源消耗情况；研发应用智能变频永磁驱动等技术，提高掘进机、采煤机等大型矿用设备能源利用效率，减少能源用量；加快研发应用煤矿智能化和矿山物联网技术，攻克自适应割煤、煤岩识别、超前支护自动化、智能放煤、装备智能定位及路径规划等技术难题，减少不必要的功率损失和能源消耗；全面应用余热、余压、节水、节材等综合利用技术，使能源和材料再利用，间接减少能源消耗等。

（2）攻关煤矿瓦斯抽采利用技术

持续攻关低渗煤层抽采关键工艺技术，提高低渗煤层的煤层气渗出效率，解决煤炭生产过程中抽采在时间和空间上的匹配问题，推进煤矿区煤层气应抽尽抽；突破低浓度瓦斯提纯和利用的关键工艺技术，提高甲烷利用率和利用量，推进煤矿区煤层气（煤矿瓦斯）应用尽用，实现甲烷零排放；攻克废弃（关闭）矿井煤层气资源评价和抽采技术，推进关闭矿井甲烷高效抽采利用，减少甲烷通过煤矿巷道和地层裂缝向大气中逸散；加强大气级、场地级和设备级甲烷排放监测、统计、校验、模拟等基础技术研究，为煤矿甲烷排放监督和管理提供基础手段。

第 8 章 煤矿碳中和及煤矿区碳汇技术体系

（3）加快探索煤炭低碳高效开发颠覆性工艺技术

当前的煤炭开采工艺和方法，在原理上不可避免地会消耗能源和引起甲烷排空，必须加大探索颠覆性开采方法和技术，减少煤炭开采过程中的能源消耗和瓦斯排空，支撑煤炭开采节能降耗和低碳化。加快探索煤炭深部原位流态化开采理论和技术，攻克煤炭资源流态化迴行开采工艺、煤炭资源原位物理流态化工艺和技术、煤炭资源原位气化工艺和技术、煤炭资源原位液化工艺和技术等，推进煤炭资源以液体、气体及电能的方式从地下输出，实现煤炭资源的清洁低碳安全高效开发利用；突破煤与瓦斯物理流态化同采方法和技术，通过井巷工程共用、复用，降低单一煤炭或煤层气开采的能源消耗，推进低碳、低生态损害的煤与瓦斯协同开采。

（4）煤矿区 CO_2 捕集、利用与固化、封存技术

探索煤矿深部原位 CO_2 与甲烷制氢新原理和技术，将 CO_2 与甲烷转化为无碳的氢；攻克 CO_2 矿化发电新理论与技术，在煤矿区实现 CO_2 能源化再利用和固碳；突破高效 CO_2 电化学捕集新原理新技术，实现煤矿区煤炭利用低成本高效碳捕集；研究采空区 CO_2 封存原理与控制技术、煤炭开采与采空区 CO_2 充填协同方法，推进在适宜的煤矿区进行大规模 CO_2 封存。

3. 煤与新能源多能互补的技术路径

（1）研发煤矿区煤与新能源耦合利用技术

通过化学转化、电力、热力等多种方式，可实现煤炭与太阳能、风能、水能、生物能、核能等新能源深度耦合发展。研发煤矿区地下水库电力调峰技术、煤矿区煤与太阳能光热耦合发电技术、煤矿区煤与风能耦合发电技术、煤矿区煤与地热能耦合发电/供热技术、煤矿区风能/太阳能制氢与煤清洁转化耦合技术、煤电+CCUS 与多能互补技术等，支撑煤与新能源融合发展。

（2）研究矿井地热资源再利用技术

地热能资源与煤炭资源赋存深度接近，煤炭行业向地热能资源开发拓展具有良好的基础。适应碳达峰碳中和目标，顺应国家能源结构调整趋势，把握煤炭行业向地热资源开发拓展的重要机遇期，以煤炭行业已有技术为支撑，开展矿井地热资源潜力评价，矿井多热源综合开采技术与装备、动态监测及智能调控技术与装备等地热关键技术攻关与装备研发，规划、改造、再利用新建矿井、生产矿井及废弃矿井，建成一批煤炭与地热资源多元开发利用示范工程。

（3）研发废弃矿井再利用技术

充分利用废弃矿井中的能源及空间资源，可建设分布式抽水蓄能电站，发展地下空间工业旅游，建设地下油气储存库；充分利用资源枯竭深大露天矿空间资源，发展可再生能源利用，开展生态修复与接续产业培育等。研究遗留煤层气资源运移与动态聚积规律，攻克废弃矿井能源资源协同利用安全与风险评价技术、地下储库（储水、储油、储气等）库容探测与防渗技术等，开展废弃矿井遗留煤炭资源及可再生能源利用示范试点，支撑废弃矿井再利用。

4. 煤矿区生态碳汇技术路径

充分发挥生态系统碳固定与碳蓄积功能，利用植被、土壤和水体碳汇主体，采取土壤碳库增汇、植被碳库增汇、地表塌陷修复增汇等措施，可将 CO_2 吸收并存储于煤矿区生态碳库中。研发碳汇功能提升、风险管控关键技术，以高效和新型的技术方法充分挖掘煤矿区的

生态碳汇潜能，提升土壤和植被碳汇储量的稳定性。攻克煤矿区生态碳汇管理关键技术，推进煤矿区碳汇工程和减排增汇，支撑建设煤炭开发零碳示范区。

8.3 煤矿区 CO_2 捕集利用与封存

8.3.1 CO_2 捕集利用与封存的基本概念

碳捕集、利用与封存（CCUS）是指将 CO_2 从工业过程、能源利用或大气中分离出来，直接加以利用或注入地层，以实现 CO_2 永久减排的过程。CCUS 主要分为碳捕集、碳封存和碳利用，如图 8-4 和图 8-5 所示。

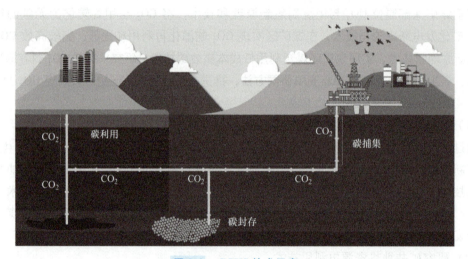

图 8-4　CCUS 技术示意

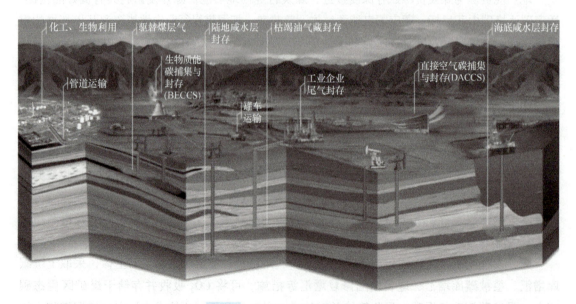

图 8-5　CCUS 的部分环节示意

1. 碳捕集

碳捕集是指将 CO_2 从工业生产、能源利用或大气中分离出来的过程，主要分为燃烧前捕集、燃烧后捕集、富氧燃烧和化学链捕集。无论采用何种手段，纯粹意义上的 CO_2 捕集产品基本上都是液态 CO_2，以便后续运输和封存。

2. 碳封存

碳封存是指通过工程技术手段将捕集的 CO_2 注入深部地质储层，实现 CO_2 与大气长期隔绝的过程。按照封存位置不同，可分为陆地封存和海洋封存；按照地质封存体的不同，可分为咸水层封存、枯竭油气藏封存等。考虑到 CO_2 封存的永久性，在地面上使用人造罐体储存的方式基本不可行，而地下封存的选址也要考虑到该地点在千年尺度上的气密性及地质稳定性。

从对碳捕集和碳封存的描述中，就可以看出这一过程所需要消耗的人力和物力着实不小。也正是因为经济性方面的问题，导致虽然碳捕集和碳封存的概念在很久之前就已经提出，但一直没有能在国际上取得广泛的应用。因此，碳利用的概念油然而生。

3. 碳利用

碳利用是指通过工程技术手段将捕集的 CO_2 实现资源化利用的过程。根据工程技术手段的不同，可分为 CO_2 地质利用、CO_2 化工利用和 CO_2 生物利用等。其中，CO_2 地质利用是将 CO_2 注入地下，进而实现强化能源生产、促进资源开采的过程，如提高石油、天然气采收率，开采地热、深部咸（卤）水、铀矿等多种类型资源；CO_2 化工利用是使用 CO_2 作为原材料来合成一系列的有机物、建筑材料或者燃料；CO_2 生物利用则是利用部分植物和藻类的光合作用来吸收 CO_2，并产出木材或蛋白质等有经济价值的产品。

8.3.2 矿区咸水层 CO_2 封存

1. 基本概念

CO_2 地质封存联合深部咸水开采（CO_2-Enhanced Water Recovery，CO_2-EWR）技术，简称 CO_2 驱水技术，是将从源头分离或大型工业工厂捕获的 CO_2，通过压缩、运输、注入就近的地下咸水层中，使其在地下能够长久地保存，并将地下咸水置换出来，达到 CO_2 深度减排的同时缓解水资源紧缺现状的作用，如图 8-6 所示。

此技术可以实现大规模的 CO_2 深度减排，理论封存容量高达 24170 亿 t。我国适合 CO_2-EWR 的盆地分布面积大，封存潜力巨大。准噶尔盆地、塔里木盆地、柴达木盆地、松辽盆地和鄂尔多斯盆地是最适合进行 CO_2-EWR 的区域。2010 年神华集团在鄂尔多斯盆地开展 CCS 示范工程是亚洲第一个，也是当时最大的全流程 CCS 咸水层封存工程。松辽盆地深部咸水层具有良好的储盖层性质，是我国未来大规模 CO_2 封存的一个潜在场所。

我国咸水层的理论封存容量占 CCS 容量的 95% 以上，目前我国该技术已趋于成熟，但是尚无大规模工业示范项目，未来在西北富煤缺水地区具有良好的早期示范机会和广泛应用前景。一方面扩大 CO_2 在地层中的封存规模，另一方面采出的咸水及盐矿副产品经处理后可用于工农业生产和生活饮用，解决水资源短缺的问题，特别是对于我国西部水资源缺乏地区具有深远的战略意义。

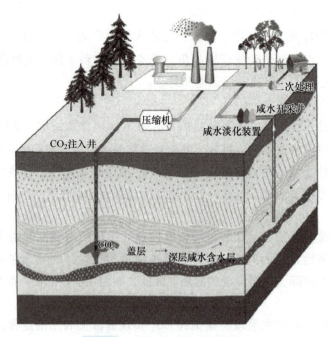

图 8-6 CO_2 咸水层封存概述图

煤矿区地下深部分布有大量的含卤水地层,这些含卤水地层大多没有经济利用价值,但可以用来储存 CO_2。注入深部地层的 CO_2 在多孔质中扩散,驱替地层水,在发生一系列物理和化学作用后被封存于城下。

2. 封存机制

封存机制包括构造捕集、残余捕集、溶解度捕集、矿物捕集。前两者属于物理捕集机制,只能暂时性地储存 CO_2,但发挥作用的时间较快;后两者属于化学捕集,可以永久性地封存 CO_2,不会出现泄漏等危险事件,但通常需要较长的时间,矿物捕集一般需要上百年,甚至上千年时间。

(1) 构造捕集

构造捕集是指 CO_2 以超临界或气态注入低渗透或不渗透盖层以下的地质地层,并被捕集在地层中的水文过程。在咸水层中,CO_2 的密度仍小于盐水的密度,故产生浮力向上的运动,直到遇到渗透性差或非渗透性的盖层,浮力小于毛细管力,被封存在盖层之下。盖层封闭的边界可以为背斜或断层的构造捕集,也可以是不整合面或岩性尖灭的岩性捕集(图 8-7)。

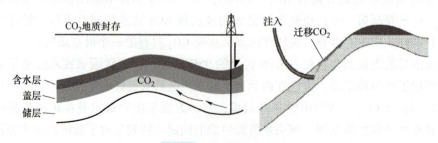

图 8-7 构造捕集示意

(2) 残余捕集

残余捕集也称毛细管捕集，在地质地层中注入 CO_2 时，CO_2 会施加压力，同时使地层水（卤水）重新运移。一旦 CO_2 的注入暂停，由于盐水和 CO_2 的密度差异，盐水柱产生反压，流体开始以逆流方式流动，导致 CO_2 向上流动，盐水向下流动。因此，润湿流体（盐水）重新侵入原先由 CO_2 占据的孔隙基质。在这种机制中，盐水推动 CO_2；因此，相当多的 CO_2 被困在多孔介质的小簇中，这一过程被称为残余捕集（图 8-8）。非润湿相被隔离在狭小的孔隙空间中，它会被毛细管作用牢牢固定，增加了一定的安全性。

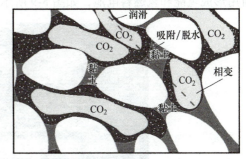

图 8-8 残余捕集示意

(3) 溶解度捕集

CO_2 在地层流体中溶解通常称为溶解度捕集。CO_2 注入后先向上运动到储层与盖层的交界处，然后由地层水与自由气相界面的分子扩散驱动。当 CO_2 溶解在地层盐水中时，地层水的密度会略微增加。此前的研究表明，CO_2 的溶解使地层盐水的密度比正常地层水增加了 1%，使其更重，并在重力作用下触发地层盐水向下流动。这一过程进一步改善了地层盐水和 CO_2 的混合，形成了快速扩散机制，导致 CO_2 的高溶解。这一过程有两个主要好处：最大限度地减少 CO_2 的向上移动和提高地质地层的储存能力。

(4) 矿物捕集

当注入的 CO_2 溶解到地层水（卤水）中，会形成弱碳酸，并进一步与周围的矿物或有机物质发生反应，形成固体碳酸盐矿物和其他有益的矿物相。这种机制被称为矿物捕集，取决于岩石和地层水的化学性质，其速度或快或慢，但它可以固定 CO_2，或有效地将 CO_2 长期绑定在岩石上。但也有可能是加快其泄漏，使地层岩石孔隙度和渗透性变化，CO_2 会通过覆盖层运移，这是有害的。此外，即使上述机制无法捕集 CO_2，地层内流体的流速较低，CO_2 流体运移到地表也需要上百万年。未来仍需要系统开展卤水层 CO_2 封存流体动力捕集机制研究、煤矿区深部卤水层 CO_2 储存潜力评估研究，以及超临界 CO_2 深部卤水层封存关键技术研究。

以上四种封存机理并不孤立，它们在埋存时间内都在起作用，并随着时间的推移，各种机理作用的强弱也发生变化。各种机理的作用大小及其变化也受储层物性、构造捕集等六大主控因素的影响。

8.3.3 煤矿原位 CO_2 与甲烷重整制氢技术

氢能被视为 21 世纪最具发展潜力的清洁能源。氢不仅在化工、炼油等领域应用广泛，也是一种重要的新型能源，被看作未来替代石油的理想能源。目前氢气主要是通过煤炭制取，虽然工艺成熟，但其能耗高，且排放 CO_2。相比之下，采用井下甲烷、CO_2 原位重整制氢不仅可大幅降低能耗，更能将煤层中的甲烷与 CO_2 这两种温室气体加以利用，具有环境与经济的双重效益。

基于 CO_2 矿化电池（CO_2 Mineralization Cell，CMC）电化学原理，谢和平院士提出深部原位 CO_2 与甲烷重整制氢技术。深部原位流态化开采产生的 CO_2 与深部煤层瓦斯直接综合利用形成氢能和氢燃料电池，如图 8-9 所示。

图 8-9 深部原位 CO_2 与甲烷重整制氢示意

煤矿原位 CO_2 与甲烷重整制氢技术未来需要突破的关键技术如下。

（1）井下甲烷、CO_2 原位制氢技术低温化研究

基于 CMC 电化学原理，对阳极气体室催化剂进行改性，甲烷代替氢气完成质子传递，进一步提高经济效益，以实现重整、制氢、产碱、制酸、发电的一体化技术。

（2）井下甲烷、CO_2 原位重整制氢技术高温化研究

由质子传导的高温固体氧化物燃料电池是当前世界研究的热点，但目前该燃料电池的阴极侧均暴露在空气中，致使阳极产生的 H^+ 在空气中被氧化，造成极大的能源浪费。通过开发一种新型燃料电池，对此电池阴极侧进行利用，消耗 CO_2 的同时制取由 H_2、CO 组成的合成气体，从而极大地提高该能源的利用效率。

8.3.4 煤矿区 CO_2 驱替煤层气

我国煤层气资源主要分布于华北、西北地区，其资源量占全国煤层气资源总量的 84.4%。其中，埋深 1000m 以浅煤层气资源量占比达 38.8%。我国烟煤、无烟煤分布广泛，烟煤和无烟煤储集了大量煤层气资源，资源量高达 31.5 万亿 m^3。

近年来，我国每年会报废数以百计的煤层气井。由于煤储层渗透性差、储层孔隙度低，排水降压条件下煤层气采收率低，经济效益差。多数煤层气开发井若不辅以其他增产措施，则难以取得理想的产气效果。目前，煤层气井增产一般采取水力压裂对储层进行改造，对比其他技术，改造效果较优，但压裂改造煤储层技术仍需要更大改进。目前，储层改造技术的强适配性与煤储层非均质性极大制约了煤层气资源开发，通过储层改造提升煤层气开发效果出现技术瓶颈。因此，创新煤层气高效开采技术，提升煤层气井产气效果迫在眉睫。

在全球化石燃料需求量日趋增长的背景下，能源资源的高效开发与利用，节能减排及降低温室效应任重而道远。向煤层中注入 CO_2 提高煤层气采收率（CO_2-Enhanced Coal Bed Methane，CO_2-ECBM）是近年来公认最理想的温室气体减排与煤层气增产技术。煤储层本身是一种拥有双重孔隙特征的多孔介质，煤层作为 CO_2 地质储存目标地层具有巨大的储存潜力。

CO_2 驱替煤层气技术是利用竞争吸附原理向煤层中注入 CO_2 驱替煤层裂隙或孔隙中赋存的煤层气，可以在封存 CO_2 的同时辅助采集煤层气，而开采煤层气产生的经济效益可以在一定程度上降低 CO_2 的封存成本。目前 CO_2 驱替煤层气技术尚未成熟，部分技术问题有待进一步研究解决。需开展 CO_2 对煤层渗透性影响机理研究，研发支持强化煤层气开采过程中甲烷脱附与 CO_2 吸附的机理和相关助剂，开展煤岩层封存碳的泄漏影响与应对措施，以及碳泄漏扩散速度及对植被、土壤等生态环境的污染等影响研究，制订碳封存泄漏防控与应对措施。

CO_2 驱气技术是将 CO_2 注入地下，利用地质条件生产或强化能源资源开采的过程。相对于地质封存，不仅可减少 CO_2 排放，还可以强化煤层气开采、页岩气开采等。我国非常规油气清洁开采要求的提高，将为 CO_2 驱气技术提供更大发展空间。

目前强化煤层气开采技术在沁水盆地开展了多次现场试验；强化天然气开采、强化页岩气开采技术处于基础研究阶段，存在较大不确定性，亟待有效解决。未来应开展安全风险管控、储层精细描述、驱气效率提高、项目全生命周期经济评价等配套研究；研发支持强化煤层气开采过程中甲烷脱附与 CO_2 吸附的机理和相关助剂；开展 CO_2-轻烃-岩石系统的组分传质，以及相关组分在固体介质表面的吸附与解析等基础研究，奠定强化天然气开采和强化页岩气开采技术基础。

8.3.5 煤矿区 CO_2 捕集利用与封存技术创新

1. CO_2 捕集革新技术

（1）CO_2 电化学捕集技术

发展 CCUS 的关键是降低成本和能耗，当前 CO_2 捕集成本与能耗过高是限制 CCUS 技术推广的主要障碍之一。第一代捕集技术成本高达 300~450 元/tCO_2，能耗约为 3.0GJ/tCO_2，第二代捕集技术尚处于研发阶段，但能耗也高达 2.0~2.5GJ/tCO_2，须探索新一代低成本、低能耗的 CO_2 捕集技术。

谢和平院士团队创新开发了一种低能耗的 CO_2 电化学捕集系统，其原理如图 8-10 所示。该系统以仿生异咯嗪衍生物作为质-电耦合剂利用其可逆质子耦合电子转移电化学反应打破碱性环境下 CO_2 吸收-解吸平衡，避免了传统水电解过程中析氢和析氧反应的发生，实现了低能耗下循环捕集 CO_2 的电化学过程。该技术耗能仅 67（kW·h）/tCO_2，是传统化学吸收法的 1/9~1/5，成本约为 9.4 美元/tCO_2，为传统化学吸收法的 1/4，使 CO_2 捕集过程迈向了低能耗的新阶段。该方法可通过更换质-电耦合剂进行改进，表现出巨大的应用潜力，有望在推动 CO_2 大规模经济性捕集中产生更重要的影响。

未来需要重点研究提升有机电解液抗氧中毒能力，规模化制备有机电解液工艺，开发高电流密度捕集器件。

（2）直接空气捕集技术

直接空气捕集（Direct Air Capture，DAC）是一种回收利用分布源排放 CO_2 的技术，作为新兴的负碳排放技术，是实现"双碳"目标的托底技术保障。不同于常规 CCUS 技术针对工业固定源排放的 CO_2 进行捕集处置，DAC 对小型化石燃料燃烧装置以及交通工具等分布源排放的 CO_2（占 CO_2 总排放接近 50%）进行捕集处理，并有效降低大气中的 CO_2 浓度。

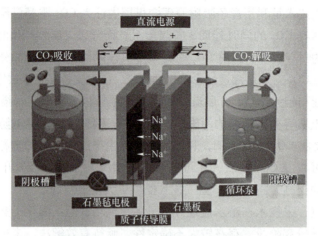

图 8-10　CO_2 电化学捕集系统原理示意

目前，DAC 工艺一般由空气捕集模块、吸收剂或吸附剂再生模块、CO_2 储存模块三部分组成。空气捕集模块大多先通过引风机等设备对空气中的 CO_2 进行捕集，再通过固体吸附材料或液体吸收材料吸收 CO_2。吸收剂或吸附剂再生模块主要通过高温脱附等方法使材料再生。CO_2 储存模块主要通过压缩机将收集的 CO_2 送入储罐中贮存。DAC 系统技术流程如图 8-11 所示。

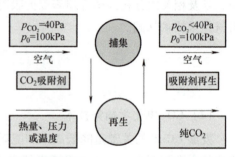

图 8-11　DAC 系统技术流程

目前世界上最大的直接空气捕集工厂于 2021 年 9 月在冰岛开工，每年可以从空气中捕集 $4000tCO_2$（相当于 790 辆汽车一年的排放量），并将其注入地下深处进行矿化。国际能源署称，目前全球有 15 座直接从空气中捕集 CO_2 的工厂在运行，每年捕集超过 $9000tCO_2$。

国内的新进展是山西清洁碳经济产业研究院正在进行一种氢键有机框架材料（Hydrogen-bonded Organic Frameworks，HOF）的固体吸附材料的产业化开发。该材料的最大特点是在常压常温下，能够从空气中直接捕集 CO_2，且具有永久的孔隙，对 CO_2 吸附的选择性高，每吨吸附剂能够吸附 $113kgCO_2$。当前最大的问题在于成本过于昂贵，未来大幅度降低吸附剂的成本是工业化生产的关键。

未来需要研发能够快速装载和卸载吸附剂的 DAC 相关设备，提出适用于 DAC 工艺的过程强化技术，并开发基于不同吸附剂的高效工艺对工艺系统进行整合和优化，并构建出成本低廉、装置简易的 DAC 工艺系统。

2. 清洁煤电+CCUS 技术

我国已建成全球最大的清洁煤电供应体系，构建清洁煤电+CCUS 技术体系，是实现清洁煤电零碳排放、保障电力安全供应和碳中和目标如期实现的核心所在。CCUS 技术的部署有助于充分利用现有燃煤发电机组，适当保留煤电产能，避免一部分煤电资产提前退役而导致资源浪费。

火电行业是 CCUS 示范的重点，现役先进燃煤发电机组结合 CCUS 技术实现低碳化利用改造是我国电力行业实现零碳排放的重要途径。燃煤电厂加装 CCUS 可以捕集 90%的碳排放量，使其变为一种相对低碳的发电技术。不考虑颠覆性技术出现，仅以当前可展望的技术应用，预计到 2025 年，煤电 CCUS 减排量将达到 600 万 tCO_2/a，2040 年达到 2 亿~5 亿 tCO_2/a。清洁煤电+CCUS 技术的核心是高效低成本的 CCUS 技术。

（1）电厂 CO_2 捕集技术

电厂 CO_2 捕集主要分为燃烧前捕集、燃烧后捕集、富氧燃烧和化学链捕集。CO_2 捕集领域需要突破低能耗捕集关键材料与工艺，研发低能耗 CO_2 吸收（附）剂、合成气的高效变换技术和净化技术、碳捕集与富氢气体燃烧技术以及大容量富氧燃烧锅炉关键技术等。

据不完全统计，我国火电行业有 10 个燃煤电厂碳捕集示范项目，包括 7 个常规电厂燃烧后捕集项目、2 个 IGCC 电厂燃烧前捕集项目以及 1 个富氧燃烧项目。CO_2 分离均采用化学吸收法，以醇胺吸收法为主。

（2）CO_2 封存与利用技术

捕集的 CO_2 具有多种利用途径，包括化工利用、富碳农业利用、高附加值碳基新材料利用、人工生物合成等。具体来说，电厂捕集的 CO_2 可结合实际需求，压缩后作为能量储存的介质，具有储能密度高、应用灵活、经济环保、转换效率高等优点，在风电和太阳能存储调峰领域具备很好的应用前景；利用太阳能、风能、水力发电及地热等可再生能源进行 CO_2 的光催化转化和电化学催化转换，真正实现碳元素的循环储用；利用捕集的 CO_2 开采油气、咸水、地热等，例如将超临界 CO_2 作为携热介质开采地热、超临界 CO_2 驱替地下热水等。

3. 燃煤-太阳能耦合发电+CCUS 技术

燃煤-太阳能耦合发电能够利用燃煤发电机组易于调节和抗干扰能力较强的水系统吸收太阳辐射能，可以很好地解决辐射强度不稳定对太阳能发电系统的影响，这也是从原料侧降低煤耗、减少污染物排放和碳排放的有效途径，叠加 CCUS 技术，可实现发电零碳排放，是碳中和目标下理想的发电方式之一。

燃煤-太阳能耦合发电技术路线：一是将太阳能作为燃煤发电机组回热系统的热源，全部或部分替代汽轮机抽汽，以燃煤电站庞大的热力系统的汽水特性来吸纳不稳定的可再生能源资源。二是把太阳能发电引入厂用电系统，降低机组自身的厂用电率，实现燃煤发电机组和可再生能源发电共同发展。当前主要采用聚光型太阳能发电与燃煤发电进行耦合，太阳能作为辅助，在保障太阳能发电效率的前提下尽量降低煤耗率、汽轮机热耗率、汽耗率。燃煤-太阳能耦合发电系统主要分为槽式燃煤-太阳能耦合发电系统和塔式燃煤-太阳能耦合发电系统。塔式燃煤-太阳能耦合发电系统在热源部分耦合优势明显，熔融盐工质的工作温度可达575℃，空气循环更是可达 900℃，耦合潜力相比槽式更大。

2010 年，美国建成了世界上第一座太阳能集热与燃煤集成互补电站，设置了 8 列 150m 的槽式太阳能集热系统与 1 台 49MW 燃煤发电机组进行集成。澳大利亚于 2011 年启动了一项光煤互补示范工程，对 750MW 燃煤电站进行改造，该工程采用线性菲涅尔式太阳能聚光集热器直接加热水,产生 270~500℃ 高压蒸汽,使燃煤发电机组的汽轮机做功。除了前述两座典型的光煤互补示范项目,国际上还有多座已建成或已启动的光煤互补项目,如美国亚利桑那州图森电力公司的 Sundt 燃煤电站互补项目,澳大利亚新南威尔士州麦格理电力公司的 Liddell 燃煤电站互补项目。

国内尚无示范电站运行,目前仍处于理论探索和试验研究阶段。华北电力大学、中国科学院工程热物理研究所、华中科技大学以及浙江大学等国内科研院所从互补发电系统的能量迁移和能耗规律、系统集成优化设计及性能评价等方面开展了大量研究。研究结果显示,600MW 燃煤发电机组吸纳最大容量太阳能热量时,耦合系统的最大节煤量为 8~14g/(kW·h)。

近年来,燃煤与太阳能耦合发电在系统集成、耦合技术等方面均有较大进展,正在制定燃煤与太阳能耦合发电方面的国家标准,已建成国际首套 100kW 太阳能热化学发电中试系统,正在开展 500kW 太阳能与燃料热化学互补热电联产系统工程示范。目前,在燃煤与太阳能光热耦合运行条件下机组动态响应规律、耦合发电的关键技术和系统集成技术、获得太阳能光热的高比例耦合原理及设计方法等领域尚不成熟,仍需进一步攻关。

4. 煤与生物质协同利用+CCUS 技术

生物质是指利用大气、水、土地等通过光合作用而产生的各种有机体,即一切有生命的可以生长的有机物质统称为生物质,具有可再生、低污染、广泛分布、资源丰富及碳中性等特点。生物质通常指各类有机废弃物,主要包括秸秆、农产品加工剩余物、林业剩余物、生活垃圾等物质。煤与生物质协同利用+CCUS 技术是全球公认的零碳可再生能源和目前成本较低的减排方式,不仅可充分发挥两者的优势互补协同效应,还可实现负碳排放(如 BECCS),未来在助力能源低碳转型和"双碳"目标实现中将会发挥重要作用。

(1)煤与生物质共发电关键技术

煤与生物质共发电不仅具有良好的经济效益,而且具有显著的生态效益,降低污染物和 CO_2 的排放。在燃煤发电机组转型过程中,耦合生物质发电是机组在燃料侧灵活性改造的重要方向,是我国电力部门低碳转型中不可或缺的关键减排技术选择。

国外尤其是英国、丹麦、荷兰等已实现燃煤与生物质自由比例(0~100%)的耦合发电,正朝着更加精细化、智能化方向发展。我国在"十三五"期间大力推动"煤电+生物质""煤电+污泥""煤电+垃圾""煤电+光热"四大耦合发电技术,2018 年批准 84 个燃煤电厂生物质耦合发电试点项目,2019 年我国首台 660MW 超临界燃煤发电机组合 20MW 生物质发电示范工程项目(大唐长山热电厂)试运行,燃煤发电机组发电每千瓦时 CO_2 排放量约减少 6%。

煤与生物质共发电依照生物质燃烧形式分为三种:①直接掺烧生物质(直接耦合燃烧);②间接掺烧生物质(间接耦合燃烧);③独立运行的生物质锅炉(并联耦合燃烧)。间接耦合燃烧和并联耦合燃烧可避免生物质燃料带来的积灰、腐蚀等问题,燃料适应性更广,但由于新增设施多,建设和运维成本远高于直接耦合燃烧方式。直接耦合燃烧是目前效率最高的一种耦合燃烧方式。

1)直接掺烧生物质发电技术也称为燃煤发电机组耦合生物质直燃发电。该技术的初始投资和维护成本较低,技术成熟度高。我国早期开展的生物质耦合发电以直接掺烧为主,投资成本较低,已有多个生物质直接掺烧示范项目。目前欧洲 150 多个生物质耦合项目中,绝大部分采用直接掺烧生物质发电技术。

2)间接掺烧生物质发电技术也称为燃煤与生物质气化耦合发电,依托大型燃煤发电机组耦合生物质气化发电技术,是生物质能最高效、最洁净的利用方法之一。2018 年批准的 84 个燃煤电厂生物质耦合发电试点项目中有 55 个采用生物质气化耦合燃煤发电机组发电。

(2)煤与生物质共转化关键技术

煤与生物质共转化的基础工艺是气化和热解,生物质是富氢物质,富余的氢可用于煤炭转化,以及发挥增强催化、脱除污染物等多重协同效应,提高煤的利用效率,实现煤炭资源的洁净高效利用。当前煤与生物质共转化的研究热点主要围绕共转化机理、协同影响因素分析、共转化装置开发及稳定性运行控制等方面。下面重点介绍煤与生物质化学链共气化技术和煤与生物质共热解技术。

1)煤与生物质化学链共气化技术。煤与生物质化学链共气化技术是在化学链燃烧(Chemical Looping Combustion,CLC)技术的基础上发展而来的。相较于常规气化技术,煤与生物质化学链共气化技术中氧气不直接与固体燃料接触,而是通过作为载氧体的金属或非金属氧化物为固体燃料提供晶格氧,使燃料部分氧化以产生高品质合成气。煤与生物质化学链共气化技术被认为是一项可以有效分离和捕集 CO_2、降低能量损失并减少 NO_x 等有害气体排放的新型气化技术。

2)煤与生物质共热解技术。煤和生物质共热解是指煤和生物质混合后在隔绝空气或氧气的条件下发生一系列物理、化学反应,生成半焦、气体、焦油等产物的过程。生物质氮、硫含量低(含氮量为 0.5%~3%,含硫量为 0.1%~1.5%)、灰分低(0.1%~3%)、氢含量高,可作为煤热解的供氢原料。

煤与生物质共热解是实现煤炭高效清洁利用的重要途径之一。生物质作为世界上最主要且最具潜力的可再生能源之一,储量丰富,具有 H/C 值和 O/C 值高的特点,将其与煤共同热解可以有效提高煤热解转化率和焦油品质。共热解不仅能够改善煤炭单独热解产生的污染问题和生物质单独利用时能源密度低、季节性供应不平衡的问题,而且能提高煤炭转化效率,获得更高品质的油品。

5. 绿氢与煤炭转化融合+CCUS 技术

绿氢、绿电与煤炭转化相结合,可替代煤化工原有制氢路线,降低转化过程中煤炭消耗,大幅削减碳排放。同时集成煤化工与 CCUS,捕集煤炭转化过程产生的高压、高浓度 CO_2,进一步与氢反应制成甲醇等产品。形成碳的循环转化利用,推动煤炭转化过程零碳排放。

充分发挥煤炭资源富含碳的原料优势,将可再生能源制氢与之结合,不仅省去了煤化工过程中水煤气变换反应,而且不会排放由于水煤气变换反应产生的大量 CO_2,使碳资源得到充分利用,实现生产侧 CO_2 零排放,系统能源利用效率和经济效益都将得到全面提升。例如,聚对苯二甲酸乙二醇酯可广泛应用于纤维、胶片、薄膜、树脂和饮料等食用品包装的生产。图 8-12 展示了可再生能源制氢与煤化工耦合制取化学品工艺流程。

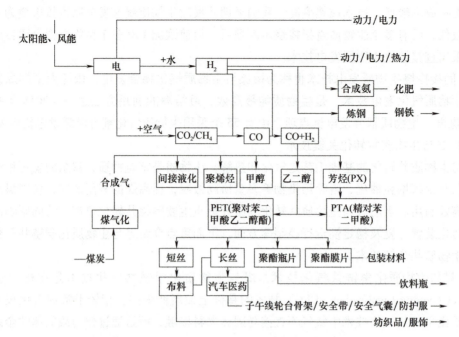

图 8-12　可再生能源制氢与煤化工耦合制取化学品工艺流程

6. 矿区风光储热一体化发展模式与关键技术

风光储热一体化发展是煤矿区建设成为多元清洁能源基地的重要路径。一方面依托矿区排土场、沉陷区等土地资源及资金、人员等优势，推动风光、地热等可再生能源大力发展；另一方面利用巨大的矿井空间建设抽水蓄能电站、压缩空气蓄能电站等储能设施，支撑风光发电调节，推动矿区低碳转型，将矿区建设成为多元清洁能源基地。

（1）矿区地面风电/光伏电站

1）矿区生态修复+大型地面光伏电站（产业）。针对煤矿开采后形成的采煤沉陷区、排土场等，以推进绿色转型补齐生态短板为首要任务，大力开展生态修复再造，按照"宜农则农，宜林则林，宜工则工"的原则，大力实施村庄异地搬迁、基本农田整理采煤塌陷地复垦、生态环境修复等。通过盘活利用矿区排土场、采煤沉陷区等退出煤矿废弃土地，建设集综合生态治理、光伏/风能发电等一体的产业基地，实现太阳能/风能资源利用和闲置土地资源利用，实现生态修复和可再生能源发电的有机结合。

2）矿区光伏+农林牧渔产业。根据新能源赋存特点和矿区（沉陷区、采空区、排土场）的地理环境特性，开展农光、林光、渔光、牧光等多种模式的应用。对于土地资源较好且较为平坦的矿区，可以建设光伏+农业等，全面推进"矿区土地光伏+农业种植""矿区光伏+温室大棚"等开发利用模式。对于沉降严重、地势低洼的矿区，由于填埋成本过高，则可以考虑储水，采用漂浮式安装方式建设水上光伏电站，实施"矿区光伏+水产养殖"模式，淮南、济宁等地区采用这种模式建设了多座光伏电站。

（2）井下空间建设储能电站

1）井下抽水蓄能电站。在东北、华北、内蒙古和新疆等地分布着许多大中型煤矿及废弃煤矿，如能将一些条件合适的煤矿或废弃煤矿改建成抽水蓄能电站，既能为风能和太阳能发电的大力发展提供必备条件，又利用了已存在的地下空间，经过改良后的地下空间在增加稳定性的同时，避免了以往封井后可能出现的地表大面积沉降和坍塌，以及后续引起的水污染和大气污染问题，达到"一举多得"的效果。

我国尚无在废弃煤矿建设抽水蓄能电站的工程案例，但已经开始进行前期探索，如国家能源集团神东矿区累计建成煤矿地下水库 35 座，储水量达 3100 万 m^3，为抽水蓄能电站建设奠定了很好的前期基础。

煤矿井下抽水蓄能电站建设需要针对煤矿围岩条件，攻关围岩适应性评价、改造相关关键技术，如在长期蓄水和循环抽放水（循环加卸载）条件下，围岩的流固耦合行为及矿井和巷道等储水库的长期稳定性、安全性和密闭性影响因素和保持技术。

2）井下压缩空气储能电站。利用废弃矿井建设压缩空气储能电站通常要求具有较高的结构强度、大体积和低渗透率，如存储在地下直接开挖的硬岩硐室、盐层中溶浸开采的洞穴、枯竭的油气藏储层和含水层等。而关闭退出煤矿可作为压缩空气储能的地下空间主要有两类：一类是矿井的开拓巷道和准备巷道；另一类是采场老空区。

我国对压缩空气储能系统的研究开发比较晚，矿井空间空气储能还处于试验阶段，尚未进入产业化应用，所以在现阶段还以生产性试验示范为主。对压缩空气储能开展研究的大学和科研机构主要有中国科学院工程热物理研究所、华北电力大学、西安交通大学、清华大学、华中科技大学和中国科学院广州能源研究所等，重点研究了地下压缩空气储能电站场址评价及选择、空间加固、电站运行控制等关键技术。

2020 年 8 月 16 日，全球首个基于煤矿巷道压缩空气储能电站在晋能控股煤业集团云冈矿北大巷废弃巷道开工，建设首期规模为 60MW、总规模为 100MW 的压缩空气储能电站。利用煤矿废弃巷道建设压缩空气储能电站，可以有效促进新能源的消纳，提高新能源利用效率，同时为资源枯竭矿井闯出一条资产效益最大化的可持续发展之路。

3）井下电化学储能电站。电化学储能是储能的重要形式之一。伴随全国新能源发电规模增加，建设电化学储能电站的需求快速增加，其用地需求也在快速增长。未来煤矿区作为综合能源基地，有较大的储能电站配套建设需求，可利用煤矿废弃地下空间作为电化学储能电站的建设场地，一方面满足用地需求；另一方面在地下建设大规模电化学储能电站也更加安全，同时可利用井下恒温条件，降低电站运行能耗。

7. 矿区中低温地热发电未来技术

矿区有丰富的地热资源，充分利用矿区地下工程和煤炭行业技术装备优势，由煤炭开采向地热开发利用延伸是重要的战略方向。推进矿区地热开发利用，核心是突破中低温地热发电未来技术。

现有的中低温地热发电与火力发电的原理相同，先将热能转变为机械能，再转化为电能，因能量二次转化造成发电效能较低。

除了将地热能转化为机械能再转化成电能这一技术外，也可利用温差热电效应，直接将地热能转化为电能，即热电发电技术。温差热电效应，也被称为赛贝克（Seebeck）效应，自 1825 年该效应被发现后，关于热电材料的研究获得了蓬勃的发展。国内外在太空、极地、医学器件等领域进行了深入探索,其核心在于高性能热电材料与器件研发。鉴于热电发电技术具有运行简单、无机械能损耗、体积小、原地发电、生态环境影响小等优势,若能突破现有的热电材料和热电器件,将热电发电技术与地热开发相结合,形成基于热电材料、具有高热电转化效率的地热发电技术,可为我国丰富的中低温地热资源开发提供科学可靠的技术支撑。

8.4 矿区生态系统碳汇

矿产资源开发产生的碳排放和已复垦排土场固存的碳汇与区域生态系统碳循环交织耦合,形成了相对外界开放的碳循环系统。矿产资源开发碳源主要是地表植被破坏、土壤质地改变和"剥离—开采—运输—排弃—复垦"中化石能源、炸药、电力等使用;矿区碳汇来源于已复垦的排土场,通过光合作用将大气中 CO_2 固定在植被和土壤中。矿产资源开发导致原有耕地、林地、草地等高碳汇型用地转为矿坑、工业场地、排土场等碳源型用地,造成区域固碳能力的损失;采矿过程会对土壤的物理、化学、生物特性有不同程度的影响,致使土壤质地变化(如微生物、有机质含量变化),导致土壤碳汇降低,甚至丧失。作为世界上最大的发展中国家,我国能源消费量大,矿产资源开发强度大,土地损毁、土地退化问题严重,亟须厘清矿区碳源、碳汇研究进展。学术界关于森林、草地、农田等自然生态系统碳汇研究起步较早,已形成成熟的研究体系,但矿区土地生态系统碳源、碳汇研究尚处于起步阶段。

8.4.1 生态系统碳汇的概念

习近平总书记指出:"'十四五'时期,我国生态文明建设进入了以降碳为重点战略方向、推动减污降碳协同增效、促进经济社会发展全面绿色转型、实现生态环境质量改善由量变到质变的关键时期。"如期实现碳达峰、碳中和目标,一项重要措施在于提升生态系统碳汇能力,强化国土空间规划和用途管控,有效发挥森林、草原、湿地、海洋、土壤、冻土的固碳作用,提升生态系统碳汇增量。

生态系统碳汇是对传统碳汇概念的拓展和创新,不仅包含过去人们所理解的碳汇,即通过植树造林、植被恢复等措施吸收大气中 CO_2 的过程,还增加了草原、湿地、海洋等生态系统对碳吸收的贡献,以及土壤、冻土对碳储存碳固定的维持,强调各类生态系统及其相互关联的整体对全球碳循环的平衡和维持作用。

8.4.2 生态系统碳汇监测方法

生态系统碳汇监测是指对生态系统中的碳储量和碳流动进行定期观测和记录,以了解碳循环过程、评估碳储量变化和识别碳排放与吸收源。生态系统碳汇监测对于气候变化研究、制定减排政策和推动可持续发展具有重要意义。

常见的碳汇监测方法包括以下几种:

1) 植被调查:通过定期采样和测量植物的生物量和生长情况,估算植物固定的碳量,并推断生态系统的碳储量和碳吸收能力。

2）土壤采样与分析：采集不同深度和类型的土壤样品，分析其中的有机碳含量和其他相关指标，以评估土壤中的碳储量和碳动态。

3）碳同位素分析：通过分析植物和土壤中的碳同位素组成，可以确定碳的来源和转化过程，从而了解碳循环过程中的吸收和释放情况。

4）定点观测：在特定地点设置气象站和碳通量测量设备，连续监测大气中的 CO_2 浓度、植物的呼吸作用和光合作用速率等，以评估生态系统的碳排放和吸收情况。

5）遥感技术：利用卫星或飞机等遥感数据获取大范围的地表植被信息，结合模型推算，评估生态系统的碳储量和碳变化趋势。

6）模型模拟：基于已有的监测数据和环境参数，运用数学模型对碳循环过程进行模拟和预测，以估算碳汇能力和预测未来的碳动态。

同时，随着技术的不断发展，新的监测方法也在不断涌现，如无线传感器网络、无人机遥感等，为碳汇监测提供更多的选择。这些方法可以相互结合，提供全面的数据支持，帮助了解生态系统碳动态、森林碳存量与变化，并为制定管理和保护策略提供依据。

在碳汇监测方面，主要包括以下几个方面：

1）大气 CO_2 监测：通过使用气象观测站、遥感技术和无人机等手段，监测大气中 CO_2 的浓度和变化趋势。

2）森林监测：通过遥感技术、地面观测和采样等手段，监测森林生态系统的碳储量、生长状态和破坏程度。

3）土壤监测：通过采集土壤样品并进行实验室分析，监测土壤中有机质含量和 CO_2 排放量，以评估土壤对碳汇的贡献。

4）海洋监测：通过测量海水中的溶解 CO_2 浓度、表层温度和 pH 等指标，监测海洋对 CO_2 的吸收和储存情况。

这些方法通常需要结合使用，综合考虑植被、土壤、大气等因素，以获取全面的碳汇监测数据。

8.4.3 生态系统碳汇核算方法

1. 陆地生态系统碳汇核算方法

陆地生态系统的碳汇核算方法可分为两大类："自下而上"和"自上而下"。不同的估算方法具有不同的优势、劣势和不确定性来源。"自下而上"方法是指将现场或网格的地面观测和模拟结果整合到区域估计中。常用的"自下而上"方法包括样地清查法、涡度协方差法和基于生态系统过程的模型模拟方法。"自上而下"方法主要是指根据大气 CO_2 浓度反演陆地生态系统碳汇，即大气反演。

（1）样地清查法

样地清查法基于不同时期生态系统碳储量（主要是植被和土壤）的比较，以估算陆地生态系统的碳收支。利用样地清查法评估陆地生态系统的研究包括多个方面：基于生物量组分的碳汇估算，生态系统各组分碳汇水平评估，陆地生态系统碳汇强度的评估和碳汇强度的变化趋势。对于缺乏连续清查数据的生态系统类型，如灌木和草地，可以建立观测到的植被碳储量和遥感植被指数之间的经验关系，以估计植被碳储量的变化。

基于样地清查法的陆地生态系统碳汇评估方法明确、技术简单，可以直接获得准确和可靠的数据。但陆地生态系统具有较高的空间异质性，需要较广的空间范围和较为精确的采样精度，一般需要靠抽样方法进行总体精度控制，工作量大，耗时长，而且样地清查法没有考虑陆地生态系统的全部类型。该方法多侧重于森林、草地生态系统等占比较高的生态系统，对于灌丛、湿地、荒漠、冻土、城市等生态系统的观测数据则较少，如中科院实施的"碳专项"项目耗时 5 年在全国仅调查了 14371 个调查样方（森林样方 7800 个，草地样方 4030 个，灌丛样方 1200 个，农田样方 1341 个），且并未涵盖所有的陆地生态系统。此外，基于样地清查法的碳汇通常基于碳储量的年变化量计算得到，碳储量的年变化量远远小于陆地生态系统的碳储量，碳汇测定误差较大；同时该方法没有考虑生态系统内的土壤呼吸、水蚀、风蚀等因素造成的碳的横向转移过程。

（2）涡度协方差法

涡度协方差法是基于微气象理论的目前唯一能直接测量大气与植被冠层及土壤间物质循环和能量交换的观测技术。此方法直接测量陆地生态系统与其足迹区域内大气之间的净 CO_2 交换，然后将这些测量值放大到区域生态系统净生产力（NEP），实现了生态系统尺度的温室气体交换、能量平衡和生产力等功能与过程涉及的生态现象观察、生态要素观测、生态系统功能变化观测的融合。

目前全球通量观测网络联盟（FLUXNET）建立起 900 多个观测样点，形成全球性和区域性的覆盖不同气候带和植被区系的通量观测网络，包括美国通量网、欧洲通量网、亚洲通量网、中国通量网等共 42 个国家、23 个区域性通量研究网络。中国陆地生态系统通量观测研究网络（ChinaFLUX）于 2002 年建成，截至目前拥有 80 多个台站，包括森林、草地、农田、湿地、荒漠、水域生态系统，通过应用微气象法进行生态系统 CO_2 和水热通量长期定位观测的关键技术，为全球碳平衡与全球变化研究提供我国典型陆地生态系统碳、水汽、氮通量的长期观测数据。

通过构建区域、国家及全球尺度的通量观测网络，可以研究不同时间尺度和空间尺度的陆地生态系统碳汇强度。此外，涡度相关碳通量技术也应用于不同气候区和植被类型的生态系统碳汇强度研究，包括寒带草原和温带草原、森林生态系统、湿地生态系统、荒漠生态系统。基于涡度协方差法的陆地生态系统碳汇研究，可以实施监测生态系统尺度上的陆地与大气碳交换，减少样地清查法中的数据误差，长期的点位观测可以规避生态环境数据的短期波动带来的不确定性，有利于探讨生态系统碳循环过程对气候变化的相应机制。但是，涡度协方差法设备布设要求高，下垫面地形复杂的情况会影响设备运行，且周围会有建筑物限高要求；通量塔数量偏少、设置不合理、覆盖范围小，不能完全反映测量生态系统的景观异质性；因涡度测量仪器和工作原理的缺陷，观测数据存在缺失，不能记录到光合作用的碳吸收和呼吸作用的碳排放数据，对于空缺碳通量数据的填补不同方法误差较大；仪器还不能准确区分记录的异常数据是生态系统碳循环的真实扰动数据还是无效记录数据；由于夜间的湍流被抑制会导致测量系统响应不足，测量数据值偏低，测量数据存在偏移现象（植被在休眠期和非光合作用时期记录到 CO_2 吸收现象);对地表可用能量存在低估现象,能量平衡不闭合。因此,它更多地用于在生态系统尺度上理解碳循环对气候变化的响应。

(3) 基于生态系统过程的模型模拟法

模型模拟法是应用数学方法定量描述陆地生态系统碳汇与生态环境因子观测值之间的关系,对当前碳汇状况进行评估和对未来碳汇情景进行预测。根据模型在结构、参数及算法上的不同,模型模拟可以分成经验模型模拟和生态系统过程模型模拟。样地清查法中应用的异速生长模型、蓄积量-生物量转换模型、全碳库模型等都属于经验模型。朴世龙等利用34个固定样点数据与从 NOAA-AVHRR 遥感影像提取的归一化植被指数(NDVI)建立经验回归方程,并假设地上/地下生物量比值为常数,随后将实测调查点通过尺度上估算全国碳汇为 $(0.19 \sim 0.26)\text{PgC/a}$($1\text{Pg} = 10^{15}\text{g}$)。经验模型不考虑环境因素的影响,模型参数没有特定的生态学含义,不能从机理上对碳汇过程进行解释。

近年来,随着对陆地生态系统碳循环过程中涉及的生物物理化学过程认识的逐步深入,越来越多的研究者通过分析太阳辐射传输、光合作用和呼吸作用、养分和水分循环等过程,将与过程相关的植被冠层结构(叶面积指数、覆盖度、植被高度、生物量)、辐射吸收(光合有效辐射、反照率、净辐射、地表温度、冠层温度、土壤温度)、生化(叶绿素、胡萝卜素、含氮量、叶片含水量)、功能(叶绿素荧光)参数,空气动力学温度、水汽压差、辐射、水热参数等物理参数作为驱动因子,构建基于生态系统碳循环过程的机理模型。根据驱动因子模型可以进一步分为静态模型和动态模型,主要的静态模型包括 CENTURY、InTEC 和 Biome-BGC 等,在模拟期间,驱动因子(气候、植被)维持基线情景,而动态模型中的植被物种分布会随着气候和土壤条件的变化发生改变,常用的模型有 IBIS、CEVSA、BIOME3、LPJ-DGVM 等。

利用生态系统过程模型模拟陆地生态系统碳汇,可以阐明生态系统组分与环境因子之间的交互作用,通过对因子进行归因分析,评价不同因子对模型的贡献,也可以对未来陆地生态系统碳汇大小进行预测。但不同类型的模型在原理、结构和参数上存在差别,导致在陆地生态系统碳汇评估中存在很大的不确定性;模型输入参数的固有误差和测量误差、模型参数相关作用产生的误差在应用过程中最终都会累计在碳汇计算中;传统经验模型缺少对估算结果机理性解释,物理模型(辐射传输、光能利用率模型)较为抽象,难以理解且缺少对于土壤呼吸的模拟;过程模型将碳汇复杂的生物物理化学过程简化为几个主要的驱动因子,关键参数依赖经验设置,降低了碳汇估算的准确性;模型方法很少会将生态系统人工管理措施考虑在内。

(4) 大气反演

基于 CO_2 浓度观测数据的大气反演模型是近年来发展的陆地生态系统碳汇计算的新技术。它可以获取地面及高空的大区域的 CO_2 三维空间数据,远距离实现对 CO_2 气体的实时监测,不仅可以获取化石燃料燃烧排放的 CO_2 信息,也可以监测生态系统中地-气 CO_2 浓度变化。在2019年修订的 IPCC《国家温室气体清单指南》中,明确增加了基于 CO_2 浓度观测的自上而下碳同化反演估算温室气体源-汇状况的方法,并可以作为独立数据验证排放因子法和过程模型法等自下而上的碳源汇核算模型。

为了弥补地面 CO_2 观测站点数量少的不足，多个国家先后发射了碳卫星，应用于监测空间 CO_2 浓度变化，联合卫星遥感数据和地面大气 CO_2 浓度、站点通量数据和遥感地表参数等数据是全球碳同化系统的发展趋势。在全球尺度上，Ingrid 等应用 Carbon Tracker 全球碳同化反演系统估算了 2001—2015 年间全球碳汇情况；在区域尺度上，基于 Carbon Tracker 改进模型，成功实现了对亚洲、欧洲、南美洲等地区部分陆地生态系统碳汇分布的估算，在中国，多个根据不同同化方法的全球碳同化系统已经开发并应用于生态系统碳循环监测。

与"自下而上"方法不同，大气反演具有近实时评估陆地碳汇及其在全球范围内对气候变化响应的优势。但是，"自上而下"方法也存在一定的缺陷。遥感数据的时空分辨率较低、模型理论研究支撑不足，不能准确区分不同类型生态系统碳汇；受传感器特性、大气辐射偏差、星下点角度等因素的影响，遥感数据出现的偏差；大气 CO_2 观测点的数量与分布、大气传输模型和同化方法的差异都影响陆地生态系统碳汇的准确性。

2. 海洋生态系统碳汇核算方法

HY/T 0349—2022《海洋碳汇核算方法》行业标准将海洋碳汇定义为"红树林、盐沼、海草床、浮游植物、大型藻类、贝类等从空气或海水中吸收并储存大气中的 CO_2 的过程、活动和机制"，明确了发挥碳汇作用的主体是红树林、盐沼、海草床、浮游植物、大型藻类、贝类等，同时强调了碳汇过程是"吸收并储存"的过程。此外，为便于理解和后续应用，对海洋碳汇核算涉及的其他相关概念也进行了逐一界定。

在海洋碳汇量化问题上，HY/T 0349—2022《海洋碳汇核算方法》行业标准所指海洋碳汇能力由红树林碳汇、盐沼碳汇、海草床碳汇、浮游植物碳汇、大型藻类碳汇和贝类碳汇等组成。海洋碳汇能力核算采用常规且成熟的调查方法，主要包括群落样方调查方法、标志桩法、叶绿素 a 法等，力求基层可操作、区域可对比。核算数据主要来源于实地调查，按照相应的调查方法进行调查与试验就可以获取。对于没有条件开展调查的，HY/T 0349—2022《海洋碳汇核算方法》行业标准也给出了相关系数的参考值。

8.4.4　不同生态系统固碳增汇方式

以森林、草原、湿地、红树林、海草等为主体的生物固碳措施，能够不断提升生态碳汇能力，对减缓全球气候变化具有重要作用。根据联合国粮农组织 2020 年全球森林资源评估结果，全球森林面积为 40.6 亿 hm^2，约占全球陆地面积的 31%，森林碳储量高达 6620 亿 t。全球森林的碳储量约占全球植被碳储量的 77%，森林土壤的碳储量约占全球土壤碳储量的 39%，森林是陆地生态系统最重要的储碳库。在海洋碳汇生态系统中，初级生产者在低氧浓度条件下不利于有机质的分解，它们在将 CO_2 转化为有机碳方面具有很高的潜力。因此，尽管海洋初级生产者生长面积不到全球海洋面积的 2%，但海洋初级生产者固定碳量可达 54~59PgC/a，占全球碳捕捉和封存总量的 50%（总固碳量为 111~117PgC/a），占海洋沉积物碳存储的 71%。全球陆地生态系统和海洋生态系统年均固碳 35 亿 t 和 26 亿 t，分别抵消了人为碳排放量 30% 和 23%。我国陆地生态系统碳储量为 792 亿 t，年均固碳 2.01 亿 t，可抵消同期化石燃料碳排放的 14.1%，其中森林的贡献约为 80%。

1. 森林固碳增汇方式

气候变化如干旱、升温等现象会破坏森林的结构及其生态功能。人为干预可改变森林树种组成、结构与功能，通过调节森林的恢复能力，提高森林系统的固碳能力，还可通过退耕还林、减少劳作、间伐和森林抚育采伐等方式提高森林的固碳能力。

退耕还林可增加森林的面积，增加森林碳汇容量。减少劳作可以减少土壤扰动，降低土壤呼吸，从而增加土壤碳的固持能力。根据采伐目的，可以将采伐分为间伐和森林抚育采伐。间伐是指通过采伐，减少林分密度；森林抚育采伐是调整林分结构。间伐和森林抚育采伐可以通过改变树种组成、年龄结构、林分密度等来降低养分的竞争，促进森林更新，增加森林生物量，从而提高森林系统的碳汇能力。

2. 草原固碳增汇方式

草地的退化会降低植被生产力，加速土壤有机质分解，引起土壤碳输入小于土壤碳排放，导致草地释放更多的温室气体。因此，寻找既要维持草原生物量又要降低温室气体排放的管理模式，对草地的管理及生态系统维护十分重要。可从减少草地碳排放（如硝化抑制剂添加、优化放牧管理等措施）、增加草地碳容量（如施肥）、调节凋落物分解等方面来减少草地的碳排放，维持草地的可持续经营。

可采用围栏增加草地生物量，增加土壤碳储量。近几十年来，家畜围护已成为全国各地常见的草原恢复手段。减少放牧后，草原生物量、土壤有机碳储量可显著恢复。草地添加氮肥也可促进大粒径团聚体聚集，提高土壤团聚体稳定性，各粒径团聚体土壤有机质含量显著提高，改善土壤结构，提高土壤固碳能力。同时，施用肥料可提高土壤肥力，增加植物的生物量，提高植物碳储量。此外，增加豆科植物补播可增加土壤有机碳储量。

一般而言，草地净初级生产力的 50% 以凋落物的形式归还到土壤中，最终在微生物的作用下形成腐殖质或被分解掉，其过程对全球碳循环具有重要意义。而添加氮肥可促进凋落物中纤维素和单宁酸的分解，可有效加速土壤碳循环，不利于腐殖质层养分的积累，因此施用氮肥对草原整体的碳输入及碳输出还需进行重新估算。

3. 湿地固碳增汇方式

近年来，随着气候的变化及人类活动的影响，湿地植被多样性及数量锐减、湿地水土遭到污染，这些严重影响湿地生态功能。目前，可通过湿地的植被恢复、污水处理、表层土壤的保护等方式来恢复湿地生态功能。

（1）植被恢复

湿地长期处于淹水状态。因此，在湿地植被恢复中，针对常水位状态下常露的滩地植被恢复，可以种植低矮的湿生植物；针对常水位下的植被带恢复，可选择高大的挺水植物；对于湿地边界的植被，可配置高大的乔木、灌木，以形成隔离带，来保护湿地内部环境；针对坡度较陡的区域，可选择根系发达的植物种植。

（2）污水处理

湿地污染的水体改善过程中可充分发挥湿地自身的净化功能，来达到自净的目的。此外，还可增设污水处理厂，关停或搬迁部分高污染的企业，引水换水的方式来降低污染物的毒害作用，逐渐恢复湿地的生态功能，从而增加湿地的固碳能力。

（3）表层土壤的保护

对湿地表土质量进行提升，有利于优化湿地植被生长环境，提升其固碳能力，还可通过改善土壤物理性质、增加土壤肥力等来恢复的湿地生态功能。

4. 农田固碳增汇方式

农田土壤固碳增汇技术以高产、低排、高效为目标，以增汇、减排、低能、促循环为思路，从作物品种、种植模式、耕作方式、管理措施等方面协调农田系统的碳源和碳汇。

农田土壤固碳增汇技术主要从控制碳的生产性输入及消耗、减少农田生产系统的碳排放、增加农田生产系统的碳汇，以及提高农田生产系统的碳循环利用出发，包括保护性耕作、有机肥施用、复合种养、节水灌溉和秸秆还田等。

5. 红树林固碳增汇方式

红树林生态系统的修复技术可以强化碳汇过程，即通过修复受损红树林的生态结构，积极促进自然结构和生态系统功能的恢复，并保持可持续固碳的目标，这需要为其创造适宜的生长条件。

一般运用生态工程，结合生态水文原理来达到修复的目的，具体包括以下两种手段：

1）设计自然状态下红树林生长所需的生态位，促进红树林幼苗定居，如通过建立防波堤、竹子保护栏、篱笆等方式来防治污泥沉积，为红树林幼苗生长创造适宜的条件。

2）通过移植红树林幼苗来改造生境。红树林移植的方法有胚轴插植、直接移植、无性繁殖和人工育苗。将野生红树林收集到的繁殖体在育苗室内进行生产，并将这些幼苗进行移植。其中，在移植过程中的间苗及剪枝方法是成功移植的关键。

6. 盐沼湿地固碳增汇方式

通过研究退化滨海盐沼湿地生态系统的生物修复能力，重建高质量、高碳汇型的盐沼湿地，改善盐沼地域土壤的水土保持和固碳能力，建立相应退化盐沼的固碳增汇技术体系。修复增汇技术主要包括生物措施修复和人工措施修复两个方面。

（1）生物措施修复

生物措施修复是指通过湿地生态系统的生物修复，改善土壤及水体环境，重建高生物量、高碳汇型水生生物群落等措施，提高盐沼湿地固碳植被的生物量，从而提高系统固碳增汇能力。如我国提出的"南红北柳"计划，明确提出增加芦苇、碱蓬、柽柳林等盐沼固碳植物的种植面积，从而增加盐沼湿地碳汇面积，并逐渐改善盐沼湿地土壤固碳能力，达到增加碳汇的目的。

（2）人工措施修复

人工措施修复主要通过实行推进"退养还滩"，即减少盐沼湿地旁的滩涂养殖、围垦等活动，增加盐沼湿地生态系统的固碳空间，并针对盐沼湿地中的固碳植被进行土壤水分、养分和盐分的调控，从而达到最大化的固碳减排效果。

7. 海草床固碳增汇方式

海草床固碳增汇技术主要通过借助海草床强大的自然繁殖修复能力或利用海草种子的有性繁殖来修复受到污染的海草床生长环境。目前，海草床固碳增汇的方法有生境修复法、移植法和种子法。

（1）生境修复法

生境修复法的实质是海草床自然恢复，其关键核心技术是海藻的筛选，此方法投入少，但周期长。大型海藻碳汇功能显著，但其具有季节性强的特点。因此筛选合适的藻类并建立适宜的生态体系，可以有效利用时间及空间，改善环境。如底栖生物+藻类的立体生长模式、大型藻类海发菜+海带周年轮作生长模式等。

（2）移植法

移植法是指在适宜区域直接移植多个幼苗或成熟的海草植物，甚至是直接移植海草草皮，从而增加海草的生长面积，是成功率最高的方法。根据其移植方法可分为草皮法和根状茎法。草皮法需要大量的草皮资源，且对海床影响较大，而移植根状茎法成功率较高，是一种有效且合理的技术。

海草床种植技术在部分国家已非常成熟。如美国弗吉尼亚州通过种子播种技术在 $125hm^2$ 的裸露海床上投放了 0.38 亿颗种子，经过 10 年，海草床面积增加到 $1700hm^2$。瑞典已发布《大叶藻恢复指导手册》，在古尔马峡湾通过根茎移植技术在 $12m^2$ 的区域进行海草移植试验，4 年后海草扩张到了 $100m^2$。另外，在古尔马峡湾外通过大规模试验移植了 $600m^2$ 大叶藻，3 个月后面积增长了 220%。澳大利亚主要应用草地法进行海草床移植试验。

（3）种子法

种子法是利用海草有性生殖的种子来重建海草床，该方法具有易于运输、对海草影响较小的特点（表 8-1）。其中，有效播种方式及适宜的播种时间是该方法的技术核心。

表 8-1 海草床修复技术的优缺点

技术名称		优点	缺点
生境修复法		投入少、风险小	周期长
移植法	草皮法	见效快	投资大、破坏大
	根状茎法	影响小	周期稍长
种子法		易运输	周期稍长

我国海草床增汇技术主要有种子法、草皮法、根状茎法、海底土方格技术等。例如，山东荣成采用种子法，通过大叶藻幼苗培育与移植技术，增加近海渔业资源数量，修复渔业种群结构，助力海草生态系统重建；海南文昌结合海底土方格技术采用单株定距移植海菖蒲及泰来草，一年后成功修复海草床面积超 1 亩，其中泰来草斑块平均成活率高于 56.40%，平均分蘖率高于 22.60%，平均覆盖度高于 4.30%；海菖蒲斑块平均成活率高于 88.80%，平均分蘖率高于 3.10%，平均覆盖度高于 21.90%。

8. 海水微藻固碳增汇方式

不同的微藻以及同一微藻不同菌株在固碳性能上存在差异。筛选耐高浓度 CO_2、固碳能力强的微藻和构建筛选方法是微藻固碳强化技术的核心。

（1）高效固碳新品种筛选

筛选优良的适宜于 CO_2 基和碳酸氢盐基工艺的微藻是最关键的步骤。对于 CO_2 路径，需要严格考察微藻对 CO_2、毒性物质（如 SO_x、NO_x）、微米或纳米级别的灰尘及低 pH 的耐受性；对于碳酸盐路径主要考察微藻对高浓度碳酸盐及高 pH 的耐受性。

许多微藻已经被筛选出来,并集成了碳酸盐路径固定碳,用于碳酸盐培养基中微藻的生产。

目前可采用诱变等优化方式,提高微藻 CO_2 固定速率,如采样适应性实验室进化、N-甲基-N′-硝基-N-亚硝基胍诱变和基因工程等方式提高微藻对高 CO_2 浓度的耐受性,强加微藻的固碳能力。

(2) 化学剂强化技术

微藻固碳效率通常较低,一般为 $0.01\sim0.25\text{mg}/(\text{L}\cdot\text{d})$,这是限制其工业化应用的主要原因。$CO_2$ 在水中的溶解度较低,在基于 CO_2 溶解的过程中,微藻培养基中 CO_2 的低溶解性是限制其碳吸收的关键。可通过向培养基中加入化学吸附剂增加 CO_2 在培养基的溶解度,来增加微藻对 CO_2 的固定率。

加入的化学吸收剂可与 CO_2 发生化学反应,从而增加溶解无机碳(DIC)浓度,并改变培养液中碳源形态比例分布,提高培养液 CO_2 溶解传质能力。化学吸收剂一般为碱性溶液,可以提高培养液 pH 及培养液 pH 缓冲能力,可以通过化学吸收剂的合理添加,并辅以恰当的 CO_2 供给策略,使培养液 pH 维持在适宜微藻生长的范围内,从而强化微藻固碳效果。

目前主要化学吸收剂为醇胺溶剂,种类包括伯醇胺[如单乙醇胺(MEA)]、仲醇胺[如二乙醇胺(DEA)]、叔醇胺[如三乙醇胺(TEA)]、2-氨基-2-甲基-1-丙醇(AMP)等。

(3) CO_2 补给技术

补给纯净 CO_2 可提高微藻生物量。目前应用较广的两种 CO_2 补给方式是 CO_2 稳定(CO_2 Steady,CS)技术及 pH 稳定(pH Steady,PS)技术。

1)CO_2 稳定技术。CS 技术主要通过控制 CO_2 供给速率实现,将 CO_2 以稳定的速率供给微藻。CS 技术直接、简便。CS 技术虽然可以提高微藻生物量,但 CO_2 供给降低培养液 pH,抑制微藻生长。

2)pH 稳定技术。PS 技术通过对溶液中 pH 的反馈调节实现。PS 技术可以显著提高微藻生物量,但是其大规模的应用成本较高。注入生长池的 CO_2,只有 45.3% 被微藻吸收,剩下的 CO_2 释放到大气中,因此,优化 CO_2 的供给对于减少 CO_2 损失和降低工业规模上的操作成本至关重要。基于 PS 策略的最佳 CO_2 浓度的供给技术称为 CSBPS 技术,它弥补了 CS 与 PS 技术的不足。

CO_2 补给技术类型及优缺点见表 8-2。

表 8-2 CO_2 补给技术类型及优缺点

技术类型	优点	缺点
CO_2 稳定技术	直接、简便	降低培养液 pH,抑制微藻生长
pH 稳定技术	提高微藻生物量	成本高

(4) 光照补给技术

光照是新型光生物反应器需要考察的指标。美国明尼苏达大学开发了一种创新的叠合多层开放式光生物反应器(PBR),这种 PBR 叠加结构每层的中空托盘结构可以减少反应器内部污垢对透光的影响,以优化光照条件。

（5）微藻的工业应用

微藻固碳技术在泵送 CO_2 基质、收获微藻、压缩 CO_2 等方面需要消耗能量，因此运行成本较高。

与陆地植物碳汇技术相比，利用微藻固碳具有许多优势：

1）微藻生长快，光合效率高，微藻生长速度是陆生植物的 10 倍，其光合效率是陆地植物的 10~50 倍。

2）微藻可以在淡水和海水区域种植，适应性强，种植面积广；微藻养殖不需要巨大的土地面积。

3）微藻捕集 CO_2 可以同时与废水处理相结合，并产生高附加值的生物质，是能源和生物产品相关行业的潜在原料。

4）微藻含有较高的脂质、碳水化合物、蛋白质，可用于生产生物柴油、乙醇、丁醇等生物燃料、动物饲料、食物、保健品等。

9. 海洋微生物固碳增汇方式

耦合微生物泵理论，可通过强化生物泵（BP）及微型生物碳泵（MCP）过程，达到强化海洋固碳能力的目的。例如，针对近海富营养海区域，可通过减少陆地氮和磷的输入来强化 BP 和 MCP，增加海洋碳储量。目前，陆地普遍存在过量施肥的现象，大量氮和磷输入海洋，形成近海区域富营养化。过量的氮和磷会刺激微生物降解更多的有机质，进一步转化为 CO_2，释放到大气中。若能控制陆地中氮和磷输入，可提高微生物碳泵生态效率。

8.4.5 煤矿区碳汇技术体系

碳中和目标下，充分发挥煤矿区土地资源优势开发碳汇源，对加快实现煤矿区碳自平衡具有重要意义。构建煤矿区碳汇技术体系，通过土壤重构、植被重建、减损开采、碳汇监测计量、碳汇交易等具体工程技术手段，有效利用煤矿区植被、土壤和水体等的固碳作用，提升煤矿区生态碳汇能力，是如期实现碳达峰碳中和目标的重要途径。

1. 煤矿区生态碳汇扩容技术体系

（1）土壤碳库重构与碳汇功能提升技术

土壤碳库是碳库与碳循环的重要组成部分，陆地土壤是地球表面最大的碳库，其容量为植被碳库的 3~4 倍、大气碳库的 2~3 倍。由于土壤生态系统的复杂性，目前对于土壤碳汇方面的研究相对薄弱，提升土壤碳汇功能是实现煤矿区生态碳汇扩容的重要途径。土壤碳库重构与碳汇功能提升技术是以总碳含量提升、有机碳汇提升、稳定有机碳汇提升为途径，从土壤处理和植物处理两大方面提升碳汇能力的技术。需开展不同矿区条件下土壤碳汇机制研究，研究不同生态系统、不同土地利用方式的土壤碳汇源转化的影响因素、作用机理、过程机制及固碳效应，重点加强土地利用生命周期过程的土壤碳排放和碳汇核算及其效率变化的机制研究，探讨土地覆盖变化与生态系统碳循环过程的定量关系。开展矿区土壤固碳潜力测算方法优化研究，加强可靠的土壤调查数据源建设，提高潜力估算结果的精确度和可信度。开展土壤碳库稳定提升技术研究，研究风化煤等煤基材料腐殖化制备改良剂技术和农林有机材料炭化制备生物炭技术等。开展植被对矿区土壤碳汇功能的影响机制研究，研究不同植被类型、植物种类和植被配置模式对矿区土壤固碳功能的影响。通过研究明确土壤碳汇机理,实现土壤固碳能力提升,建设高效和稳定的煤矿区土壤碳库。

(2) 植被碳库重建与碳汇功能提升技术

植被可通过光合作用吸收 CO_2 合成有机物实现碳汇功能,在煤矿区生态碳库中发挥重要作用。目前,植物碳汇方面已开展不同造林方式、不同林龄和不同管理措施等条件下的植物生物量(地上和地下)等方面的研究,为矿区植被重建与固碳效果提升提供了重要参考。植被碳库重建与碳汇功能提升技术是采取多种措施重构植被碳库,充分挖掘矿区植被的生物量潜力,显著提高矿区生态植被的地上、地下生物量和地表枯落物量的技术。需开展不同植被类型碳汇效果影响研究,比较矿区林地、草地和耕地等植被的固碳效率。开展不同植物种类碳汇效果影响研究,依据 IPCC 提出的碳汇计算标准制定测算方法,提供适用于我国温室气体计算的植被固碳性能估算方式,对比白花槐、油松、新疆杨、紫穗槐等不同种类植被的固碳能力,选择优势固碳植被。开展矿区复垦植被配置模式研究,比较不同混交林复垦模式下的整体固碳效果。最终建立适合不同矿区条件下的最优植被碳库,实现矿区植被碳汇功能的恢复与提升。

(3) 立体空间碳汇技术

立体空间碳汇技术指充分利用不同的立地条件,选择攀缘植物及其他碳汇植物栽植,并依附或铺贴于各种构筑物及其他空间结构上,通过空间植被量的增加实现矿区碳汇扩容的技术(图 8-13)。立体空间碳汇一般作为改善城市生态环境、丰富城市绿化景观的一种重要且有效的方式,应用于煤矿区可提高植被量并增加 CO_2 吸收量,实现碳汇扩容。传统立体空间碳汇价格高昂,维护成本较高,仅

图 8-13 立体空间碳汇示意

在城市范围内作为绿化设施,目前针对矿区生态环境的立体空间碳汇相关技术研究较少。需开展复合基质生态修复技术研究,针对矿区高陡坡度、硬地表面等不适于植被生长的环境,研究以成本低廉的柔性轻量材料作为植被生长基质和灌溉系统。开展多层复合植物群落构建技术研究,研究阔叶或针阔叶混交乔木搭配针阔叶混交灌木层等不同植物竖向配置方式碳汇效果。开展煤矿区建筑物立体绿化设计研究,研究屋顶绿化、墙体绿化等垂直绿化方式,提升整体植物量增加碳汇效益。

(4) 水体碳汇功能提升技术

水库可从集水区和库区内积累有机物从而实现碳埋藏,并且有研究表明水库比天然湖泊埋藏碳的速率更高。据统计,全球范围内水库中有机碳的埋藏率超过了水库中碳的排放率。煤矿地下水库是将煤炭开发产生的大量矿井水,利用采空区垮落岩体间的空隙进行储存的巨大储水设施。利用煤矿地下水库可理论实现矿区 CO_2 封存。需开展针对碳封存的煤矿地下水库建设关键技术研究,包括水源预测、水库选址、库容设计、坝体构建、安全运行和水质

保障等技术；开展 CO_2 水体溶解机理研究、盐水反应固碳机理研究。通过研究增加矿区水体 CO_2 捕集量，实现矿区水体的碳汇扩容。

（5）地表塌陷修复治理碳汇恢复技术

采矿活动的剧烈扰动导致矿区大量土地损毁、地表塌陷破坏，造成土壤理化性质改变、煤层气逸散等，致使生态系统碳循环过程发生改变，煤矿区碳固存能力下降，甚至丧失。需开展地表变形损伤机理和沉陷区自我修复能力和机制研究。开展基于水资源保护的地表塌陷破坏治理研究，以矿区煤矸石、风积沙和黄土为研究对象，研究不同土（岩）层组合的保水特性，包括筛选合适的土（岩）结构及配合比例，研发"上层保水，下层截污"的覆土结构，形成干旱矿区塌陷地裂缝的充填复垦组合模式。开展采煤塌陷地裂缝减缓技术研究，开发塌陷地裂缝填埋、毁损地整治装备及工艺等。研发矿区生态修复效果监测平台，构建矿区生态多样性及土地利用时空变化多源精准监测与评价技术体系。通过地表塌陷修复治理，提升"土壤-植被"碳库的稳定性，助力矿业生产低碳循环与绿色发展。

2. 煤矿区生态碳汇防损技术体系

（1）碳库构建碳泄漏风险防控技术

煤矿区生态碳汇构建过程中容易引起边界之外可测量温室气体源的排放增加，包括复垦地表扰动引起的内部泄漏风险和碳汇建设材料供应引发的外延泄漏风险，还有生态植被建植成活率、群落结构稳定性、土壤质量退化和水土流失等不稳定因素，是矿区碳汇泄漏的重要风险来源。需开展生态复垦工程低碳化建设研究，研究建设过程能量和材料消耗最小化。开展植被碳库构建初期稳定性研究，研究构建基于乡土植物资源的混交、复合和近自然的稳定植被群落。开展矿区土地平整和地貌重塑水土保持措施研究，研究不同地貌重塑种类与方法的水土保持效应与管控措施。

（2）碳库维护碳泄漏风险防控技术

煤矿区碳库后期维护过程中可能会因采伐、毁林、病虫害、气象灾害和地质灾害等人为或自然的原因使 CO_2 再次释放而进入大气，导致矿区碳汇效益发生逆转。需开展碳库灾害监测研究，研究建立碳库灾害监测预警体系，长期监测复垦后的矿区生态系统，防止灾害导致的碳泄漏。开展碳库灾害处理与应对措施研究，研究大规模病、虫、鼠、兔灾害和地质灾害等影响下矿区碳库的生态稳定性变化与应对措施。开展矿区残余煤炭和矸石山自燃防治与利用研究，研究自燃引起的地表和地表浅层土壤碳排放防治措施、煤基固废的高效土壤改良应用。

（3）地表生态碳汇减损技术

地表生态碳汇减损技术具有降低开采损害、利用矿区固废改善生态及增加碳汇等重要作用。当前应大力开展采动岩层损害与地表沉陷机理、充填开采岩层移动规律与控制理论研究，具体研究地表塌陷裂缝发育规律、岩层移动与地表变形时空关系、塌陷盆地边缘裂缝产生的应力特征及其定量分析、边缘裂缝带宽度及产生机理等；开发地表生态碳汇减损的开采工艺、高效智能减量化充填、采空沉陷区精细治理与安全高效利用、矿山生态健康预警等关键技术；开展减损开采地表沉陷实时预警技术研究，研究基于空天地监测数据的地表沉陷信息分析与提取技术、基于多源空间数据融合的沉陷区变形监测技术、基于海量数据高速传输的地表沉陷智能实时预警技术等，减少因地表生态破坏引起的碳汇功能下降等问题。

3. 煤矿区碳汇管理技术体系

（1）煤矿区碳汇监测技术

煤矿区碳汇监测是指通过综合观测、数值模拟、统计分析等手段获取土壤、植被等碳库碳汇现状与变化趋势，服务矿区碳汇管理工作的过程，是辅助核算体系的重要支撑。需开展生态地面监测技术研究，研究监测样地布设方法，研发生物量、植物群落物种组成、结构与功能变化的监测技术与设备。开展煤矿区土地生态类型变化监测技术研究，开发卫星遥感辅助地面校验技术，实现煤矿区土地利用变化动态监测。

（2）煤矿区碳汇计量评估技术

煤矿区碳汇形成过程的复杂性决定了碳汇计量评估的难度，煤矿区碳汇计量评估标准体系亟待建立与完善。需开展碳汇基准线调查测算研究，以煤矿区的立地条件、植被概况等为基础，设计方法测算碳汇基准线，为煤矿区碳汇估算及碳交易奠定基础。开展煤矿区碳汇计量评估技术研发，完善碳储量评估、潜力分析等方面的碳计量方法和手段，建立包含采动、水文、地质、植被、土壤等多因素的煤矿区碳汇综合评价方法，定量评估煤矿区全口径全生命周期碳汇情况。开发煤矿区全过程全要素碳汇管理平台，具备浏览、查询、录入、管理碳汇数据的功能，涵盖煤矿区基本生态信息、植物功能性状、植被灾害情况，以及植被、枯落物和土壤数据等信息，可实现对碳储量及其相关参数的自动测算。

（3）煤矿区碳汇交易管理技术

煤矿区碳汇交易是指通过复垦造林等方式增加碳汇并出售碳排放指标的交易。目前，我国林业碳汇交易均属于项目层面的核证减排量交易，主要包括清洁发展机制（Clean Development Mechanism，CDM）下的林业碳汇项目、中国核证自愿减排（China Certified Emission Reduction，CCER）机制下的林业碳汇项目和其他自愿类项目三种项目类型。我国煤矿区虽然进行了大量的复垦造林活动，但在碳汇交易方面基础几乎为零。需开展煤矿区碳汇交易相关政策技术研究，研究制定针对煤矿区的碳汇组织管理体系、政策法规体系、技术标准体系、计量监测体系等，积极推进煤矿区复垦造林等碳汇项目纳入全国碳汇交易项目。

思 考 题

1. 请简述碳达峰、碳中和的基本概念和目标。
2. 请简述碳中和目标下我国能源发展战略方向，以及煤炭碳中和战略和科技创新路径。
3. 请简述煤矿区 CO_2 捕集、利用与封存的基本概念及主要技术措施。
4. 请简述生态系统碳汇的概念、监测方法、碳汇核算方法及固碳增汇方式。
5. 煤矿区主要碳汇技术体系是什么？

参考文献

[1] 王春荣，何绪文. 煤矿区三废治理技术及循环经济［M］. 北京：化学工业出版社，2014.

[2] 蒋展鹏，杨宏伟. 环境工程学［M］. 3版. 北京：高等教育出版社，2013.

[3] 尹国勋. 矿山环境保护［M］. 3版. 徐州：中国矿业大学出版社，2020.

[4] 沈渭寿. 中国的矿山环境［M］. 北京：中国环境出版社，2013.

[5] 蒋仲安. 矿山环境工程［M］. 2版. 北京：冶金工业出版社，2009.

[6] 卓建坤，陈超，姚强. 洁净煤技术［M］. 2版. 北京：化学工业出版社，2016.

[7] 郝吉明，马广大，王书肖. 大气污染控制工程［M］. 4版. 北京：高等教育出版社，2021.

[8] 王福元，吴正严. 粉煤灰利用手册［M］. 2版. 北京：中国电力出版社，2004.

[9] 蒋建国，岳东北，田思聪，等. 固体废物处置与资源化［M］. 3版. 北京：化学工业出版社，2022.

[10] 王习东，林翎，何光明. 煤矸石综合利用技术及检测方法［M］. 北京：科学出版社，2015.

[11] 张自杰. 排水工程：下册［M］. 5版. 北京：中国建筑工业出版社，2015.

[12] 王绍留，刘瑞明. 采煤概论［M］. 北京：机械工业出版社，2015.

[13] 杜计平，孟宪锐. 采矿学［M］. 3版. 徐州：中国矿业大学出版社，2019.

[14] 郭金刚，金龙哲. 潞安矿区防尘技术及实践［M］. 北京：科学出版社，2010.

[15] 魏德洲. 固体物料分选学［M］. 3版. 北京：冶金工业出版社，2015.

[16] 毛维东，周如禄，郭中权. 煤矿矿井水零排放处理技术与应用［J］. 煤炭科学技术，2017，45(11)：205-210.

[17] 中华人民共和国生态环境部. 燃煤电厂超低排放烟气治理工程技术规范：HJ 2053—2018［S］. 北京：中国环境科学出版社，2018.

[18] 林海. 矿业环境工程［M］. 长沙：中南大学出版社，2010.

[19] 赵由才，牛冬杰，柴晓利，等. 固体废物处理与资源化［M］. 3版. 北京：化学工业出版社，2019.

[20] 任连海. 环境物理性污染控制工程［M］. 2版. 北京：化学工业出版社，2022.

[21] 陈亢利. 物理性污染及其防治［M］. 北京：高等教育出版社，2015.

[22] 竹涛，徐东耀，侯嫔. 物理性污染控制［M］. 北京：冶金工业出版社，2014.

[23] 中国环境监测总站，国家环境保护环境监测质量控制重点实验室. 环境监测方法标准实用手册：第四册 辐射、噪声监测方法［M］. 北京：中国环境出版社，2013.

[24] 邢世录，包俊江. 环境噪声控制工程［M］. 2版. 北京：北京大学出版社，2013.

[25] 贺启环. 环境噪声控制工程［M］. 北京：清华大学出版社，2011.

[26] 毛东兴，洪宗辉. 环境噪声控制工程［M］. 2版. 北京：高等教育出版社，2010.

[27] 黄赳. 现代工矿业固体废弃物资源化再生与利用技术［M］. 徐州：中国矿业大学出版社，2017.

[28] 张蕾. 固体废弃物处理与资源化利用［M］. 徐州：中国矿业大学出版社，2017.

[29] 李定龙，常杰云. 工业固废处理技术［M］. 北京：中国石化出版社，2013.

[30] 宁平，翟广飞. 固体废物处理与处置［M］. 2版. 北京：高等教育出版社，2023.

[31] 陶莉. 燃煤电厂烟气脱硝技术及典型案例［M］. 北京：中国电力出版社，2019.

[32] 曹长武. 燃煤电厂环境保护［M］. 北京：中国质检出版社，2011.

[33] 郭东明. 脱硫工程技术与设备［M］. 3版. 北京：化学工业出版社，2019.

[34] 张忠，武文江. 火电厂脱硫与脱硝实用技术手册［M］. 北京：中国水利水电出版社，2017.

[35] 钟秦. 燃煤烟气脱硫脱硝技术及工程实例［M］. 2版. 北京：化学工业出版社，2007.

[36] 王亚军. 矿井粉尘防治及职业健康 [M]. 徐州：中国矿业大学出版社，2022.

[37] 程卫民. 矿井粉尘防治理论与技术 [M]. 北京：煤炭工业出版社，2016.

[38] 杨胜强. 矿井粉尘防治 [M]. 徐州：中国矿业大学出版社，2015.

[39] 王建兵，段学娇，王春荣，等. 煤化工高浓度有机废水处理技术及工程实例 [M]. 北京：冶金工业出版社，2015.

[40] 王春荣. 水污染控制工程课程设计及毕业设计 [M]. 北京：化学工业出版社，2013.

[41] 李丹，何绪文，王春荣，等. 高浊高铁锰矿井水回用处理实验研究 [J]. 中国矿业大学学报，2008，37（1）：125-128.

[42] 何绪文，贾建丽. 矿井水处理及资源化的理论与实践 [M]. 北京：煤炭工业出版社，2009.

[43] 胡振琪，干勇，袁亮，等. 中国矿区生态环境修复现状与未来 [M]. 北京：科学出版社，2021.

[44] 殷全增，陈中山，冯启言，等. 河北省主要矿区关闭煤矿资源再利用模式探讨 [J]. 煤田地质与勘探，2021，49（6）：113-120.

[45] 刘建功，赵庆彪，刘峰，等. 煤矿生态矿山建设理论与技术 [M]. 北京：煤炭工业出版社，2013.

[46] 白中科，赵景逵. 工矿区土地复垦与生态重建 [M]. 北京：中国农业科技出版社，2000.

[47] 胡振琪，卞正富，成枢，等. 土地复垦与生态重建 [M]. 徐州：中国矿业大学出版社，2008.

[48] 沈渭寿，曹学章，金燕. 矿区生态破坏与生态重建 [M]. 北京：中国环境科学出版社，2004.